水利水电工程管理

申明亮　何金平　编著

中国水利水电出版社
www.waterpub.com.cn

内 容 提 要

本教材按照水利水电建设项目生命周期的全过程进行编写，分为四篇：总论、水利水电工程前期管理、水利水电工程建设期管理、水利水电工程运行期管理，共十二章。

本教材首先介绍了我国水利资源及水利水电工程的特点，然后按照水利水电建设项目生命周期，分别从工程建设项目前期准备、工程建设投资控制、工程建设项目评价、工程建设招标投标、工程建设进度控制、质量管理与环保安全、合同与信息管理、水利水电工程安全监测、水利水电工程老化病害及其防治、水利水电工程安全管理、水利信息化等方面展开介绍，并在每章后附有思考题。

本教材涉及面广，内容翔实，对水利水电工程专业的大专院校师生，以及从事水利水电工程相关工作的人员，均具有参考价值。

图书在版编目（ＣＩＰ）数据

水利水电工程管理 / 申明亮，何金平编著. -- 北京
：中国水利水电出版社，2012.8(2022.7重印)
　国家"十二五"精品教材
　ISBN 978-7-5170-0037-2

Ⅰ．①水… Ⅱ．①申… ②何… Ⅲ．①水利水电工程
－工程管理－高等学校－教材 Ⅳ．①TV

中国版本图书馆CIP数据核字(2012)第185532号

书　　名	国家"十二五"精品教材 **水利水电工程管理**
作　　者	申明亮　何金平　编著
出版发行	中国水利水电出版社 （北京市海淀区玉渊潭南路1号D座　100038） 网址：www.waterpub.com.cn E-mail：sales@mwr.gov.cn 电话：（010）68545888（营销中心）
经　　售	北京科水图书销售有限公司 电话：（010）68545874、63202643 全国各地新华书店和相关出版物销售网点
排　　版	中国水利水电出版社微机排版中心
印　　刷	天津嘉恒印务有限公司
规　　格	184mm×260mm　16开本　20印张　475千字
版　　次	2012年8月第1版　2022年7月第2次印刷
印　　数	3001—4000册
定　　价	**56.00元**

凡购买我社图书，如有缺页、倒页、脱页的，本社营销中心负责调换

前言

随着水利水电工程的不断发展，工程建设呈现出新的特点，国内外形势的变化也对工程管理人才提出了更全面的要求。为此，本教材的编写着重体现了以下几个特点。

立足全局　本教材结合国内外水利水电工程建设对人才发展的要求，立足于当代中国水资源利用和工程建设特点，覆盖从规划设计到建设运行的各个方面，建立学生对工程建设全局及全过程的认识，为培养既懂技术又懂管理的复合型人才服务。

关注热点　在水电工程建设的大潮中，治水思路发生了新的改变，水资源的可持续利用与生态环境保护成为人们更为关注的问题。本教材结合国家工程建设与管理的现行制度与法律法规，突出"依法治水，以法兴水"，引导学生建立按法律法规、工程建设规律、生态和谐发展的综合要求进行工程建设的理念。

与时俱进　近年来，水电工程施工技术不断发展，相关规范也在不断更新和完善。本教材参阅了大量资料，广泛吸收业内相关成果，力求为学生提供最新的资料。特别介绍了项目信息管理（第八章）和水利信息化管理（第十二章）相关内容，使学生能尽快适应新时代的工程管理模式。

注重基础　本教材按照水利水电建设项目生命周期的过程进行编写，对工程建设各个阶段的工作内容作了详细的介绍，使学生在主线明确的基础上，深入理解每一个工作环节。此外，本教材从工程建设前期工作、实施阶段、运行管理三大部分分别作介绍，便于从整体上把握工程管理实务。

综合应用　本教材除了涵盖以水利水电工程生命周期为主线的内容外，还涉及规划设计、投资控制、维护与病害处理、调度防洪等内容，较全面地介绍了水利水电工程管理的相关内容，使学生能在较高层次上认识水利水电工程管理工作。

本教材各章节的编写人员及分工如下：第一、二、五、六、七章由申明亮编写；第三、四章由肖宜编写；第八章由曹生荣编写；第九、十一、十二章由何金平编写；第十章由何金平、吴云芳编写。全书由申明亮、何金平统稿编著。

　　本教材是在武汉大学水利水电学院谈广鸣教授的大力倡导下编写的。第一章至第八章由胡志根教授主审，第九章至第十二章由李珍照教授主审。宋媛媛、陈朝、董索等参与了资料收集整理、文稿统筹工作。在编写的过程中，参考了国内许多学者的相关专著与教材，同时得到了武汉大学水资源与水电工程科学国家重点实验室的大力支持，在此一并表示感谢！

　　由于编者水平有限，恳请读者不吝赐教，以便纠正和改进。

编　者

2012 年 3 月于珞珈山

目录

第二篇 水利水电工程建设期管理

第三篇 水利水电工程运行期管理

总 论 篇

第一章 水利水电工程概论

第一节 中国的水利资源

一、中国的水利资源概况及特点

（一）水利资源概况

中国国土广袤、海域辽阔、江河纵横、湖泊众多，径流丰沛、落差巨大，蕴藏着巨大的水利资源。中国是世界上水资源最丰富的国家之一。

据初步统计，中国拥有 960 万 km^2 的国土和 470 万 km^2 的领海。在这广阔的领土上，河流总长达 43 万 km，长度在 1000km 以上的河流有 20 多条，流域面积在 1 万 km^2 以上的河流有 79 条；湖泊总面积 71787km^2，储水总量 7088 亿 m^3；全国多年平均降水总量为 61889 亿 m^3，折合面平均年降水深 648mm；全国多年平均径流总量 27115 亿 m^3，有 17 条河流的年径流量在 500 亿 m^3 以上；全国许多河流的总落差都在 1000m 以上，主要大河流的总落差达到 3000～4000m，部分高达 5000 多 m。

2005 年底，经过最新的经济、技术、环境综合评估、筛选等调查统计，中国大陆水力资源的理论蕴藏量为 694400MW，年发电量为 6.0829 万亿 kW·h，其中技术可开发量为 541600MW，年发电量为 2.474 万亿 kW·h；经济可开发量为 402000MW，年发电量为 1.75 万亿 kW·h。

除了得天独厚的大江大河水能资源，中国还具有丰富的小水电资源和潮汐水能资源。据统计，全国小水电资源理论蕴藏量为 157000MW，其中可开发的小水电资源为 70000MW。中国小水电资源不仅蕴藏量大，而且分布面广，全国 2300 个县中，有 1104 个县的小水电可开发资源超过 10MW，并且这些小水电资源多集中于国家电网供电范围以外的地方，开发条件非常有利。

中国大陆海岸线北起鸭绿江口，南至广西的北仑河口，全长约 18000km，分属辽宁、河北、天津、山东、江苏、上海、浙江、福建、广东、广西等省（自治区、直辖市），可开发的潮汐水能资源约 21000MW。

截至 2007 年，中国水电总装机容量已达到 145000MW，水电能源开发利用率从改革开放前的不足 10％提高到 25％。

按流域（区域）统计的水能资源理论蕴藏量及可开发量（1980 年全国第三次水力资

源普查结果）见表 1-1。中国水能资源主要集中在中西部地区的大中型河流上，其中长江、雅砻江、大渡河、乌江、澜沧江、黄河和怒江等干流上装机容量约占中国可开发量的 60%。

表 1-1　　　　　中国水能资源理论蕴藏量及可开发量（1980 年统计）

流域或区域	水能资源理论蕴藏量		可　开　发　量			
	蕴藏量（MW）	占全国比重（%）	装机容量（MW）	占全国比重（%）	年发电量（亿万 kW·h）	占全国比重（%）
长江	268018	38.8	197243	51.6	10275.0	53.1
黄河	40548	5.9	28004	7.3	1169.9	6.0
珠江	3484	4.8	24850	6.5	1124.8	5.8
海滦河	2943	0.4	2135	0.6	51.7	0.3
淮河	1149	0.2	66	0.2	18.9	0.1
东北诸河	15306	2.2	13078	3.6	439.4	2.3
东南沿海诸河	20668	3.0	13897	3.6	547.4	2.8
西南国际河流	96902	14.0	37684	9.8	2098.7	10.8
西藏诸河	159743	23.1	50382	13.2	2968.6	15.3
内陆及新疆诸河	36986	5.4	9969	2.6	538.7	2.8
台湾诸河	1500	2.2	4000	1.0	130.0	0.7
全国合计	690747	100.0	381902	100.0	19363.1	100

1. 长江流域

长江发源于世界屋脊青藏高原唐古拉山脉主峰格拉丹东雪山西南侧的沱沱河，与南支当曲汇合后为通天河，继与水支楚玛尔河相汇，于玉树县接纳巴塘河后称金沙江，在四川省宜宾附近与岷江汇合后始称长江。流经青海、西藏、四川、云南、重庆、湖北、湖南、江西、安徽、江苏、上海 11 个省（自治区、直辖市），在崇明岛以东注入东海，全长 6300 余 km。长江干流宜昌以上为上游段，长约 4504km；从宜昌到江西湖口为中游段，长 955km；从湖口到入海口为下游段，长 938km。

长江有数以千计的支流，大致呈南、北辐射状，主要的支流有雅砻江、大渡河、岷江、嘉陵江、乌江、沅江、湘江、汉江、赣江等。干支流构成庞大的水系，流域面积 180 万 km²，占全国总面积的 1/5。

长江年入海水量 9600 亿 m³，占全国河流径流量 26380 亿 m³ 的 37%，为中国第二大河黄河的 20 倍，年人均水资源 2850m³，与全国平均值相当；每亩耕地占有水资源 2800m³，为全国平均值的 1.4 倍。

长江流域水能资源理论蕴藏量为 268018MW，可开发量为 197243MW，年发电量约为 1.027 万亿 kW·h，占全国的 53.4%。该流域已建电站主要有干流上的葛洲坝电站、三峡电站以及支流上的二滩电站（雅砻江）、龚嘴电站（大渡河）、乌江渡电站（乌江）、隔河岩电站（清江）、丹江口电站（汉江）、五强溪电站（沅江）；在建或即将建设的电站有向家坝、溪洛渡、白鹤滩、乌东德、锦屏一级、锦屏二级、瀑布沟、虎跳峡一级、虎跳峡二级等。

2. 黄河流域

黄河是中国的第二大河，发源于青藏高原巴颜喀拉山北麓海拔 4500m 的约古宗列盆地，流经青海、四川、甘肃、宁夏、内蒙古、陕西、山西、河南、山东 9 省（自治区），在山东垦利县注入渤海，干流河道全长 5464km。沿途汇集有 35 条主要支流，较大的支流有湟水、洮河、清水河、汾河、渭河、沁河、伊河、洛河等。流域面积 79.5 万 km²（含内陆河流域 4.3 万 km²），占全国国土面积的 8.3%。

黄河多年平均年天然径流量 580 亿 m³，占全国的 2%，流域内人均水量为 294m³，为全国人均水量的 22%；耕地亩均水量 294m³，仅为全国耕地亩均水量的 16%。

黄河流域可开发的水能资源总装机容量 33440MW，年发电量约为 1136 亿 kW·h，在中国七大江河中位居第二。该流域主要的电站有龙羊峡、拉西瓦、李家峡、公伯峡、盐锅峡、刘家峡、大峡、青铜峡、万家寨、天桥、三门峡、小浪底等。

黄河多年平均年输沙量为 16 亿 t，多年平均含沙量为 35kg/m³，均为世界大江大河之最。此外，黄河下游河道为著名的"地上悬河"，河道上宽下窄，最宽达 24km，最窄处仅为 275m，排洪能力上大下小；河道内滩区为行洪区，居住人口 179 万，防洪任务十分艰巨。

3. 淮河流域

淮河位于长江、黄河之间，干流发源于河南省桐柏山，由西向东流入洪泽湖。出洪泽湖后分为三路：一路经三河闸、入江水道流入长江；另一路经苏北灌溉总渠入海；第三路经淮沭河、新沂河入海。流经河南、安徽、江苏、山东 4 省。干流全长约 1000km。南岸主要支流有史灌河、淠河，均发源于大别山。北岸主要支流有洪汝、沙颍、涡、浍、新汴、濉等河。流域总面积 27 万 km²，其中淮河干流水系流域面积 19 万 km²，沂沭泗水系流域面积 8 万 km²。

淮河全流域平均年径流量 622 亿 m³，加上地下水，年水资源总量约 870 亿 m³，其中40% 已被开发利用。

4. 海河流域

海河流域地处中国华北地区，包括海河、滦河和徒骇—马颊河三大水系。该流域地跨 8 省（自治区、直辖市），包括北京、天津两市的全部，河北省的大部，山西省的东部，山东、河南两省的北部以及内蒙古自治区、辽宁省的一部分，流域面积 31.9 万 km²，耕地 1.65 亿亩，总人口 1.22 亿。

海河流域年均河川径流量为 288 亿 m³。地表水年人均占有量 270m³，耕地亩均占有量约 170m³，相当于全国平均每人和每亩占有量的 1/10 左右，为全国占有量最低的地区。该流域水利资源贫乏，理论蕴藏量为 2940MW，仅占全国蕴藏量的 4%，其中可开发量为 2130MW。该流域的主要水利工程有潘家口水电站、密云水库、官厅水库、岳城水库和大黑汀水利枢纽。

5. 珠江流域

珠江流域由西江、北江、东江及珠江三角洲诸河四个水系组成，分布于中国的云南、贵州、广西、广东、湖南、江西 6 个省（自治区）及越南的东北部。珠江的主流是西江，发源于云南省境内的马雄山，在广东省珠海市的磨刀门注入南海，全长 2214km。全流域面积 45.37 万 km²，其中中国境内面积 44.21 万 km²。

珠江流域水资源丰富，多年平均年径流量 3360 亿 m³，仅次于长江，居中国第二位。珠江自云贵高原至南海之滨，干流总落差 2136m，全流域水能理论蕴藏量 33480MW，主要集中在西江南盘江下游和红水河及黔江河段，可开发水电装机容量 25120MW，是中国水电开发建设基地之一。该流域主要水利工程有天生桥一级、天生桥二级、鲁布革、龙滩、岩滩、百龙滩、大化、桥巩、大藤峡等。

6. 东北地区河流

松花江位于中国东北地区北部，是黑龙江最大的支流，河道全长 2308km，流域面积 55.68 万 km²。

辽河位于东北的南部。辽河流域包括辽河和大辽河两个水系，流域总面积 21.9 万 km²。辽河西部地区和辽河中下游地区年人均水量仅 587m³，耕地亩均水量为 364m³，远低于全国平均水平，水资源十分贫乏。

此外还有鸭绿江、图们江、黑龙江和乌苏里江四条国际界河。

鸭绿江是中国与朝鲜两国的界河，发源于白头山南麓，西南流经中国丹东市后注入黄海。河流全长 795km，流域面积 63788km²，其中中国境内流域面积为 32466km²。

图们江也是中国与朝鲜两国的界河，发源于中朝两国边境的白头山东麓，东北向流至图们市转东南流入日本海。全长 520km，流域面积 3.3 万 km²，其中中国境内为 2.2 万 km²。

黑龙江是中国、蒙古、俄罗斯三国的界河。黑龙江有南北两源，南源为额尔古纳河，北源为俄罗斯境内石勒喀河。以额尔古纳河为源计算，全长 4440km，流域面积 185.5 万 km²，其中中国境内为 89.11 万 km²。

乌苏里江是黑龙江的支流，中俄两国的界河，发源于俄罗斯境内的马拉河与刃比河上游的锡霍特山脉的西南坡。河长 890km，流域面积 18.7 万 km²，其中中国境内流域面积为 5.67 万 km²。

7. 西南地区河流

西南河流众多，流域辽阔，位于中国西南边陲，是青藏高原和云贵高原的一部分。总面积 85.14 万 km²，耕地 2689 亩，人口 1524 万，分别为全国的 9%、1.8%、1.5%，但水资源总量高达 5853.5 亿 m³，为全国的 21.6%。具有水多、人稀、耕地少的特点。区域内人均水量 3.8 万 m³，亩均水量 2.2 万 m³，分别为全国人均、田均水量 15 倍和 12 倍。青藏高原河流蕴藏着极为丰富的水能资源，仅西藏和青海境内蕴藏量就约达 221000MW，约占全国的 33%。其中雅鲁藏布江及其主要支流的天然水能蕴藏量近 100000MW，约占全西藏的 50%。

雅鲁藏布江是中国乃至世界上海拔最高的大河，发源于西藏西南部喜马拉雅山北麓的杰马央宗冰川。河流全长约 2900km，流域面积 93.5 万 km²，其中中国境内为 2057km，集水面积 24.1 万 km²。

怒江发源于西藏自治区北部唐古拉山南麓的吉热格帕附近，该江流经云南，从云南省的西南部流入邻国缅甸，最后注入印度洋的安达曼海，在国外称为萨尔温江。

澜沧江发源于青海唐古拉山北麓夏茸扎加的北部，流经青海省、西藏自治区和云南省，出境后称湄公河，经过老挝、缅甸、泰国、柬埔寨、越南等国，最后注入太平洋的南海。干流全长 4500km，总落差 5500m，中国境内干流场 1612km，落差达 5000m。主要的水利工程有功果桥、小湾、漫湾、大朝山、四家村、糯扎渡等水电站。

元江发源于中国云南省巍山县境内，大体呈西北—东南流向，进入越南后称红河。

8. 东南地区河流

闽江是福建省最大的河流，发源于武夷山脉，流域面积 60992km²，占福建全省土地面积的一半，河流全长 577km，有沙溪、富屯溪、建溪三大支流，沙溪为其主要支流。闽江年平均径流量 629 亿 m³，水能资源丰富，理论蕴藏量 6320MW，可开发量 4630MW，已开发 18%。已建有桂口水电站、安砂水电站、池潭水电站、沙溪口水电站、水口水电站等。

钱塘江位于浙江省境内，为该省最大河流，发源于浙江、江西、安徽三省交界处的山区，由杭州湾入海，干流全长 494km，流域面积 4.22 万 km²。钱塘江年平均径流量 364 亿 m³。已建有新安江、富春江等大中型水电站。

闽浙赣水电基地是中国福建、浙江、江西省境内大中型水电站的总称。闽浙赣水电基地可开发水能资源 16815MW，多年平均年发电量 656.34 亿 kW·h，占全国可开发水能资源的 3.5%，其中大中型水电站 11180MW，多年平均年发电量 416 亿 kW·h。

(二) 中国水利资源的特点

1. 水资源总量多，人均水资源量少

中国水资源总量排在巴西、俄罗斯、加拿大和美国之后，但由于人口众多，人均占有水资源量约 2200m³，仅为世界人均占有量的 1/4。根据 20 世纪 80 年代初水利部对全国水资源进行的评价，我国的多年平均降水总量为 6.2 万亿 m³，除通过土壤水直接利用于天然生态系统与人工生态系统外，可通过水循环更新的地表水和地下水的多年平均水资源总量为 2.8 万亿 m³。据预测，到 2030 年，我国人口增至 16 亿时，人均水资源量将降到 1760m³，我国将缺水 400 亿～500 亿 m³。按国际上一般承认的标准，人均水资源量少于 1700m³ 为用水紧张的国家，因此，我国未来水资源的形势十分严峻。

2. 水资源的时空分布不均

中国河流主要由降雨形成径流，年内水资源分配很不均衡。由于季风气候影响，降水和径流在年内分配不均，夏季和秋季 4～5 个月的径流量占全年的 60%～70%，冬季径流量很少；降水量的年际变化剧烈，更造成江河的特大洪水和严重枯水，甚至发生连续丰水年和连续枯水年。

水资源在地区分布也极不均衡，水资源的空间分布总体上呈"南多北少，东多西少"。在全国可能开发水能资源中，东部的华东、东北、华北三大区共仅占 6.8%，中南地区占 15.5%，西北地区占 9.9%，西南地区占 67.8%，其中，除西藏自治区外，四川、云南、贵州三省占全国的 50.7%。全国水资源可利用总量的 2/3 分布在长江、珠江、东南和西南诸河流域，而国土面积占全国 2/3 的北方海河、黄河、淮河、辽河、松花江及西北诸河流域，其可利用水资源量仅占全国可利用总量的 1/3。

我国水资源与土地等资源的分布不匹配，经济社会发展布局与水资源分布不相适应。

黄河、淮河和海河三个流域的国土面积占全国的 15%，耕地、人口和 GDP 分别占全国的 1/3，水资源总量仅占全国的 7%，水资源供需矛盾十分突出，水资源配置难度大。

3. 水资源集中但开发利用程度低

中国地少人多，建水库往往受淹没损失的限制，水电资源相对集中在一些深山峡谷河流中，工程较艰巨。大型电站比重大，不少水电站的装机容量超过 1000MW，三峡水电站装机容量达 18200MW，金沙江上在建的溪洛渡水电站装机容量也将超过 10000MW。据统计各省（自治区、直辖市）单站装机 10 MW 以上的大型水电站有 203 座，其装机容量和年发电量占总数的 80% 左右。而且 70% 以上的大型电站集中分布在西南四省。

与世界其他国家相比，中国水资源的开发和利用程度较低。按 1996 年常规水电站发电量统计，世界其他国家的利用程度远远高于中国，其中法国为 74%，瑞士为 72%，日本为 66%，巴拉圭为 61%，挪威为 60%，英国为 58%，瑞典为 56%，芬兰、美国为 55%，而中国目前已开发资源约为 25%。

二、中国的水问题

由于中国水资源具有时空分布极不均匀的特征，庞大的人口和快速的经济增长使得水问题依然十分严峻。我国当前面临的水问题已经发生了重大变化和转型，从防洪、灌溉等传统水问题，发展成为水资源、水环境、水生态、水灾害四大问题并存的多重危机与挑战。主要表现在以下五个方面。

1. 水资源供需矛盾突出

水资源短缺与经济社会发展对水资源需求不断增长的矛盾突出。随着经济社会发展和人民生活水平提高，对水资源的需求呈增长趋势，而水资源开发利用和江河治理的难度越来越大，水资源短缺问题将不断加剧。缺水问题已经严重影响中国经济社会的发展。据推算，全国每年因缺水造成的经济损失达到 2500 亿元，其中工业产值 2300 亿元，农业产值 200 亿元。

闻名于世的黄河于 1978 年出现断流，1985 年后年年断流，1997 年累计断流时间长达 226 天。目前在全国 670 座建制市中，有 400 座城市不同程度地缺水，严重缺水的城市达 108 座。据初步统计，全国城市年缺水量达 180 多亿 t，今后城市用水对水量和水质还将有更高的要求。全国的灌区在过去的 10 年中，平均每年缺水 300 多亿 m^3，减产粮食 3000 多万 t。在农村还有 3000 多万人和数千万头牲畜常年的饮水条件亟待改善。今后要保证农业的稳定发展，农业用水的缺口还将越来越大。如仍按目前 1m^3 水生产 0.85kg 粮食的水平测算，到 21 世纪中叶，因粮食增产而需新增的农业用水，就将超过 1000 亿 m^3。

根据我国的长期发展规划，到 2030 年，中国的 GDP 将增长 10 倍，人口将达到 16 亿多，全国的经济、社会和生态需水量可能达 7000 亿 m^3 左右，人均水资源量将降至 1700m^3 的国际公认的警戒线。如果不采取措施，仍然按照现有的水资源需求水平、水污染程度以及用水模式发展下去，未来 30～50 年我国水资源安全保障将面临极大的问题。

2. 全球变暖和人类活动加大水资源短缺

全球变暖将使地表蒸发量提高，水资源量将相应减少，一方面，可能使我国年降水量及年径流量向"南增北减"的不利趋势变化，南方地区突发性洪涝灾害事件可能增多，北方地区则可能变得更加干旱；另一方面，经济和人口增长，河流开发等人类活动进一步加剧,不仅增加需水量,也加剧了水污染,显著改变流域下垫面条件,对水资源的形成和水循环多有不利影响,近20年来,海河流域的地表水资源量已经减少了40%。

严重的水污染现象更加剧了缺水矛盾。目前,中国废污水年排放量为620亿t,由于处理能力不足,造成水体污染严重。南方一些水资源丰富地区出现了水质型缺水问题,进一步加剧了水资源供需矛盾。未来,我国水资源发展态势不容乐观,水资源短缺的风险将进一步加大。

3. 水资源安全无法保障

比起水量减少,我国由于污染引致的水质恶化对水资源安全的影响更为严重,也更加令人忧虑。2004年,在全国评价的河流长度中,达到和优于Ⅲ类水质的河流长度仅占总评价河流长度的59.4%,主要江河水系、90%以上的城市地表水体、97%的城市地下含水层均受到污染。我国饮用水安全和群众健康问题十分突出,农村饮水不安全人口达3.23亿。据推算,全国每年因水污染造成的经济损失为400多亿元,其中人体健康损失为192.8亿元,工业损失为137.8亿元,农业损失为96.2亿元。近20年来,水污染从局部河段到区域和流域、从单一污染到复合型污染、从地表水到地下水,以很快的速度扩展,危及水资源的可持续利用,影响粮食生产安全,成为当前我国水危机中最严重、最紧迫的问题。水资源安全关系到民族的生存和繁衍,直接影响国家的安全与稳定。

4. 开发利用或治理不当,危害重重

水资源开发利用不当,会带来一系列水旱灾害和环境问题。中国北方及内陆河的部分地区由于人口增加、经济发展,水资源过度开发、地下水超采,引发河道断流、湖泊干涸、地下水位下降、草场退化、沙化、沙尘暴和海水入侵等一系列生态环境问题。我国西部地区是长江、黄河、珠江和众多国际河流的发源地,地形高差大,又有大面积的黄土高原和岩溶山地,自然因素加上长时期人为破坏,很多地区水土流失严重,对当地的土地资源和生态环境造成严重危害,也使许多江河挟带大量泥沙,泥沙沉积在下游,造成河床抬高。泥沙淤积对河流治理及水库寿命、设计与运行具有重要影响。

我国多数大江大河重要支流和中小河流尚未得到有效治理,蓄滞洪区建设滞后,山洪、泥石流等灾害的监测与防御能力较低。洪涝灾害每年造成大量人员伤亡和财产损失,仍然是中华民族的心腹之患。据统计,中国每年的因洪水灾害造成的直接经济损失约占GDP的1.0%。频繁的洪水灾害,使得防洪减灾任务十分艰巨。

中国2/3以上的固定资产、1/3的耕地、近1/2的人口、620多座城市主要分布在大江大河的中下游地区,经常受到洪水的威胁,洪涝灾害严重。目前,60%的城市尚未达到国家规定的防洪标准,近半数堤防存在着不同程度的隐患,还有50%的海堤未达到设计标准,40%的水库带病运行,防洪工程措施亟待解决;防洪调控能力不足,蓄滞洪区安全建设滞后,防洪非工程措施还不够完善。随着经济社会的发展和城市化进程的加快,防洪保护区内的物质财富和人口不断增长,使防洪安全问题愈发突出。

5. 资源浪费,管理失效

水资源利用效率低,浪费水的现象普遍存在。我国农业灌溉水的利用效率只有40%~50%,发达国家可达70%~80%。全国平均单方水实现GDP仅为世界平均水平的1/5;单方水粮食增产量为世界水平的1/3;工业万元产值用水量为发达国家的5~10倍。我国水资源利用效率低有多方面原因，其中一个重要原因是水管理的失效。水资源管理在体制和机制上都存在许多问题。水资源行政分割管理导致多"龙"治水、职能交叉、利益冲突，最终导致水资源管理和配置的长期低效。

面对复杂的水问题和水危机，我国水资源安全保障基础平台、科技支撑能力建设与制度创新均严重不足，影响国家应对和缓解水危机的能力。

我国陆地水系统及水资源观测分散在各个有关部门和行业，缺乏国家层面的陆地水系统和水资源变化的监测、水危机的预警预报及风险管理系统，不能满足国家和重点区域水资源安全保障的基础信息支撑与预警预报要求。现有的水资源规划大多是由部门制定的开发利用规划，缺乏国家水资源安全保障的长远战略规划。水利水电建设，特别是跨流域调水等特大型工程，对大尺度的水循环系统及自然生态系统产生极大的扰动，使天然水循环规律有很大的改变，其中许多科学问题需要深入研究，一些深层次的影响和后果亟待科学论证。这方面的基础研究比较薄弱，国家投资和支持有待进一步提高，重大水利水电工程的科学论证亦感不足。

目前的水管理体制与模式已无法解决我国跨部门、跨地区、影响多个利益主体的水资源冲突与矛盾，水资源可持续利用及水安全没有可靠的制度保障。我国许多地区的水危机并不完全是水资源供给意义上的缺乏，很大程度上是治理危机，水资源管理的体制改革和制度创新亟待加强。

三、应对水问题的措施

我国水问题表现为水资源、水环境、水生态和水灾害四大问题相互作用、彼此叠加的多重水危机，其中以水污染的威胁尤为突出。传统的治水思路已不能适应社会经济发展要求，治水模式转型势在必行。反思传统治水模式的缺陷，新的思路的应遵循的基本理念是追求人与自然和谐、兼顾公平与效率、预防与治理相结合、实现可持续发展；并建立统一的管理体制，协调各利益相关方的合作，综合运用法律、行政、经济、技术等手段提高水资源利用效率、有效减少污染物排放、维护生态安全、降低灾害风险、寻求环境与发展的双赢。

针对中国目前的水问题，治水思路为：从工程水利向资源水利转变，从传统水利向现代水利、可持续发展水利转变，以水资源的可持续利用支持经济社会的可持续发展。具体从以下几方面展开。

（1）治水模式转型的核心是优先加强制度建设和制度创新，建立健全治水的法律法规体系以及各项强制性和激励性制度。建立统一的水管理体制，统筹水资源、水环境、水生态等方面，进一步加快分权改革的步伐。综合运用法律、行政、经济、技术等多种手段，特别是规范水价和水权，依法综合治理。采取渐进的方式实现转变，减少变革可能带来的负面影响，降低改革成本，实现治水模式的平稳过渡。

（2）实行管理转型和创新，运用各种新的管理方法，满足应对新时期综合管理需求。为此，需要重点推进以下方面的管理创新：

1）资源环境绩效管理。通过资源环境绩效考核和评估，努力降低单位 GDP 的水资源消耗量和水污染物产生量，鼓励技术创新，不断提高水资源生产率。

2）流域综合管理。把流域看成是一个独立完整的生态系统，以流域可持续发展为目标实现资源综合开发、保护与管理。

3）需求管理。从水资源供给管理向需求管理转变是市场经济不断成熟的标志，采用需求管理不仅可以有效缓解不合理的供给扩张导向，而且，对水资源相对紧缺的中国来说更加重要。水权管理和水价改革是落实需求管理的关键和有效途径。

4）适应性管理。鉴于快速变化的水环境形势和实现目标的艰巨性，建议采取适应性管理措施，利用动态目标和多目标指导规划，并根据发展进程调整行动计划。

5）综合风险管理。为应对和适应不确定的各类水灾害、气候变化威胁和突发环境事件，采用建立在综合风险管理基础上的预案体系，将危机管理与常态管理相结合，有效降低灾害防治和应急处理的成本。

（3）全面提升科技创新能力，建立综合解决水问题的科技支撑体系。综合解决水问题的科技支撑体系包括以下几个方面：

1）开展水问题相关的基础研究，包括复合型污染机理与转化规律、全球变暖条件下的水资源时空分布与区域响应、流域生态系统恢复原理等。

2）与水资源、水环境综合管理相关的理论与技术，包括水资源管理、流域综合规划、水权和排污权分配、水价制定、行业资源环境绩效标准、动态监测与管理信息化等技术方法。

3）提高水资源利用效率，研究水资源替代、清洁生产相关的工程、技术、材料、产品、设备。

4）各类水污染处理技术、区域污染物综合防治、饮用水安全技术、生态修复技术，以及保障环境健康的相关技术。

5）水灾害综合防治技术，包括灾害预警、预报、应急处理、救灾和相关管理技术。

第二节　水利水电工程

水利工程是指对自然界的地表水和地下水进行控制和调配，以达到除害兴利目的而修建的工程。水利工程的根本任务是除水害和兴水利，前者主要是防止洪水泛滥和渍涝成灾；后者则是从多方面利用水资源为人民造福，包括灌溉、发电、供水、排水、航运、养殖、旅游、改善环境等。

一、水利水电工程类型

1. 按社会功能分

水利基本建设项目是通过固定资产投资形成水利固定资产并发挥社会和经济效益的水利项目。

水利水电工程按其功能和作用分为公益型、准公益型和经营型三类：

（1）公益型工程。指具有防洪、排涝、抗旱和水资源管理等社会公益性管理和服务功能，自身无法得到相应经济回报的水利工程，如堤防工程、河道整治工程、蓄滞洪区安全建设、除涝、水土保持、生态建设、水资源保护、贫困地区人畜饮水、防汛通信、水文设施等。

（2）准公益型工程。指既有社会效益，又有经济效益的水利工程，其中大部分是以社会效益为主。如综合利用的水利枢纽（水库）工程、大型灌区节水改造工程等。

（3）经营型工程。指以经济效益为主的水利工程。如城市供水、水力发电、水库养殖、水上旅游及水利综合经营等。

2. 按工程职能分

按水利工程的职能服务对象可分为：

(1) 防洪工程：防止洪水灾害的水利工程。

(2) 农田水利工程：防止旱、涝、渍灾，为农业生产服务的水利工程，或称灌溉和排水工程。

(3) 水力发电工程：将水能转化为电能的水利工程。

(4) 港口和航道工程：改善和创建航运条件的水利工程。

(5) 城市水务工程：为工业和生活用水服务，并处理和排除污水和雨水的城镇供水和排水工程。

(6) 环境水利工程：防止水土流失和水质污染，维护生态平衡的水土保持工程和环境水利工程。

(7) 其他水利工程：保护和增进渔业生产的渔业水利工程；围海造田，满足工农业生产或交通运输需要的海涂围垦工程等。

一项水利工程同时为防洪、灌溉、发电、航运等多种目标服务的，称为综合利用水利工程。

3. 水利枢纽类型

为了达到防洪、灌溉、发电、供水等目的，需要修建各种不同类型的水工建筑物来控制和支配水流，这些建筑物统称为水工建筑物。集中建造的几种水工建筑物配合使用，形成一个有机的综合体，称为水利枢纽。按照不同的分类方式，水利枢纽有不同的类别，见表1-2。

表1-2　　　　　　　　　　　　水利枢纽的分类

分类方式	类别	说明
按地貌形态	平原地区水利枢纽	
	山区（包括丘陵区）水利枢纽	
按建筑物组成	蓄水枢纽	
	取水枢纽	
按发电能量来源	常规水电站	利用河流、湖泊水能
	抽水蓄能电站	利用电力负荷低谷时的电能抽水至上水库，待电力负荷高峰期再放水至下水库发电
	潮汐电站	利用海洋潮汐能发电
	波浪能电站	利用海洋波浪能发电
按天然径流的调节方式	径流式水电站	没有水库或水库很小
	蓄水式水电站	水库有一定调节能力
按水库的调节周期	多年调节水电站	
	年调节水电站	将一年中丰水期的水储存起来供枯水期发电用
	周调节水电站	
	日调节水电站	

续表

分类方式	类别	说明
发电水头	高水头水电站	水头 70m 以上的电站
	中水头水电站	水头 70～30m 的电站
	低水头水电站	水头 30m 以下的电站
发电水头 形成方式	坝式水电站	由坝集中水头
	引水式水电站	由引水系统集中水头
	混合式水电站	由坝和引水系统共同集中水头

注 水电站按发电水头分类，各国无统一标准，表中为中国的标准。

水电站厂房为了发电而建，是水电站枢纽的主要建筑物。常见的是坝后式厂房，即电站厂房就在厂房坝段的大坝后面，如葛洲坝电站、丹江口电站等；也有引水式电站即将库水通过压力钢管或引水隧洞引到远离大坝的发电厂房，如鲁布革电站。近年来，地下厂房技术发展迅速，许多大型水电站都采用地下厂房，既解决了水工建筑物布置上的问题，又节省投资、便于管理，如溪洛渡电站、向家坝电站，三峡电站右岸地下厂房。

除了永久性建筑外，在施工过程中还有许多临时建筑，如围堰、导流洞、砂石料系统等。这些临时建筑在工程完工后大都废弃或拆除，以利永久建筑的运行。但也有为节省投资而与永久建筑结合的例子，如纵向混凝土围堰常作为引航道、导流洞也作为放空排沙洞等。

农业用水主要是灌溉，由取水口（水源）通过渠道、渡槽、涵管、闸门、泵站等组成的灌溉网给农田供水、排涝，保证农业生产。在沿海地区设置许多水闸，保证内陆水顺利排向大海，同时防止海水在涨潮时倒灌。

排灌泵站是为灌溉、排水而设置的抽水装置（见排灌用泵）、进出水建筑物、泵房（见泵站建筑物）及附属设施的综合体。

4. 常见水工建筑物类型

水利工程的基本组成是各种水工建筑物，包括挡水建筑物、泄水建筑物、输水建筑物和取水建筑物等。此外，还有专门为某一目的服务的水工建筑物，如专为河道整治、通航、过鱼、过木、水力发电、污水处理等服务的具有特殊功能的水工建筑物。水工建筑物以多种形式组合成不同类型的水利工程。

（1）挡水建筑物。拦截江河，形成水库或壅高水位。如各种类型的坝和水闸，以及为防御洪水或阻挡海潮，沿江河海岸修建的堤防、海塘等。

（2）泄水建筑物。用以宣泄多余水量，排放泥沙和冰凌，或为人防、检修而放空水库等，以保证坝和其他建筑物的安全。水库枢纽中的泄水建筑物可以与坝体结合在一起，如各种溢流坝、坝身泄水孔，也可设在坝体以外，如各式岸边溢洪道和泄水隧洞等。

（3）输水建筑物。为满足灌溉、发电和供水的需要，从上游向下游输水用的建筑物，如引水隧洞、引水涵管、渠道、渡槽、倒虹吸等。

（4）取水建筑物。也称做引水建筑物，是输水建筑物的首部建筑，如引水隧洞的进口段、灌溉渠首和供水用的进水闸、泵站等。

（5）整治建筑物。用以改善河流的水流条件，调整水流对河床及河岸的作用，以及为防护水库、湖泊中的波浪和水流对岸坡的冲刷。如丁坝、顺坝、导流堤、护底和护岸等。

（6）专门建筑物。为灌溉、发电、过坝需要而兴建的建筑物，如引水灌溉的取水口（渠首）、过木设施、升船机等。

5．水利枢纽分等和水工建筑物分级

为使工程的安全可靠性与其造价的经济合理性恰当地统一起来，要对水利枢纽及其组成的建筑物进行分等分级。首先按水利枢纽工程的规模、效益及其在国民经济中的作用进行分等，然后再对各组成建筑物按其所属枢纽的等别、建筑物在枢纽中所起的作用和重要性进行分级。

目前有两套水利水电枢纽工程等级规范，分别介绍如下。

（1）《水利水电工程等级划分及洪水标准》（SL 252—2000）。水利水电工程的等别，应根据其工程规模、效益及在国民经济中的重要性按表1－3确定。

表1－3　　　　　　　　　　水利水电枢纽工程分等指标

工程等别	工程规模	总库容（亿 m^3）	防 洪		治涝 治涝面积（亿亩）	灌溉 灌溉面积（万亩）	供水 供水对象重要性	发电 装机容量（MW）
			保护城镇及工矿企业的重要性	保护农田（亿亩）				
Ⅰ	大（1）型	≥10	特别重要	≥500	≥200	≥150	特别重要	≥1200
Ⅱ	大（2）型	10～1.0	重要	500～1000	200～60	150～50	重要	1200～300
Ⅲ	中型	1.0～0.10	中等	100～30	60～15	50～5	中等	300～50
Ⅳ	小（1）型	0.10～0.01	一般	30～5	15～3	5～0.5	一般	50～10
Ⅴ	小（2）型	0.01～0.001		<5	<3	<5		<10

拦河水闸的等级划分见表1－4。

表1－4　　　　　　　　　　拦河水闸工程分等指标

工程等别	Ⅰ	Ⅱ	Ⅲ	Ⅳ	Ⅴ
工程规模	大（1）型	大（2）型	中型	小（1）型	小（2）型
过闸流量（m^3/s）	≥5000	5000～1000	1000～100	100～20	<20

水利水电工程的永久性水工建筑物级别，应根据其所属工程等别及其重要性，按表1－5确定。水工建筑物级别愈高，设计安全标准也愈高。

表1－5　永久性水电工建筑物级别的划分

工程等别	永久性水工建筑物	
	主要建筑物	次要建筑物
Ⅰ	1	3
Ⅱ	2	3
Ⅲ	3	4
Ⅳ	4	5
Ⅴ	5	5

Ⅰ级永久性挡水建筑物设计基准期取100年，其他永久性建筑物的设计基准期取50年。特大工程永久性挡水建筑物的设计基准期应经过专门研究确定；临时性建筑物的设计基准期应根据预定的使用年限及可能滞后的时间确定。

水利水电工程的永久性水工建筑物的洪水标准，应按山区、丘陵区和平原、滨海区分别按表1－6～表1－8确定。

表1-6 山区、丘陵区水利水电工程永久性水工建筑物的洪水标准 单位:年

项 目		水工建筑物级别				
		1	2	3	4	5
设计洪水重现期		1000~500	500~100	100~50	50~30	30~20
校核洪水重现期	土石坝	可能最大洪水或10000~5000	5000~2000	2000~1000	1000~300	300~200
	混凝土坝、浆砌石坝	5000~2000	2000~1000	1000~500	500~200	200~100

表1-7 平原区水利水电工程永久性水工建筑物的洪水标准 单位:年

项 目		水工建筑物级别				
		1	2	3	4	5
水库工程	设计洪水重现期	300~100	100~50	50~20	20~10	10
	校核洪水重现期	2000~1000	1000~300	300~100	100~50	50~20
拦河水闸	设计洪水重现期	100~50	50~30	30~20	20~10	10
	校核洪水重现期	300~200	200~100	100~50	50~30	30~20

表1-8 滨海区水利水电工程永久性水工建筑物的潮水标准

水工建筑物级别	1	2	3	4、5
设计潮水位重现期	≥100	100~50	50~20	20~10

(2)《水电枢纽工程等级划分及设计安全标准》(DJ 5180—2003)。水电枢纽工程(包括抽水蓄能电站工程)的工程等别根据其水库容积、装机规模、综合利用效益和在国民经济建设中的重要性划分为五等,见表1-9。

表1-9 水电枢纽工程的分等指标

工程等级	工程规模	水库总库容(亿 m³)	装机容量(MW)
一	大(1)型	≥10	≥1200
二	大(2)型	10~1.0	1200~30
三	中型	1.0~0.10	300~50
四	小(1)型	0.10~0.01	50~10
五	小(2)型	<0.01	<10

水工建筑物级别,同样根据其所属工程等别及建筑物在工程中的重要性划分为五级,其划分标准见表1-5。

DJ 5180—2003还规定:水工建筑物结构设计宜采用结构可靠度指标为设计安全标准。对于不具备结构可靠度设计条件的,仍然可采用定值设计方法,以安全系数为设计标准,按照可靠度原理设计或验算结构安全性时,水工建筑物级别1~3级和4级、5级分别对应结构安全级别Ⅰ、Ⅱ、Ⅲ级。

二、水利水电工程特点

水利工程有很多不同于其他工程的特点,具体如下。

1. 水利工程具有很强的系统性和综合性

单项水利工程是同一流域、同一地区内各项水利工程的有机组成部分，这些工程既相辅相成，又相互制约；单项水利工程自身往往是综合性的，各服务目标之间既紧密联系，又相互矛盾。水利工程和国民经济的其他部门也是紧密相关的。规划设计水利工程必须从全局出发，系统地、综合地进行分析研究，才能得到最为经济合理的优化方案。

2. 水利工程设计的独特性

水利工程的勘测、设计、施工都与其所在的地形、地质、水文、气象、交通等（自然）条件息息相关，由于这些条件总是无一相同、千差万别的，因而水利工程在设计上，其工程规模、布置型式及其各水工建筑物的结构、型式、尺寸等具有因地制宜的独特性而成为一个单件性的设计产品，不同于其他土木工程那样可采用定型设计。

3. 水利工程施工的艰巨性

水利工程一般规模大、技术复杂、环境恶劣、工期较长、投资多。水利工程施工具有强度高、干扰大、技术和管理复杂、专业性强以及施工阶段进度受洪水等自然条件制约的特点。因此，为安全、保质、顺利地完成水利工程建设任务，兴建时必须按照基本建设程序和有关标准进行。

4. 水利工程效益具有显著性和随机性

水利工程是一项投资大、周期长的项目，同时，水利工程一旦建成，它的效益也是很显著的。但是由于水利工程是利用水资源，在很大程度上受河道来水流量制约，故其效益也是随机性的。根据每年水文状况不同而效益不同，此外，农田水利工程还与气象条件的变化有密切联系。

5. 水利工程工作条件的复杂性

水利工程中各种水工建筑物都是在难以确切把握的气象、水文、地质等自然条件下进行施工和运行的，它们又多承受水的推力、浮力、渗透力、冲刷力等的作用，工作条件较其他建筑物更为复杂。除此之外，当水具有侵蚀性时，还会使混凝土或浆砌石结构中的石灰质溶解，破坏材料强度和耐久性，在水中的钢结构则很容易发生严重锈蚀，在寒冷地区的水工建筑物往往受到冰压力的作用。因此，水工建筑物正常工作的前提条件就是要解决好稳定、防渗、防冲、抗侵蚀和防冻等问题。

6. 水利工程对环境影响很大

水利工程不仅通过其建设任务对所在地区的经济和社会产生影响，而且对江河、湖泊以及附近地区的自然面貌、生态环境、自然景观，甚至对区域气候，都将产生不同程度的影响。这种影响有利有弊，规划设计时必须对这种影响进行充分估计，努力发挥水利工程的积极作用，消除其消极影响。

7. 水利工程失事后果的严重性

水利工程是利用水资源为人民造福的有益设施，但不能忽视由于建筑物失事带来的严重后果。特别是较高的挡水坝一旦失事溃决，会给下游造成灾难性的后果。统计资料表明，溃坝灾害一般在 15min 以内造成，洪水巨浪所到之处，摧毁能力极强。在这方面国内外都有惨重的教训：1963 年意大利的瓦依昂拱坝，由于库岸发生大滑坡，在 30～60s 时间内滑下 2.7 亿～3 亿 m³ 的土石方，使库中 5000 万 m³ 的水被挤向下游，最大飞溅高度达 250m 以上，倾泻而下的水体以 150m 的浪高通过拱坝坝顶冲向下游，从滑坡开始到下游地区被冲毁，总共只经历了 7min，毁灭了一座城市和几个小镇，死亡 3000 人。可见，水利工程的安全问题应引起高度重视。

三、水利水电工程项目划分

一个基本建设项目往往规模大，建设周期长，影响因素复杂，尤其是大中型水利水电工程。为了便于编制基本建设计划和编制工程造价，组织招投标与施工，进行质量、工期和投资控制，拨付工程款项，实行经济核算和考核工程成本，需对一个基本建设项目系统地逐级划分为若干个各级工程项目。根据《2006 年新编水利水电工程建设实用百科全书》（陈涛，中国科技文化出版社，2006）所述，基本建设工程通常按项目本身的内部组成划分为单项工程、单位工程、分部工程和分项工程。

1. 单项工程

单项工程是一个建设项目中具有独立的设计文件，竣工后能够独立发挥生产能力和使用效益的工程。如工厂内能够独立生产的车间、办公楼；一个水利枢纽工程的发电站、拦河大坝等。

单项工程是具有独立存在意义的一个完整工程，也是一个极为复杂的综合体，它是由许多单位工程组成，如一个新建车间，不仅有厂房，还有设备安装工程。

2. 单位工程

单位工程是单项工程的组成部分，是指具有独立的设计文件、可以独立组织施工，但完工后不能独立发挥效益的工程。如工厂车间是一个单项工程，它又可以划分为建筑工程和设备安装两大类单位工程。

每一个单位工程仍然是一个较大的组合体，它本身仍然是由许多结构或更大部分组成的，所以对单位工程还需要进一步划分。

3. 分部工程

分部工程是单位工程的组成部分，是按工程部位、设备种类和型号、使用的材料和工种的不同对单位工程所作的进一步划分。如建筑工程中的一般土建工程，按照不同的工种和不同的材料结构可划分为土石方工程、基础工程、砌筑工程、钢筋混凝土工程等分部工程。

分部工程是编制工程造价、组织施工、质量评定、包工结算与成本核算的基本单位，但在分部工程中影响工料消耗的因素仍然很多。例如，同样都是土石方工程，由于土壤类别（普通土、坚硬土、砾质土）不同，挖土的深度不同、施工方法不同，则每一单位土方工程所消耗的人工、材料差别很大。因此，还必须把分部工程按照不同的施工方法、不同的材料、不同的规格等作进一步划分。

4. 分项工程

分项工程是分部工程的组成部分，通过较为简单的施工过程就能生产出来，并且可以用适当计量单位计算其工程量大小的建筑或设备安装工程产品。例如 $1m^3$ 砖基础、一台电动机的安装等。一般来说，它的独立存在是没有意义的，它只是建筑或设备安装工程的最基本构成因素。

建设项目分解如图 1-1 所示。

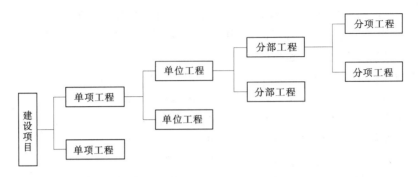

图 1-1 项目分解示意图

第三节 水利水电工程建设与管理

一、水利水电工程建设管理

建设管理体制是基本建设得到有效实施的根本保证，现阶段我国的建设管理体制是以国家宏观监督和调控为指导，以项目法人责任制或业主负责制为核心，以招标投标制和建设监理制为服务体系的建设项目管理体制。国家对建设项目的宏观监督、调控主要是从政策和管理制度上对项目的立项、审批进行指导、调控和监督。项目法人或业主对项目的实施、资金使用负责。通过招投标在项目建设中引入竞争机制，选择信誉好、有实力的承包人实施项目。实行建设监理制使项目建设管理趋于专业化、规范化和科学化的良性循环。

水利工程项目建设管理体制是水利工程项目建设管理的组织和运作的制度。依据水利部 1995 年 4 月 21 日颁布的《水利工程建设项目管理规定（试行）》（水建〔1995〕128号）的规定，水利工程建设项目管理实行统一管理、分级管理和目标管理，逐步建立水利部、流域机构和地方行政主管部门以及建设项目法人分级、分层次管理的管理体系。水利工程建设要严格按建设程序进行。实行"三项制度"改革，对生产经营性的水利工程建设项目要实行项目法人责任制；其他类型的项目应积极创造条件实行项目法人责任制。凡符合规定的水利建设项目都要实行招标投标制；水利工程建设全面推行建设监理制；水利建设项目必须贯彻"百年大计，质量第一"的方针，建立健全质量管理体系；水利工程建设要加强水利工程建设的信息交流管理工作，建立水利工程建设情况报告制度。

水利工程项目的管理体制包括以下各方面。

1. 水利部管理职责

水利部是国务院水行政主管部门，对全国水利工程建设实行宏观管理。水利部建设与管理司是水利部主管水利建设的综合管理部门，在水利工程建设项目管理方面，其主要管理职责是：

（1）贯彻执行国家的方针政策，研究制定水利工程建设的政策法规，并组织实施。

（2）对全国水利工程建设项目进行行业管理。

（3）组织和协调部属重点水利工程的建设。

（4）积极推行水利建设管理体制的改革，培育和完善水利建设市场。

（5）指导或参与省属重点大中型工程、中央参与投资的地方大中型工程建设的项目协调、监督。

2．流域机构管理职责

流域机构是水利部的派出机构，对其所在流域行使水行政主管部门的职责，负责本流域水利工程建设的行业管理。

（1）以中央投资为主的水利工程建设项目，除少数特别重大项目由水利部直接组织管理外，其余项目均由所在流域机构负责组织管理。逐步实现按流域综合规划、组织建设、生产经营、滚动开发的机制。

（2）流域机构按照国家投资政策，通过多渠道筹集资金，逐步建立流域水利建设投资主体，从而实现国家对流域水利建设项目的管理。

3．地方水行政主管部门管理职责

省（自治区、直辖市）水利（水务）厅（局）是地方的水行政主管部门，负责本地区水利工程建设的行业管理。

（1）负责本地区以地方投资为主的大中型水利工程建设项目的组织管理。

（2）支持本地区的国家和部属重点水利工程建设，积极为工程创造良好的建设环境。

4．项目法人管理职责

水利工程项目法人对建设项目的立项、筹资、建设、生产经营、还本付息以及资产保值增值的全过程负责，并承担投资风险。代表项目法人对建设项目进行管理的建设单位是项目建设的直接组织者和实施者，负责按项目的建设规模、投资总额、建设工期、工程质量等实行项目建设的全过程管理，对国家或投资各方负责。《国务院批转国家计委、财政部、水利部、建设部关于加强公益性水利工程建设管理若干意见的通知》（国发［2000］20号）指出，项目法人对项目建设的全过程负责，对项目的工程质量、工程进度和资金管理负总责。其主要职责为：

（1）负责组建项目法人在现场的建设管理机构。

（2）负责落实工程建设计划和资金。

（3）负责对工程质量、进度、资金等进行管理、检查和监督。

（4）负责协调项目的外部关系。

5．监理单位管理职责

依据《建设工程质量管理条例》（国务院第279号令），工程监理单位应当依照法律、法规以及有关技术标准、设计文件和建设工程承包合同，代表项目法人（建设单位）对工程质量实施监理，并对工程质量承担监理责任。工程监理单位应当选派具备相应资格的总监理工程师和监理工程师进驻施工现场。未经监理工程师签字，建筑材料、建筑构配件和设备不得在工程上使用或者安装，施工单位不得进行下一道工序的施工。未经总监理工程师签字，项目法人（建设单位）不拨付工程款，不进行竣工验收。监理工程师应当按照工程监理规范的要求，采取旁站、巡视和平行检验等形式，对建设工程实施监理。

6．施工单位管理职责

依据《建设工程质量管理条例》（国务院第279号令），施工单位对建设工程的施工质量负责，包括：施工单位应当建立质量责任制，确定工程项目的项目经理、技术负责人和施工管理负责人；施工单位必须按照工程设计图纸和施工技术标准施工，不得擅自修改工程设计，不得偷工减料；施工单位在施工过程中发现设计文件和图纸有差错的，应当及时提出意见和建议；施工单位必须按照工程设计要求、施工技术标准和合同约定，对建筑材料、建筑构配件、设备和商品混凝土进行检验，检验应当有书面记录和专人签字；未经检验或者检验不合格的，不得使用；施工单位必须建立、健全施工质量的检验制度，严格工序管理，做好隐蔽工程的质量检查和记录等方面的工作。

7. 设计单位管理职责

依据《建设工程质量管理条例》（国务院第 279 号令），勘察、设计单位必须按照工程建设强制性标准进行勘察、设计，并对其勘察、设计的质量负责，包括：注册建筑师、注册结构工程师等注册执业人员应当在设计文件上签字，对设计文件负责；勘察单位提供的地质、测量、水文等勘察成果必须真实、准确；设计单位应当根据勘察成果文件进行建设工程设计；设计文件应当符合国家规定的设计深度要求，注明工程合理使用年限；设计单位在设计文件中选用的建筑材料、建筑构配件和设备，应当注明规格、型号、性能等技术指标，其质量要求必须符合国家规定的标准；设计单位应当就审查合格的施工图设计文件向施工单位作出详细说明；设计单位应当参与建设工程质量事故分析，并对因设计造成的质量事故，提出相应的技术处理方案等方面。

8. 质量监督单位（社会监理）管理职责

依据《建设工程质量管理条例》（国务院第 279 号令），国家实行建设工程质量监督管理制度。国务院建设行政主管部门对全国的建设工程质量实施统一监督管理。国务院铁路、交通、水利等有关部门按照国务院规定的职责分工，负责对全国的有关专业建设工程质量的监督管理。县级以上地方人民政府建设行政主管部门对本行政区域内的建设工程质量实施监督管理。县级以上地方人民政府交通、水利等有关部门在各自的职责范围内，负责对本行政区域内的专业建设工程质量的监督管理。

二、水利水电工程建设程序

水利工程项目在建设工程中，各个工作环节的先后顺序和步骤也称水利工程基本建设程序。我国规定，对拟兴建的水利工程项目，要严格遵守基本建设程序，做好前期工作，并纳入国家各级基本建设计划后才能开工。

水利工程建设程序一般分为项目建议书、可行性研究报告、初步设计、施工准备（包括招标设计）、建设实施、生产准备、竣工验收、后评价等阶段。水利工程项目建设程序中，按其工作内容可分为决策阶段、设计阶段、建设阶段和生产阶段，各阶段主要的工作如图 1-2 所示。从投资人角度，还可分为投资前期、投资期和生产期。从建设管理的角度讲，项目法人的工作重点在投资期，即设计阶段和建设阶段。

水利水电工程建设项目基本建设程序的具体工作内容如下。

1. 项目建议书阶段

项目建议书应根据国民经济和社会发展长远规划、流域综合规划、区域综合规划、专业规划，按照国家产业政策和国家有关投资建设方针进行编制，是对拟进行建设项目的初步说明。

项目建议书编制一般由政府委托有相应资格的设计单位承担；并按国家现行规定权限

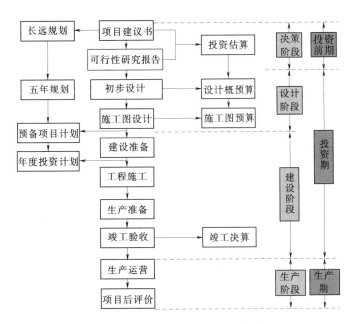

图 1-2 水利水电工程建设项目基本建设程序

向主管部门申报审批。项目建议书被批准后，由政府向社会公布，若有投资建设意向，应及时组建项目法人筹备机构，开展下一项建设程序工作。

2. 可行性研究报告阶段

可行性研究应对项目进行方案比较，在技术上是否可行和经济上是否合理进行科学的分析和论证。经过批准的可行性研究报告，是项目决策和进行初步设计的依据。可行性研究报告，由项目法人（或筹备机构）组织编制。

可行性研究报告按国家现行规定的审批权限报批。申报项目可行性研究报告，必须同时提出项目法人组建方案及运行机制、资金筹措方案、资金结构及回收资金的办法，并依照有关规定附具有管辖权的水行政主管部门或流域机构签署的规划同意书、对取水许可预申请的书面审查意见。审批部门要委托有项目相应资格的工程咨询机构对可行性报告进行评估，并综合行业归口主管部门、投资机构（公司）、项目法人（或项目法人筹备机构）等方面的意见进行审批。

可行性研究报告经批准后，不得随意修改和变更，在主要内容上有重要变动，应经原批准机关复审同意。项目可行性报告批准后，应正式成立项目法人，并按项目法人责任制实行项目管理。

3. 初步设计阶段

初步设计是根据批准的可行性研究报告和必要而准确的设计资料，对设计对象进行通盘研究，阐明拟建工程在技术上的可行性和经济上的合理性，规定项目的各项基本技术参数，编制项目的总概算。初步设计任务应择优选择有项目相应资格的设计单位承担，依照有关初步设计编制规定进行编制。

初步设计文件报批前，一般须由项目法人委托有相应资格的工程咨询机构或组织行业各方面（管理、设计、施工、咨询等）的专家，对初步设计中的重大问题进行咨询论证。

设计单位根据咨询论证意见，对初步设计文件进行补充、修改、优化。初步设计由项目法人组织审查后，按国家现行规定权限向主管部门申报审批。

设计单位必须严格保证设计质量，承担初步设计的合同责任。初步设计文件经批准后，主要内容不得随意修改、变更，并作为项目建设实施的技术文件基础。如有重要修改、变更，须经原审批机关复审同意。

4. 施工准备阶段

（1）项目在主体工程开工之前，必须完成各项施工准备工作，其主要内容包括：

1）施工现场的征地、拆迁。

2）完成施工用水、电、通信、路和场地平整等工程。

3）必需的生产、生活临时建筑工程。

4）组织招标设计、咨询、设备和物资采购等服务。

5）组织建设监理和主体工程招标投标，并择优选定建设监理单位和施工承包队伍。

（2）水利工程项目必须满足如下条件，施工准备方可进行：

1）初步设计已经批准。

2）项目法人已经建立。

3）项目已列入国家或地方水利建设投资计划，筹资方案已经确定。

4）有关土地使用权已经批准。

5）已办理报建手续。

5. 建设实施阶段

建设实施阶段是指主体工程的建设实施，项目法人按照批准的建设文件，组织工程建设，保证项目建设目标的实现。项目法人或其代理机构必须按审批权限，向主管部门提出主体工程开工申请报告，经批准后，主体工程方能正式开工。

（1）主体工程开工须具备以下条件：

1）前期工程各阶段文件已按规定批准，施工详图设计可以满足初期主体工程施工需要。

2）建设项目已列入国家或地方水利建设投资年度计划，年度建设资金已落实。

3）主体工程招标已经决标，工程承包合同已经签订，并得到主管部门同意。

4）现场施工准备和征地移民等建设外部条件能够满足主体工程开工需要。

（2）随着社会主义市场经济机制的建立，实行项目法人责任制，主体工程开工前还须具备以下条件：

1）建设管理模式已经确定，投资主体与项目主体的管理关系已经理顺。

2）项目建设所需全部投资来源已经明确，且投资结构合理。

3）项目产品的销售，已有用户承诺，并确定了定价原则。

工程建设要按照"政府监督、项目法人负责、社会监理、企业保证"的要求，建立健全质量管理体系。重要建设项目，需设立质量监督项目站，行使政府对项目建设的监督职能。

6. 生产准备阶段

生产准备是项目投产前所要进行的一项重要工作，是建设阶段转入生产经营的必要条件。项目法人应按照建管结合和项目法人责任制的要求，适时做好有关生产准备工作。

生产准备应根据不同类型的工程要求确定，一般应包括如下主要内容：

（1）生产组织准备。建立生产经营的管理机构及相应管理制度。

（2）招收和培训人员。按照生产运营的要求，配备生产管理人员，并通过多种形式的培训，提高人员素质，使之能满足运营要求。生产管理人员要尽早介入工程的施工建设，参加设备的安装调试，熟悉情况，掌握好生产技术和工艺流程，为顺利衔接基本建设和生产经营阶段做好准备。

（3）生产技术准备。主要包括技术资料的汇总、运行技术方案的制定、岗位操作规程制定和新技术准备。

（4）生产的物资准备。主要是落实投产运营所需要的原材料、协作产品、工器具、备品备件和其他协作配合条件的准备。

（5）正常的生活福利设施准备。

7. 竣工验收阶段

竣工验收是工程完成建设目标的标志，是全面考核基本建设成果、检验设计和工程质量的重要步骤。竣工验收合格的项目即从基本建设转入生产或使用。

当建设项目的建设内容全部完成，经过单位工程验收符合设计要求，完成了档案资料的整理工作，待竣工报告、竣工决算等必需文件编制完成后，项目法人向验收主管部门提出申请，根据国家和部委颁布的验收规程，组织验收。工程规模较大、技术较复杂的建设项目可先进行初步验收。不合格的工程不予验收；有遗留问题的项目，对遗留问题必须有具体处理意见，且对于限期处理的问题，需明确要求并落实责任人。

8. 后评价阶段

建设项目竣工投产后，一般经过1～2年生产运营后，要进行一次系统的项目后评价，主要内容包括：

（1）影响评价。项目投产后对各方面的影响进行评价。

（2）经济效益评价。对项目投资、国民经济效益、财务效益、技术进步和规模效益、可行性研究深度等进行评价。

（3）过程评价。对项目的立项、设计施工、建设管理、竣工投产、生产运营等全过程进行评价。

项目后评价一般按三个层次组织实施，即项目法人的自我评价、项目行业的评价、计划部门（或主要投资方）的评价。建设项目后评价工作必须遵循客观、公正、科学的原则，做到分析合理、评价公正。通过建设项目的后评价以达到肯定成绩、总结经验、研究问题、吸取教训、提出建议、改进工作，不断提高项目决策水平和投资效果的目的。

凡违反工程建设程序管理规定的，按照有关法律、法规、规章的规定，由项目行业主管部门根据情节轻重，对责任者进行处理。

三、水政与水法规

与其他许多国家相比，可以认为中国已经具有全面、现代的水资源法律。以下是与水利行业关键问题有关的主要法律。

1. 《中华人民共和国水法》

制定《中华人民共和国水法》的目的是为综合开发利用和保护水资源，治理江河，防治水害而协调和规范所有有关活动，是调整所有与水有关的社会、经济活动及关系的基本法律。1988年1月21日，中华人民共和国第六届人大常委会第二十四次会议上通过《中华人民共和国水法》（以下简称《水法》），于1988年7月1日生效。这部起草了11年、施行了14年的新中国第一部水法，使中国水资源的开发利用和保护、水害的防治有了法律准绳，它在我国水利事业从以行政管理为主向依法管理为主的巨大变革中发挥了重大作用。

2002年8月29日，中华人民共和国第九届全国人民代表大会常务委员会第二十九次会议修订通过了新版《水法》，修订后的《水法》自2002年10月1日起施行。新《水法》修订为8章82条，分为总则，水资源规划，水资源开发利用，水资源、水域和水工程的保护，水资源配置和节约使用，水事纠纷处理与执法监督检查，法律责任和附则。

《水法》修订的主要内容包括：

（1）在侧重点上做了重大调整。原《水法》侧重于水资源的综合开发和利用，发挥水资源的综合效益。因此，原水法主要规范开发利用等方面的水事活动，即重在规范水利建设。新《水法》强调水资源与人口、经济、生态环境的协调发展，以提高用水效率为核心，通过水资源的合理开发、高效利用、优化配置、全面节约、有效保护、综合治理，实现水资源的可持续利用，支持经济社会的可持续发展。

（2）在内容上做了重大修改。强化了水资源的统一管理，注重水资源合理配置；把节约用水放在突出位置；加强了宏观管理，新《水法》规定了水资源属于国家所有的单一所有制，水资源的所有权由国务院代表国家行使；以人为本，重视水资源与人口、经济发展、生态环境的协调；适应依法行政的要求，加强了执法监督，强化了法律监督，强化了法律责任。

水利部由国务院行政法规授权负责《水法》的实施，以部规章或与其他部委联合发布的规章具体指导省和地方政府实施《水法》，并对《水法》的实施情况进行监督。

2. 《中华人民共和国水土保持法》

1991年6月29日第七届人大常委会第二十次会议通过的《中华人民共和国水土保持法》（以下简称《水土保持法》）是与水资源有关的第二部重要的法律。《水土保持法》包括6章42条，其重要性在于指明了水资源和土地资源之间的相互关系。中国人口众多，但耕地和后备土地资源不足，同时水土流失严重。该法的主要目的是预防和治理水土流失，保护和合理利用水土资源，减轻水、旱、风沙灾害，改善生态环境，发展生产。通过制定《水土保持法》，形成了与水法配套的有力法律工具，为可持续发展和在保护环境的前提下利用水土资源提供了保障。

2010年12月25日，十一届全国人大常委会第十八次会议表决通过修订后的《水土保持法》，修订后的《水土保持法》自2011年3月1日起施行，共7章60条，分为总则、规划、预防、治理、监测和监督、法律责任和附则。修订的主要内容包括：增加了保护优先、突出重点、科学管理等方针；进一步强化了水土保持规划的法律地位；进一步完善了特定区域的水土流失各项预防措施、完善了对生产建设活动造成水土流失的预防措施、完善了生产建设项目水土保持方案管理制度、增加了对水土保持设施的管护要求以及增加了水行政主管部门、流域管理机构对生产建设项目水土保持方案的实施情况进行跟踪检查和处理的要求；进一步完善了水土流失的治理措施，并强化了对不同类型水土流失的综合治理，完善了水土流失治理和补偿制度；完善了水土保持监测体系和监督措施；完善了水土保持法律责任种类，补充规定了水行政主管部门和其他有关部门及其工作人员不依法履行职责的法律责任；细化了管理相对人违反《水土保持法》行为的法律责任；提高了处罚力度，增强了可操作性，提升了法律的威慑力。

由县级以上地方人民政府根据当地实际情况确定的负责水土保持工作的机构，行使本法规定的水行政主管部门水土保持工作的职责。

3.《中华人民共和国防洪法》

1997年8月29日第八届人大常委会第二十七次会议通过了《中华人民共和国防洪法》（以下简称《防洪法》），自1998年1月1日起实施，包括8章66条。这是中国规范自然灾害防治的第一部法律，填补了水法体系的空白。本法的重要性在于针对洪水灾害具体原因提出了治理措施以预防和控制洪水灾害。它要求根据流域机构编制的流域综合规划进行统一的防洪规划，规定了各级政府的规划职责，也具体提出了对城市防洪规划的要求。该法引入了"在规划中划定蓄滞洪区"这一重要机制，对蓄滞洪区的使用以及有关的活动则可以制定专门的条例。该法律还对水库和其他水利工程的调度提出了具体要求，在河道和湖泊的整治、堤防等方面考虑了多方面的需要，对易受洪水灾害地区的项目提出了洪水影响评价要求。水利部对该法的实施负主要责任。

4.《中华人民共和国水污染防治法》

1984年5月11日第六届人大常委会第五次会议通过了《中华人民共和国水污染防治法》（以下简称《水污染防治法》），该法自1984年11月1日起实施，共8章46条。在该法颁布后的10多年中，我国在各方面发生了很大变化，该法很快就不能满足经济发展和环境保护的要求。因此，1996年5月15日，第八届人大常委会第十九次会议通过了《全国人民代表大会常务委员会关于修改〈中华人民共和国水污染防治法〉的决定》，对本法进行了修改和重新发布，共7章62条。

2008年2月28日第十届全国人民代表大会常务委员会第三十二次会议表决通过修订后的《水污染防治法》。修订后的《水污染防治法》自2008年6月1日起施行。

修订后的《水污染防治法》在总结我国实施水污染防治法经验的基础上，借鉴国际上的一些成功做法，加强了水污染源头控制，完善了水环境监测网络，强化了重点水污染物排放总量控制制度，全面推行排污许可制度，完善饮用水水源保护区管理制度，在加强工业污染防治和城镇污染防治的基础上又增加了农村面源污染防治和内河船舶的污染防治，增加了水污染应急反应要求，加大了对违法行为的处罚力度，完善了民事法律责任。这一系列法律制度的建立健全，对防治水污染，保护和改善环境，保障饮用水安全，促进经济社会全面协调可持续发展具有重要的意义。

5.《中华人民共和国环境保护法》

1989年12月26日第七届人大常委会第十一次会议通过了《中华人民共和国环境保护法》（以下简称《环境保护法》）。该法包括6章47条。制定本法的基本目的是保护和改善"生活环境与生态环境",防治污染,保障人体健康。该法要求将环境保护规划纳入国民经济和社会发展计划,对环境质量和污染排放制定国家标准,建立监测制度和组织监测网络,实行建设项目的环境影响评价和报告制度。《水污染防治法》中提出的污水排放许可和其他条款对本法也适用,对超标排污征收超标准排污费,但征收的款项必须用于污染的防治。该法规定对有毒污染物的排放实行控制,任何由于有毒污染物的排放和使用造成的危害实行谁污染谁治理的原则,由肇事者负责清除危害并赔偿污染造成的损失。国家环保局承担实施本法的主要责任。

6. 其他法律

还有许多其他与水利行业有关的法律,如1996年通过的《中华人民共和国矿产资源法》(以下简称《矿产资源法》)中有十分重要的相关条款。第二十条(2)、(4)、(5)规定未经批准不得在大型水利工程设施一定距离内开采矿产资源。

在1994年3月26日国务院发布的《中华人民共和国矿产资源法实施细则》要求保护灌溉、航运和防洪等活动或设施,防止水土流失,保护生态环境,把地下水确定为具有水资源和矿产资源双重属性。该细则规定《矿产资源法》适用于地下水的勘探,水法适用于水资源的开发、利用、保护和管理。二者都必须考虑《水土保持法》提出的要求。1998年,地下水的管理权限划归水利部,这样就形成了由一个部对水行业中水资源量方面的所有问题承担主要职责的管理格局。但是国土资源部保留对土地和水资源利用规划以及监督防止地下水的超采和污染的双重职能。建设部对城市的供水、节水和卫生承担指导职能。

7. 行政法规和规章

在国家、省级和地方层次上已经发布了许多行政法规和规章。最受关注的是1997年颁布的《水利产业政策》,该产业政策明确了水利工程项目的分类,推进水利产业化、节水与水资源保护,根据水法阐明了资金问题,强调执行水费和水资源费制度。在这方面规定了三个重要的步骤:用水必须计量;按照《取水许可制度实施办法》推行国家取水许可制度;按照项目分类制定和征收水费。

思　考　题

1. 简述我国水资源的现状和存在问题。
2. 将水利水电工程进行分等分级和项目划分的日的分别是什么?
3. 水利水电工程建设不同于其他工程建设的特点是什么?
4. 简述水利水电工程建设程序。
5. 进行水利水电工程管理有什么意义?

第一篇　水利水电工程前期管理

第二章　工程建设项目前期准备

　　水利工程建设全过程一般分为三大阶段：工程开工前为前期工作阶段，包括流域规划、项目建议书、可行性研究、初步设计、施工图设计等；工程开工后到竣工验收为施工阶段，包括工程招标、工程施工、设备安装、竣工验收等；第三阶段为生产运行阶段，主要包括生产运行与后评价。

　　工程建设项目前期准备工作阶段是水利工程建设程序中的第一个阶段，也是不可或缺的一个重要阶段，对工程建设后续阶段有巨大的影响，直接指导施工阶段的顺利进行。

第一节　流　域　规　划

　　流域规划是根据国家制定水利建设的方针政策，地区及国民经济各部门对水利建设的需求，提出针对某一河流治理开发的全面综合规划。

　　流域规划以江河流域为范围，以研究水资源的合理开发和综合利用为中心的长远规划，是区域规划的一种特殊类型，是国土规划的一个重要方面。其主要内容为：查明河流的自然特性，确定治理开发的方针和任务，提出梯级布置方案、开发程序和近期工程项目，协调有关社会经济各方面的关系。

　　按规划的主要对象，流域规划可分为两类：一类是以江河本身的治理开发为主，如较大河流的综合利用规划，多数偏重于干、支流梯级和水库群的布置以及防洪、发电、灌溉、航运等枢纽建筑物的配置；另一类是以流域的水利开发为目标，如较小河流的规划或地区水利规划，主要包括各种水资源的利用，水土资源的平衡以及农林和水土保持等规划措施。

一、发展概况

　　流域规划始于19世纪，1879年美国成立密西西比河委员会，进行流域内的测量调查、防洪和改善航道等工作，1928年提出了以防洪为主的全面治理方案。随后，如美国的田纳西河、哥伦比亚河，苏联的伏尔加河，法国的罗纳河等河流，都进行了流域规划并获得成功，取得河流多目标开发的最大综合效益，促进了地区经济的发展。

　　中国自20世纪50年代开始，对黄河、长江、珠江、海河、淮河等大河和众多中小河流先后进行了流域规划。其中一些获得了成功，取得了良好的经济效益，积累了可贵的经验。但也有一些流域规划，因基础资料不够完整、可靠、系统，审查修正不够及时，未起到应有的作用。20 世纪 70 年代末以来，对一些河流又分别进行了流域规划复查修正或重新编制的工作。

二、规划原则

江河流域规划的目标大致为：基本确定河流治理开发的方针和任务，基本选定梯级开发方案和近期工程，初步论证近期工程的建设必要性、技术可能性和经济合理性。水利电力部于 1982 年制定的《江河流域规划编制规程》规定：

（1）贯彻国家的建设方针和政策。处理好需要与可能、近期与远景、除害与兴利、农业与工业交通、整体与局部、干流与支流、上游与下游、滞蓄与排洪、大型与中小型，以及资源利用与保护等方面的关系。

（2）贯彻综合利用原则。调查研究防洪、发电、灌溉、航运、过木、供水、渔业、旅游、环境保护等有关部门的现状和要求，分清主次、合理安排。

（3）重视基本资料。在广泛收集整理已有的普查资料基础上，通过必要的勘测手段和调查研究工作，掌握地质、地形、水文、气象、泥沙等自然条件，了解地区经济特点及发展趋势、用电和其他综合利用要求、水库环境本底情况等基本依据。

三、规划内容

流域规划的主要内容包括河流梯级开发方案和近期工程的选择。

1. 河流梯级开发方案的拟订应遵循的基本原则

（1）根据河流自然条件和开发任务，在必要和可能的前提下，尽量满足综合开发、利用的要求。

（2）合理利用河道流量和天然落差。

（3）结合地质地形条件，选择和布置控制性调节水库。

（4）尽量减少因水库淹没所造成的损失。

（5）注意对环境的不利影响。

2. 近期工程的选定应考虑的基本条件

（1）具有较多较可靠的水文、地形、地质等基本资料。

（2）能较好地满足近期用电和综合开发、利用的要求，距离用电中心较近的、工程技术措施比较容易落实的、建设规模与国民经济发展相适应的工程，则在经济上比较合理。

（3）对外交通比较方便，施工条件比较优越。

（4）水库淹没所造成的损失相对较少。

第二节　项目建议书

一、概述

项目建议书（又称立项申请）是根据国民经济和社会发展长远规划、流域综合规划、区域综合规划或专业规划的内容，按照国家产业政策和国家有关投资建设方针，区分轻重缓急，合理选择开发建设项目。对项目的建设条件进行调查和必要的勘测，对设计方案进行比选，并对资金筹措进行分析，择优选定建设项目的规模、地点、建设时间和投资总额，论证建设项目的必要性、可行性和合理性。

水利工程项目建议书的编制是国家基本建设过程的重要阶段，它是在流域、河道综合规划的基础上进行编制的，经主管部门审查，有关部门评估、批准后，列入国家或地区长期经济发展计划，同时也是项目立项和开展下阶段可行性研究报告工作的依据。

水利工程项目建议书的编制先由主管部门（一般是政府）或业主根据批准的流域和区域综合规划或专业规划提出的近期开发项目，考虑国家和当地发展的需要，委托有资格的水利水电勘测设计单位编写项目建议书的任务书和相应的勘察设计大纲，报主管部门审查通过后，才能正式开展项目建议书的工作。承担编制任务的单位应按批准任务书的要求进行编制，编制所需费用由委托单位支付。

项目建议书的编制应贯彻国家有关基本建设方针政策和水利行业相关的规定，还应符合有关技术标准。项目建议书应按照《水利水电工程项目建议书编制暂行规定》（水利部水规计〔1996〕608号）执行。

项目建议书编制完成后，按水利工程基本建设管理规定上报主管部门待审批。项目建议书被批准后，可由政府向社会公布，若有投资建设意向，应及时组建项目法人等筹备机构，开展下一建设程序工作。

二、项目建议书的主要内容

由国家发展计划委员会（以下简称国家计委）审批的中央和地方（包括中央参与投资）新建、扩建的大、中型水利水电工程项目建议书按《水利水电工程项目建议书编制暂行规定》（水规计〔1996〕608号）编制，由各省（自治区、直辖市）审批的大、中型水利水电工程和小型水利水电工程项目建议书可参照执行。主要内容及深度要求如下：

（1）项目建设的必要性和任务。概述对项目建设的要求，阐述项目的建设任务，根据项目实际情况进行分析，论证项目建设的必要性。

（2）建设条件。简述工程所在流域（或区域）的水文条件、工程地质条件。分析项目所在地区和附近有关地区的生态、社会和环境等外部条件及其对本项目的影响。

（3）建设规模。对规划阶段拟定的工程规模进行复核，通过初步技术经济分析，初选工程规模指标。

（4）主要建筑物布置。根据初选的建设规模及有关规定，初步确定工程等级及主要建筑物级别、设计洪水标准和地震设防烈度；初选工程场址，初定主要建筑物的基本型式和布置，提出工程总布置初步方案；分项列出各建筑物及地基处理、机电设备和金属结构的工程量。

（5）工程施工。简述工程区水文气象、对外交通、通信及施工场地等条件，初拟施工导流标准、流量、导流度汛方式、导流建筑物型式和布置，初拟主体工程施工方法、施工总布置和总进度。

（6）淹没和占地处理。简述淹没、占地处理范围和主要实物指标，以及移民安置、专项迁建规模及实物指标，初估补偿投资费用。

（7）环境影响。根据工程影响区的环境状况，结合工程等特性，简要分析工程建设对环境的影响。对主要不利影响，应初步提出减免的对策和措施，分析是否存在工程开发的重大制约因素。

（8）工程管理。初步提出项目建设管理机构的设置与隶属关系以及资产权属关系，以及维持项目正常运作所需管理、维护费用及其来源、负担的原则和应采取的措施。

（9）投资估算及资金筹措。简述投资估算的编制原则、依据及采用的价格水平年，初拟主要基础单价和主要工程单价，提出投资主要指标，按工程量估算投资，提出资金筹措设想。

（10）经济评价。说明经济评价的基本依据，说明国民经济评价和财务评价的价格水平、主要参数及评价准则；提出项目经济初步评价指标，对项目国民经济合理性进行初步评价及敏感性分析；提出项目财务初步评价指标，对项目的财务可行性进行初步评价；从社会效益和财务效益方面，提出项目的综合评价结论。

（11）结论与建议。综述工程项目建设的必要性以及任务、规模、建设条件、工程总布置、淹没、占地处理、环境影响、工期、投资估算和经济评价等主要成果，简述主要问题和地方政府的意见，提出综合评价结论和今后工作的建议。

三、项目建议书的编制

项目建议书由政府部门、全国性专业公司以及现有企事业单位或新组成的项目法人提出。其中，大中型和限额以上拟建项目上报项目建议书时，应附初步可行性研究报告。初步可行性研究报告由有资格的设计单位或工程咨询公司编制。

项目建议书的编制按水利部《水利前期工作项目计划管理办法》（水规计［1994］544号）的规定，水利前期工作项目需申报《水利前期工作勘测设计项目任务书》，经审查批准后方可开展工作。

编制前期工作项目任务书，应按水利水电规划设计总院（以下简称水规总院）《关于编制水利水电前期工作勘测设计任务书有关问题的通知》（水规计［1998］10号）的规定进行，其主要内容包括前阶段主要工作结论及审查意见、主要工作特点、立项的依据和理由、勘测设计大纲、综合利用要求、外协关系、本阶段工作量及经费、勘测设计工作总进度等。

1. 项目建议书编制单位

水利水电工程项目建议书必须由项目法人或主管部门委托，由具有相应水利水电勘测设计资质的勘测设计单位编制。按水利前期工作项目的经费来源以及工程项目的属性，分为部直属项目（中央项目）、地方项目、集资项目、部内单位项目（建设管理专题项目）、专项、其他项目，并划分为规划、项目建议书（预可研）、可行性研究、初步设计、其他项目、专项等六大类。

2. 项目建议书编制依据

水利水电工程项目建议书应根据国民经济和社会发展规划要求，在批准规划的基础上提出开发目标和任务，对项目的建设条件进行调查和必要的勘测工作，并在对资金筹措进行分析后，择优选定建设项目和项目的建设规模、地点和建设时间，论证工程项目建设的必要性，初步分析项目建设的可行性和合理性。编制的主要依据包括国家有关的方针政策、法律法规，经批准的江河流域综合利用规划、专业规划，有关规程、规范、技术标准。

3. 项目建议书编制方式

项目建议书的立项编制程序应按照水利部1994年12月7日颁布的《水利前期工作项目计划管理办法》（水规计［1994］544号）执行，先由项目主管单位依据水利建设发展规划和任务要求负责组织编制项目任务书，项目任务书完成后，由所在单位的主管领导批准，报水利部水规总院及水利部规划计划司，由水利部委托水规总院组织审查，水利部负责审批。对于重大的项目任务书，还应上报国家发展和改革委员会（以下简称国家发改委）批复。项目任务书经审查批准后，方可正式开展项目建议书的勘测设计工作。

4. 项目建议书上报应具备的条件

水利工程项目的项目建议书上报审批应具备一定的条件，目前水利工程项目的项目建议书上报应具备的条件包括：

（1）项目的外部条件涉及其他省、部门等利益时，必须附上具有有关省和部门意见的书面文件。

（2）水行政主管部门或流域机构签署的规划同意文件。

（3）项目建设与运行管理初步方案。

（4）项目建设资金的筹措方案及投资来源意向合同文件。

四、项目建议书的审批

根据水利部《关于加强财政预算内专项资金水利建设项目建设管理的紧急通知》（水建管［1998］470号）的要求，按照分级管理的原则，严格设计审批程序。根据项目的规模和等级分别由水利部、流域机构、省级水行政主管部门组织审查，任何单位和个人不得越权审批，更不得以行政命令指定设计方案。

目前，项目建议书要按现行的管理体制、隶属关系，分级审批。

前期各阶段设计报告审查以后，按现行规定，凡属大、中型或限额以上项目的项目建议书和可行性研究报告均应将审查意见附件以及需说明的问题上报水利部，同时抄送国家发改委。经水利部综合考虑，对于需要上报国家发改委、国务院的设计项目的项目建议书和可行性研究报告，着重从资金来源、建设布局、资源合理利用、技术经济合理性等方面提出行业主管部门的审查意见，报国家发改委审批。初步设计报告原则上由水利部直接批复。

根据国务院对项目建议书和可行性研究报告的审批权限的规定，属中央投资、中央与地方合资的大中型和限额以上的项目建议书和可行性研究报告，要报送国家计委审批。总投资超过2亿元的重大建设项目的可行性研究报告报国务院审批。

五、项目建议书批准后的主要工作

项目建议书批准后主要有以下工作：

（1）确定项目建设的机构、人员、法人代表、法定代表人。

（2）选定建设地址，申请规划设计条件，做规划设计方案。

（3）落实筹措资金方案。

（4）落实供水、供电、供气、供热、雨污水排放、电信等市政公用设施配套方案。

（5）落实主要原材料、燃料的供应。

（6）落实环保、劳保、卫生防疫、节能、消防措施。

（7）外商投资企业申请企业名称预登记。

（8）进行详细的市场调查分析。

（9）编制可行性研究报告。

第三节 可行性研究报告

一、概述

水利水电工程项目的可行性研究是在流域综合规划和项目建议书批准的基础上，在工程涉及的范围内进行较详细的调查研究和必需的地质勘察工作，提出可靠的基础资料，对工程建设项目，在技术上的可行性和经济上的合理性进行全面分析、科学论证，经多种方案综合比较，选定最好的方案，编制可行性研究报告。

可行性报告中要确定或基本确定建设条件、主要规划指标、建设规模、工程总布置、建筑物基本结构型式、初选主体工程的施工方法、施工导流方案，对工程效益、经济评价以及工程存在的主要问题及其解决方法要有明确的意见。

可行性研究对项目方案进行比选，需要组织各方面的专家和学者对拟建项目的建设条件进行全方位、多方面的综合论证比较。例如，三峡工程就涉及许多部门和专业，甚至整个流域的生态环境、文物古迹、军事等学科。

项目可行性研究报告是项目可行性研究的成果，是项目立项建设的主要成果文件。可行性研究报告阶段是项目最终决策和初步设计的依据，必须按规定要求达到应有的深度和准确性。

可行性研究是项目是否兴建的关键阶段，可行性研究的投资估算将是建设项目投资控制的总目标，直接关系到投资效益，从投资控制角度来讲是影响投资最大的一个阶段。

可行性研究报告经批准后，不得随意修改和变更，因地质和外界环境等的变化而引起的在规模、方案布置、主要建筑物型式等主要内容上的重大变动，需经原审批部门复审同意后，方可修改。

二、可行性研究报告内容

根据《水利水电工程可行性研究报告编制规程》（DL 5020—93）的规定，可行性研究报告的主要内容如下：

（1）在项目建议书分析工程建设必要性的基础上，应进一步论证工程建设的必要性，确定工程建设的任务和综合利用工程功能主次顺序。

（2）确定工程的主要水文参数和水文成果，包括多年平均径流量、不同月份的平均径流量、不同频率的洪峰流量及洪量等。

（3）查明影响工程的主要地质条件和主要工程的主要地质问题，对工程场地的构造稳定性和地表危害性作出评价；对水库的主要地质问题，如浸没、库区渗漏、诱发地震等作出评价；对主要建筑物地质条件，如承载力、抗滑稳定、渗透稳定、边坡稳定等作出初步评价；对天然建筑材料的产地、储量、质量进行初查，作出初评。

（4）基本选定工程规模及基本确定工程规模主要指标及效益指标（主要水位、流量、水资源用量等）。

（5）选定工程建设场址（坝址及厂、站、场）。

（6）选定基本坝型和主要建筑物基本型式，初定工程总布置，提出主要建筑物工程量及总工程量。

（7）初选机型、电气主结线及其主要机电设备，初定厂房和机电布置。

（8）初选金属结构设备型式及其布置。

（9）基本选定对外交通方案，初选施工导流方案，主体工程施工方法和施工总布置，提出控制性工程和实施意见。

（10）初选管理方案、人员编制及设施。

（11）基本确定水库淹没、工程占地的范围，查明主要淹没、工程占地主要实物指标，提出移民安置可行性规划方案、估算淹没、占地补偿投资。

（12）评价工程对环境的影响。

（13）提出主要工程量、建筑材料需用量、估算工程总投资及分年度投资。依据《水利工程设计概（估）算编制规定》（水总［2002］116号）编制工程投资总估算及分年度投资。

（14）明确工程效益、作出经济评价和财务分析。

（15）提出综合评价和结论。

此外，可行性研究报告除上述正文的主要内容外，还应有下列附件：有关工程的重要文件；中间讨论和审查会议纪要；水文分析报告；移民安置和淹没处理规划报告；工程地质专题报告；环境影响评价报告书；重要试验和科研报告。

根据2001年6月18日国家计委颁布的《建设项目可行性研究报告增加招标内容以及核准招标事项暂行规定》（国家计委第9号令），可行性研究报告上报应增加招标的内容主要包括招标范围、招标组织形式、招标方式等。

三、编制与审批

项目可行性研究报告的编制与审批要根据项目的属性和项目的规模确定，目前关于项目可行性研究报告的编制由国家或项目法人委托有资质的勘测设计单位完成。项目可行性研究报告的审批，依据管理权限由项目的主管部门或项目的投资人审批。水利项目由于其特殊性，应根据水利项目的规模和属性，依据有关的规定进行审批。

（一）可行性研究报告的编制

1. 编制单位

可行性研究报告的编制按现行规定由项目法人（或筹备机构）组织编制，根据《设计单位体制改革若干意见的通知》（国办发［1999］101号）的精神，改革的目标是：勘察设计单位由现行的事业性质改为科技型企业，使之成为适应市场经济要求的法人实体和市场主体，今后可行性研究报告的编制应采用勘察设计招标的形式选择有相应资质的勘测设计单位承担。

2. 编制依据

可行性研究报告应按照《水利水电工程可行性研究报告编制规程》编制。项目可行性研究报告编制依据有：

（1）国民经济和社会发展的长期规划与计划，部门、行业、地区的发展规划和计划，国家与地方经济方针政策，以及地方法规等。

（2）经批准的项目建议书。

（3）有国家批准的资源报告，土地开发整治规划。

（4）拟建厂址区的自然、经济、文化、社会基础资料。

（5）水利水电工程可行性研究报告编制规程及有关的规程规范。

3. 编制方式

可行性研究报告的编制应根据《水利工程建设程序管理暂行规定》（水建［1998］16号）执行。可行性研究报告由项目法人（或筹备机构）组织，可直接委托有资质的勘测设计单位，承担单位按项目法人（或筹备机构）的要求编制，也可采用招标形式选择咨询设计单位承担，项目法人（业主）与设计单位签订合同，双方按合同规定执行。

（二）可行性研究报告的评估

可行性研究报告的项目评估是建设项目非常重要的程序，同样由项目审批部门委托有资质的工程咨询单位进行评估，但与项目建议书的评估不同，评估内容有所侧重。项目建议书主要从项目建设的必要性、初拟的建设规模和总布置、资金筹措方案、初步评价工程建设的合理性。而可行性研究报告的评估，首先对其所提供的基本资料、地质、水文成果、工程涉及地区的经济社会情况的可靠性、真实性进行全面审核；就项目的必要性、技术上的可行性、财务经济的合理性，从国家经济社会发展的角度和相关的法规、规程规范的执行进一步提出评估意见；对其投资估算筹措方式，贷款偿还能力，建设工期以及工程对环境的影响，防范风险措施等提出评估意见和建议。此外，对项目招标的组织形式、招标方式等提出参考意见，最后还应对工程建设提出结论性意见并对重大问题提出建议。

目前，属于中央投资、中央与地方合资的大中型和限额以上项目的可行性研究报告由中国国际工程咨询公司负责评估。

（三）可行性研究报告的申报条件

水利工程项目的项目可行性研究报告上报审批应具备一定的条件，目前包括：

（1）项目建议书的批准文件。

（2）项目法人的组建方案及运行机制；项目建设及建成投入使用后的管理体制及管理机构落实方案，管理维护经费开支的落实方案。

（3）资金筹措方案，或项目建设资金筹措各方的资金承诺文件、资金结构及回收资金的方法，投资机构的意见。

（4）使用国外投资、中外合资和 BOT［Build（建设）、Operate（经营）、Transfer（转交）］方式建设的外资项目，必须有与国外金融机构、外商签订的协议和相应的资信证明文件。

（5）依据有关规定附上具有管辖权的水行政主管部门或流域机构签署的规划同意书。

（6）需要办理取水许可的水利建设项目，附有对取水许可预申请的书面审查意见以及经审查的建设项目水资源论证报告书。

（7）相应资质的工程咨询机构对可行性研究报告进行的评估意见。

（8）行业归口主管部门的意见。

（9）项目法人或项目法人筹备机构的意见。

（10）环境影响评价报告书及审批文件。

（11）项目招标内容、范围和方式。

（12）项目的其他外部协作协议。

（四）可行性研究报告的审批

可行性研究报告的审批程序与项目建议书基本相同，可行性研究报告应附有项目建议书的审批意见和上报单位的初审意见。根据《建设项目可行性研究报告增加招标内容以及核准招标事项暂行规定》，可行性研究报告上报应增加招标的内容主要包括招标范围、招标组织形式、招标方式等。可行性研究报告经水规总院技术审查后，水利部依据水资源的综合利用、工程投资资金筹措及外部建设条件等综合考虑，提出行业主管部门的审查意见报国家发改委。国家发改委依据主管部门的审查意见、专业银行部门的意见和委托工程咨询公司的评估意见，按照国家经济社会发展规划以及地区发展规划，资源优化配置、资金来源以及外部协作条件等综合分析，对工程建设任务、规模及其重要指标、总投资、工程总工期等重大问题进行批复。

经批准的可行性研究报告是项目决策和进行初步设计的依据。可行性研究报告批准后，一般不能随意修改、变更，确因水文、规划指标、地质条件、施工条件的变化和政策上的调整而引起的设计重大变更或较大变更的，在主要内容上有重要变动，必须经原审批单位复审同意方能修改。

项目可行性研究报告批准后应正式成立项目法人，按项目法人责任制实行项目管理。

第四节　初步设计与施工图设计

设计是对拟建工程的实施在技术上和经济上所进行的全面而详细的安排，是基本建设计划的具体化，是整个工程的决定环节，是组织施工的依据，直接关系着工程质量和将来的使用效果。经批准可行性研究报告的建设项目，应委托设计单位，按照批准的可行性研究报告的内容和要求进行设计，编制设计文件。

根据建设项目的不同情况，设计过程一般划分为两个阶段，即初步设计和施工图设计。重大项目和技术复杂项目可根据不同行业的特点和需要，增加技术设计阶段。

一、初步设计

（一）概述

初步设计是在可行性研究的基础上对项目建设的进一步勘测设计工作，其成果是初步设计报告，经批准的初步设计报告确定了项目的建设规模和建设投资。

初步设计是根据批准的可行性研究报告和必要而准确的设计资料，对设计对象进行通盘研究，阐明拟建工程在技术上的可行性和经济上的合理性，规定项目的各项基本技术参数，编制项目的总概算。初步设计任务应择优选择有相应资格的设计单位承担，初步设计报告依照有关初步设计编制规定进行编制。

初步设计是可行性研究报告的补充和深化。应根据批准的可行性研究报告的基础资料以及审查提出的意见和问题对可行性研究报告作进一步补充；对可行性研究阶段要求的工作内容，继续深化研究。拟建的工程任务、规模、水文分析和地质勘查成果、主要建筑物基本型式、施工方案、移民占地、工程管理、投资估算以及环境评价和经济评价，在可行性研究报告阶段均已做了大量工作，绝大部分方案、指标都已确定或基本确定。初步设计主要按照有关规定进行复核，对工程建筑物的布置、机电及施工组织设计、工程概算，进一步深入工作，最终确定整个工程设计方案和工程总投资，编成初步设计报告。

初步设计是工程实施的决定环节，是施工招标设计和工程施工年度计划安排的依据。初步设计文件经批准后，主要方案和主要指标不得随意修改、变更，并作为项目实施的技术文件的基础，若有重要的修改、变更，须经原审批部门复审同意。

（二）初步设计报告内容

初步设计是可行性研究报告的补充和进一步深化，水利水电项目的初步设计报告依据《水利水电工程初步设计报告编制规程》的规定，其主要内容如下：

（1）复核工程任务及具体要求，确定工程规模，选定水位、流量、扬程等特征值，明确运行要求。

（2）复核水文成果。

（3）复核区域构造的稳定性，查明水库地质和建筑物工程地质条件、灌区水文地质条件及土壤特性，得出相应的评价和结论。

（4）复核工程的等级和设计标准，确定工程总体布置、主要建筑物的轴线、线路、结构型式和布置、控制尺寸、高程和工程数量。

（5）确定电厂或泵站的装机容量，选定机组机型、单机容量、单机流量及台数，确定接入电力系统的方式、电气主接线和输电方式及主要机电设备的选型和布置，选定开关站（变电站、换流站）的型式，选定泵站电源进线路径、距离和线路型式，确定建筑物的闸门和启闭机等的型式和布置。

（6）提出消防设计方案和主要设施。

（7）选定对外交通方案、施工导流方式、施工总体布置和总进度、主要建筑物施工方法及主要施工设备，提出天然（人工）建筑材料、劳动力、供水和供电的需要量及其来源。

（8）确定水库淹没、工程占地的范围，核实水库淹没实物指标及工程占地范围的实物指标，提出水库淹没处理、移民安置规划和投资概算。

（9）提出环境保护措施设计。

（10）拟定水利工程的管理机构，提出工程管理范围和保护范围以及主要管理设施。

（11）编制初步设计概算，利用外资的工程应编制外资概算。

（12）复核经济评价。

初步设计报告的附件包括：可行性研究报告审查意见、专题报告的审查意见、主要的会议纪要等；有关工程综合利用、水库淹没对象及工程占地的迁建和补偿、铁路及其他设施改建、设备制造等方面的协议书及主要资料；水文分析复核报告；工程地质报告和专题工程地质报告；水库淹没处理及移民安置规划报告、工程永久占地处理报告；水工模型试验报告及其他试验研究报告；机电、金属结构设备专题论证报告；其他有关的专题报告；初步设计有关附图等。

（三）初步设计报告的编报

1. 编制单位

初步设计报告的编制，一般应由项目法人（业主）通过招标方式择优选择有资质的勘察设计单位承担。

2. 编制依据

水利水电项目的初步设计报告应按照《水利水电工程初步设计报告编制规程》的规定进行编制，初步设计报告编制依据有：

（1）可行性研究报告批准的内容、意见和问题以及对下一步的建议。

（2）初步设计阶段的科研试验报告。

（3）补充的勘察地质报告。

（4）水利水电工程初步设计编制规程及有关的规程、规范。

（5）项目法人对工程项目目标及施工方案的要求等。

3. 编制方式

初步设计报告的编制应按照 2000 年 4 月 4 日国务院批准的国家计委（现为国家发改委）令第 3 号《工程建设项目招标范围和规模标准的规定》采取招标方式，选择有资质的水利水电勘测设计单位（或咨询公司）承担，项目法人应与中标人按照招标文件和中标人的投标文件订立书面合同，双方共同履行合同。

4. 初步设计的咨询论证和审查

初步设计文件报批前，一般由项目法人委托有相应资质的工程咨询机构或组织行业各方面（包括管理、设计、施工、咨询）的专家，对初步设计中的重大问题进行咨询论证；设计单位根据咨询论证意见对初步设计文件进行补充、修改、优化。

初步设计由项目法人组织审查，审查通过后按国家规定的审批权限上报。

5. 初步设计报告上报条件

水利工程项目的项目初步设计报告上报审批应具备一定的条件，目前包括：

（1）可行性研究报告已审批，有符合规定的可行性研究报告批准文件。

（2）项目建设资金筹措方案已确定，有合法有效的资金筹措文件。

（3）项目建设及建成投入使用后的管理机构方案已确定，并有批复文件。

（4）管理运行维护经费已明确，并有承诺文件。

（四）初步设计报告的审批

中央直属项目由设计单位或流域机构按规定将项目初步设计报告上报水利部，并送水规总院；地方项目由所在省（自治区、直辖市）计划单列市的水行政主管部门办文上报水利部，并抄送水规总院及所在流域机构，文后附有可行性研究报告的审批意见及上报单位对初步设计报告的初审意见。

受水利部的委托，水规总院或流域机构对上报水利部的初步设计报告的项目进行技术审查，将审查意见报水利部后，水利部依据国家发改委对该项目的可行性研究报告的意见和技术审查意见，从资金来源、资源合理利用、建设布局等综合考虑，对项目的初步设计报告进行批复。

初步设计文件经批准后，主要内容不得随意修改、变更，并作为项目建设实施的技术文件基础。如有重要修改、变更，须经原审批机关复审同意。

二、施工图设计

施工图设计是按初步设计或技术设计所确定的设计原则、结构方案和控制尺寸，根据建筑安装工作的需要，分期分批地编制工程施工详图。在施工图设计中，还要编制相应的施工预算。

在施工图设计阶段的主要工作是：对初步设计拟定的各项建筑物，进一步补充计算分析和试验研究，深入细致地落实工程建设的技术措施，提出建筑物尺寸、布置、施工和设备制造、安装的详图、文字说明，并编制施工图预算，作为预算包干、工程结算的依据。

设计文件要按规定报送审批。初步设计与总概算应提交主管部门审批。施工图设计应是设计方案的具体化，由设计单位负责，在交付施工前，须经项目法人或由项目法人委托监理单位审查。

重要的大型水利工程，技术复杂，一般增加一个技术设计阶段，其内容根据工程的特点而定，深度应能满足确定设计方案中较重要而复杂的技术问题和有关科学试验、设备制造方面的要求，同时编制修正概算。

随着水利工程建设管理体制改革的进一步深化和工程建设招标投标制推行，水利部在1994年11月颁发的《关于明确招标设计阶段的通知》（水建〔1994〕488号）中规定，凡要求实行施工招标的工程，均要进行招标设计。招标设计阶段工作内容暂按原技术设计的要求进行，并在此基础上制定施工规划，编制招标文件。招标设计工作在施工准备阶段进行。

思　考　题

1. 工程建设项目前期准备主要包括哪几个阶段？
2. 进行流域规划的目标是什么？
3. 简述项目建议书的编制程序。
4. 简述可行性研究的作用和意义。
5. 建设项目的设计过程分哪两个阶段，各阶段的主要工作是什么？

第三章 工程建设投资控制

第一节 投资控制基本概念

一、概述

1. 投资

投资是指投资主体为了特定的目的，以达到预期收益的价值垫付行为。投资属于商品经济的范畴，投资活动作为一种经济活动，投资运动过程就是在投资循环周期中价值川流不息的运动过程。生产经营性投资运动过程包括资金筹集、分配、运动（实施）和回收增值四个阶段。

投资可以从不同的角度进行分类：按其形成资产的性质，可分为固定资产投资和流动资产投资；按照投入行为的直接程度，可以分为直接投资和间接投资；按投资对象的不同，可以分为实际投资和金融投资；按照投资主体类别不同，可分为国家投资，企业投资和个人投资；按其投入的领域，可分为生产性投资和非生产性投资；按经营目标的不同，可分为盈利性投资和政策性投资；按照投资来源国别分，可分为国内投资和国外投资。

2. 基本建设项目

基本建设是指固定资产的建设，即是建筑、安装和购置固定资产的活动及与之相关的工作。按照我国现行规定，凡利用国家预算内基建拨改贷、自筹资金、国内外基建信贷以及其他专项资金进行的以扩大生产能力（或新增工程效益）为目的的新、扩建工程及有关工作，属于基本建设。凡利用企业折旧基金、国家更改措施预算拨改贷款、企业自有资金、国内外技术改造信用贷款等资金，对现有企事业的原有设施进行技术改造（包括固定资产更新）以及建设相应配套的辅助生产、生活福利设施等工程和有关工作，属于更新改造。以上基本建设与更新改造均属于固定资产投资活动。

基本建设项目（简称建设项目）是指按照一个总体设计进行施工，由若干个单项工程组成，经济上实行统一核算，行政上实行统一管理的基本建设单位。例如，一个工厂、一座水库、一座水电站，或其他独立的工程，都是一个建设项目。建设项目按其性质，又可分为新建、扩建、改建、恢复和迁建项目。

（1）基本建设项目的划分。通常按项目本身的内部组成，将其划分为建设项目、单项工程、单位工程、分部工程和分项工程。

（2）水利水电建设项目划分。水利水电工程是复杂的建筑群，包含的建筑群体种类多，涉及面广。例如，大中型水电工程除拦河坝（闸）、主副厂房外，还有变电站、开关站、引水系统、输水系统等，难以严格适用于基本建设项目划分。在编制水利工程概预算时，根据现行水利部颁发的《水利工程设计概（估）算编制规定》（水总〔2002〕116

号），结合水利水电工程的性质和组成内容进行项目划分。

1）两大类型。水利水电建设项目划分为两种类型：第一种为枢纽工程，包括水库、水电站和其他大型独立建筑物；第二种为引水工程及河道工程，包括供水工程、灌溉工程、河湖整治工程、堤防工程。

2）五个部分。按照项目的费用划分将枢纽工程（或引水工程及河道工程）划分为建筑工程、机电设备及安装工程、金属结构设备及安装工程、临时工程、独立费用等五个部分。

3）三级项目。根据水利工程性质，其工程项目分别按照枢纽工程、引水工程及河道工程划分，投资估算和设计概算要求每个部分又划分为一级项目、二级项目、三级项目等。

一级项目是指由几个单位工程联合发挥同一效益与作用或具有同一性质用途的，相当于单项工程。如挡水工程、泄洪工程、引水工程、发电厂工程、升变压电站工程、航运工程等。

二级项目指具有独立施工条件或作用可以独立的，由若干分部工程组成，相当于单位工程。如拦河混凝土坝工程、引水隧洞工程、调压井工程、引航工程、船闸工程等。

三级项目指组成单位工程的各个部位或部分，相当于分部分项工程。如拦河混凝土坝工程中的土方开挖、石方开挖、钢筋制安等。

电力系统对水力发电工程项目的划分大致与水利系统的划分相同，不同在于将上述划分项目的第四部分临时工程改为施工辅助工程，并作为第一部分。

二、工程项目投资程序与工程项目寿命周期的关系

1. 工程项目寿命周期

工程项目寿命周期是指从最初确定社会需求编制项目建议书开始，经过可行性研究、设计、施工、营运等阶段，直至该项目被淘汰或报废为止的全部时间历程，包括项目建设阶段及建成后投入运行和报废阶段。

2. 工程项目投资程序

工程项目投资程序是投资活动必须遵循的先后次序，是建设项目从筹建、竣工投产到全部收回投资这一全过程中资金运动规律的客观反映。主要包括资金筹集、投入和回收三大阶段。具体划分为如下步骤：

（1）确定投资控制数额。

（2）筹集建设资金。

（3）将资金交存建设银行。

（4）确定工程项目造价。

（5）工程价款的结算。

（6）竣工决算。

（7）进入生产过程与投资回收。

3. 工程项目投资程序与工程项目寿命周期的关系

工程项目投资程序与工程项目寿命周期的关系主要表现在以下方面：

（1）二者反映的对象是相同的。项目寿命周期反映的是某个工程项目的生命历程，项目生命历程同时也是投资的运动过程。

（2）从具体步骤来看，项目投资程序与项目寿命周期是一个问题的两个方面，一个着眼于价值运动过程，一个着眼于使用价值的形成、营运过程，二者互相关联，密不可分。但项目投资程序与项目寿命周期不可互相代替，二者主要区别表现在：

1）反映问题的角度不同。项目投资程序是从价值角度，即从资金的运动过程来反映问题；寿命周期则从使用价值角度，即从工程项目实体的角度来反映问题。

2）复杂性不同。在项目建设阶段，投资程序主要是建设单位在向计划部门申请计划并批准之后向建设银行申请固定资产投资贷款，建设工程经过施工企业建成交付使用单位后，再有营运单位进行生产及投资回收。工程项目寿命周期，尤其是建设阶段，其工作内容要比投资程序复杂很多。

3）投资程序是资金运动过程，是一项经济活动，侧重于投资如何周转；而项目寿命周期则不同，其建设阶段所遵循的程序是一个生产过程，着眼于工程实体的形成过程，其营运阶段则既包含生产活动，也包含经济活动。

三、水利建设项目投资与工程造价

1. 水利水电工程项目投资

目前建设项目投资有两种含义：一般认为建设项目投资是指工程项目建设阶段所需要的全部费用总和，也就是建设项目投资为项目建设阶段有计划地进行固定资产再生产和形成低量流动资金的一次费用总和；若从广义角度来看，建设项目投资是指建设项目寿命周期内所花费的全部费用，包括建设安装工程费用、设备工具购置费用和工程建设其他费用。

水利工程项目投资是指水利工程达到设计效益时所需的全部建设资金（包括规划、勘测、设计、科研等必要的前期费用），是反映工程规模的综合性指标，其构成除主体工程外，应根据工程的具体情况，包括必要的附属工程、配套工程、设备购置以及移民、占地与淹没赔偿等费用。当修建工程使原有效益或使生态环境受到较大影响时，还应计及替代补救措施所附加的投资。

水利水电建设项目由三种不同性质的工程内容构成：①建筑安装工程；②购置设备、工具、器具；③与前述两项活动相联系的其他基本建设工作。建设项目投资的构成分别由上述三种基本建设活动所完成的投资额组成。水利水电工程项目总投资的构成如图3-1所示。

2. 水利水电工程造价

工程造价是指工程项目实际建设所花费的费用，工程造价围绕计划投资波动，直至工程竣工决算才完全形成，如图3-2所示。水利水电工程造价是指各类水利水电建设项目从筹建到竣工验收交付使用全过程所需的

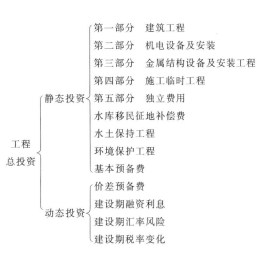

图3-1　水利水电建设项目总投资构成

全部费用。工程造价有两种含义:①从投资者的角度来定义,是指建设项目的建设成本,即完成一个建设项目所需费用的总和,包括建筑工程费、安装工程费、设备费以及其他相关的必需费用;②指工程的承发包价格。

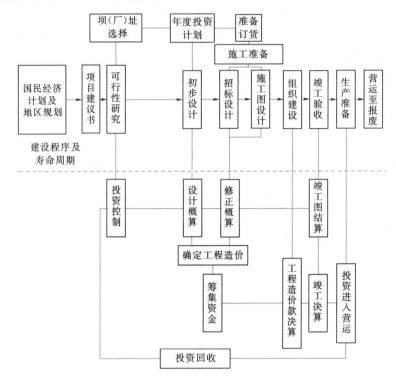

图 3-2 工程造价确定过程与投资运动过程的关系

水利水电建设项目总造价是项目总投资中的固定资产投资的总额,两者在量上是一样的。工程造价决定了项目的一次投资费用,是建设项目决策的工具。在控制投资方面,工程造价是通过多次的预估,最终通过竣工决算确定下来的,每一次预估都是对造价的控制过程,在市场经济利益风险机制的作用下,造价对投资的控制作用成为投资的内部约束机制。

四、投资控制

工程项目投资控制是指投资控制机构和控制人员为了使项目投资取得最佳的经济效益,在投资全过程中所进行的计划、组织、控制、监督、激励、惩戒等一系列活动。

进行投资控制,首先要有相应的投资控制机构及其控制人员。我国的投资控制机构和控制人员包括:①各级计划部门的投资控制机构及其工作人员;②银行系统,尤其是建设银行系统及其工作人员;③建设单位的投资控制人员。实行建设监理制度以后,社会监理单位受建设单位的委托,可对工程项目的建设过程进行包括投资控制在内的监理,承担建设单位的投资控制人员的一部分工作。由于社会监理单位是代表建设单位进行工作的,故可把监理工程师包括在这一类投资控制人员之列。

进行工程项目投资控制,必须有明确的控制目标。这个目标就是实现投资的最佳经济效益。要实现这一目标,就必须注重工程项目的固定资产投资的控制,还要注重流动资金投资的控制，不仅注重建设阶段的投资控制，还应注重工程项目运行阶段及报废阶段的投资控制。

1. 一般控制手段

工程项目投资控制是全世界普遍面临的一个难题，进行工程项目投资控制，还必须有明确的控制手段。常用的手段有：

（1）计划与决策。计划作为投资控制的手段，是指在充分收集信息资料的基础上，把握未来的投资前景，正确决定投资活动目标，提出实施目标的最佳方案，合理安排投资资金，以争取最大的投资效益。决策这一管理手段与计划密不可分。决策是在调查研究基础上，对某方案的可否作出判断，或在多方案中作出某项选择。

（2）组织与指挥。组织可从两个方面来理解：一是控制的组织机构设置；二是控制的组织活动。组织手段包括控制制度的确立，控制机构的设置，控制人员的选配，控制环节的确定，权利的合理划分及管理活动的组织等。充分发挥投资控制的组织手段，能够使整个投资活动形成一个具有内在联系的有机整体，有效指挥能够保证投资活动取得成效。

（3）调节与控制。调节是指投资控制机构和控制人员对投资过程中所出现的新情况及时做出处理，提出有效的控制手段和措施，为了实现预期的目标，对投资过程进行的疏导和约束。调节和控制是控制过程的重要手段。

（4）监督与考核。监督是指投资控制人员对投资过程进行的监察和督促，投资控制人员对投资过程和投资结果的分析比较。通过投资过程的监督与考核提高投资的经济效益。

（5）激励与惩戒。激励与惩戒是指用物质利益和精神手段来调动人的积极性和主动性或者加强人们的责任心，从另一个侧面来确保计划目标的实现。激励和惩戒二者结合起来用于投资控制，对投资效益的提高有极大的促进作用。

上述各种控制手段是相互联系、相互制约的，在工程项目投资控制活动中需要协调使用。

2. 注意的几个问题

（1）控制工作既包括监理工程师从事的投资控制工作，也包括设计单位和施工单位的投资控制工作；既包括项目建设阶段的投资控制工作，也包括营运阶段的投资控制工作，但以建设阶段的投资控制工作为重点。

（2）工程项目投资控制离不开宏观环境，客观环境。如政治环境、经济环境、技术环境等无时不在影响着工程项目的投资，只有在一个相对稳定的宏观环境下，只有正确地处理好项目与宏观环境的关系，才能真正地做好投资控制工作。

（3）投资控制人员的能力是保证。国际咨询工程师联合会（FIDIC）编写的《关于咨询工程师选择指南》明确了选择一个工程师的标准是"基于能力的选择"。国外许多经验表明，雇主在确保管理干部高水平上若不愿意花费时间和经费，以后要招致重大损失，这种损失将超过其他生产活动领域的错误所造成的损失。

（4）正确地处理好建设投资、工期及质量三者的关系。工程项目的投资、工期与质量三者是辩证统一的关系，它们相互依存和影响，投资的节约应是在满足工程项目建设的质量（功能）和工期的前提下的节约。同样的，适当地降低工期和确定合适的质量标准能为投资管理工作提供有利的条件。

（5）正确地处理好工程建设投资与整个寿命周期费用的关系。工程项目投资控制考虑的是项目整个寿命周期的费用，既包括工程建设投资，也包括营运费用、报废费用。工程项目投资控制工作应正确地处理好它们之间的关系，工程造价的降低不能以大量的增加运行费用为代价。控制工作的目标应是在满足功能要求的前提下，使整个寿命周期投资总额最小。

（6）工程项目投资控制应注重建设前期及设计阶段的工作。有关资料表明，建设前期和设计阶段有节约投资的潜力。尽管施工阶段花钱多但从控制比重讲，只有 12% 左右的可能性节约投资，而建设前期和设计阶段虽然花钱不多，但 88% 左右的节约投资的可能性属于这两个环节。

（7）投资控制是科学，也是艺术。工程项目投资控制工作内容复杂，涉及因素众多，方法手段多样，既要注重项目本身的投资效益，更应注重项目的社会效益，协调好各种因素，既需要按照已有的科学理论和方法来办事，又需要投资控制人员不断发挥自己的主观能动性，从工程项目管理的具体情况出发去创新。

第二节　工程项目资金计划

一、工程项目的资金规划

在工程项目投资决策前，必须对项目方案的资金筹措与运用作出合理的规划，以期平衡资金的供求，减少筹资成本，提高资金使用收益。不同的资金规划可能导致经济效益有较大的差别。资金规划包括资金需求量的预测、资金筹措、资金结构的选择；资金运用包括与项目运营相衔接的资金投放、贷款及其他负债的偿还等。

1. 项目实施各个时期资金需求量的测算

测算各个时期的资金需要量是资金规划的前提。现金收支法是目前应用最广泛的资金需求量预测方法。现金收支法亦称货币资金收支法，是以预算期内各项经济业务实际发生的现金收付为依据来编制的方法，具有直观、简便、便于控制等特点，对预算期内现金收入和现金支出分别进行列示。它主要包括预算期内现金收入总额、预算期内现金支出总额以及对现金不足或多余确定之后的处理。

2. 资金筹措渠道

20 世纪 70 年代以前，项目投资主要来源于国家财政预算拨款。随着工程建设市场化发展，投资主体、投资渠道、筹资方式实现了多元化发展。项目资金来源主要分成投入资金与借入资金，前者形成项目资本金，后者形成项目的负债。

项目资本金是指投资项目总投资中必须包括一定比例、由出资方实缴的资金，该资金对项目法人而言属于非负债资金。项目资本金的形式可以为现金、实物、无形资产，但是无形资产的比重要符合国家有关规定。根据出资方的不同，项目资本金分为国家出资、法人出资和个人出资。

建设项目还可依据国家法律、法规规定，通过争取国家财政预算内投资、自筹投资、发行股票和利用外资等多种方式筹集项目资本金。

（1）国家财政预算内投资。国家财政预算内投资是指国家预算直接安排的基本建设投资，是指以国家预算资金为来源并列入国家计划的固定资产投资，简称国家投资。目前包括国家预算、地方财政、主管部门和国家专业投资拨给或委托银行贷给建设单位的基本建设拨款及中央基本建设基金，拨给企业单位的更新改造拨款，以及中央财政安排的专项拨款中用于基本建设的资金。

（2）自筹投资。自筹资金是指建设单位报告其收到的用于进行固定资产投资的上级主管部门、地方和单位、城乡个人的自筹资金。目前，自筹投资占全社会固定资产投资总额的一半以上，已成为筹集建设项目资金的主要渠道。建设项目自筹资金来源必须正当，应上缴财政的各项资金和国家有指定用途的专款，以及银行贷款、信托投资、流动资金不可用于自筹投资。

（3）发行股票。股票属于直接融资，是股份有限公司发放给股东作为已投资入股的证书和索取股息的凭证，是可作为买卖对象或质押品的有价证券。股票可分为普通股和优先股两大类。

发行股票筹资的优点：①以股票筹资是一种有弹性的融资方式；②股票无到期日；③发行股票筹集资金可降低公司负债比率，提高公司财务信用，增加公司今后的融资能力。

发行股票筹资的缺点：①资金成本高，债券利息可在税前扣除，而股息和红利需在税后利润中支付，这样就使股票筹资的资金成本大大高于债券筹资的资金成本；②增发普通股需给新股东投票权和控制权，从而降低原有股东的控制权。

（4）利用外资。企业利用外资筹资不仅指货币资金筹资，也包括设备、原材料等有形资产筹资与专利、商标等无形资产筹资。外资的直接投资方式主要有合资经营、合作经营、合作开发等方式。合资经营是中外企业双方按股份实行的共同投资、共同经营、共负盈亏、共担风险；合作经营是中外企业双方实行优势互补的投资合资，但不按比例折成股权，凭双方同意的合作合同分配利润与分别承担一定的权利、义务与风险，可以联合经营，也可以委托我方经营，在合作期满后全部财产无条件归中方企业所有；合作开发是由中外合作者通过合作开发合同来共同进行风险大、投资多的资源开发，例如，海上石油资源勘探开发等，一般在勘探阶段由外方投资并承担风险，开发阶段由双方共同投资，中方用开发收入还本付息。

（5）吸收国外其他投资。可以采取对外发行股票、补偿贸易、加工装配（来料加工、来件装配、来样定制）等方式。

（6）负债筹资。负债筹资也是项目筹资的重要方式。负债指项目承担的能够以货币计量，需要以资产或者劳务偿还的债务。负债筹资包括银行贷款、发行债券、设备租赁及借入国外资金等渠道。

1）银行贷款。项目银行贷款是银行利用信贷资金所发放的投资性贷款。银行资金的发放和使用应当遵循效益性、安全性和流动性的原则。

2）发行债券。可分为国家债券、地方政府债券、企业债券和金融债券等。

债券筹资的优点有：①支出固定；②企业控制权不变；③少纳所得税；④可以提高自有资金利润率。

债券筹资的缺点有：①固定利息支出会使企业承受一定的风险；②发行债券会提高企

业负债比率，增加企业风险，降低企业的财务信誉；③债券合约的条款，对企业的经营管理有较多的限制，一定程度上约束了企业从外部筹资的扩展能力。

一般来说，当企业预测未来市场销售情况良好、盈利稳定、预计未来物价上涨较快、企业负债比率不高时，可以考虑以发行债券的方式进行筹资。

3）设备租赁。设备租赁的方式可分为融资租赁、经营租赁和服务出租。

4）借入国外资金。借用国外资金的途径大致可分为外国政府贷款、国际金融组织贷款、国外商业银行贷款、在国外金融市场上发行债券、吸收外国银行、企业和私人存款。

资金筹措过程中，要注意核定资金的需求量，除资金总量控制外，还要掌握每年、每月的资金投入量，合理安排资金使用，减少资金占用，加速资金周转。

3. 资金结构选择

在筹措资金前，必须对潜在的各种资金来源是否可靠、筹资费用及资金成本进行系统分析，选择一定数量、来源合适的资金，达到较优的资金结构。一般企业的总资本是由债务资本和自有资本两大类组成，这两者的适当比例形成了企业的资金结构。选择不同的资金结构对企业的利润会产生很大的影响。一般来说，在有借贷资金的情况下，全部投资的经济效果与自有资金的投资效果是不同的。拿投资利润率指标来说，全部投资的利润率一般不等于贷款的利息率。这两种利率差额的后果将由项目所承担，从而使自有资金利润率上升或下降。

自有资金利润率与全投资利润率的差别会被资金构成比（贷款与自有资金的比）所放大，这种放大效应称为财务杠杆效应。

总之，一个企业不能仅靠自有资金投资和经营，成本不高的长期性负债有利于企业扩大投资和经营规模。自有资金在资金结构中所占的比例越大，表明债权保障程度越高；然而长期负债（外来资金）举措得当，不仅可以防御通货膨胀，而且在利润率高于利息成本时还能扩大盈利。

4. 资金规划

（1）投资进度安排。投资进度安排也称为资金使用计划或者资金运用计划。投资进度安排作为项目实施进度计划的一项重要内容，必须与项目实施计划、项目进度计划、生产准备计划、职工培训计划统筹考虑，协调一致。否则，必然会影响项目的顺利进行。如果项目进度超前，而投资进度落后会引起项目过程中断；反之，如果投资进度不适当地超前，项目进度跟不上，则由于投资占用时间长，利息支付加大，因而投资进度安排必须合理。

投资进度安排必须遵循两条基本原则：一是自有资金及贷款利率低的尽可能靠前安排；二是贷款利率高的尽可能向后安排。而还款时，则先还利率高的部分，后还利率低的部分。

（2）债务偿还。我国的项目投资资金构成中，贷款占很大比重。在现行制度下，偿债资金来源有以下几个方面：①固定资产折旧与无形资产摊销等；②免征的税金；③企业部分利润；④借新债偿旧债等。

贷款偿还方式有许多种，其中主要有：①等额利息法；②等额本金法；③等额摊还法；④"气球法"；⑤一次性偿还法；⑥偿债基金法。

不同的还款方式对工程项目的效益会产生不同影响，应通过细致的技术经济分析，选择最有利于项目的还款方式。由于还款方式不同，自有资金现金流量不同，因而自有资金的投资效果指标也不同，应该早还利息率高的贷款而晚还利息率低的贷款；当全投资内部收益率大于贷款利息率时，应尽量晚还款。

二、工程项目资金使用计划的控制目标

为了控制项目投资，在编制项目资金使用计划时，应合理地确定工程项目投资控制目标值，包括工程项目的总目标值、分目标值、各细目标值。如果没有明确的投资控制目标，便无法把项目的实际支出额与之进行比较，不能进行比较则无法找出偏差及其程度，控制措施则会缺乏针对性。在确定投资控制目标时，应有科学的依据。如果投资目标值与人工单价、材料预算价格、设备价格及各项有关费用和各种取费标准不相适应，则投资控制目标便没有实现的可能，则控制也是徒劳的。

第三节　建设过程投资控制

现代水利建设工程项目与传统工程项目相比，其内涵更加丰富。现代工程规模越来越大，涉及因素众多，后果影响重大而且深远，结构复杂，建设周期长且投资额大，风险也大，更加受到社会的、政治的、经济的、技术的、自然资源的等众多因素的制约，其投资控制工作就更加困难。

一、建设前期阶段的投资控制

项目建设前期阶段（决策）投资控制的主要内容是：对建设项目在技术施工上是否可行，进行全面分析、论证和方案比较，确定项目的投资估算数目作为设计概算的编制依据。水利水电工程建设项目的前期工作包括项目建议书、可行性研究（含投资估算）阶段。

水利水电设计单位或咨询单位，应该依据《水利水电工程可行性研究报告编制规程》和《水利水电工程可行性研究投资估算编制办法》的有关规定，编制投资估算。可行性研究报告投资估算通过上级主管部门批准，就是工程项目决策和开展工程设计的依据。同时可行性研究报告投资估算即控制该建设项目初步设计概算静态总投资的最高限额，不得任意突破。

二、设计阶段的投资控制

项目投资的80%决定于设计阶段，而设计费用一般为工程造价的1.2%左右。项目设计阶段的投资控制的主要内容是：通过工程初步设计，确定建设项目的设计概算，对于大、中型水利水电工程，设计概算可作为计划投资数的控制标准，不应突破。国外项目在设计阶段的主要工作是编制工程概算。

（1）审查设计概算。审查设计概算是否在批准的投资估算内，如发现超估算，应找出原因，修改设计，调整概算，力争科学、经济、合理。推行设计收费与工程设计成本节约相结合的办法，制定设计奖惩制度，对节约成本设计者给予一定比例的分成，从而鼓励设计者寻求最佳设计方案，防止不顾成本，随意加大安全系数现象。

（2）进行设计招标，引入竞争机制。通过多种方案的竞标，优选出具有安全、实用、美观、经济合理的建筑结构和布局的最佳设计方案。为了克服一些设计人员不精心计算，随意加大荷载等级，增大概算基数，增加投资，不仅方案设计阶段需通过招标完成，在技术设计和施工图设计阶段也应引入竞争机制，推行技术设计和施工图设计招投标，使每个设计阶段均通过竞争完成，在设计中对每个设计阶段进行经济核算。

（3）实行限额设计。限额设计是设计过程中行之有效的控制方法。在初步设计阶段，各专业设计人员应掌握设计任务书的设计原则、建设方针、各项经济指标，搞好关键设备、工艺流程、总图方案的比选，把初步设计造价严格控制在限额内。施工图设计应按照批准的初步设计，其限额的重点应放在工程量的控制上，将上阶段设计审定的投资额和工程量分解到各个专业，然后再分解到各个单位工程和分部工程上。设计人员必须加强经济观念，在整个设计过程中，经常检查本专业的工程费用，切实做好控制造价工作。

（4）积极运用价值工程原理，争取较高的工程价值系数，提高投资效益。价值工程是对工程进行投资控制的科学方法，其中的价值是功能和实现这一功能所耗费成本的比值，计算公式为

$$V = \frac{F}{C} \tag{3-1}$$

式中　V——价值系数；

　　　F——功能系数；

　　　C——成本系数。

可以看出，提高产品价值的途径有五种：一是提高功能，降低成本；二是功能不变，降低成本；三是成本不变，提高功能；四是功能略有下降，但带来成本大幅度降低；五是成本略有上升，但带来功能大幅度提高。国内外已有很多工程建设中应用价值工程的案例。例如，美国 1972 年对俄亥俄河拦河坝的设计进行了严密的分析，从功能和成本两个角度综合考虑，最后提出了新的改进设计方案。增加溢洪道的闸门高度，使闸门的数量从 17 孔减少为 12 孔，同时改进了闸门施工用的沉箱结构，在不影响水坝功能和可靠性的情况下，筑坝费用节约了 1930 万美元，而请人进行价值分析的费用只花了 1.29 万美元。该案例积极地运用了价值工程的原理，投入 1 美元相当于收益近 1500 美元，取得了可观的效益。

（5）严格控制设计变更，实施动态管理。工程变更是目前工程建设中非常普遍的现象，变更发生得越早，损失越小。如果在设计阶段发生变更，只需出修改图纸，而其他费用尚未发生；如果在施工过程中变更，势必造成更大的损失。为此，应尽可能把变更控制在设计阶段。

根据水利水电工程建设项目的特点和有关文件要求初步设计概算一经审核批准后，便作为水利水电工程建设项目控制投资的依据，也是编制水利水电工程招标标底和考核工程造价的依据。

三、项目施工准备阶段的投资控制

项目施工准备阶段投资控制的主要工作内容是编制招标标底或审查标底，对承包商的财务能力进行审查，确定标价合理的中标人。

四、项目施工阶段的投资控制

项目施工阶段投资管理的主要工作内容是造价控制，通过施工过程中对工程费用的监

测，确定建设项目的实际投资额，使它不超过项目的计划投资额，并在实施过程中进行费用动态管理与控制。

水利水电建设项目的施工阶段是实现设计概算的过程，这一阶段至关重要的工作是抓好造价管理，这也是控制建设项目总投资的重要阶段。

通过多年水利水电工程建设实践总结的经验，要做好水利水电工程施工阶段的投资控制，首先要在基本建设管理体制上进行改革，实行建设监理制、招标承包制和项目法人责任制。为了控制施工阶段的费用，加强施工阶段工程造价的宏观调控，提高投资效益，逐步完善对大、中型水利水电建设项目的宏观调控，水利部、能源部于 1990 年 1 月联合颁布《水利水电工程执行概算编制办法》[能源水规（1989）1151 号]文件。根据该文件要求，进行对投资的切块分配，编制执行概算，以便对工程投资进行管理和投资，达到最佳投资效益。

施工阶段投资控制最重要的一个任务就是控制付款，可以说主要是控制工程的计量与支付，努力实现设计挖潜、技术革新，防止和减少索赔，预防和减少风险干扰，按照合同和财务计划付款。

作为监理工程师在项目施工阶段，必须按照合同目标，根据完成工程量的时间、质量和财务计划，审核付款。具体实施时应进行工程量计量复核工作，进行工程付款账单复核工作，按照合同价款、按照审核过的子项目价款，按照合同规定的付款时间及财务计划付款。另外，要根据建筑材料、设备的消耗，根据人工劳务的消耗等，进行施工费用的结算和竣工决算。

五、项目竣工后的投资分析

竣工决算是综合反映竣工项目建设成果和财务情况的总结性文件，也是办理交付使用的依据。竣工决算包括了项目从筹建到竣工验收投产的全部实际支出费，即建筑工程费、设备及安装工程费和其他费用，它是考核竣工项目概预算与基建计划执行情况以及分析投资效益的依据。项目竣工后通过项目决算，控制工程实际投资不突破设计概算，确保项目获得最佳投资效果，并进行投资回收分析。

第四节　与工程建设有关的保险与税收

一、工程保险

工程保险是业主和承包商为了工程项目的顺利实施，向保险人（公司）支付保险费，保险人根据合同约定对在工程建设中可能产生的财产和人身伤害承担赔偿保险金责任。工程保险一般分为强制性保险和自愿性保险两类。

工程项目运作中，风险涉及范围广且贯穿项目的全过程，工程项目保险不但可以有效规避、转移项目风险，而且一旦发生出险事故如设备事故、火灾、车祸、水灾、工伤等，承包商或业主也可以通过保险赔偿获得一定的经济补偿来减少损失。因而，业主或者承包商必须在施工开始前向保险公司申请施工保险，避免因重大事故承担大量的经济损失。许多项目在招标文件的工程量清单中都有建筑工程一切险和第三者责任险的强制投保要求。

1. 工程保险的特点

工程保险虽然属于财产保险的领域，但是它与普通的财产保险相比具有显著的特点。

（1）工程保险承保的风险具有特殊性。首先工程保险既承保被保险人财产损失的风险，同时还承保被保险人的责任风险。其次，承保的风险标的中大部分处于裸露于风险中，其抵御风险的能力大大低于普通财产保险的标的。再次，工程在施工过程中始终处于一种动态的过程，各种风险因素错综复杂，使风险程度加大。

（2）工程保险的保障具有综合性。工程保险针对承保风险的特殊性提供的保障具有综合性，工程保险的主要责任范围一般由物质损失部分和第三者责任部分构成。同时，工程保险还可以针对工程项目风险的具体情况提供运输过程中、工地外储存过程中、保证期过程中等各类风险的专门保障。

（3）工程保险的被保险人具有广泛性。普通财产保险的被保险人的情况较为单一，但是，由于工程建设过程的复杂性，可能涉及的当事人和关系方较多，包括业主、主承包商、分包商、设备供应商、设计商、技术顾问、工程监理等，他们均可能对工程项目拥有保险利益，成为被保险人。

（4）工程保险的保险期限具有不确定性。普通财产保险的保险期限是相对固定的，通常是一年。而工程保险的保险期限一般是根据工期确定的，往往是几年，甚至十几年。与普通财产保险不同的是，工程保险保险期限的起止点也不是确定的具体日期，而是根据保险单的规定和工程的具体情况确定的。为此，工程保险采用的是工期费率，而不是年度费率。

（5）工程保险的保险金额具有变动性。工程保险与普通财产保险不同的另一个特点是：财产保险的保险金额在保险期限内是相对固定不变的，但是，工程保险的保险金额在保险期限内是随着工程建设的进度不断增长的。所以，在保险期限内的任何一个时点，保险金额是不同的。

2. 工程项目保险的种类

在我国相继颁布了《中华人民共和国建筑法》、《中华人民共和国担保法》、《中华人民共和国保险法》、《中华人民共和国合同法》、《中华人民共和国招标投标法》等一系列法律后，风险管理已经逐渐被采用，并且在大型工程项目中显示了广阔的前景。

工程项目投保工程险，一般有两种方式：一种是由业主投保；另一种是由承包商投保。一个工程项目是由业主投保还是由承包商投保，其保险保障是不一样的。

一般的土建工程承包合同规定：承包商必须办理一系列的保险，如财产损失保险、人身安全保险、偶然事故责任险等；还要求承包商向业主及咨询工程师报送这些保险费的单据附件，以证明承包商按合同规定履行了保险手续。承包商都习惯自主安排保险，可根据施工项目的特点及投保的可能性和必要性具体选定。主承包商都会选择分包商，同时也会将风险、保险分解。

业主投保是为了控制整个工程项目的风险，由业主投保工程险，可保障工程全过程，投保终止期可至工程全部竣工时，不用考虑每一个承包商完成时的截止时间，并有能力安排交工延期和利润损失保障。此外，业主会考虑通过保险保障承包商及相关方的利益。当然，在业主投保情况下，一般免赔额较大，如果承包商难以承受，可以通过额外的保险将免赔额降下来。承包商如果认为业主的保障安排不全面，也可以自己出资购买额外的保险，对自己承包的这一部分工程的风险进行保障。

目前商业保险险种比较多、种类也比较全，主要包括：

（1）工程项目财产保险。包括建筑风险全面保险、建筑火灾风险保险、地震保险、设备总保险、桥梁保险。

（2）承包商的财产保险。包括承包商建筑物防火保险、施工设备总保险、工地车辆保险、运输总保险、防盗窃抢劫保险等。

（3）责任保险。包括业主责任保险、承包商公共责任及财产损失保险、合同责任保险、业主的预防责任保险、承包商的预防责任保险、建成运行责任保险等。

（4）对雇员的保险。包括工人赔偿保险、残废保险。

（5）事故及生命保险。包括核心人物的事故及生命保险、分组生命保险、车辆保险等。

目前，各大保险公司不断开放新的险种，如在三峡工程最大一项保险项目为三峡工程左岸电站设备安装工程等保险和高压电器运输保险，总投保额约为 100 亿元。这些险种主要有：建筑工程一切险、安装工程一切险、吊装工程一切险、第三者责任险、机器损坏保险、履约保证保险等。有关各个险别的具体内容与规定，可查阅有关保险文件和相关著作。

3. 保险理赔

保险理赔是商业保险补偿或支付职能的最直接体现，施工单位也希望通过保险赔偿来最大程度地规避风险。客户订立保险合同后应妥善保管保险单，进行保险索赔时不仅要提供包括保险单等在内的必要凭证，而且还要履行必要的手续，保险公司才能最终处理。被保险标的如发生保险事故，投保人应注意收集有利证据。在理赔阶段，保险公司通常会让被保险人提供如下资料：事故经过及原因分析报告、施工图、地质报告、损失清单、单价分析表、原材料发票、施工日志（含监理日志）、事故照片、气象证明及其他有关资料。

一方面，这些资料是定性资料，说明事故在保险责任范围内，并且证明事故不在除外责任之内，特别要注意的是确定为自然灾害还是意外事故。例如，在某项边坡滑坡案件索赔过程中，索赔事件的原因是暴雨，属于自然灾害，而根据保险公司掌握的当地气象部门提供的气象资料，施工现场并未达到暴雨条件。这里要说明的是达到暴雨的条件有三个，即 50mm/d，32mm/12h，16mm/h，只要有一个条件满足即可构成暴雨条件，但是保险公司掌握的只是前两个未达到，根据以上情况，承包商找到了施工现场附近的一个水文站，要求他们提供 18mm/h 降雨量的证明，从而使得暴雨条件成立，推翻了保险公司的结论。

另一方面，还包括定量资料，即提供的资料要足以证实上报的损失是真实的，在施工日志、监理日志或者会议纪中要提出有利的证据。

另外，需注意完善索赔文件。索赔文件包含索赔报告、出险通知、损失清单、单价分析表及其他有关的证明材料。损失清单包括直接损失、施救费用和处理措施费用，理赔中直接损失一旦定为保险责任是一定要赔付的，而其他两项由于保险理算人员难以确定的，容易被忽略，通常情况下需通过双方协商来处理。

二、税收

建设工程项目都应遵守国家税制规定，依法纳税。必须研究和熟悉我国或工程所在国的税法和条例，在依法纳税的同时，保证各项经营成果不受损失。

1. 与工程承包商有关的税收种类

不同国家其税收名目也不尽相同，大致归纳为以下几类：

（1）收益税。收益税是指对企业或者个人的纯收入或利润课征的税收。该税种通常包括公司所得税、营业利润税和个人所得税（离境税）等。

（2）流转税。流转税是以商品和劳务服务为征税对象，就其流转额征税的税类。对于承包商来讲，主要有营业税（合同税）、增值税（价值附加税）、消费税、各种进口物资的关税、许可证税、印花税等。

（3）财产税。财产税是指固定资产税、房产税、土地使用税等。

（4）杂项税。杂项税是某些国家或地方政府可能以各种名目征收的各种税费，或者以摊派名义征收的各项服务设施的费用等。

2. 与工程建设相关的主要税种

（1）流转税（Turnover Tax）。流转税是税收体系中的主体税种。国际上通称"商品和劳务税"，流转税是对流通中的商品或劳务征税，只要存在商品生产流通，无论生产经营单位的成本、费用高低、盈利或亏损，国家都能按流转额的一定比例征收流转税，一般采用比例税率，计税依据为销售收入或营业收入，比对财产课税或所得课税计算简单，征收便利。主要包括增值税、消费税、营业税、城乡维护建设税、关税、证券交易税等。

1）增值税（Value added Tax）。目前增值税是中国第一大税种，2007年，国内增值税收入约占全年税收收入的31%。从计税原理上说，是对销售货物或者提供加工、修理修配劳务以及进口货物的单位和个人就其实现的增值额征收的一个税种。实行价外税，税率分为三挡：基本税率17%、低税率13%和零税率。施工企业从事多种经营，即在从事营业税应税项目的同时也从事增值税应税项目，如即从事建筑安装也从事建筑材料销售，此时需要对企业的不同经营行为分别核算、分别申报、分别交纳营业税和增值税。如企业不能分别核算，则一并征收增值税。

应纳税额计算公式为

$$应纳税额＝当期销项税额－当期进项税额 \qquad (3-2)$$

增值税计算公式为

$$\frac{含税销售额}{（1＋税率）}＝不含税销售额 \qquad (3-3)$$

$$不含税销售额×税率＝应缴税额 \qquad (3-4)$$

2）营业税（Business Tax）。营业税是对提供应税劳务、转让无形资产或销售不动产的单位和个人，就其取得的营业额所课征的一种税。所谓"应税劳务"，是指《中华人民共和国营业税暂行条例》所附的《营业税税目税率表》中规定的属于交通运输业、建筑业、金融保险业、邮电通信业、文化体育业、娱乐业、服务业税目征收范围内的劳务。营业税的税目设置为9个，税率为3挡。其中具体税目税率如交通运输业、建筑业为3%，对销售不动产适用5%。

营业税应纳税额以下列公式计算

$$应纳税额＝计税营业额×税率 \qquad (3-5)$$

（2）所得税（Income Tax）。

1）企业所得税（Income Tax for Enterprises）。依照《中华人民共和国企业所得税法》的规定，统一了内外资企业所得税，企业和其他取得收入的组织是企业所得税的纳税人，应缴纳企业所得税。企业所得税的税率为25％。企业每一纳税年度的收入总额，减除不征税收入、免税收入、各项扣除以及允许弥补的以前年度亏损后的余额，为应纳税所得额。

企业以货币形式和非货币形式从各种来源取得的收入，为收入总额，包括销售货物收入、提供劳务收入、转让财产收入、股息、红利等权益性投资收益、利息收入、租金收入、特许权使用费收入、接受捐赠收入以及其他收入。

企业实际发生的与取得收入有关的、合理的支出，包括成本、费用、税金、损失和其他支出，准予在计算应纳税所得额时扣除。企业新技术、新产品、新工艺发生的研究开发费用以及安置残疾人员及国家鼓励安置的其他就业人员所支付的工资，可以在计算应纳税所得额时加以扣除。

2）个人所得税（Individual Income Tax）。个人所得税是以个人（自然人）取得的各项应税所得为对象征收的一种税，详见《中华人民共和国个人所得税法》。

（3）其他税。

1）土地增值税（Land Appreciation Tax）。土地增值税是指转让国有土地使用权、地上的建筑物及其附着物并取得收入的单位和个人，以转让所取得的收入包括货币收入、实物收入和其他收入为计税依据向国家缴纳的一种税赋，不包括以继承、赠与方式无偿转让房地产的行为。

土地增值税：以土地和地上建筑物为征税对象，以增值额为计税依据。土地增值税的功能是国家对房地产增值征税。

其计算公式为

$$应纳税额＝增值额×适用税率－扣除项目金额×速算扣除系数 \qquad (3-6)$$

2）城市维护建设税（Urban Maintenance and Construction Tax）。城市维护建设税是为了扩大和稳定城市维护建设资金来源，对从事生产经营活动的单位和个人，以其缴纳的增值税、消费税和营业税税额为计税依据，按照规定的税率计算征收的专项用于城市维护建设的一种税。城市维护建设税税率为：纳税人所在地在市区的，税率为7％；纳税人所在地在县城、镇的，税率为5％；纳税人所在地不在市区、县城或镇的，税率为1％。城建税以纳税人缴纳的增值税、消费税和营业税税额为计税依据，按照规定税率计算应纳税额。

其计算公式为

$$应纳税额＝（实缴增值税＋实缴消费税＋实缴营业税）×适用税率 \qquad (3-7)$$

3）教育费附加（Educational Surtax）。指为了加快发展地方教育事业，扩大地方教育经费的资金来源而征收的一种附加税，教育费附加，以各单位和个人实际缴纳的增值税、营业税、消费税的税额为计征依据，教育费附加率为3％，分别与增值税、营业税、消费税同时缴纳。

3. 合法避税

税收是企业的一项财富流出，所以企业可以充分利用相关政策，深入研究并实施合法避税，这对于国际水利水电工程的经济效益具有至关重要的影响。实施合法避税在工程项目建设的各个不同阶段有不同的侧重点。下面主要以涉外工程项目说明：

（1）项目投标前。广泛收集资料，详细了解工程所在国的税法，尤其是所得税和关税法等。做好税务计划，转嫁项目税收成本，如按当地的税率将预计缴纳的税金纳入合同报价或者采取部分工程分包给免税的当地企业承包。

（2）项目中标后。可以咨询当地的审计公司或会计服务公司，建立一套符合所在国税法和财务会计准则的会计核算体系，即"外账"成本会计核算体系，并建立"外账"财务制度和劳资制度。

（3）项目实施中。对项目实施中所发生的实际成本、费用，必须按当地审计和税务检查的要求准备详尽的支持文件和相应的账务处理。特别要重视所在国之外实际发生的费用，应根据不同国家的税收政策，灵活运用价格转移措施，充分注意利用两国之间的税收协定。

（4）项目竣工后。项目竣工后，应在年度税务评估的基础上，借助审计公司和当地税务机关做好这个项目的税务评估，这是承包商尽量争取少纳税的关键阶段。

思　考　题

1. 建设项目投资控制最关键的阶段在哪里？
2. 一般来讲，引起投资偏差的原因可以分为哪些？
3. 限额设计虽然有利于设备工程投资控制，但在理论与实践中尚存在哪些不足？
4. 工程保险的种类有哪些？保险理赔时应该注意哪些方面？

第四章　工程建设项目评价

第一节　工程建设项目评价概述

水利建设项目具有防洪、治涝、发电、城镇供水、灌溉、航运、水产养殖、旅游等功能。《水利产业政策》将水利建设项目根据其功能和作用划分为甲、乙两类。甲类为防洪除涝、农田灌排骨干工程、城市防洪、水土保持、水资源保护等以社会效益为主、公益性较强的项目；乙类为供水、水力发电、水库养殖、水上旅游及水利综合经营等以经济效益为主，兼有一定社会效益的项目。甲类项目公益性较强，不具备盈利能力；乙类项目具有一定的盈利能力。

以上不同类型的水利建设项目的评价工作具有不同的侧重点。从广义的角度而言，水利建设项目的环境影响评价、经济评价都包括在社会评价的范畴，但是由于水利项目经济评价已制定了比较完善的规范和一套比较成熟的评价方法，环境评价也有具体的评价规范和评价方法，因而此处将社会评价称之为狭义的社会评价。据此可把水利建设项目评价分为三个部分，即经济评价、环境影响评价和社会评价。

项目的经济评价主要包括项目的国民经济评价和项目的财务评价。国民经济评价又称为社会经济评价，目前，其计算参数和方法以 2006 年国家发改委和建设部发布的《建设项目经济评价方法与参数》（第三版）（以下简称《方法与参数》）和 1994 年水利部颁布的《水利建设项目经济评价规范》（SL 72—1994）为依据。

根据项目实施的阶段，还可以将水利建设项目评价划分为项目前期评价、项目中期评价和后期评价。

水利建设项目的类型众多，其经济、技术、社会、环境及运行、经营管理等情况涉及面广，情况复杂，因而每个建设项目评价的内容、步骤和方法并不完全一致。但从总体上看，一般项目的评价都遵循一个客观的、循序渐进的基本程序，选择适宜的方法及设置一套科学合理的评价指标体系，以全面反映项目的实际状况。

水利建设项目评价的一般步骤可分为提出问题、筹划准备、深入调查搜集资料、选择评价指标、分析评价和编制评价报告。选择合适的评价方法和评价指标是最为重要的阶段。评价主要指标可以根据水利建设项目的功能情况增减。如属于社会公益性质或者财务收入很少的水利建设项目，评价指标可以适当减少；涉及外汇收支的项目，应增加经济换汇成本、经济节汇成本等指标。

第二节　财　务　评　价

一、概述

财务评价是从项目核算单位的角度出发，根据国家现行财税制度和价格体系，分析项目的财务支出和收益，考察项目的财务盈利能力和财务清偿能力等财务状况，判别项目的财务可行性。水利水电建设项目财务评价必须符合新的财务、会计、税制法规等方面的改革情况。

（1）财务评价中对财务的效果衡量只限于项目的直接费用和直接收益，不计算间接费用和间接效益。其中建设项目的直接费用包括固定资产投资、流动资金、贷款利息、年运行费和应纳税金等各项费用。建设项目的直接效益，包括出售水利、水电产品的销售收入和提供服务所获得的财务收入。

（2）财务评价时，无论费用支出和效益收入均使用财务价格。

（3）水利建设项目进行财务评价时，当项目的财务内部收益率（FIRR）不小于规定的行业财务基准收益率时，该项目在财务上可行。目前水利供水行业规定的财务基准收益率为 $i_c = 6\%$，水电行业规定的财务基准收益率为 $i_c = 8\%$。

财务评价的内容一般包括七项：①财务费用计算；②财务收益计算；③清偿能力分析；④盈利能力分析；⑤不确定性分析；⑥提出资金筹措方案；⑦提出优惠政策方案。

二、财务支出与财务收入

1. 财务支出

水利建设项目的财务支出包括建设项目总投资、年运行费、流动资金和税金等费用。

建设项目总投资主要由固定资产投资、固定资产投资方向调节税、建设期和部分运行期的借款利息和流动资金四部分组成。

（1）固定资产投资。是指项目按建设规模建成所需的费用，包括建筑工程费、机电设备及安装工程费、金属结构设备及安装工程费、临时工程费、建设占地及水库淹没处理补偿费、其他费用和预备费。

（2）固定资产投资方向调节税。这是贯彻国家产业政策，引导投资方向，调整产业结构而设置的税种。根据财政部、国家税务总局、国家计委的相关政策，对《中华人民共和国固定资产投资方向调节税暂行条例》规定的纳税义务人，固定资产投资应税项目自2000年1月1日起新发生的投资额，暂停征收固定资产投资方向调节税。

（3）建设期和部分运行期的借款利息。这是项目总投资的一部分。《水利建设项目经济评价规范》（SL 72—94）规定，运行初期的借款利息应根据不同情况，分别计入固定资产总投资或项目总成本费用。

（4）流动资金。水利水电工程的流动资金通常可以按30～60天周转期的需要量估列，一般可参照类似工程流动资金占销售收入或固定资产投资的比率或单位产量占流动资金的比率来确定。例如，对于供水项目，可按固定资产投资的1‰～2‰估列，对于防洪治涝等公益性质的水利项目，可以不列流动资金。

年运行费是指项目建成后，为了维持正常运行每年需要支出的费用，包括工资及福利费、水源费、燃料及动力费、工程维护费（含库区维护费）、管理费和其他费用。

产品销售税金及附加、所得税等税金根据项目性质，按照国家现行税法规定的税目、税率进行计算。

2. 总成本费用

水利建设项目总成本费用指项目在一定时期内为生产、运行以及销售产品和提供服务所花费的全部成本和费用。总成本费用可以按经济用途分类计算，也可以按照经济性质分类计算。

（1）按照经济用途分类计算。按照经济用途分类计算应包括制造成本和期间费用。

1）制造成本。包括直接材料费、直接工资、其他直接支出和制造费用等项。

2）期间费用。包括管理费用、财务费用和销售费用。

a. 管理费用。是指企业行政管理部门为组织和管理生产经营活动而发生的各项费用，包括工厂总部管理人员的工资及福利费、折旧费、修理费、无形及递延资产摊销、物料损失、低值易耗品摊销及其他管理费用（办公费、差旅费劳动保护费、技术转让费、土地使用税、工会经费及其他）。

b. 财务费用。是指为筹集资金而发生的各项费用，包括生产经营期间发生的利息净支出及其他财务费用（汇兑净损失、调剂外汇手续费和金融机构手续费等）。

c. 销售费用指企业在销售产品和提供劳务过程中所发生的各种费用，包括运输费、装卸费、包装费、保险费、展览费和销售部门人员工资及福利、折旧费、修理费及其他销售费用。因而项目总成本的计算公式为

$$项目总成本＝制造成本＋销售费用＋管理费用＋财务费用 \qquad (4-1)$$

（2）按照经济性质分类计算。按经济性质分类计算应包括材料、燃料及动力费、工资及福利费、维护费、折旧费、摊销费、利息净支出及其他费用等项。

3. 财务收入与利润

水利项目的财务收入是指出售水利产品和提供服务所得的收入，年利润总额是指年财务收入扣除年总成本和年销售税金及附加后的余额。计算公式为

$$年利润总额＝年财务收入－年总成本费用－年销售税金及附加 \qquad (4-2)$$

三、财务评价指标

水利项目财务评价指标分主要和次要两类：主要财务指标有财务内部收益率、财务净现值、投资回收期、资产负债率和借款偿还期；次要指标有投资利润率、投资利税率、资本金利润率、流动比率、速动比率、负债权益比和偿债保证比等。《方法和参数》中取消了投资利润率、投资利税率、资本金利润率、借款偿还期、流动比率、速动比率等指标，新增了总投资收益率、项目资本金净利润率、利息备付率、偿债备付率等指标，并正式给出了相应的融资前税前财务基准收益率、资本金税后财务基准收益率、资产负债率合理区间、利息备付率最低可接受值、偿债备付率最低可接受值、流动比率合理区间、速动比率合理区间。

财务评价指标可分为分析项目盈利能力参数和分析项目偿债能力参数。分析项目盈利能力的指标主要包括财务内部收益率、总投资收益率、投资回收期、财务净现值、项目资本金净利润率、投资利润率、投资利税率等指标。

分析项目偿债能力的指标主要包括利息备付率、偿债备付率、资产负债率、流动比率、速动比率、借款偿还期等。

现对其中部分指标作如下说明。

1. 资产负债率

资产负债率是指反映项目所面临财务风险程度及偿债能力的指标，其计算公式为

$$资产负债率 = \frac{负债总额}{资产总额} \qquad (4-3)$$

西方企业一般此比率保持在 0.5～0.7 之间（世界银行要求 0.6～0.7）。

2. 总投资收益率

总投资收益率表示总投资的盈利水平，指项目达到设计能力后正常年份的年息税前利润或运营期内年平均息税前利润与项目总投资的比率，总投资收益率计算公式为

$$总投资收益率 = \frac{年息税前利润或年均息税前利润}{项目总投资} \times 100\% \qquad (4-4)$$

总投资收益率不小于基准总投资收益率指标的投资项目才具有财务可行性。

3. 利息备付率

利息备付率也称已获利息倍数，是指项目在借款偿还期内各年可用于支付利息的税息前利润与当期应付利息费用的比值。其表达式为

$$利息备付率 = \frac{税息前利润}{当期应付利息} \times 100\% \qquad (4-5)$$

其中　　　　　　税息前利润＝利润总额＋计入总成本费用的利息费用

当期应付利息是指计入总成本费用的全部利息。

4. 偿债备付率

偿债备付率是指项目在借款偿还期内，各年可用于还本付息的资金与当期应还本付息金额的比值。其表达式为

$$偿债备付率 = \frac{可用于还本付息的资金}{当期应还本付息的金额} \times 100\% \qquad (4-6)$$

式中，可用于还本付息的资金包括可用于还款的折旧和摊销、成本中列支的利息费用、可用于还款的利润等；当期应还本付息的金额包括当期应还贷款本金额及计入成本费用的利息。

5. 流动比率

流动比率也称营运资金比率或真实比率，是指企业流动资产与流动负债的比率，反映企业短期偿债能力的指标。其计算公式为

$$流动比率 = \frac{流动资产}{流动负债} \qquad (4-7)$$

流动比率越高，说明资产的流动性越大，短期偿债能力越强。一般认为流动比率不宜过高也不宜过低，应维持在 2∶1 左右。过高的流动比率，说明企业有较多的资金滞留在流动资产上未加以更好地运用，如出现存货超储积压，存在大量应收账款，拥有过分充裕的现金等，资金周转可能减慢从而影响其获利能力。有时，尽管企业现金流量出现赤字，但是企业可能仍然拥有一个较高的流动比率。

6. 速动比率

速动比率又称"酸性测验比率",是指速动资产对流动负债的比率。它是衡量企业流动资产中可以立即变现用于偿还流动负债的能力。其计算公式为

$$速动比率=\frac{流动资产总额-存货总额}{流动资产总额}\times100\% \qquad (4-8)$$

速动比率的高低能直接反映企业的短期偿债能力强弱,它是对流动比率的补充,并且比流动比率反映得更加直观可信。如果流动比率较高,但流动资产的流动性却很低,则企业的短期偿债能力仍然不高。在流动资产中有价证券一般可以立刻在证券市场上出售,转化为现金、应收账款、应收票据、预付账款等项目,可以在短时期内变现,而存货、待摊费用等项目变现时间较长,特别是存货很可能发生积压、滞销、残次、冷背等情况,其流动性较差。因此流动比率较高的企业并不一定偿还短期债务的能力很强,而速动比率就避免了这种情况的发生。速动比率更能准确地表明企业的偿债能力。

一般来说,速动比率越高,企业偿还负债能力越高;相反,企业偿还短期负债能力则弱。它的值一般以100%为恰当。

7. 负债权益比

负债权益比反映的是资产负债表中的资本结构,说明借入资本与股东自有资本的比例关系,显示财务杠杆的利用程度。负债权益比是一个敏感的指数,太高了不好,资本风险太大;太低了也不好,显得资本运营能力差。在美国市场,负债权益比一般是1:1,在日本市场是2:1。长期贷款时,银行看重的就是负债权益比,长期负债如果超过净资产的一半,银行会怀疑企业还贷的能力。其计算公式为

$$负债权益比=\frac{负债}{权益资本}=\frac{总投资-权益资本}{权益资本} \qquad (4-9)$$

8. 偿债保证比

通过对项目(或企业)运营时期偿债资金来源和需要量的比较以表示项目在某一年内偿还债务的保证程度,这一比值的经验标准要求一般在1.3~1.5之间,小于此数就意味着权益资本的回收和股利的获得可能落空。其计算公式为

$$偿债保证比=\frac{自有资金}{偿债准备} \qquad (4-10)$$

其中,偿债准备包括当年需偿还的贷款本金和当年需偿还的利息。

四、水利建设项目的财务评价报表

财务评价指标都需要通过财务报表来实现,因而财务评价报表十分重要,是财务评价的关键环节。财务评价报表有现金流量表、损益表、资金来源与运用表、资产负债表、财务外汇平衡表等基本报表。从原始基础资料直接获取财务报表信息,有时容易出错,必要情况下可编制总成本费用估算表和借款还本付息计算表等辅助报表,详见《水利建设项目经济评价规范》(SL 72—1994)。属于社会公益性质或者财务收入很少的水利建设项目,可以适当减少财务报表。

(1)现金流量表(全部投资)。从项目自身角度,不分投资资金来源,以项目全部投资作为计算基础,考察项目全部投资的盈利能力。

(2)现金流量表(自有资金)。从项目自身角度,以投资者的出资额为计算基础,把

借款本金偿还和利息支付作为现金流出，考核项目自有资金的盈利能力。

（3）损益表。反映项目计算期内各年的利润总额、所得税及税后利润的分配情况，用以计算投资利润率、投资利税率等指标。

（4）资金来源与运用表。综合反映项目计算期内各年的资金来源、资金运用及资金余缺情况，用以选择资金筹措方案，制定适宜的借款及偿还计划，并为编制资产负债表提供依据。

（5）资产负债表。综合反映项目计算期内各年末资产、负债和所有者权益的增减变化及对应关系，用以考察项目资产、负债、所有者权益的结构是否合理，并计算资产负债率等指标，进行项目清偿能力分析。

（6）财务外汇平衡表。适用于有外汇收支的项目，用以反映项目在计算期内各年外汇余缺程度，进行外汇平衡分析。

（7）总成本费用估算表。反映项目在一定时期内为生产、运行以及销售产品和提供服务所花费的成本和费用情况。

（8）借款还本付息计算表。反映项目在项目建设期、运行初期、正常运行期的借款及还本付息情况。

第三节　国民经济评价

一、概述

国民经济评价是从国家（全社会）整体的角度分析，采用影子价格，计算项目对国民经济的净贡献，据此评价项目的经济合理性。水利建设项目经济评价应以国民经济评价为主，对于国民经济评价结论不可行的项目，一般应予以否定。如项目财务评价与国民经济评价结论均属可行，此时该项目应予通过。如国民经济评价合理，而财务评价不可行，而此项目又属于国计民生所急需，此时可进行财务分析计算，提出维持项目正常运行需由国家补贴的资金数额、需要采取的经济优惠措施及有关政策，提供上级决策部门参考。

国民经济评价在项目决策阶段进行称为项目国民经济前评价。项目国民经济后评价是在项目建成并经过一段时间生产运行后进行。项目国民经济前评价的主要目的是评价项目的经济合理性，为科学决策提供依据，除国家规定的参数外，主要采用预测估算值，一般仅包括项目经济合理的评价结论。项目国民经济后评价的主要目的是为了总结经验和教训，以改善项目的国民经济效益并提高项目国民经济评价的质量和决策水平。项目国民经济后评价所依据数据除国家规定的经济参数外，项目后评价时点以前，采用实际发生数据；在项目后评价时点以后，采用以实际发生值为基础的新的预测估算值。项目国民经济后评价除包括项目经济合理性的评价结论，还包括项目从国民经济角度存在的问题，以及提高项目经济效益的意见和建议。

二、一般规定

（1）国民经济评价计算的基准年一般可以选用建设开始年，并以该年年初作为计算的基准点；价格水平年可以选择建设开始年或运行期开始年或后评价开始前一年。

（2）水利建设项目国民经济评价中的费用和效益应尽可能用货币表示；不能用货币表

示的，应采用其他定量指标表示；定量有难度的，可以进行定性描述。

（3）采用社会折现率按照国家发改委和建设部发布的《方法与参数》的规定，结合实际情况测定为8％，对于受益期长的建设项目，如果远期效益较大，效益实现的风险较小，社会折现率可适当降低但不应低6％。但是对属于社会公益性质的水利建设项目，可同时采用12％和7％的社会折现率进行评价，供项目决策参考。

（4）分析确定属于国民经济内部转移支付的费用，如与建设项目相关的税金、国内借款利息、计划利润以及各种补贴，均不应计入项目的效益或者费用。但国外贷款利息的支付，造成国内资源向国外转移，故应计为项目的费用。

（5）进行国民经济评价时，项目的投入物和产出物原则上应采用影子价格计算，考虑到实际工程中测算影子价格的工作量大，现在很多物品的市场价格已接近影子价格，故可以适当简化计算。

三、影子价格的计算

影子价格（Shadow Price，SP）是20世纪30年代末、40年代初分别由苏联经济学家康托罗维奇和荷兰经济学家丁伯根首先提出并进行研究的，把资源与价格联系起来是影子价格的主要特征之一。在研究短缺资源优化配置中，需要编制涉及国民经济各重要部门庞大而复杂的线性规划模型，其对偶规划的最优解，就是各项产品或资源的影子价格。影子价格是反映资源在最优分配条件下的一种价格。如果一个国家实现了各种资源的最优配置，那么各种资源的最优计划价格（影子价格）也就求出来了；反之，如果利用线性规划模型求出的各种资源的影子价格去指导一个国家生产，其资源的最优配置也就实现了。在具有充分竞争的、完善的市场条件下，供求均衡状态下的市场价格，就是线性规划模型所求解的影子价格。

对于某一产品而言，一方面，是建设项目的投入物；另一方面，是生产该产品企业的产出物。当进行水利建设项目国民经济评价时，需要测算本项目各项投入物的影子价格，其目的在于正确估算建设项目的投入费用，全社会为项目各类投入物究竟付出了多少国民经济代价。当估算水利建设项目的国民经济效益时，需要测算各类产出物的影子价格，这些产出物究竟为全社会提供了多少国民经济效益。对已建项目进行国民经济后评价时，与对未建项目进行国民经济前评价时一样，无论计算项目投入物的费用或其产出物的效益，均需采用影子价格。

1. 影子价格的特点

一般说来，影子价格具有以下特点：

（1）时间性。由于价格受到通货膨胀、通货紧缩和市场供需关系的影响，因此不同时间的影子价格是变化的。如《方法与参数》中，1993年发布的钢材、木材、水泥的影子价格比1990年发布的影子价格分别上涨了36.5％、16.0％、33.3％。

（2）地区性和空间性。资源的分布和产量具有较强的地区性和空间性，因而影子价格也应随之变化。例如水利部黄河水利委员会勘测规划设计研究院计算1998年黄河各断面水的影子价格，其中龙羊峡段为0.245元/m³，小浪底段为0.057元/m³。

（3）供求关系和用途影响。影子价格受到市场的供需变化的影响，某种资源（产品）供小于求时，价格上升，影子价格随之上升；某种资源（产品）供大于求时，价格下降，影子价格随之下降。从产品的边际效益来看，工业用水边际效益大于农业用水的边际效益，作为工业用水的影子价格就比农业用水大。

（4）方法性和实用性。同一资源（产品）根据不同影子价格的测算方法得出的数值不同，因此应考虑资料水平和方法的可靠度及适用性，综合分析后选用。

2．影子价格的测算方法

影子价格的测算方法较多，一般可以分为两大类：一类是理论方法即数学方法；另一类是近似的实用方法。要依靠建立庞大的线性规划数学模型来准确地求解影子价格是几乎不可能的。目前常采用几种近似的测算办法有国际市场价格法、分解成本法、机会成本法、支付意愿法等。

（1）国际市场价格法。该方法适用于测算进出口外贸货物的影子价格，认为在激烈竞争条件下的国际市场价格，接近影子价格。对其影子价格，要先分析货物（产品）是出口还是进口，是项目生产的产出物还是项目需要的投入物。对外贸货物一般用国际市场价格计算，出口货物以离岸价格为基础计算货物的影子价格，进口货物以到岸价格为基础计算其影子价格。

在计算影子价格时，还应选用影子汇率、贸易费用率、交通运输费用的影子价格换算系数等，具体计算办法可参阅《水利建设项目经济评价规范》（SL 72—1994）中的附录 C。

（2）分解成本法。这是测算非外贸货物影子价格的一个重要方法，原则上应对边际成本进行分解，如缺乏资料，也可以分解平均成本。该方法对单位产品的财务成本按要素进行分解，主要要素有原材料、燃料和动力、工资及福利费、折旧费、修理费、利息净支出以及其他费用等。而后确定主要要素的影子价格，在分解时要剔除上述数据中可能包括的税金。对主要要素中的外贸货物，按外贸货物确定其影子价格，对于非外贸货物，当《方法与参数》或者其他规程规范中有影子价格或换算系数的，按规定采用。国内无影子价格的，则对其进行第二轮分解，用第一轮的方法测定影子价格，直至全部要素都能确定影子价格为止，一般两轮分解就能满足要求。

（3）机会成本法。机会成本是指建设项目需占某种有限资源时，就要减少这种资源用于其他用途的边际效益。在某一国家的各种资源得到最优配置的情况下，机会成本和边际效益相等，因此机会成本就是影子价格。在市场经济为主的情况下，机会成本仍不失为估算影子价格的好方法。

（4）支付意愿法。消费者支付意愿是指消费者愿意为产品或劳务支付的价格，把消费者愿意为某种产品或劳务付出的边际价格作为生产该商品或付出劳务的边际效益，即影子价格。该方法适用于市场机制比较完善，且能够自由买卖的货物。一般情况下，我们只能根据市场价格波动的情况和对消费者进行调查，来确定消费者支付意愿。

（5）特殊投入物影子价格的计算方法。作为特殊投入物的劳动力影子工资及土地的影子费用可按下列原则确定：

1）影子工资可以采用概预算工资（含职工福利费）乘以影子工资换算系数求得。影子工资换算系数参阅《方法与参数》。

2）土地的影子费用等于建设项目占地而使国民经济为此放弃的效益，即土地的机会成本加上国民经济为项目占用土地而新增加的资源消耗（如拆迁、改建、剩余劳动力安置等）。土地的机会成本可按项目占用土地而使国民经济为此放弃的该土地的净效益计算。

四、费用及效益计算

水利建设项目国民经济评价的费用包括项目的固定资产投资（包括更新改造投资）、流动资金与年运行费。

1. 固定资产投资费用计算

水利建设项目的固定资产投资包括达到设计规模所需的由国家、企业和个人以各种方式投入主体工程和相应配套工程的全部建设费用。国民经济后评价中的固定资产投资应包括工程竣工决算投资和工程竣工决算后除险加固、改扩建和设备更新等投资。

2. 年运行费计算

水利建设项目的年运行费包括工资及福利费、燃料及动力费、维护费、修理费及其他费用。其中，维护费包括工程维护费和库区维护费。

3. 流动资金计算

水利建设项目的流动资金应包括维持项目正常运行所需的购买燃料、材料、备品、备件和支付职工工资等所需的周转金。流动资金应在运行初期的第一年开始安排，其后根据投产规模分析确定。由于流动资金所占比重很小，一般可以简化计算。如后评价中，项目后评价时点以前发生的流动资金按项目实际发生值，按各年的物价指数调整计算；后评价时点后可能的流动资金，如缺乏资料，可按年运行费的5%～10%来计算。

水利建设项目国民经济评价的效益包括防洪（防凌、防潮）效益、治涝效益、灌溉效益、城镇供水效益、水力发电效益、航运效益以及旅游、水产等其他效益。

项目的国民经济效益应在选定影子价格水平年基础上进行，遵循以下办法：

（1）建设项目效益计算的范围和价格水平年应该与费用计算的口径一致。

（2）国民经济评价的效益按假定无本工程情况下可能产生的效益（或造成的损失）与有本工程情况下可能或实际获得的效益（或实际损失）的差值计算，包括直接效益和间接效益。

（3）国民经济效益的计算除计算多年平均年效益外，对于防洪治涝、灌溉、城镇供水等项目，还应计算特大洪涝年或连续干旱年的效益。

（4）综合利用水利项目除按项目功能分别计算各个功能效益外，还应计算项目的整体效益。整体效益的计算应注意剔除分项效益的重复计算部分。

（5）项目对社会、经济、环境造成的不利影响，未发生且能采取措施补救的，应在项目费用中计入补救措施的费用；对未发生且难以采取措施补救或者采取措施不能消除全部不利影响的，应计算全部或部分负效益。已经发生的，按实际发生计算其负效益。

五、国民经济评价指标

水利建设项目的国民经济评价指标可以分为两类：一类反映国民经济盈利能力指标，如经济内部收益率（EIRR）、经济净现值（ENPV）、经济效益费用比（EBCR）；另一类在后评价中使用，反映项目后评价指标与前评价指标两者的偏离程度，如实际经济内部收益率的偏离率、实际经济净现值的偏离率、实际经济效益费用比的偏离率。以上国民经济评价指标的计算，都可以通过编制国民经济效益费用流量表求出。

第四节　环境影响评价

一、概述

1. 水利建设项目环境影响评价的涵义

《中华人民共和国环境保护法》确立了环境影响评价是我国环境保护的基本制度。环境指影响人类生存和发展的各种天然和经过人工改造的自然因素的总体。水利工程环境影响评价是指对水利建设项目实施后可能对环境的影响进行预测、分析和估计，提出预防或者减轻不良环境影响的对策和措施，进行跟踪监测的方法与制度。

环境影响评价（Enviroment Impact Assessment，EIA）根据开发建设活动的不同，可分为开发建设项目的环境影响评价、区域开发建设的环境影响评价、发展规划的环境影响评价（战略环境影响评价）等类型，它们构成环境影响评价的完整体系。

2. 国内外研究现状

美国率先在 20 世纪 60 年代开展了环境影响评价工作，1970 年开始实施的《国家环境政策法》规定对可能影响环境的活动和项目要进行环境影响评价，并于 1978 年制定了《国家环境政策法实施条例》，又为其提供了可操作的规范性标准和程序。受美国这一立法的影响，其后，瑞典、澳大利亚、法国也分别于 1969 年、1974 年和 1976 年在国家的环境法中肯定了环境影响评价制度，20 世纪 80 年代，东南亚国家也陆续开展了环境影响评价工作。

美国、俄罗斯等国十分重视公众参与水利水电工程的决策过程，环境影响报告书要向群众公布，广泛听取和征求工程影响区的群众的意见。

我国综合地进行水电工程环境与生态影响的系统化研究开始于 20 世纪 70 年代末，这项研究工作主要是围绕工程的环境影响的评价和环境保护设计进行的。20 世纪 80 年代以来，我国开展了大量的水利水电工程环境影响评价，积累了丰富的经验。1982 年 2 月，水利部颁布了《关于水利工程环境影响评价的若干规定》（草案）；1988 年 12 月，水利部和能源部发布了《水利水电工程环境影响评价规范》（SDJ 302—88），1992 年 11 月，发布了《江河流域规划环境影响评价规范》（SL 45—92）；2003 年，由国家环境保护总局和水利部共同发布了《环境影响评价技术导则水利水电工程》（HJ/T 88—2003）为推荐性标准，2005 年，颁布了《农村水电站工程环境影响评价规程》（SL 315—2005），并于 2006 年对《江河流域规划环境影响评价规范》（SL 45—2006）进行了修订。根据以上规定，一切对自然环境、社会环境和生态平衡产生影响的大中型水利水电工程、中小型工程和流域开发治理规划都应进行环境影响评价。三峡工程的环境影响评价研究历时最长，有众多专家组成生态与环境论证专家组开展工作，极大地带动了水利工程环境影响评价研究工作。

二、环境影响评价工作的实施阶段

SDJ 302—88 规定：水利水电工程在可行性研究阶段，必须进行环境影响评价。环境影响报告书经审批后，计划部门方可批准建设项目设计任务书。国家环保总局根据建设项目对环境污染、生态破坏的程度，实行建设项目环境保护分类管理。《建设项目环境保护分类管理名录》规定："建设项目对环境可能造成重大影响的，应当编制环境影响报告书；建设项目对环境可能造成轻度影响的，应编制环境影响报告表。"对于水利、水电项目编制环境影响报告书的具体要求见表4-1，小型农田水利设施的建设，周围无敏感环境保护目标，只需填写环境影响登记表。介于两者之间的需要编制环境影响报告表。

编制环境影响评价报告书的建设项目，应编制评价大纲，评价大纲是环境影响评价报告书的总体设计，应在开展评价工作之前编制。

表4-1　　　　　　　　　　需编制环境影响报告书的水利建设项目

类别	划　分　标　准	环境特征	备　注
水库工程	库容≥3000万 m^3 或淹没面积≥5km²	全部地区	
	3000万 m^3＞库容≥1000万 m^3 或淹没面积≥0.5km²	敏感区	
	全部地下水库	敏感区	
灌溉工程	面积≥30万亩	全部地区	开荒或缺水地区
	面积＜30万亩	敏感区	
引水工程	年引水量≥1000万 m^3	全部地区	
	年引水量＜1000万 m^3	敏感区	
水力发电	新建水电项目库容≥1亿 m^3，装机≥250MW以上的改扩建项目	全部地区	
	库容＜1亿 m^3，装机＜250MW的改扩建项目	敏感区	

三、水利建设项目环境影响评价的内容

水利建设项目环境影响评价编制的主要内容应包括工程概况、工程分析、环境现状调查、环境影响识别、环境影响预测和评价、环境保护对策措施、环境监测与管理、投资估算、环境影响经济损益分析、环境风险分析、公众参与和评价结论等。

环境影响评价可根据内容分为水文、泥沙、局地气候、水环境、环境地质、土壤环境、陆生生物、水生生物、生态完整性与敏感生态环境问题、大气环境、声环境、固体废物、人群健康、景观和文物、移民、社会经济等环境要素及因子的评价。

1. 水文泥沙情势影响分析

因建设拦蓄、调水工程等水利水电工程，改变了河道的天然状态，因而对河道乃至流域的水文、泥沙情势造成了影响。水文、泥沙情势的变化是导致工程建设、运行期所有生态与环境问题影响的原动力，对其变化影响进行评价，具有重要意义。如河道冲刷可能对下游的水利工程和桥涵等产生影响。

2. 水环境影响

水环境影响涉及地面水和地下水两个部分。水库蓄水后，水深增大，水体交换速度减缓，从而改变了水汽交界面的热交换和水体内部的热传导过程。水温直接关系水的使用，如水库泄放低温水对下游灌区水稻生长有一定影响。水利工程建设项目还影响水体水质迁移转化的规律，如塔里木农业灌溉排水一期工程渭干河项目区排出的高含盐水排入塔里木河，将影响塔里木河水质，为此工程设计中研究了多种排水方案。

3. 土壤环境及土地资源影响

不同工程类型及工程施工期、运行期对于土壤环境影响的范围、程度及方式不同，总

体可以归纳工程占地影响和对土壤演化因素的影响两大方面。工程占地，蓄水、输水建筑物淹没、浸没，移民，水资源调度和使用不当，污染物排放对土地资源都会造成影响。

4. 陆生生态影响

建设工程项目改变了区域生态环境，会影响工程区的植被、野生动物、珍稀濒危动植物等种类、数量及分布。例如，黄河人民胜利渠灌区开发后，建立了豫北黄河故道天鹅自然保护区。

5. 水生生态影响

水利工程的水的生态作用主要表现为水利工程引起水生物个体、种群、群落及其生存环境的变化。水利工程对浮游生物、底栖生物、高等水生植物、鱼类、湿地等生态系统将产生相应的影响。

6. 施工环境影响

水利水电工程建设在工程施工过程中，会对施工区及其周边地区的自然环境和生态环境带来一定的影响和干扰，如工程施工废水和施工人员生活污水排放会污染施工区附近的河流湖泊。通过预测和分析工程施工过程中可能产生的水质、大气环境、声环境、固体废物环境影响，并提出减缓这些不利影响的对策和措施。

7. 移民环境影响

水利水电工程移民安置是工程建设不可分割的重要组成部分，通过环境评价，从环境保护的角度保证工程建设的顺利进行，做好移民安置工程。

8. 环境水利医学影响

水利工程环境对人群健康会造成影响，为某些疾病的传播和扩散提供可能。如狮子滩水电站施工期疟疾发病率上升了 3 倍。国家技术监督局和卫生部 1995 年颁布了《水利水电工程环境影响医学评价技术规范》，作为实践指导性文件。

9. 经济社会影响

水利水电项目对经济及社会的影响分为有利影响和不利影响，分析给出影响区人口受益和受损情况，并研究补偿和扩大经济社会效益的措施。

10. 气候、地质、景观及文物影响

水利工程建设影响局部气候，使水体面积、体积、形状等改变，水陆之间水热条件、空气动力特征发生变化，工程建设对水体上空及周边陆地气温、湿度、风、降水、雾等产生影响。例如，三门峡水库修建后，对库岸附近 5km 河谷盆地范围内的气候产生一定影响，年平均气温降低 0.4～0.9℃。

水利水电工程建设改变了自然界原有的岩土力学平衡，加剧或引发了隐患区地质灾害的发生，比较常见或影响较大的有水库诱发地震、浸没、淤积与冲刷、坍塌与滑坡、渗漏、水质污染、土壤盐渍化等。水利水电建设还会影响景观区和文物保护工作。

水利水电工程建设项目对环境的影响包括对自然环境的影响和对社会环境的影响两个方面。评价内容的选取、各项内容的评价详略程度以及所采用的评价方法，应当按照不同的水利水电工程所处的自然环境、社会环境及经济条件来具体确定，不能一概而论。

四、水利建设项目环境影响评价的方法和步骤

水利水电工程环境影响是一个复杂的系统，编制水利建设项目环境影响评价归纳起来有以下步骤：

(1) 确定水利工程及其配套工程环境影响评价的范围。

(2) 制定水利建设工程项目环境影响评价工作大纲。

(3) 调查分析工程概况及工程影响区环境现状。

(4) 工程环境影响要素识别与评价因子筛选。

(5) 进行环境影响预测和评价，编制报告书。

该工作一般按四个层次进行：环境总体（包括自然环境和社会环境）、环境种类、环境要素、环境因子。环境因子是基本单元，由相应的环境因子群构成环境要素，由相同类型的环境组成构成环境种类，由环境种类构成环境总体。

目前水利工程环境影响评价工作的评价标准和评价方法大多仍以定性分析环境影响为主，按照调查或监测环境影响，最终得出工程环境影响评价结论。环境影响评价报告书流于形式，环保措施的制定针对性较低，实施效果较差等。因此，建立科学的评价标准和构建适用的评价模型十分必要，并且具有重要的现实意义。

从评价方法上来说，经过几十年的发展，目前在文献中有报道的评价方法已有上百种。常用的方法可分为两种类型：综合评价方法、专项分析评价方法。

综合评价法主要是用于综合地描述、识别、分析和评价一项开发活动对各种环境因子的影响或引起总体环境质的变化。专项分析评价方法常用于定性、定量地确定环境影响程度、大小及重要性，并对影响大小排序、分级，用于描述单项环境要素及各种评价因子量的现状或变化，还可对不同性质的影响，按照环境价值的判断进行归一化处理。随着研究的不断深入，越来越多的新方法应用到环境影响评价中，如人工神经网络法、系统动力学法、模糊数学方法、生态评价方法、环境经济学方法、灰色聚类方法等。

第五节　社会影响评价

一、概述

建设项目社会评价是西方发达国家在 20 世纪 60 年代后逐渐兴起的一种评价方法。过去，对建设项目的评价主要着重于经济评价的优劣。但是实践证明，单纯的经济评价不能包括收益分配、环境、人口、就业和社会进步等有关问题，因此要求在经济评价之外，还要考虑社会和环境问题。

1. 社会评价的含义及作用

社会是由经济、政治、文化、教育、卫生、安全、国防、环境等各个领域组成的，社会发展目标涉及以上各个领域。这里所指的社会评价仅限定为狭义的社会评价。水利建设项目社会评价是指工程项目为实现社会发展目标所做贡献与影响的一种评价方法。它是从全社会角度研究水利项目的可行性，为选择最优方案提供更科学的决策。

当前社会评价可分为四种：第一种包括国民经济评价中的社会效益分析；第二种指经济评价加收入分配分析；第三种指项目的国家宏观经济分析；第四种指社会（影响）评价或称社会分析。

从理论上看，前三种都属于经济学范围。我国在三峡和小浪底等重大水利项目的国民经济评价和综合评价中的社会影响分析基本上属于第一种和第三种。本节的社会影响评价属于第四种定义，范围更为广泛。

对水利建设项目进行社会评价，作用表现为：

（1）有利于提高建设项目决策的科学水平，有利于全面提高投资效益。据世界银行的资料，世界银行近几年有30多个经过社会分析的项目，其经济效益比其他项目高50%～100%，不利影响却较其他项目低。

（2）有利于引进外资。目前世行和亚行对大型贷款项目，要求必须进行社会评价，不进行社会评价不予立项。对于进入国际市场的工农业产品和水产品，国际有关法律规定，必须满足社会环境质量指标的要求。可见开展项目社会评价可进一步满足开放政策的要求。

（3）有利于非自愿移民和扶贫移民的妥善安置，避免由于移民安置不当而造成严重的社会问题。

（4）社会评价中开展收入分配分析，设置地区分配效果指标，有利于贯彻国家的地区经济和社会发展政策，推动老、少、边、穷地区的经济发展，促使各地区间经济均衡发展，有利于社会稳定。

（5）有利于资源的优化配置和可持续发展。对水利项目的社会效益和社会影响进行分析和评价，可以促进国家社会发展目标的顺利实现。如对节约土地和提高水资源效益的分析，可以促进我国有限资源的优化配置和合理利用。

（6）有利于建设项目决策民主化。实行"公众参与"，广泛收集各方面的意见，共同研究对策，有利于得到群众的理解和支持，减少或避免项目决策失误所带来的重大损失。

2. 国内外社会评价研究现状

（1）国外社会评价研究现状。建设项目社会评价的概念国内外尚无统一的认识，在名称、内容、评价方法上差别比较大。例如，美国在20世纪60年代中晚期，水资源工程评价工作开始从单纯的经济效益转移到需要同时考虑社会与环境，推行环境影响评价与社会影响评价；英国及欧共体非常强调"公众参与"，推行的环境评价包括自然环境影响与社会环境影响评价；加拿大的社会评价，除分配效果外，还包括环境质量与国防能力等方面的影响分析；一些国际组织（如世界银行、亚洲开发银行、英国海外开发署等）针对援助发展中国家的项目的社会评价提出一些要求，如公平分配、地区分配、就业、社会福利、文化教育、卫生保健、地区经济发展等。

总之，由于社会影响评价比较复杂，内容庞大，各个因素如何全盘综合评判是难点问题。

（2）我国社会评价的现状。1987年，国家计委（现为国家发改委）组织力量开展建设项目社会评价的研究工作，1989年初，国家计委投资研究所和建设部标准定额研究所联合成立了投资项目社会评价研究课题组，并于1990年组织工业、农林、水利、交通运输、城市基础设施和社会公益事业各部门开始探讨社会评价的理论、方法和步骤。水利部也从1992年7月开始组织力量对水利项目社会评价工作进行研究，1995年11月提出了《水利建设项目社会评价研究总报告》和9个子题研究报告。1999年，水利部规划计划司与中国水利经济研究会共同出版了《水利建设项目社会评价指南》，指引我国的水利建设项目社会评价的实践研究。2002 年 4 月，国家计委批准出版《投资项目可行性研究指南》，第一次将建设项目的社会评价引入项目可行性研究内容与方法（第一部分）中，这也就标志着今后在我国建设项目可行性研究中，随着社会发展观从"以经济增长为中心"到"以人为中心"，再到 20 世纪 90 年代的"以人为中心的可持续发展"，社会评价将水利建设项目评价中必不可少的内容。

二、水利建设项目社会影响评价的原则和特点

1. 基本原则

水利建设项目社会评价基本原则可以归纳为五条，即公平公正、民众支持、生活改善、社会稳定和实事求是。

公平公正指社会评价应排除项目建设单位和地区的干扰，客观地分析研究，使项目的受益区得到收益，项目的受损区得到补偿。水利建设项目一般涉及民众较多，因此不仅社会分析水利项目要得到工地及附近群众的支持，还需得到上下游、左右岸的群众支持。水利建设的目的是除害兴利、促进工农业发展，要分析项目是否可以增加人民的物质福利，提高人民生活水平。水利建设项目往往挖压、淹没大量土地，拆迁大范围房屋和公共设施，搬迁成千上万的居民，社会分析中必须非常重视保持稳定的工作。社会评价应从实际出发，实事求是，采取科学适用的评价指标和方法。在方案比较中将不同方案的比较建立在可比因素同一性的基础上。

2. 特点

水利建设项目社会影响评价是投资项目社会评价的一类，既有投资项目社会评价的特点，又有很强的水利行业特征。水利建设项目的社会评价具有以下特点：

（1）评价内容广泛。水利项目社会评价涉及社会经济、社会环境、资源利用、劳动就业、收益分配、文教卫生、社会福利以及项目与国家或地区发展的适应性、项目的可接受性、项目存在的社会风险程度、受损群众的补偿问题、项目的参与水平，项目承担机构能力的适应性、项目的持续性等。各种社会因素纵横交错，有些因素且互有矛盾，十分复杂。

（2）影响时间长久、定量困难。经济评价计算期一般为 20 年，而社会评价要考虑近期和远期的社会发展目标，可能涉及几代人。水利项目的社会影响多种多样，十分复杂，有的可以定量计算，有的则不能或难以定量计算。如项目对文教、卫生的影响，对社会稳定安全的影响，对人们身体健康和寿命的影响，对地区风俗习惯的影响，项目的持续性等，通常都不能进行定量计算。因此，水利项目社会评价宜采用定量分析与定性分析相结合，以定性分析为主的方法。

（3）以社会调查为基础，宏观分析为主。水利项目社会评价中所需的社会资料和社会信息都要通过社会调查取得，社会评价人员对相关社会情况的把握程度直接影响甚至决定其分析判断的结果，因此社会调查资料的分析研究，以及存在问题的把握是社会评价的基础。由于社会发展目标是与国家的宏观经济与社会发展需要紧密相关的，因而决定了水利项目的社会评价具有广泛的宏观性。

（4）评价指标体系复杂。社会评价的复杂性体现在评价指标体系的多层次性及评价指标的多样性。水利项目社会评价中的社会效益和影响，是以国家、地方、当地社区各层次的社会发展目标和社会政策为基础的，因此，对大中型水利建设项目的社会评价需有国家层次的宏观分析、有针对地方发展目标的中观分析和针对社区发展目标与项目的微观分析，具有多层次分析的特点。

水利工程类别不同，有的是以社会效益为主，如防洪、治涝、灌溉、水土保持等；有的是以经济效益为主，兼有一定的社会效益如供水、发电、渔业等。对此社会评价的内容、重点、指标亦有所不同。水利工程社会评价指标比起其他行业而言更为复杂，具有多样性的特点。

三、水利建设项目社会影响评价内容与指标体系

水利建设项目社会评价的内容包括社会效益与影响评价，以及水利建设项目与社会发展相互适应的分析。既分析水利建设项目对社会的贡献与影响，又分析项目对社会政策贯彻的效用，揭示项目的社会风险，提出风险防范措施，研究项目的社会可行性，为项目决策提供科学依据。水利建设项目社会评价与经济评价内容和方法不同，经济评价有相应的经济效益指标和判断项目是否可行的评价标准，及具体的计算方法。社会评价内容广泛，一般包括定性与定量两个部分：定性部分选择用文字描述项目对社会影响的好坏及程度；而定量部分则选择一些定量指标如具体的数字或比例来表示，可以实物量或货币量表示，也可选择相对值或绝对值。

1. 水利建设项目社会影响评价内容

一般来讲，广义的水利建设项目社会影响评价内容应该包括以下三个方面的内容：一是评价项目对社会环境和社会经济方面可能产生的影响和社会问题，也就是狭义的社会影响评价；二是项目与当地技术、组织和文化的相互适应性分析；三是项目的风险分析。从理论上讲，任何水利工程项目都与人和社会有着密切的联系，上述社会影响评价三方面的内容适合于各类水利工程项目的评价，但不同类型的水利工程项目，同一工程项目在不同的阶段，其社会影响评价的具体内容会有较大差别。

狭义的水利建设项目社会影响评价内容仅指评价项目对社会环境和社会经济的两方面的影响，在国家、地区或流域、项目三个层次上进行分析。对国家和地区的影响属于宏观方面的影响，对项目社区属于微观层次的影响。

（1）对社会环境影响方面。水利建设项目对社会环境的影响是影响评价的重点，包括项目对社会、政治、人口、就业、文化、教育、卫生等方面的影响，基本涵盖以下方面：

1）对当地人口的影响。水利建设项目实施后，一方面，能改善当地的生存条件，提高当地人民的生活水平，并可能吸引贫困地区的大量人口迁入项目区，另一方面，大型水利建设项目，尤其是大型水库工程，往往引发大规模的人口迁移，分析移民与安置区居民之间的各种矛盾问题并妥善解决，事关水利建设项目的成败，是分析研究的重点。

2）对就业及公平分配效益的影响。分析评价拟建项目的直接投资所产生的就业人数即直接就业人数，以及相关项目新增就业人数，即间接就业人数。在宏观层次分析上，主要根据地区的社会统计数据，分析地区的社会发展水平，提出项目对地区发展水平的适应程度。在微观层次上，分析项目的实施的受益人群及受损人群的利益分配问题，或者项目的实施能否改善现有效益分配的各种不平等现象。

3）对社会安全、稳定的影响。要评价水利建设项目，尤其是防洪、治涝、河道整治、

跨流域调水等项目在促进社会安全稳定，缓解上下游，左右岸，调水区与受水区，省际、县际、人际间的水事矛盾，增强人们的安全感和稳定感，避免发生毁灭性灾害，减免人员伤亡等方面的社会效益和影响。

4）对当地文化卫生保健事业的影响。水利建设项目能使项目区的文化教育事业得到改善。要分析评价项目在减少文盲半文盲的比率，提高中小学普及率，促进成人教育、夜大、职大的普及与发展等方面的社会效益与影响。分析评价水利建设项目对改善农村医疗卫生条件等方面的贡献与影响，包括各级（乡级、村级）医院或卫生所的普及、乡村医护人员的增加以及疾病发病率的变化等。

5）对提高项目区农民生活水平和生活质量的影响。主要分析评价项目对提高人均纯收入、农民家庭收入，以及改善其衣、食、行条件等方面的贡献和影响。

6）对提高妇女地位的影响。从项目区妇女总劳动量、受教育情况和受技术培训情况的变化分析项目的实施是否有利于妇女地位的提高。

7）对民族及宗教关系的影响。边远地区、少数民族地区及多民族聚居区的水利建设项目要特别重视各民族自己的文化历史、风俗习惯、宗教信仰、生活方式等因素对建设项目的影响和作用，对不利影响要尽量避免，并研究如何增加项目的有利影响和贡献。

8）对提高国家国际威望的影响。尤其对于大型水利项目，要重点分析。

9）对项目区基础设施、服务设施的影响。分析评价水利建设项目在改善流域的水利和交通条件，增加干流航道里程，改善能源供应，改善基础设施和服务设施等方面的效益，以及迫使公路、铁路、通信线路改线等对地区基础设施的不利影响。

10）其他社会影响。包括对国防的影响，对社区社会结构的影响，对社区生产的社会组织的影响，对人际关系的影响，对社区凝聚力的影响，对社区人民社会福利、社会保障的影响等。

（2）社会经济方面的影响。水利建设项目社会评价中的社会经济影响应从宏观经济角度进行分析和评价，避免与项目的国民经济评价内容重复，特别要注意不能忽略掉负效益的影响。具体内容包括对国家经济发展目标的影响；对流域经济、地区经济发展的影响；对部门经济发展的影响；对我国科学技术进步的影响；节约时间的效益等方面。

（3）项目与社会适应性及风险分析。分析项目是否与地区要求、群众的需要相适应，当地对项目是否满意并能积极支持项目的实施，研究项目与地区是否协调。对于大中型水利建设项目，要分析项目对国家、地方发展重点的适应性问题。通过分析，防范社会风险，保证项目生存的持续性和项目效果的持续性，促进社会适应性项目的生存与发展，以促进社会的进步与发展。一般包括下列内容：项目对国家、地区发展重点的适应性分析、项目对当地人民需求的适应性分析、项目的社会风险分析（如对于国际河流上的水利建设项目，分析引起国际纠纷的可能性，提出处理协调措施等）、受损群体的补偿措施分析、项目的参与水平分析、项目的持续性分析（环境功能的持续性、经济增长的持续性和项目效果的持续性等）。

2. 水利建设项目社会评价的指标体系

用于水利系统各个部门各专业，反映各个方面的一系列互为联系和补充的评价指标的集合即为水利建设项目社会评价指标体系。水利建设项目社会评价指标体系是根据水利建设项目社会评价内容而设置的,是项目社会评价内容的重要体现和组成部分。

水利建设项目社会评价的定量指标大体可分为通用和专用两类,通用是相对专用而言,即为针对水利建设项目社会评价指标体系当中的通用指标。这些指标的设置,是根据项目的建设必须考虑的社会发展的政策或问题(如消除贫困、公平问题、公众参与等),以及水利建设项目的兴建对项目影响区域内社会构成的各要素(如文化、卫生教育、自然资源、生态环境等方面)的影响和大中型水利工程可能发生的耕地淹没、占用和移民等影响而设置的。具体定量指标详细请见《水利建设项目社会评价指南》(以下简称《指南》),在《指南》中共设计了55个水利建设项目社会评价的定量指标,在进行实际工作中可参考选用。对于具体的建设项目,可根据项目的特点及存在的关键问题,适当地选用一些主要指标作为评价指标,组成社会评价指标体系。

除应包括定量指标外,还必须选择一定数量的定性指标,而有时定性指标的设置往往在社会评价中占有相当重要的位置。指标的设置应本着少而精的原则,应可以较为全面地反映项目取得的社会贡献与影响,力求科学、实用和简便易行。

表 4 - 2 某一小型水力发电工程社会影响评价指标体系

一级指标	二级指标
社会影响评价指标	水旱灾害
	社经情况
	文化教育
	就业效果
	分配效果
	淹没移民

下面以某一小型水力发电工程建立的社会影响评价指标体系(见表 4 - 2)中的指标设置为例加以说明。

(1)水旱灾害。选择评价指标有:单位保护面积投资、单位保护人口投资、保护和淹没耕地比、保护人口和移民人口比、单位装机容量投资、单位有效电量投资等。

(2)社会经济情况。评价时,计算有无项目的差值为项目的社会效益。评价指标包括人均占有粮食、人均纯收入等。

(3)文化教育。评价时,通过调查,估算有无项目的各个指标差值为项目的社会效益。评价指标包括农村学龄人口入学率、每万人口中小学校密度、每万人口中大专文化程度人数等。

(4)就业效果。评价指标包括直接就业效果和间接就业效果。

(5)分配效果。好的分配效果评价指标能客观评价水利项目产生的经济福利增量,还能有助于政府的公共投资决策,促进社会收入分配体系的改进。

$$贫困地区收益分配系数 \quad D_P = \left(\frac{\overline{G}}{G} \right)^m \qquad (4-11)$$

$$贫困地区收入分配效益 = \sum_{t=1}^{n} (CI - CO)_t D_P (1 + I_S)^{-t} \qquad (4-12)$$

式中　　　　　　　　D_P——某贫困地区 P 的收入分配系数;

$\overline{G}$——项目评价时全国人均国民收入;

G——同期某贫困地区的人均国民收入;

m——项目评价中采用的扶贫参数,由国家制定;

CI——现金流入量;

CO——现金流出量；

I_S——社会折现率；

$\sum_{t=1}^{n}(CI-CO)_t(1+I_S)^{-t}$——项目的经济净现值，其年净现金流量与 D_p 的乘积将使项目的经济净现值增值，有利于贫困地区建设的投资项目优先通过，优先得到批准。

（6）淹没移民。由于水利建设工程大都涉及淹没处理及移民安置规划，该处选择评价指标包括单位库容淹没耕地和单位库容移民人数。

四、水利建设项目社会影响评价的步骤与方法

1. 步骤

水利建设项目社会影响评价的步骤一般可分为筹备与制定评价工作计划，确定评价目标与范围，选择评价指标（定量和定性），调查预测评价基准，并进行分析评价，评价总结，编制社会评价报告等六个步骤。

2. 评价方法

水利建设项目的社会调查是水利建设项目社会评价过程中的关键环节，决定了社会评价工作质量和成果可信度。可以选择利用现有资料法、问卷调查法、访谈法、参与式观察法、实验调查法等方法。进行水利建设项目社会评价，宜优先选用前三种方法，在条件许可的情况下，可采用多种方法对同一调查内容相互验证，以提高调查成果的可信度和准确性。

目前国内外社会评价方法很多，大致分为有无项目对比分析法、定量与定性分析相结合的方法、多目标综合分析评价法。

（1）有无项目对比分析法。有无项目对比分析是指有项目情况与无项目情况的对比分析。该方法是投资项目社会评价中通常采用的分析评价方法，通过该法可以确定项目（拟建项目或已建项目）产生的社会效益与影响的性质和程度，判断项目存在的社会风险和社会可行性。

有无对比分析中的无项目情况，是指经过调查预测确定基准线（基线情况），即项目开工时的社会、经济、环境情况，及其在项目影响期内而没有项目的情况之下可能发生的变化。有项目情况，则指考虑拟建设和运行中引起各种社会经济变化后的社会经济情况。有项目情况减去无项目情况，即为项目引起的效益和影响。

例如，某水库的扩建工程，开工前库区管理人员有 40 人，扩建工程完成后，管理人员增加到 60 人，则因扩建引起的就业人数增加 20 人，这就是项目的就业效益影响。

（2）定量与定性分析相结合的方法。早期的社会影响评价主要是采取定性分析评价，定性分析是用文字对项目产生的社会正效益或负效益进行描述性评价，如快速社会评价法。随后将定量分析引入到社会影响评价中，定量分析是对工程项目产生的社会效益和影响中能直接或间接量化的部分进行定量计算和分析，其基本理论是社会费用效益分析理论，定量和定性分析之后应进行综合评价，以判断项目的综合社会效应，从而确定其社会可行性。即将实施工程项目所产生的社会效益与为实施项目所付出社会代价相比较。如矩阵分析总结法就是采用定量与定性分析相结合的方法。

（3）多目标综合分析评价法。目前综合评价方法很多，比如层次分析法、模糊综合评价法、综合指数加权数法、灰色决策评价法、神经网络综合评价方法、信息熵法、数据包络分析法（DEA）等。每种方法都在某些方面具有自身独特的优势，却在另外的某个或某些方面存在相对不足。

因为这些评价方法对问题的处理都有所针对、有所侧重，水利建设项目社会评价应根据实际问题的不同特点，具体问题具体分析，选用比较合适的综合评价方法。我国的水利建设项目社会评价应以有无对比法为基础，采取定量分析与定性分析相结合、参数评价与多目标综合分析评价以及使用逻辑框架分析法和利益群体分析法等评价方法。应根据不同的实践经验和项目社会评价的理论研究发展情况，分别在不同项目领域采取不同深度和内容的社会评价和分析。

思　考　题

1. 如何获取财务评价中的价格数据？
2. 公益型的水利项目做财务分析的主要目的是什么？
3. 三峡工程具有何种环境效益？
4. 简述你认为水利工程社会评价的必要性。

第二篇　水利水电工程建设期管理

第五章　工程建设招标投标

第一节　招标投标概述

一、招标投标的产生与发展

招标是一种竞争性的市场采购方式，即发包方通过公告等形式，招引或邀请具有能力的企业参与投标竞争，通过一定的招标程序，从所有的应招投标者中，择优选择合格的投标者作为中标者。

商品经济的发展带来了大宗商品交易，交易市场的竞争便产生了招标采购方式。招标是最富有竞争性的采购方式。招标采购能给招标者带来最佳的经济效益，所以它一诞生就具有强大的生命力，招标采购从产生至今已有200多年的历史。在世界市场经济体制的国家和世界银行、亚洲开发银行、欧盟组织的采购中，招标采购已成为一项事业，并不断发展和完善，现在已经形成一套较为成熟的可供借鉴的管理制度。

我国曾经最早于1902年采用招标比价（招标投标）方式承包工程，当时张之洞创办湖北皮革厂，五家营造商参加开标比价。但是，由于当时我国的封建和半封建社会形态，招标投标在我国历史上并未像西方发达国家那样以一种法律制度的形式得到确定和发展。

党的十一届三中全会之后，经济改革和对外开放揭开了我国招标发展历史的新篇章。1979年，我国土木建筑企业最先参与国际市场竞争，以投标方式在中东、亚洲、非洲和港澳地区开展国际承包工程业务，取得了国际工程投标的经验与信誉。

1980年10月17日，国务院在《关于开展和保护社会主义竞赛的暂行规定》中首次提出，为了改革现行经济管理体制，进一步开展社会主义竞争，"对一些适于承包的生产建设项目和经营项目，可以实行招标投标的办法"。1981年，吉林省吉林市和深圳特区率先试行工程招标投标，并取得了良好效果。1982年，鲁布革水电站引水系统工程按世界银行规定进行国际竞争性招标和项目管理，是我国第一个实行国际招标的水电建设工程，它运用先进的项目管理手段，最终实现了工期短、成本低、质量好的效果。此后，随着改革开放形势的发展和市场机制的不断完善，我国在基本建设项目、机械成套设备、进口机电设备、科技项目、项目融资、土地承包、城镇土地使用权出让、政府采购等许多政府及公共采购领域，都逐步推行了招标投标制度。

早在1984年11月20日，国家计划委员会、城乡建设环境保护部就颁发了《建设工程招标投标暂行规定》。1985 年，国务院决定成立中国机电设备招标中心，并在主要城市建立招标机构，招标投标工作被正式纳入政府职能范围。自此，招标投标方式迅速在各个行业发展起来。1992 年 11 月 6 日，建设部又以 23 号令发布了《工程建设施工招标投标管理办法》。水利部于 1989 年 4 月 29 日颁发了《水利工程施工招标投标工作的管理规定（试行）》。1995 年 4 月 21 日，水利部根据近年来的具体情况对 1989 年颁布的试行规定进行了修改和补充，制定并颁发了现行的《水利工程建设项目施工招标投标暂行管理规定》。根据国务院产业政策的有关规定，国家计委于 1997 年 8 月 18 日进一步颁布了《国家基本建设大中型项目实行招标投标的暂行规定》。2000 年 1 月 1 日，《中华人民共和国招标投标法》正式施行，招标投标进入了一个新的发展阶段。

在我国工程建设领域实行招标投标制，引入公平、公正、公开的竞争机制，有利于促使设计、施工、设备制造、监理和咨询单位自我决策、自主经营、自我发展，提高技术与管理水平。实行招标投标制，形成了良性的市场交易机制和合同制约机制，对深化建设领域的改革，促进建设领域的发展，提高建设管理水平和经济效益，具有重要意义。

二、水利工程招标投标基本概念

1. 招标

水利工程招标是指水利工程建设单位（业主）或其委托的招标代理人（一般统称为招标人），就拟建水利工程的规模、工程等级、设计阶段、设计图纸、质量标准等有关条件，公开或非公开地邀请投标人报出工程价格、做出合理的实施方案，在规定的日期开标，从而择优选择工程承包商的过程。

2. 标底

标底就是招标人招标时，对拟建的水利工程项目委托设计单位或咨询公司依据工程内容及有关规定计算出建成这项工程所需的造价。标底一般作为选定中标单位的一个重要参考指标，同时，标底也是业主对该工程造价的期望值。按招标标底在开标前公开与否在形式上可分为明标招标和暗标招标两种。明标招标时，标底在招标文件中明确公布；暗标招标时，标底在开标前应保密。每一个招标项目只允许有一个标底。

3. 投标

水利工程投标是承包商在同意建设单位拟定的招标文件所提出的各项条件的前提下，对招标项目进行报价并提出合适的实施方案。投标单位获得投标资料以后，在认真研究招标文件的基础上，掌握好价格、工期、质量、物资等几个关键因素根据招标文件的要求和条件，在符合招标项目质量要求的前提下，对招标项目估算价格、提出合理的实施方案，按照招标人和招标文件的相关要求在规定期限内向招标人递交投标资料，争取"中标"，这个过程就是投标。

4. 报价

报价即标价（这里一般指施工投标），是投标者承包工程的预算造价，它是投标能否取胜的一个重要指标，在一项工程投标之前，由投标人根据标书、图纸等招标文件并进行现场勘察后进行计算。一般情况下，可根据施工图预算并考虑各种管理费、不可预见费以及利润来计算标价。

三、招标投标的原则

招投标是由招标人和投标人经过要约、承诺、择优选定，最终形成协议和合同关系的平等主体之间的一种交易方式，是法人之间达成有偿而具有约束力的法律行为。设计招投标和施工招投标应遵循公开、公平、公正和诚信的原则。

1. 公开原则

公开原则要求招标投标活动具有较高的透明度，实行招标信息、招标程序公开，即发布招标通知，公开开标，公开中标结果，使每一个投标人获得同等的信息，知悉招标的一切条件和要求。采用公开招标方式，应当发布招标公告，依法必须进行招标的项目的招标公告，必须通过国家指定的报刊、信息网络或者其他公共媒介发布。无论是招标公告、资格预审公告，还是投标邀请书，都应当载明影响潜在投标人是否参加投标竞争所需要的基本信息，另外开标的程序、评标的标准和程序、中标的结果等都应当公开。

2. 公平原则

公平原则要求招标人严格按照规定的条件和程序办事，一律平等地对待所有的投标人，使其享有同等的权利并履行相应的义务，不得对不同的投标竞争者采用不同的标准。招标人不得以任何方式限制或者排斥本地区、本系统以外的法人或者其他组织参加投标。

3. 公正原则

公正原则要求评标时按规定的标准评议所有的投标书。在评标时，评标标准应当明确、严格，对所有在投标截止日期以后送到的投标书都应拒收，与投标人有利害关系的人员都不得作为评标委员会的成员。招标人和投标人双方在招标投标活动中的地位平等，任何一方不得向另一方提出不合理的要求，不得将自己的意志强加给对方。

4. 诚信原则

诚实信用是民事活动的一项基本原则，招标投标活动是以订立采购合同为目的的民事活动，当然也适用这一原则。诚实信用原则要求招标投标各方都要诚实守信，不得有欺骗、背信的行为，要求当事人要以诚实、守信的态度行使权利，履行义务，以维持双方的利益平衡，以及自身利益与社会利益的平衡。

四、水利工程招标投标的意义

水利工程建设实行招标投标承包制，是我国水利建设事业改革的需要。通过招投标活动，发包人可以选择实力强、信誉高的承包人，确保工程质量；投标人可以公平公正地参与市场竞争，顺利承揽建设工程，实现营利目的；水利工程招标设标承包制还有利于形成竞争有序的市场，保护国家利益和社会公共利益，提高经济效益。水利工程招标投标承包制的优点具体体现在以下方面：

（1）采用招标投标承包制可以缩短建设工期，降低工程造价，提高工程质量。招标文件中把建设工期以合同的形式固定下来，中标者若延误工期将赔偿，这样，就可促使承包商按期完工或提前竣工。

实行水利工程招标投标制以前，水利工程任务一般只能由水利部门或本地区本部门的施工单位承担，基本上是"一家独揽"的状况，没有竞争。施工部门在工程施工过程中不注意成本控制，或在编制预算时造假，过高报价，以此牟利。实行招标投标承包制后，施工企业竭尽所能避免不必要的工程开支，争取低价中标，有效降低了工程造价。

招标文件中明确提出了各项工程应达到的质量标准和验收办法，中标者不仅要尽量满足建设单位的质量要求，有时为了获得投标竞争的胜利，还主动提高质量标准。在中标后执行合同的过程中，中标者仍很重视工程质量：一是为了避免因质量不合格返工而造成的经济损失；二是建立良好的信誉，为今后投标竞争的获胜奠定基础。因此，在实行招标投标承包制以后，工程质量事故明显减少，工程质量普遍提高。

（2）采用招标投标承包制有利于采用、推广、发展新技术和现代化的科学管理经验，促进承包队伍素质不断提高，调动了各方面的积极性，对国家、企业和个人均有利。投标者为了缩短工期、保证工程质量、降低工程造价以提高竞争力，就必须积累和完善现代化管理经验，全面提高承包队伍的整体素质。

第二节 招 标

一、招标方式及特点

水利工程招标根据其资金来源和工程具体情况，分为国际招标和国内招标。国际、国内常用的招标方式有以下几种。

1. 公开招标（Open Bidding）

招标人以招标公告的方式邀请不特定的法人或者其他组织投标的招标方式叫公开招标，也叫开放式招标。

公开招标的优点是使招标人有较大的选择范围，可在众多的投标单位之间选择报价合理、工期较短、信誉良好的承包商达成承包合同，从而有助于打破垄断，开展竞争，促使承包商努力提高工程质量，缩短建设工期和适当降低工程成本，这种方式选择面大、可靠性强。公开招标的缺点是招标人审查投标者资格及其标书的工作量比较大，招标费用支出也多。公开招标正好符合了招标中的公开、公正、公平、诚实信用的基本原则，因此，在招标实践中被广泛采用。

2. 邀请招标（Invitation Bidding）

由招标人以投标邀请书的方式邀请特定的法人或其他组织投标的招标方式称为邀请招标，也称有限招标或选择性招标。

邀请招标的优点是被邀请参加投标的竞争者为数有限，既可以节省招标费用，又能够提高每个参加竞争投标企业的中标几率，所以对招标投标双方都有利。由于不是盲目邀请，招标单位可以先熟悉某些投标企业情况，这样可以排除一些没有真正承包本工程能力的承包商参加投标。这种招标方式以前采用的较为普遍。邀请招标的缺点是限制了竞争范围，把许多可能的竞争者排除在外，不利于公平竞争。因此，国家对邀请招标的适用条件作出了指导性规定，这些规定有：

（1）由于工程性质特殊，要求有专门经验的技术人员和熟练技术工人以及专用技术设备，只有少数企业能够胜任的项目。

（2）公开招标使招标人支付的费用过多，与所能获得效益的价值相比，得不偿失。

（3）公开招标的结果难以产生理想的中标单位。

（4）由于工期紧迫和保密要求等其他原因而不宜公开招标的项目。

我国《水利工程建设项目施工招标投标管理办法》第三章第十四条规定：邀请招标应邀参加投标的单位不得少于三家。在我国有的地方规定邀请招标应邀参加投标的单位不得少于六家（上海市）。

此外，对于可行性研究、勘察设计之类的任务，一般适用于邀请招标的方式，但其应邀参加投标的单位不得少于三家。

3. 议标（Negotiable Bidding）

议标是指不通过公开招标或邀请招标，而由业主或其代理人直接邀请某一个或几个承包商进行协商，通过协商与其中一个承包商达成协议后将工程任务委托这家承包商去完成。如果仅邀请一个承包商，则一家协商不成，可另外邀请一家，直到达成协议为止。这种方式通常适用于下列几种情况：

（1）因特定理由（例如需要专门经验和特殊设备以及为了保护专利等）只能考虑某家符合要求的承包商。

（2）工程性质特殊、内容复杂、发包时尚不能确定准确的施工技术方案以及准确的工程量。

（3）工程规模不大，且同已发包的大工程相联，不易分割。

（4）经过有关部门批准的边设计边施工的紧急工程。

（5）公开招标或邀请招标后未选出中标单位，预期重新组织招标仍不会有结果。

（6）建设单位拟开发某种新技术需要施工单位从设计阶段开始就参加合作。

此外，在国际水利水电工程招标中还有一种两阶段招标方式。两阶段招标（Two－stage Bidding）是一种综合性招标方式，它把公开招标和邀请招标两种方式结合在一起。第一阶段按公开招标的方式进行，要求投标人投技术标，提出不含报价的技术建议，即所谓技术方案招标，经评标后淘汰其中技术不合格者，然后对技术方案合格者进行第二步投标报价，经过综合评标选取中标者。这种招标方式，招标时间较长，适用于技术复杂的大型工程项目，这类项目需要对投标人提供的技术进行反复审查和研究。

二、招标内容

招标是国际承包市场上普遍采用的一种方式，不仅工程施工、设计、设备材料的采购甚至整个项目也大都采用招标。水利工程招标的形式可以分为水利工程勘察设计招标、水利工程施工招标、水利工程设备材料供应招标、水利工程监理招标、水利工程建设全过程招标以及水利工程项目招标。

1. 水利工程勘察设计招标

水利工程勘察设计招标主要是指水利工程的工程地质勘察、初步设计、招标设计、施工图设计等方面的工作，可以一次招标，也可以分开单独招标。

2. 水利工程施工招标

水利工程施工招标可将整个工程作为一个整体一次发包，也可把全部工程分解成几个独立的单位工程项目进行招标。

3. 水利工程设备和材料供应招标

在我国的水利工程中，设备和材料供应采用招标投标方式刚刚起步，不过随着物资市场的逐步开放，设备和材料供应的招标和投标，可能将逐渐得到推广。

设备和材料供应的招标投标程序比较简单。大宗交易通常采取公开招标方式，即由招标人在报刊上发布招标通告，投标单位购买标书，按指定时间、地点投标报价，招标人在预定的时间、地点当众开标，当场决定中标单位，随后双方签订供货合同。

小批器材供应不值得公开招标，可采取比价方式选定供货单位。具体做法是：由建设单位或委托咨询机构开列所需器材品名、规格、型号和数量，向若干家厂商发出询价函，要求他们在规定的期限内报价；收到厂商的报价单之后，经过比较，选定报价合理的厂商，签订供货合同。

4．水利工程监理招标

水利工程监理招标是指招标人通过招标方式选择工程监理单位。一般工程监理招标主要是指招标人从投标人提供的以往的监理经验，项目总监的经历，监理大纲编写的合理性、可行性以及监理费用等方面资料综合考虑后进行选择。择优比较时主要考虑前面两个因素，而监理费用一般在招标文件中规定只允许有小幅度的上下浮动，不作为比较的主要因素，这主要是为了保证工程监理的质量。

水利工程监理在以前一般都是通过直接选定的形式或选择几家监理单位进行比较，近年来，水利工程监理也逐步开始进行招标了。

5．水利工程全过程招标

水利工程全过程招标也称"交钥匙"工程招标。当采用这种招标承包方式时，建设单位的工作就比较简单，也比较省力。它可以是项目建议书以后的全部阶段，也可以是可行性研究报告以后的全部阶段，在水利工程中一般是可行性研究报告以后的全部阶段。它一般只需在事前用公开招标或邀请招标等方式选择好一个总承包商，建设单位对承包商提出要求，要求承包商按工程项目的项目建议书或可行性研究报告进行以后的全部工作，并签订正式总承包合同。

为了有利于建设和生产的衔接，必要时也可吸收建设单位的部分力量，在总承包商的统一组织下，参加工程项目建设的有关工作，涉及决策性的重大问题仍应由建设单位或其上级主管部门作决定。

全过程招标的主要程序是：

（1）由工程项目主管部门和建设单位根据批准的项目建议书或可行性研究报告，委托几个工程承包公司或咨询、设计单位（经有关部门批准的、有资格的总承包商）做出可行性研究报告或初步设计，通过招标选定最佳方案和总承包商。

（2）总承包商受项目主管部门或建设单位委托，组织编制正式的可行性研究报告或初步设计，经审查同意后，由项目主管部门或建设单位向审批机关报批。

（3）可行性研究报告或初步设计批准后，总承包商即可按照顺序分别报请当地招标管理机构批准，组织下阶段勘察设计招标、设备材料供应招标和工程施工招标，并与中标企业签订承包合同。

工程全过程招标承包方式主要适用于大中型建设项目。它的好处是可以积累建设经验和充分利用已有的经验和长处，实行专业化管理，使各阶段的建设能紧密地相互衔接配合，不仅可以节约投资、缩短建设工期，而且可以保证建设质量，提高投资效益。这种承包方式要求承包商必须具有雄厚的技术经济实力和丰富的组织管理经验，具有较强的总承包能力和研究开发新技术、新工艺的能力。也就是说，要求总承包商具有能够提供可行性研究、工程设计、设备选购、建筑安装、工程管理等全套服务的能力。

总承包商通过投标竞争承揽工程任务后，采取分包形式组织工程建设。所以这种总承包商一般都是经营管理公司，而分包者则是作业型公司。目前，国外一般大型建筑公司都向全过程招标承包发展，全过程承包已成为国际建筑业的一种发展趋势。

目前，我国实行全过程招标承包的工程项目还不多，但近几年正在积极推行这种招标承包方式，组建了一批能够承担全过程承包的建设工程承包公司。随着市场经济的发展，我国建筑业将向以总承包为龙头、国有施工企业为主体、劳务承包为依托的方向发展，而全过程招标承包也将逐步地在我国水利工程上推广实行，在水利工程全过程招标中，一般以设计单位为主体进行承包。

6. 水利工程项目招标

水利工程项目招标是一种新的招标形式，有别于工程全过程招标。它是指对从项目建议书开始，包括可行性研究、勘察设计、工程施工，直至竣工交付使用的全部过程的管理工作实行招标，选择一个优秀的投资管理人，水利工程的投资渠道主要为国家投资，也就是选择一个优秀的国有资金管理者。其招标选定的对象不做具体的设计、施工工作，仅仅负责项目管理。

水利工程项目招标在程序上不符合我国水利工程基本建设程序，因而国内采用甚少。最近，在上海市水利工程中已经考虑类似形式的招标，即国家作为主体，仅对拟建的工程项目提出功能上的要求，如进行江堤加固时，就此对工程建设业主进行招标，以便通过招标竞争选择更好的投资管理单位，使得国有资金得到充分合理的利用。但项目后期建设过程尚须按基本建设程序进行。

三、招标机构

招标工作机构是指为进行建设工程招标而专门设立的工作、管理或服务机构。它负责授权范围内招标工作的实施并提出有关招标、定标的决策意见或依据并进行决策。在我国，招标工作机构在业务上均受建委系统统一管理，为了专业工程招标的需要，一般另外设有以水利工程招标为主的招标工作机构。

（一）招标工作机构的职能

一般来说，招标工作机构的主要职能包括决策性工作和日常工作。

1. 决策性工作

决策性工作一般主要有：

（1）确定工程项目的发包范围，即决定建设项目是全过程发包，还是分段发包或单位工程发包或分部工程发包，以及材料设备采购、设备制造等专业工程发包等。

（2）确定承包方式和承包内容，即工程预算造价加动态因素一次包死，还是动态因素可按实际调整，以及全部包工包料或包部分材料等。

（3）选择招标形式，即根据建设项目的具体情况和有关法规，决定采用公开招标、邀请招标和议标三种不同形式之一。

（4）确定招标工程标底。

（5）决标并签订承包合同或协议。

2. 日常工作

招标的日常工作主要有：

（1）到当地招标投标管理部门办理申请招标手续。

（2）发布招标通告或邀请投标标函。

（3）编制招标文件。

（4）编制或委托编制工程标底，并经有关部门审查、审定。

（5）审查投标者的资格。

（6）组织召开发标会议、勘察施工现场和解答投标单位提出的疑问。

（7）接受（或委托有关部门）并妥善保管投标标函。

（8）组织召开开标会议，审核投标标函并组织评标。

（9）发出中标或未中标通知书，并经招标投标管理部门确认。

（10）同中标企业谈判，签订承包合同或协议。

（二）招标工作机构的组织

招标工作机构的组织原则上应体现经济责任制和讲求实效。①要有同它应负责任相适应的决策权；②工作效率要高，既要保证招标工作质量，又能节省招标工作的开支。

招标工作机构通常由四类人员组成：

（1）决策人，即建设单位负责人（企业法人代表）或其授权代理人。

（2）专业技术人员，包括各专业工程师和造价工程师。他们的职责是向决策人提供咨询意见和进行招标的具体技术性工作。

（3）助理人员，即决策人和专业技术人员的助手。包括文秘、资料、档案、计算机绘图、统计等办理事务性工作的人员。

（4）设计单位人员和其他专家以及以专家身份参加的人员。

（三）我国招标工作机构的主要形式

（1）由建设单位内部基本建设主管部门（处、科、室）负责工程项目有关招标的全部工作。

（2）临时组建的专门负责该项工程招标工作的机构，即由建设单位会同有关部门（主管部门、招标投标管理机构）组建临时招标工作机构，负责工程招标全部工作。

（3）政府成立的"招标投标办公室"统一处理招标工作。在推行招标承包制的开始阶段，这种做法能很快地打开局面。但政府主管部门过多干预建设单位的招标活动，代替建设单位决策，是不符合社会主义市场经济原则的。在目前社会主义市场经济的形势下，应改"代替"为"宏观管理、监督、协调"。

（4）招标代理机构。具有一定资质并接受建设单位委托，承包招标技术性和事务性工作，决策仍由建设单位决策人作出。这种做法可使建设单位节省大量工作人员。而招标代理机构要在同行竞争中求生存和发展，就必须在技术上精益求精，不断提高服务水平，这也符合讲求效率、节约开支的原则。现在许多地方成立了招标咨询公司、咨询服务部等招标代理机构，为招标单位提供专业服务。

实行招标代理制度的优点是：对于建设单位专业人员不足、业务能力差，或因长期不搞建设项目而不具备常设建设项目管理机构的建设单位可减轻其招标工作的压力，使其招标工作能在符合国家有关法规的范围内运作；由招标代理机构代理招标（国家对招标代理机构已逐步进行规范化管理），可以使得承包商能在"公开、公平、公正"的原则下进行竞争；同时，还可以避免业主和承包商之间签订"不平等"的承包合同。实行全面的招标代理制度将是我国今后招标工作的一个必然发展趋势。

四、招标的范围和规模

依据水利部 2001 年 10 月 29 日发布的第 14 号令《水利工程建设项目招标投标管理规定》，水利工程建设项目必须进行招标，具体范围和规模标准如下。

1. 水利工程建设项目招标的范围

（1）关系社会公共利益、公共安全的防洪、排涝、灌溉、水力发电、引（供）水、滩涂治理、水土保持、水资源保护等水利工程建设项目。

（2）使用国有资金投资或者国家融资的水利工程建设项目。

（3）使用国际组织或者外国政府贷款、援助资金的水利工程建设项目。

2. 水利工程建设项目招标规模标准

（1）施工单项合同估算价在 200 万元人民币以上的。

（2）重要设备、材料等货物的采购，单项合同估算价在 100 万元人民币以上的。

（3）勘察设计、监理等服务的选择，单项合同估算价在 50 万元人民币以上的。

（4）项目总投资额在 3000 万元人民币以上，但分标单项合同估算价低于本项目第（1）、（2）、（3）规定的标准的项目原则上都必须招标。

3. 可采用邀请招标的项目

可采用邀请招标的项目包括：

（1）项目总投资额在 3000 万元人民币以上，但分标单项合同估算价低于规定的标准（施工单项合同估算价在 200 万元人民币以下的；重要设备、材料等货物的采购，单项合同估算价在 100 万元人民币以下的；勘察设计、监理等服务的选择，单项合同估算价在 50 万元人民币以下的）。

（2）项目技术复杂，有特殊要求或涉及专利权保护，受自然资源或环境限制，新技术或技术规格事先难以确定的项目。

（3）应急度汛项目。

（4）其他特殊项目。

对于邀请招标的项目属国家重点水利项目的，经水利部初审后，报国家计委批准；其他中央项目报水利部或其委托的流域管理机构批准；属地方重点水利项目的，经省（自治区、直辖市）人民政府水行政主管部门会同同级发展计划行政主管部门审核后，报本级人民政府批准；其他地方项目报省（自治区、直辖市）人民政府水行政主管部门批准。采用邀请招标方式的，招标人应当向三个以上有投标资格的法人或其他组织发出投标邀请书。

4. 不宜招标的项目

对涉及国家安全、国家秘密的项目，应急防汛、抗旱、抢险、救灾等项目，项目中经批准使用农民投工、投劳施工的部分（不包括该部分中勘察设计、监理和重要设备、材料采购），不具备招标条件的公益性水利工程建设项目的项目建议书和可行性研究报告，采用特定专利技术或特有技术的项目，以及其他一些特殊项目可不进行招标，但须经项目主管部门批准。

五、招标前期准备工作

（一）工程项目招标的条件

工程项目只有具备一定的条件后，才可对拟建工程项目进行招标。招标的条件是招标的前提和依据，也是下一步签订施工承包合同的组成部分。根据《水利工程建设项目施工招标投标管理规定》等法规的有关规定，结合水利水电建设项目招标承包实践的要求，在水利水电工程施工招标前，应具备以下条件：

（1）初步设计及概算已经批准。

（2）建设项目已列入国家、地方的年度投资计划。

（3）招标文件、标底的编制工作已完成。

（4）已与设计单位签订适应施工进度要求的图纸交付合同或协议。

（5）项目建设资金和主要建筑材料来源已经落实或已有明确安排，并能满足合同工期进度要求。

（6）有关建设项目永久征地、临时征地和移民搬迁的实施、安置工作已经落实或已有明确安排。

（7）施工准备工作基本完成，具备施工单位进入现场施工的条件。

（8）施工招标申请书已经得到上级招标投标管理机构批准。

（9）已在相应的水利工程质量监督机构办理好监督手续。

（二）成立招标工作机构

《水利工程建设项目施工招标投标管理规定》第一章第五条规定："水利工程施工招标的管理工作，按工程项目的隶属关系，分别由水利部和地方水利主管部门负责。地方水利主管部门设立相应机构，负责组织招投标工作。"根据这条规定和以往水利工程施工招标的经验，采用以招标工程的"招标领导小组"和招标办公室（或招标工作组）相结合的办法比较符合我国国情。"招标领导小组"的主要任务是对招标工作中的重大问题进行决策并负责协调好各方面的关系，而大量的具体业务则由招标办公室（或招标工作组）来完成。

（三）制定招标工作计划

制定一套完整、严密的招标工作计划，有利于整个招标工作按部就班、有条不紊地顺利进行。招标工作计划应包括用人计划、经费计划和时间计划。

（1）用人计划。用人计划是指招标过程中需要工作人员（包括需要邀请的顾问及专家）的计划，计划中应明确所需人员的职称、专业、人数和用人时间。

（2）经费计划。经费计划是招标过程中所需经费的安排，包括招标过程中需要支付的经费，以及招标过程中一些类似于保证金的收存及退还等，这些资金的收支都须按计划和招标须知进行。

（3）时间计划。水利工程施工招标工作时间计划的安排原则是：既要保证招标工作质量，又要提高工作效率。一方面，招标工作的时间不能太长。若时间太长，可能影响建设计划的完成，造成人、财、物的浪费。另一方面，招标工作时间也不能安排过紧。若时间太紧，不仅会影响招标工作的质量，而且使投标单位没有足够的时间编制标书，对招标人和投标单位都不利。如果投标单位为了减少风险而通过增加不可预见费来提高报价，最终受损失的还是招标人。根据我国水利工程施工招标工作的经验和教训，招标准备工作时间应比要求开工日期提前三个月（大中型水利工程至少要提前半年）。

六、招标程序

全面理解、熟悉并掌握工程项目施工招标程序和内容是依法、有效投标的基础。工程项目施工招标一般按下列程序（见图 5-1）进行。

（1）向政府监管部门提交招标报告。招标人按项目管理规定在招标前，向政府监管部门提交招标报告，履行审批或备案手续。报告内容包括：

1）招标具备的条件：包括初步设计已批准、建设资金来源已落实、年度投资计划已安排、监理单位已确定，具有能满足招标要求的设计文件，已与设计单位签订适应施工进度要求的图纸交付合同或协议，有关建设项目永久征地、临时征地和移民搬迁的实施、安置工作已落实或已有明确安排。

2）招标方式：公开招标、邀请招标或议标（应履行批准手续）。

3）分标方案。

4）招标计划安排。

5）投标人资质条件：包括国家规定的法人、资质条件，人员、设备、财务能力，工程经验等。

6）评标方法：选择综合评分法、综合最低评标价法、合理最低投标价法、综合评议法及两阶段评标法中之一。

7）评标委员会组建方案。

8）开标、评标工作具体安排等。

（2）编制招标文件。招标文件的编制是招标准备工作中最重要的环节，它不仅是投标者的依据，也是签订工程施工合同的基础。其主要内容包括投标邀请书、投标者须知、合同条件、技术条款、图纸、工程量清单、投标书和投标保函格式、补充资料表、合同协议书及各类保证和保函格式。招标文件应遵照合同法、招标投标法等法规的规定，严密、科学、字斟句酌地进行编制，使招标文件系统、完整、明确。

（3）发布招标信息。若公开招标在指定媒体（《中国日报》、《中国水利报》及国家规定的招标信息网等）发布招标公告，内容应包括：

1）招标人名称和地址。

2）招标项目概况。

3）获取招标有关文件的时间和地点。

4）资格预审要求等。

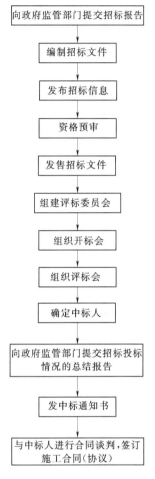

图 5-1　工程项目施工招标程序

若邀请招标则直接向投标人发出投标邀请函。

（4）资格预审。水利工程特别是大中型工程均采用资格预审方式，但也有部分小型工程采用资格后审方式。资格预审文件随招标公告后，在规定的时间、地点出售。资格预审文件主要内容包括投标人基本情况；企业营业执照、资质证书、法人代表证书和组织机构代码证等；企业近期完成的类似工程情况（合同文件、竣工验收文件、照片等）；企业正在施工和新承接的工程情况（合同文件等）；企业财务状况（最近三年企业的资产负债表、损益表及审计报告或其他证明材料）及流动资金情况；企业拟投入本项目的人员情况；企业拟投入本项目的设备情况；企业近五年的履约及诉讼情况。

（5）发售招标文件。招标文件仅发售给通过资格审查合格的投标人。招标文件包括投标邀请函；投标须知；投标书格式及其附件；工程量报价表及其附录；合同条款（专用条款、通用条款）；技术条款（含规定等）；招标图纸。

（6）组成评标委员会。招标人聘请上级招标管理机构、项目主管部门、设计、监理等单位的有关领导、专家组成评标委员会，负责评标工作。

（7）组织开标会。招标人按招标文件规定的时间、地点开标，开标须在所有投标人在场的情况下公开进行。开标会主要内容包括：

1）宣布开标、评标规定或办法。

2）检查投标文件密封是否符合规定。

3）按序当众启封投标书及补充函件，公布各投标人报价及招标文件规定的其他内容。

4）投标人答辩（如需要）。

（8）组织评标会。招标人组织评标委员会，按照评标办法对投标人投标报价，工期，施工方案，保证工程质量、进度及施工安全、文明施工的措施，投入本工程的人力、设备等，以及投标人施工业绩、经验、技术实力、经营管理水平、财务状况和企业信誉等进行综合分析与评价。

（9）确定中标人。招标人根据评标委员会的评审推荐意见，拟定第一中标人和候补中标人。

（10）向政府监管部门提交招标投标情况的总结报告。

（11）发中标通知书。

（12）与中标人进行合同谈判，签订施工合同。

实践证明，凡是严格按照招标的基本原则、招标的基本程序以及满足招标条件组织招标的建设项目，在工程管理、投资控制、进度控制以及实施效果方面都收到了明显效果。如京津塘高速公路招标、鲁布革水电站工程招标等，都是严格按照招标条件及招标程序进行招标比较成功的例子，也是我国水利工程建设项目实行招标承包制后取得明显效果的一些典型案例。

七、招标文件

编制招标文件是招标准备工作中最为重要的一个环节，其重要性体现在以下两个方面：

（1）招标文件是招标人提供给投标人的投标依据。在招标文件中应明确无误地向投标人介绍工程项目的实施要求，包括工程基本情况、工期或供货期要求、工程或货物质量要求、支付规定等方面的各种信息，以便投标人据之投标。

（2）招标文件是签订工程合同的基础。95％左右的招标文件的内容将成为组成合同的内容，如合同条件、技术条款、招标图纸、工程量报价表等。招标文件中的任何缺陷都会使合同从开始就有漏洞，并给合同的履行带来麻烦。因此，编号招标文件对招标方是非常重要的。

目前，国际上公开招标过程的招标文件的组成及格式经过长期的实践和不断的扩充、完善，已经形成规范化文件。我国水利部、国家电力公司、国家工商行政管理局已编写了《水利水电土建工程施工合同文件》（以下简称《合同文件》）。

招标文件的内容、要求、格式，可参见《合同文件》，以下只简述要点。

（一）招标文件编制原则

招标文件的编制必须做到系统、完整、准确、明了，使投标者一目了然。编制招标文件的原则是：

（1）应遵守国家的法律、法规和规章，如《合同法》、《招标投标法》等相关法律法规。如果招标文件的规定不符合国家的法律、法规和规章，则有可能导致文件部分无效或招标作废。

（2）国际金融组织贷款的项目，必须遵守该组织的各项规定和要求，特别要注意各种规定的审核批准程序。

（3）应注意公正地处理发包方和承包方的利益。如果不恰当地将过多的风险转移给承包方，势必迫使承包商加大风险费，提高投标报价，最终还是发包方增加支出。

（4）招标文件应该正确地、详尽地反映项目的客观情况，以便投标建立在可靠的基础上，这样也可减少履约过程中的争议。

（5）招标文件包括许多内容，如投标者须知、合同文件、技术条款、图纸、工程量报价表等，这些内容应该力求统一，尽量减少和避免各份文件之间的矛盾，招标文件的漏洞会为承包方创造许多索赔的机会。招标文件用语力求严谨、明确，以便在产生争端时易于根据合同文件判决。

（6）工程设计应当正确并达到应有的深度，提供的资料应当准确。否则，在合同实施中会由于经常发生设计变更、新增项目、工程量大幅度变化、现场条件变化等原因，增加合同价款。

（7）招标文件不得要求或者表明特定的生产供应者以及含有或者排斥潜在投标人的其他内容。

（二）招标文件的组成

招标文件应具备下列基本内容：

（1）商务文件。包括招标须知、合同条款以及招标书、履约保函格式等。

（2）技术条款。包括技术标准、施工规范的有关规定、工程质量检验评定标准、工程计量规则、验收办法及要求。

（3）设计文件。包括设计说明书、设计文件和主要图纸、工程量清单、水文地质勘察试验资料及特殊工程要求等。

（三）商务文件的编制

商务文件所涉及的内容主要是招标的一些规定、要求，也是指导投标单位如何进行投标的指导性文件。商务文件一般分为五部分。

1. 招标公告或投标邀请函

该部分的内容与单独所发的招标公告或投标邀请函一致。

（1）招标公告。采取公开招标的方式时，应通过报刊、信息网络等新闻媒介发表招标公告。

招标公告应包括的主要内容有：①招标人和招标工程的名称、地点；②招标工程内容简介；③工程范围；④费用支付方式；⑤招标文件的售价、发售时间以及截止发售日期；⑥有关投标事项的咨询单位（地址、电话号码）。

（2）投标邀请函（即招标邀请函）。其主要内容有：①上级批准拟建工程建设依据或文件文号；②招标的工种范围和主要工程内容；③招标文件的售价、发售时间和地点，以及截止发售日期；④其他注意事项。

投标邀请函应使被邀请投标单位有兴趣参加本工程的投标。因此，在编制投标邀请函时，应尽可能使被邀请单位在见到"函"后能对该招标工程有一个比较概括的了解，同时还要注意给被邀请单位留充裕的时间，以研究是否参加投标。

2. 投标须知

（1）投标须知的作用。投标须知是指导投标单位正确履行投标手续的文件，其目的在于避免造成废标，使投标取得圆满结果。

（2）投标须知的编制原则。投标须知是合同文件的组成部分，编制原则是：

1）对投标单位的要求必须合理的原则。要求过高，会使很多单位望而生畏，不敢投标，从而限制了竞争；要求太低，投标单位不受约束，盲目投标，会给招标人带来许多麻烦，影响招标工作质量。

2）投标须知必须简明、详尽、准确的原则。因为投标须知是招标文件的一部分，它对招、投标双方都有约束作用。因此，编制投标须知时必须要注意简明扼要、语言严密、数字准确，避免使用晦涩难懂的语言和模棱两可的词汇，以免引起不必要的麻烦。

3）符合性的原则。投标须知中对投标人提出的要求必须符合招标工作计划，注意与其他工作程序的衔接和协调，不要相互脱节。另外，投标须知中所述内容必须与合同其他部分相应内容的要求提法一致，不要自相矛盾，造成投标人无所适从或中标者提出索赔的结果。

（3）投标须知的基本内容。①总则，明确建设单位、招标人和监理单位（业主、承包商、监理工程师）的全称，投标费用的规定，投标保证金的数额和提交方式（现金或保函），对投标纪律的规定，投标书递送截止日期、递交方式，对违反招标规定的处理措施等；②解释招标文件；③投标前的准备，即明确现场考察和标前会议的时间、地点及应注意的问题；④投标书报价的组成及总价概念的解释；⑤对投标书编制的要求及投标书附件；⑥开标方式、时间和地点，评标及其考虑的有关因素；⑦评标原则的规定；⑧合同协议书和工程合同的签订。

以上是大中型水利工程项目的投标须知的内容，对小型水利工程项目招标的投标须知，可根据招标工程具体情况去繁存简。

3. 合同条件

合同条件又称合同条款。其作用一是使投标单位明确中标者应承担的义务和责任；二是作为签订正式合同的基础。它一经招标人与中标单位双方签字盖章，就成了双方必须共同遵守的法律性文件。因此，在拟定合同条款时，一定要特别慎重，切实做到字斟句酌，以免发生合同条款有漏洞导致索赔而给建设单位带来不应有的损失。

（1）合同条件的拟定原则。

1）平等互利的原则：拟定合同条件时既要考虑建设单位的利益，又要考虑承包商的利益。如果不利的条件太多，反而限制了投标竞争。

2）合同条件必须符合政策、法令的原则：合同的所有条款，必须符合国家和工程所在地的政策和法令。工程款的支付与结算方法必须符合有关的财务规定。一切违反国家政策、法律和规定的合同都是无效的合同。

3）措词严谨、无懈可击的原则：拟定合同条款，不能使用含糊的措词，对一些疑难问题应做出明确规定，以减少事后出现纠纷。

（2）合同条款的主要内容包括：①工程内容（工程地点及具体内容）；②合同形式（说明是单价合同或工程总价合同）；③合同总金额（为完成合同工程所需一切费用）；④开、竣工日期；⑤图纸及技术资料；⑥征地及拆迁建筑物；⑦器材供应；⑧工程进度及统计报表；⑨质量检查；⑩变更设计；⑪出土文物与环境保护；⑫安全生产；⑬转让与分包；⑭总工期与保修期；⑮付款办法；⑯保险和纳税；⑰合同变更；⑱不可抗拒的灾害；⑲违约；⑳仲裁；㉑竣工验收。

（3）拟定合同条款应注意的问题。

1）切忌双方签订协议书后才草拟合同条款。否则，当投标单位中标后，在其地位发生改变的情况下，就会出现强烈的讨价还价，最终给建设单位带来损失。因此，必须事先拟好合同条款，作为招标文件的一部分，投标单位不得另行起草条文。通常情况下都在投标须知中规定，在发出中标通知书若干天（其时间可视情况而定，但最长不超过一个月）后签约。中标单位到期无法定原因不签约者，取消其中标资格，并按规定没收其投标保证金。这时招标人可向其他投标单位发中标通知书或重新招标。

2）合同条款和投标须知涉及的范围很广，政策性很强。因此，招标人所拟的合同条款和投标须知，应邀请有关部门进行会审，以免为今后的工作带来后患。各有关部门会从不同角度提出各种问题、建议、意见，招标人应吸取其有益的和必须纠正的意见，以修改和完善合同条款及投标须知。应邀请的部门主要有国家发改委，审计、设计单位，建设单位，工程监理及法律顾问。

4. 投标书和投标书附件

投标书和投标书附件是招标人替投标单位起草的文件，主要目的是使投标单位递交的文件规范化，具有可比性，以便于招标人对各投标书的评审，同时也是投标单位对招标人的一种保证。投标书的内容应包括标书格式和工程报价文件。

标书格式是指投标书、投标书附件、投标银行保函和授权书的格式，其具体内容参见《合同条件》。

工程报价文件是投标单位计算标价、招标人编制标底和评标的依据。

工程报价文件的组成有：①工程量及价格表；②单价计算表；③人工、主要材料数量、汇总表；④施工进度计划表；⑤工程用款计划表；⑥劳动力计划表；⑦主要材料进场计划表；⑧与标书一起递交的资料和附图。报价文件的表格参见《合同条件》。

5. 合同协议书及履约保函

（1）合同协议书。合同协议书是招标人代替投标单位起草的又一重要文件。它不同于合同条款，但包括合同条款，其内容主要明确了本合同协议书的组成部分、合同总金额、合同工期及合同有效期，并保证承包商应按合同条款规定完成合同工程，同时保证业主按照合同条款规定的时间和方式通过有关银行支付合同价款。

（2）履约保函。履约保函也是招标人替投标单位起草的文件，由投标单位的开户银行出具，保函的主要内容是明确担保金额（合同总价的 $5\%\sim10\%$），保证承包商在执行合同过程中一旦出现违约行为未能履行其应尽职责时，由担保银行代其承担赔偿责任（但不超过其担保金额）。

另外，一般工程招标时，招标人还会要求承包商提供预付款保函，预付款保函金额一般与预付款金额相同。

（四）技术条款的编制

1. 技术条款的作用

技术条款是指导承包商正确施工，以确保工程质量和技术标准的重要文件，也是监理工程师的工作依据。

2. 技术条款的内容

技术条款应包括技术标准、施工规范的有关规定，工程质量检验评定标准，工程量计量原则，验收办法及要求。

3. 编制技术条款应注意的问题

（1）要通观全局。条款中前后各篇、章的内容要避免重复、抵触、遗漏等现象，若在某一部分确有必要重复时，仅注明参见有关章、节的条目即可。

（2）技术条款与施工图纸不能互相抵触。

（3）技术条款全部内容中要求术语确切，用词恰当，文字简练易懂，条款严谨，切忌生造词目。

（4）各种计量单位和所有符号必须统一，并符合国家的有关规定。

（5）在引用有关规范、规定和规程时，特别要注意不能使用过时的条文，具体参见《合同条件》。

4. 设计文件的编制

设计文件就是由设计单位编制的招标工程的设计文件，但这个文件必须是在已经过上级主管部门审批的初步设计的基础上编制的施工图设计文件。

设计文件包括设计说明书及主要图纸、工程量清单、水文地质勘察试验资料及特殊工程要求等。

招标文件发出以后，招标人如需对招标文件进行补充说明、勘误或澄清（一般称其为"招标补遗文件"），或经上级主管部门批准后进行局部修正时，招标人最迟应在投标截止日期前 7 天（至少 3 天），以书面形式通知所有投标者。"招标补遗文件"与招标文件具有同等的法律效力。招标人改变已发出的招标文件未按以上要求提前通知投标者，给投标者造成的经济损失，应予赔偿。

八、标底

（一）工程标底的作用

工程标底是招标者对招标工程所需工程费用的自我测算和事先控制，也是审核投标报价、评标和决标的重要依据。标底制定的恰当与否，对投标竞争起着决定性的作用。标底过高或过低都会造成不良后果：标底过高，会造成投标报价的盲目性，很显然会给建设单位造成损失；标底过低，使得过低压标价的承包商中标，既会造成中标单位亏损，又会导致工程质量下降，同时使得投标价较合理的单位被淘汰。因此，在编制标底时应考虑实际情况，既要力求节约投资，又能使中标单位经过努力能获得合理利润。

（二）水利工程施工招标对标底的要求

水利部颁发的《水利工程招标投标管理办法》规定："标底由项目法人（或建设单位）委托具有相应资质的单位编制，编制人员必须是持证的熟悉有关业务的概预算专业人员，编制标底的单位及有关人员不得介入该工程的投标书编制业务。""标底必须控制在上级批准的总概算内。如有突破，应说明原因，由设计单位进行调整，并在原概算批准单位审批后才可招标。""标底编制中招标项目划分、工程量、施工条件等应与招标文件一致；应根据招标文件、设计图纸及有关资料按照国家和部颁发的现行技术标准、经济定额标准及规范等认真编制，不得简单地以概算乘以系数或用调整概算作为标底；在标底的总价中，必须按国家规定列入施工企业应得的 7% 计划利润；施工企业基地补贴费和特殊技术装备补贴费可暂不计入标底，使用方法另行规定；每一个招标项目只允许有一个标底。"

明标招标时，标底在招标文件中明确公布；暗标招标时，标底在开标前应严格保密。

（三）用单价法编制标底

1. 水利工程施工招标标底的编制依据

（1）招标文件中合同条款、技术规范、设计文件中有关规定和其中提供的工程数量清单，均是编制标底必须遵守的主要依据。

（2）国家及各省（自治区、直辖市）公布的现行水利工程预算定额及费用定额，也是编制标底的依据，其中费用定额应结合建设项目的工程规模、地区条件、招标方式和通过资格预审的投标单位实际情况取定。

（3）施工方案和工程实施计划是编制标底的重要因素，在标底编制之前，必须慎重研究比选后提出的合理的施工方案，标底的编制可根据设计单位提出的施工方案，也可依据由建设单位委托编制招标文件的单位经调查后提出的施工方案。

（4）工资、材料的预算价格的取定标准和计算方法，在招标文件中可以明确规定，也可以作为一种推荐办法。但编制标底前必须进行现场调查，核实当地材料的料场（包括储量、质量、运输条件和料场价格等）、外购材料的码头、车站和运输工地条件以及当地劳务供求、工资标准等情况。

2. 标底文件的组成

（1）工程量及价格表。

（2）单价分析表。

（3）人工、主要材料数量汇总表。

3．标底的计算方法

（1）单价的构成。单价构成包括水利工程概、预算组成中的直接费、间接费及项目建设期间的物价上涨费。直接费包括定额直接费（即工程定额的人工费、材料费、施工机械使用费）和其他直接费（如冬雨季施工、夜间施工增加费，流动施工津贴）。间接费包括施工管理费和其他间接费，其他间接费包括临时设施费、劳保支出、流动资金贷款利息、施工队伍调遣费。

除了定额直接费按照工程定额具体计算外，其他所有各项费用均以费率计算，其费率计算的基础不一。各费率的确定详见水利部门的有关费用的取费定额。在计算各项费率之前，应结合工程类别和地区，确定其计算费率。

（2）工程单价的计算。各工程细目的工程单价计算可根据各工程细目的工、料、机定额数量按当地价格取费并计取各种费率以后得出。

（3）工程细目金额的计算。用计算出的各工程细目的单价乘以各工程细目的工程量即为该工程细目的金额。

（4）标底总金额的计算。

$$招标文件技术规范中每章总金额＝\sum 各工程细目总金额$$

$$标底总金额＝\sum 招标文件技术规范中每章总金额$$

4．标底的编制步骤与注意事项

（1）标底编制之前，编制成员首先要熟悉招标文件，特别是设计文件和施工规范，全面了解工程情况及本工程的特殊要求。对不清楚之处或发现的问题要统一记录并及时搞清楚。

（2）到工地实地考察，主要了解当地料源情况。

（3）根据图纸校核工程量清单中的工程量，因为工程量的准确程度直接影响标底总金额的准确程度。

（4）组织劳动工资、材料供应和财务等有关人员，选定各项费率。

（5）编制标底，编制过程为：①计算定额直接费；②计算各项费率；③计算工程单价；④计算工程细目金额；⑤计算标底总金额。

5．应用计算机技术编制标底

随着招标投标工作在水利工程中的广泛开展，编制标底工作中的大量计算问题涌现，使得应用计算机技术编制标底成为紧迫需要。合理应用计算机的数据处理技术，能大大加快计算速度，提高计算结果的准确度。

（四）用简化方法计算标底

近年来，为了避免标底泄漏等人为因素造成不公平竞争，经常采用将各投标者的投标报价的算术平均或加权平均值作为标底的方法。但这种方法必须严格把握，杜绝各投标者"串标"、哄抬标价。因此，招标人在开标前必须有一个该工程的"期望价"（成本分析），这样可以在开标后发现投标价明显不正常后，及时采取适当措施。

（五）编写标底文件

计算完"工程量及价格表"和"单价分析表"以后，还要填写"人工、主要材料数量汇总表"，目的是便于评标。各种计算和汇总工作完成以后即可编制标底文件。

第三节 投 标

一、投标方式及特点

投标方式一般分为两类：个体投标和联合体投标。

如果施工单位有能力单独承包所选择的投标工程，业主方面又没有要求承包商必须与其他当地企业或个人合作，投标人就可以选择个体投标的方式。

当投标企业对自己所选定投标项目的积极性很高，但自己的实力与招标工程的要求又有差距时，可考虑与其他企业联合投标。有些国家规定，外国承包商进入该国投标，必须与当地企业或个人合作，才能开展经营活动。

所谓联合体投标，是指两个以上法人或者其他组织组成一个联合体，以一个投标人的身份共同投标的行为。对于联合体投标可作如下理解：

（1）联合体承包的联合各方为法人或者法人之外的其他组织。形式可以是两个以上法人组成的联合体、两个以上非法人组织组成的联合体或者是法人与其他组织组成的联合体。

（2）联合体是一个临时性的组织，不具有法人资格。组成联合体的目的是增强投标竞争能力，减少联合体各方因支付巨额履约保证而产生的资金负担，分散联合体各方的投标风险，弥补有关各方技术力量的相对不足，提高共同承担的项目完工的可靠性。

（3）是否组成联合体由联合体各方自己决定，但联合体各方应具备一定的条件。比如，根据《招标投标法》的规定，联合体各方均应具备承担招标项目的相应能力；国家有关规定或者招标文件对投标人资格条件有规定的，联合体各方均应当具备规定的相应资格条件。

联合体共同投标一般适用于大型建设项目和结构复杂的建设项目。对此《中华人民共和国建筑法》第二十七条有类似的规定。

二、投标准备

按照工程招、投标的基本程序，如投标人通过了招标人的资格审查合格后，便可能收到招标人发送的投标邀请函。投标人接受了投标邀请，并决定参加竞标，购买招标文件，便进入工程项目的投标阶段。工程项目施工投标是一项十分复杂而细致的工作，涉及的知识面和工作量很大，同时其又具有程序性、时间性、一次性的特点。因此，投标人必须按照一定的程序，在规定的时间内，完成一次性有效的投标。要争取工程项目中标，做好工程项目投标前的准备工作十分必要。

1. 成立投标机构

为了能够得到理想的工程项目，施工单位一般都设置专门的投标工作机构。而当施工单位欲承担水利工程施工任务时，由于水利工程有极强的专业性，施工单位更应设置专门的投标工作机构，以利在强手如林的竞争中获胜。

根据我国目前从事水利工程施工的施工单位的实际情况，所有具备水利工程施工能力的施工单位都建立起由各个层次、门类齐全的人员参加的固定投标工作机构是不可能的，成立由专职人员组成的固定机构与兼职人员临时参加相结合的投标工作组，比较符合我国国情。

投标机构基本职能包括项目的选定；投标工作程序、标价计算方法与基本原则的制定；现场勘察与地方材料、设备价格的调研；计算标价；办理投标手续并投标；合同的谈判与签订；项目成本预测；竞争策略的研究和选择；标价与各种比价资料收集与分析；就标价与合同条款等问题向项目经营班子交底。

2. 研究招标文件

投标人拿到招标文件后，不要急于进行项目投标文件实质内容编制工作，应仔细研究招标文件，弄清内容，以便全面部署投标工作。研究招标文件的目的，在于全面了解投标人在合同中的权利和义务；深入分析施工承包中面临的和需要承担的风险；缜密研究招标文件中的问题和疏漏，为投标报价和制定投标策略寻找依据，创造条件。招标文件一般由商务文件、技术条款、图纸等组成，在研究招标文件的过程中应了解和研究有关内容，从中获取可靠的信息资料。

3. 分析投标环境

投标环境主要是指投标工程的自然、经济、社会条件以及投标合作伙伴、竞争对手和谈判对手的状况。弄清这些情况，对于正确估计工程成本和利润，权衡投标风险，制定投标策略，都有极其重要的作用。

投标单位除了通过招标文件弄清其中一部分情况外，还应有准备、有目的地参加由招标单位组织的现场踏勘和工程交底活动，切实掌握项目条件。此外，还可通过平时收集的情报资料，对可能的合作伙伴、竞争对手，作出透彻的分析。

4. 制定投标策略

水利水电工程招标投标的最大特点就是竞争性强，投标的获胜又不仅决定于竞争者的实力，而且也决定于正确合理的竞争策略，因此施工企业为了在竞争中获胜必须研究投标策略。投标竞争策略一般指投标中的指导思想、系统的工作部署和投标。要研究投标竞争策略，首先要研究其价值前提和事实前提。所谓价值前提，就是指竞争的目的，是为取得经济效益或社会效益；事实前提就是指通过分析、研究信息情报，掌握竞争对手的实际情况。

要作出正确的或者现实情况下最好的决策，决策者必须有足够的信息作为依据，并有两个或两个以上可供选择的方案，没有足够的信息决策就是盲目的；只有一种方案，也就无所谓决策。

投标策略并不是指投标过程的局部经验和具体竞争艺术，而是指全局性的和有关竞争成败的技术手段，是根据投标竞争形势发展而制定的行动方针、指导思想和系统工作部署。投标策略主要解决两个问题：一是决定是否参加投标；二是指导报价争取中标。常见的投标策略有以下几种：

（1）靠经营管理水平高取胜。这主要靠做好施工组织设计，采取合理的施工技术和施工机械，精心采购材料、设备，选择可靠的分包单位，安排紧凑的施工进度，力求节省管理费用等，从而有效地降低工程成本而获得较大的利润。

（2）靠改进设计取胜。即仔细研究原图纸，发现不够合理之处，提出能降低造价的措施。

（3）靠缩短建设工期取胜。即采取有效措施，在招标文件规定的工期基础上，再提前若干天或若干个月完工，从而使工程早开工、早竣工。这也是能吸引业主的一种策略。

（4）低利政策。主要适用于施工单位任务不足时。此外，承包商初到一个新的地区，为了打入这个地区的市场，建立良好的信誉，也往往采用这种策略。

（5）报价虽低，却着眼于索赔，从而得到高额利润。即利用图纸、技术说明书与合同条款中不明确之处，从中寻找索赔机会。但这种策略除非在不得已的情况下采用，应尽可能不用。这种策略无论对业主还是承包商都无好处，即使承包商在该工程上暂时获利，但其声誉也扫地了，可能会被业主列入黑名单，今后再有招标工程将取消其投标资格。

（6）着眼于发展，争取将来的优势，而宁愿目前少赚钱。施工单位为了掌握某种有前途的工程施工技术，就可能采用这种策略。

以上几种策略并非互相排斥，可结合具体情况综合、灵活地运用。

投标决策贯穿于投标竞争的全过程。对投标竞争中的各个主要环节，只有及时地作出正确决策，才有希望取得竞争的全胜。

三、投标程序

工程项目施工投标是投标人严格遵照招标程序，全面响应招标要求，按时间要求完成投标工作的过程。工程项目施工投标一般按图5-2所示程序进行。

1. 获得项目招标信息

投标人获得招标项目信息的主要渠道是招标公告和投标邀请函。及时、准确地获得可靠的施工项目招标信息是施工投标的前提。投标人必须设置专门机构和专业人员熟悉建筑市场状况，经常搜集、了解、分析、掌握所从事施工领域以及工程项目开发、建设趋势、工程数量和招标的进展情况等，及时采取必要的措施争取不丢失每一个重要的施工项目的投标机会。

2. 筛选

面对较多的施工招标项目，投标人必须结合自身实际、市场竞争状况、项目建设条件、环境及资源情况，善于分析、择优筛选项目，不能见标就投、盲目投标，对技术上确有把握，经济上有利可图或具有发展潜力的项目果断决策，集中力量参加投标竞争；对于另外一些不适合自身条件，施工困难，风险较大的项目可以考虑放弃投标。

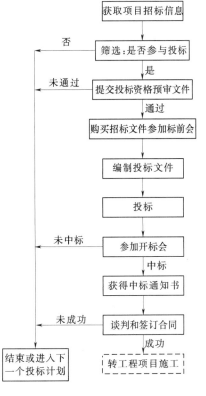

图5-2 施工投标程序图

3. 提交投标资格预审文件

认真阅读招标人颁发的资格预审文件，弄清楚施工招标工程项目的性质、规模、资金来源、工程标段划分。仔细研究招标人对各标段投标人的资质要求，重点要说明投标人已完成类似工程的业绩和经验，在人员、设备、财务上完全有能力承担此项目施工承包任务。

4. 购买招标文件参加标前会

投标人购买招标文件后应迅速组织人员，全面系统进行阅读研究，了解工程规模及工程意图，弄清合同性质及要求，理解标书要求及应编制提交的文件，分析投标风险、工程难易程度。参加标前会，详细察看项目现场，及时释疑解惑、澄清问题。准确询价，做好编标准备。

5. 编制投标文件

编制投标文件是投标工作的中心任务。编制投标文件是技术、经济、管理水平的综合体现，编标时间一般较紧，任务很重，必须统一协调组织，具体分工负责、按期完成投标文件的编制工作。

6. 投标

这个阶段的工作重点解决一个中心问题，即定标。

（1）审查技术方案是否切实可行、相对最优。

（2）最重要的是审定投标报价是否合理，是否有竞争力。

（3）依据投标策略进行技术、报价调整。

7. 参加开标会

按规定的时间、地点、要求及时送达完整的投标书；参加开标会，并对会上宣读的各投标人报价、发包人标底、评标规则等作好记录；按要求对投标书进行答辩、澄清；适时总结投标经验。

8. 获得中标通知书

按照招标文件的规定，发包人对各投标人的投标文件进行综合评比后，将选定最优投标人中标，不保证标价最低的投标人中标，也没有义务对未中标的投标人作任何解释和说明。

在投标文件有效期内，发包将以书面形式向中标人发出中标通知，同时将中标结果通知所有未中标的投标人。发中标通知书前，发包人也可先发中标意向书，邀请拟预中标的投标人前来商谈合同事宜，谈完后再发中标通知书。

9. 谈判和签订合同

投标人赢得项目施工合同是投标工作始终追求的成果性目标。要针对组成合同文件特别是招标文件等包含的合同条款、技术条款等可能存在的与法律、与实际不符或有疑问的问题同发包人进行谈判，修改或澄清问题，待双方确认无异议后签订施工协议。

施工合同文件组成包括：①施工协议书；②中标通知书；③投标书及其附件；④专用条款；⑤通用条款；⑥标准、规范及有关技术文件；⑦图纸；⑧具有标价的工程量清单；⑨工程报价单；⑩招标文件等。同时要注意按照标书专用条款的规定排定合同文件的先后次序，将来在实施合同中，一旦发生争议，应以排序在前的合同文件的规定为准。

四、投标文件

投标人通过投标前的准备工作后，就可以进入下一步工作，编写投标文件。投标文件的编制水平直接影响着投标人能否中标，因为投标文件反映出投标人的经营策略和基本素质是表现投标人整体实力的象征。

投标文件的编写要完全符合招标文件的要求，要实质上响应招标文件，一般不带任何附加条件（偏离、保留等），否则会导致废标。投标文件的语言力求准确、严谨、完整。投标文件在递交之前，必须严格进行密封，如要进行补充和修改，应严格按照招标文件的要求进行，准确无误地完成投标书递交。

1. 投标文件的组成及主要内容

在实际工作中，许多项目评标时都按商务标和技术标两部分进行评审，相应的投标文件就分为两部分，即商务文件和技术文件，两部分的主要组成如下：

（1）商务文件。包括投标书及其投标书附录（或附件）；投标银行保函；法人委托书；标价的工程量清单；单价分析表；总价承包项目分解表；分组报价组成表；计日工表；资金流估算表；临时用地计划表；投标人一般情况表；投标人财务状况表；在建工程情况；分包人情况（如果有）；投标人资格材料等。

（2）技术部分。包括施工组织设计文字说明（包括施工规划和主要施工方案）；项目施工组织管理机构；拟投入的施工机械设备；主要人员简历；施工总体平面布置图；施工总进度计划表（如工程进度网络图、横道图）；工程进度管理曲线、斜率图等；主要工序工艺流程图；工程质量、安全保证体系等；工程环境保护措施；图纸。

2. 应注意的事项

（1）投标文件应内容完整，尽量避免涂改和插字，文字要清晰、简洁、语意明确。

（2）投标文件分正本、副本，封面上应分别标明"正本"和"副本"字样，评标时以正本为准。

（3）投标文件的格式必须按照招标文件提供的格式或大纲，除另有规定外，投标人不得修改投标文件格式，如果原有的格式不能表达意图可另附补充说明。

其中，投标书是为投标单位填写投标总报价而由发包人准备的一份空白文件。投标书中主要反映以下内容：投标单位、投标项目名称、投标总报价及提醒各投标人投标后需注意和遵守的有关规定等。投标人在详细研究了招标文件并经现场考察和参加标前会议之后，即可根据所掌握的信息确定投标报价策略，然后通过施工预算的单价分析和报价决策，填写工程量清单，并确定该工程的投标总报价，最后将投标总报价填写在投标书上。

随同投标文件应提交初步的工程进度计划和主要分项工程施工方案，以表明其计划与方案能符合技术规范的要求和投标须知中规定的工期。

（4）投标人在送交投标文件时，应同时按招标文件规定的数额或比例提交投标担保。

投标人可任选下列一种投标担保的形式：投标银行保函、银行汇票或招标人同意的其他格式。投标银行保函应采用招标文件规定的格式，也可以用经招标人同意的担保银行使用的格式。联合体的担保，可以由联合体主办人出具，或由各成员分别出具，但担保金额总和应符合投标文件规定的金额要求。

投标银行保函和银行汇票应由投标人从具有法人资格的银行开具，并保证其有效。投标担保有效期，应严格按照招标文件要求办理，如果招标文件条款中规定延长了投标文件有效期，则投标担保的有效期也相应延长。

未提交投标担保的投标文件，招标人将按不合格投标而予以拒绝。

（5）投标人应按招标文件投标须知的规定，向招标人签署投标文件，投标文件份数按招标文件资料表规定，其中一份正本，其余为副本。当正本与副本不一致时，应以正本为准。

投标文件应用不褪色的墨水书写或打印，由投标人的法定代表人或其授权的代理人签署，并将（投标）授权书附在其内。投标文件中的任何一页，都要由授权的投标文件签字人小签（即只签姓）或盖章。

投标文件的任何一页都不应涂改、行间插字或删除，如果出现上述情况，不论何种原因造成，均应由投标文件签字人在改动处小签或盖章。

（6）其他应注意事项。按照招标文件要求认真填写标书，要反复核对单价和逐项审查是否有计算上的错误。填报投标文件不得涂改。要防止丢项、漏项和漏页、单位名称应写全称，切忌写简称。特别注意法人代表要签字盖章，不要漏章。招标文件中规定应提交的其他资料或投标人认为需要加以说明的其他内容，投标人营业执照、资信证明文件及反映投标企业历史、资金、技术、质量、管理、服务及成就等方面优势的资料，无论招标人要求与否，都要主动介绍。

五、报价

1. 概述

投标报价是投标人采取投标方式承揽工程项目时计算和确定承包该工程的投标总价格。招标人把投标人的报价作为主要标准来选择中标者，同时也是招标人和投标人就工程标价进行承包合同谈判的基础，直接关系到投标人投标的成败。报价是进行工程投标的核心。报价过高会失去承包机会，而报价过低虽然得了标，但会给工程带来亏本的风险。因此，标价过高或过低都不可取，如何做出合适的投标报价，是投标人能否中标的最关键的问题。

一个项目的投标报价由以下三部分组成：

（1）施工成本。包括直接成本和间接成本两部分。直接成本是指人工、材料、机械等直接费用。间接成本包括现场管理费、公司管理费、临时设施费、施工队伍调遣费等各项费用。

（2）利润和税金。利润是根据本项目的具体情况和公司的利润目标制定的；税金是指由国家统一征收的费用。

（3）风险费用。在施工过程中可能发生的风险费用以及在各种风险发生后需由投标人承担的风险损失。

在投标报价中，要科学地编制以上三部分费用，使总报价既有竞争力，又有利可图，则是相当复杂的工作。在工程项目投标前准备阶段，编制工程项目投标报价主要是制定报价方案、确定其编制依据和注意问题。

2. 投标报价编制的原则

投标报价的编制，一要合理，就是要做得到，并留有余地；二要有竞争力，就是要符合市场行情。前者取决于投标人自身的实力和水平，后者则取决于市场的情势，包括竞争对手的实力、水平和市场供求情况。二者有一定差距，但不能不兼顾，当投标人的实力和水平达到市场的高层次时，两者的差距就缩小了。

标价是否合理是相对而言的，同一种标价，可能对于某个公司、某个施工队伍是一定要亏的，而对于另一个公司却可以盈利，这就是实力和经验的差异，或者是实力相当而管理水平不同所致。管理是一种资源，应该从管理上提高效益。但是，也不能不加分析地单纯以提高管理水平来达到降低成本的目的。其实，管理包括很多方面和层次，我国投标人大都是国营公司，所谓管理有国家的管理，包括国家规定的政策和制度，以及政府主管部门的指令。管理还要顾及国情，例如，我国工程人员的素质、施工水平、当地习俗等。就投标人而言，总公司、分公司（或驻外办事处）、施工队，这些层次的管理水平都对工程管理有影响，当然影响有有利的也有不利的，但有许多不是投标人或施工队伍自己能控制的。在编制投标报价时，要考虑各自的特点和各级管理水平，但不能降低要求，也就是说，编制投标文件时所依据的管理水平应当是我国本行业的先进水平，一味迁就素质不高的施工队就没有竞争力。

如果在管理上与其他公司或外国公司存在差距，首先要以自己的优势弥补，弥补不了时，可以降低利润来提高标价的竞争力。目前承包工程靠降低利润来提高竞争力余地很小，这也并不是长远之计，因为降低利润本身就会削弱公司的实力。从根本上说，应该设法发挥自己的优势，提高经营和管理上的总体水平，采取各种措施降低成本，增加收入，以便获得较好的效益，在没有把握时，宁可放弃，也不要贸然投标。

3. 制定投标报价方案

制定投标报价方案，需做以下主要工作：

（1）进行施工成本分析和成本预测，编制成本预算。成本分析应建立在以往施工项目成本分析和成本核算工作的基础之上，所以施工企业加强成本核算和统计管理工作是搞好投标工作的基础。施工企业建立自己的企业定额也是编制施工预算进而搞好投标报价工作的前提。

（2）了解本企业内部今年和明年任务是否饱满，投标项目对本企业的战略目标的影响。

（3）掌握本企业已完成的同类工程的技术经济指标。包括形象进度、成本降低率、单位工程的人工、材料、机械耗用情况和造价、劳动定额的执行情况、各项间接费用摊销、风险费用的大小等。

（4）了解本企业为本投标项目需新投入的资金额及可能性。如购置新材料、新设备的数量等。

（5）分析由研究招标文件、市场调查、工地考察、参加标前会、核定工程量、澄清及补遗所获得的情报和信息。

（6）风险费用的分析与测算。风险是一种可能发生、可能不发生的概率事件，一旦发生会给承包人带来很大损失，甚至使投标者有倒闭破产的危险。因此应依据合同条款的规定和当时当地的情况，对风险应有足够的认识和防范，确定投标报价中要考虑哪些风险费用、如何考虑、考虑多少。

投标者只有在上述工作的基础上才能制定出一个比较周全稳妥而又切实可行的投标报价方案。

4. 确定投标报价编制依据

投标报价编制依据的完整、无误与齐备是快速和准确地编制投标报价的前提条件。投标报价的编制依据主要有如下内容：

（1）招标文件。招标文件中的合同条件、工程量清单、技术规范、设计图纸、澄清及补遗资料等是编制投标报价的必备资料和主要依据。

（2）施工组织设计。先进合理的施工方案和切实可行的工程进度计划是编制合理报价的重要因素。不同的施工方案具有不同的技术条件和不同的经济效果。先进合理的施工方案具有技术上先进和经济上合理的特点，必然形成合理的报价。针对具体工程，技术先进的施工工艺未必经济合理，比如在地质条件较差的隧洞开挖中，多臂钻和手风钻都能满足施工需要，但多臂钻方案造价就偏高，因为在地质条件较差的地方，多臂钻并不能充分发挥作用，而且设备折旧费太高，如果是地质条件较好，隧洞较长，且开挖洞径适宜多臂钻，那么，多臂钻方案就可能是最佳方案。同样道理，不同的进度计划具有不同的工期和不同的工程成本，因而切实可行的工程进度计划也是编制合理报价的重要因素。

（3）工料机消耗量水平。预算定额和概算定额是国家或国家授权制定单位，规定消耗在某一单位工程基本构造要素上的工料机数量标准和最高限额，从某种意义上讲是一种法定的编制依据，投标人在编制投标报价时应参考对应工程最新预算定额。但为了提高投标报价竞争力和保证完成工程合同，投标人可结合本施工企业的施工技术管理水平、工程所在地的实际情况和企业自行编制的企业定额，对各项定额作适当调整，确定工料机消耗量水平。

（4）工料机价格水平。工料机价格是影响投标报价的关键因素，目前一般采用"指导价或市场价"原则，即人工工日单价执行地区或行业规定的人工工日（工时）单价的指导价，机械台班执行地区或行业统一工程机械台班（台时）费用定额的机械台班（台时）分析价或租赁价，材料价格采用招标人规定的供应价或由市场调查供应价分析出来的到工地材料预算价格。

（5）综合取费标准。综合取费标准指其他直接费、现场经费、间接费、计划利润、税金的取费标准，除税金采用国家规定的法定税率以外的其他各项费用可以根据工程特点、企业经营管理水平和市场竞争状况综合取定，即采用"竞争费率"原则。现行水利行业概预算编制办法规定了各工程项目的各项费用的取费标准，投标人在编制投标报价时一般要参考这些取费标准，结合本企业的情况和工程所在地的实际，确定其投标项目报价的综合取费标准。

（6）编制报价的依据。建设期内工程造价增长因素、难以预料的工程和费用以及保险费、供电费、技术复杂程度、地形地质条件、工期质量要求等都是编制报价的依据。

（7）对投标工程相关内容的研究与评估。

1）对投标对手的调查与研究。要收集掌握竞争对手参加投标的一些资料，如企业资质、施工能力，是否急于中标，以往报价的价位高低及与招标人的关系。

2）对有关报价参考资料的研究。要对当地近几年来已完成的同类工程造价进行分析和评估。

3）对投标工程有关情况的分析。要了解工程所在地的地理、自然条件、周边料场分布及运输道路情况。

4）对招标人倾向性和投标困难的评估。

5）了解评标、定标办法。投标人只有在了解拟投标工程项目将采用何种办法的基础上，才能进行相应的投标决策。

（8）其他有关规定。各地区的主管部门，结合当地情况和施工企业遇到的问题，不断作出新规定，作为主管部门的文件颁发执行，这些文件也应作为投标人编制投标报价的依据。

5. 编制投标报价应注意的问题

编制投标报价过程中主要注意以下问题：

（1）工程量核实及计算要准确。

（2）工程细目的计量与支付理解要透彻。

（3）预算定额子目的套用要合理准确。

（4）各种基础数据要准确无误。

（5）各类费用的确定要合理。

六、投标注意事项

在实力相当的水利施工企业中，中标率高低也不尽相同，其原因固然是多方面的，然而投标策略和技巧在中标率高的企业中所起的作用是不容忽视的。投标技巧就是指投标人在领取资格预审文件到签订合同这个过程中应该注意的一系列重要问题，现分述如下。

1. 资格预审阶段

（1）要注意所采用方法的切实可行性和前后的一致性。即在"资审、投标、施工"这三个阶段都要基本采用资格预审文件中所述的施工方案，以免引起不必要的合同纠纷。

（2）编报"资格预审文件"时，要注意文字规范严谨，翻译准确，装帧精美，力争给业主留下深刻的影响。

（3）在填报"已完成的工程项目表"时，在资料真实的条件下，选择那些评价高、难度大、结构形式多样、工期短、造价低等有利于中标的项目填报。

2. 分析研究标书

"消化"标书也称"吃透"标书，就是要搞清标书的内容和要求。其目的是：

（1）弄清承包人的责任和报价范围，不要发生任何遗漏。

（2）弄清各项技术要求，以便确定合理的施工方案。

（3）找出需要询价的特殊材料与设备，及时调查价格，以免因盲目估价而失误。

（4）理出含糊不清的问题，及时提请招标人予以澄清。投标单位在领到招标文件之后，首先搞清上述各项问题是十分重要的，它有利于投标单位确定报价策略，正确计算报价，及时研究合同条件以便采取必要的对策，是避免工作失误的先决条件。

"吃透"标书要做到既不放过任何一个细节，又要特别注意一些重点问题。这些问题包括以下几个方面。

（1）在合同条件方面。

1）工程要求。包括开竣工日期、总工期以及是否有分段分批竣工交付使用的要求和有关工期提前或拖后的奖罚条件与奖罚限额。

2）工程保修期限。

3）质量等级与标准。

4）物资供应分工中双方的责任。

5）付款条件：是否有预付款及扣回的办法；按进度结算还是完工一次结算；延期付款的责任和利息的支付。

（2）材料、设备和施工技术方面。

1）设计中采用的施工及验收规范以及设计的补充规定与特殊要求。

2）有无特殊的施工方法和要求，其中需要采用什么特殊的设备、措施，需要花费多少特殊的费用。

3）有无特殊的材料设备，例如，招标人指定供货单位的材料和投标单位需要询价的材料等。

4）关于材料设备代用的规定。

（3）工程范围和报价要求方面。

1）弄清合同的种类（如总价合同还是单价合同），不同的合同种类其报价要求不同，必须区别对待。

2）工程量清单的编制体系和方法。例如，工程项目的组成和工程细目的组成。一定要搞清项目或细目的含义，以避免工程开始后结账时造成麻烦，特别在投国外工程项目时，更要注意工程量清单中各个项目的外文含义，如有含糊不清，必须找业主澄清。

3）各种费用列入报价的方法。

4）总包与分包的规定。如怎样选定分包单位，总包和分包单位之间相互责任、权利和义务。

5）施工期限内的材料、设备涨价，国家统一调整工资等的补偿规定。

（4）在研究招标文件时还有一个不容忽视的问题，即"标准语言"的使用问题。按照国际惯例，合同的特殊条款中明确规定了何种语言为"标准语言"。当合同或来往函件中其他语言与"标准语言"不符时，应以"标准语言"为准。

3．澄清问题

在投标有效期内，无论在研究标书时或现场勘察时或在填报标书时，投标人都可以找业主澄清招标文件中含糊不清的问题，但要注意询问的策略和技巧。

（1）注意礼貌，不要让业主为难。

（2）标书中对投标人有利的含糊不清的条款，不要轻易提请澄清。

（3）不要让竞争对手从我方提问中觉察出自己的设想和施工方案，甚至泄露了报价。

（4）请业主或顾问工程师对所作的答复出具书面文件，并宣布与标书具有同样效力，或由投标人整理一份谈话记录送交业主，由业主确认签字盖章送回。绝对不能以口头答复作为依据来修改投标报价。

（5）千万不能擅自修改招标文件并将其作为报价依据。

4. 算标

算标的指导思想是：认真细致，科学严谨，既不要有侥幸心理，也不要搞层层加码。

（1）算标首先要按照合同的类别结合本单位的经验和习惯，确定算标的方法、程序和报价策略。常用的算标方法有单价分析法、系数法、类比法。具体应用时最好不采用单一的计算方法，而应几种方法进行复核和综合分析。例如，主要采用单价分析逐项计算，而采用类比法进行复核等。

（2）计算和核实工程量。准确的工程量计算是整个算标工作的基础，因为施工方法、用工量、材料用量、机械设备使用量、脚手架、模板和临时设施数量等，都是根据工程量的多少来确定的。计算和核定工程量，一般可从两方面入手：一方面，要认真研究招标文件，复核工程量，吃透设计技术要求，改正错误，检查疏漏；另一方面，要通过实地勘察取得第一手资料，掌握一切与工程量有关的因素。

（3）工、料、机基价是计算水利工程报价的基本要素，其他费用都由工、料、机基价乘上相应的系数得出，可见基价的计算准确程度将直接影响到报价水平。在计算人工费时，要按本企业各项开支标准算出工日基价；计算材料基价时，要在材料价格表的基础上结合市场调查和询价结果，并考虑运输条件等因素计算出运抵现场的各种材料基价；计算机械使用基价时，应按照所选用机械设备的来源和相应的费用计算。

特别需要说明的是，基价的计算要认真细致、实事求是，切忌粗估冒算。

（4）除了核实工程量和准确计算基价以外，各项费率的选择也是报价成功与否的关键。因此，在选择费率时，既要考虑到以此费率计算出来的费用能包住实际发生的费用，还要考虑到此费率计算出的标价要有竞争力。

综上所述，算标过程的关键在于掌握好工程量、基价和各项费率这三大要素，只有这三大要素计算准确和确定合理，才能保证报价既有一定的竞争力，又能在得标后获得理想的效益。

（5）算标时还要注意的一个问题就是数字计算。数字计算很简单，却很容易被投标人忽略，常见的失误有：小数点点错；算术错误（单价与工程数量之积不等于"金额"）；计算对了却抄写错了；数字与文字不符。因此，在算标时要特别注意数字要正确无误，无论单价、分部合计、总标价及大写数字（外文更注意不要搞错）均应仔细核对。评标时发现数字与文字不符者以文字为准。尤其是在单价合同承包制中的单价更不能出差错，因为单价合同结算是以单价和实际完成工程数量为依据，如果中标后按照错误的单价结算，可能会使企业蒙受不应有的损失。

（6）标价算好后，将自己的报价与当地近年来中标修建的同类项目报价作比较，看此报价是否适度，是否有希望中标。

（7）确定了总标价之后，还应该使用"单价重分配"的报价策略。事实上，投标人对每一项工程的报价并不都是按照各种费用的"真实"比例来组合的，而是根据有关因素权衡利弊，进行单价重分配。

（8）算标时还要特别注意一个问题：不要"漏章"。在某招标工程评标过程中，发现有一投标单位在算标时整个漏掉一章，如果该单位中标，业主将不付给承包商漏掉那章的工程款，而承包商却要按合同要求无偿地完成那章的工作。

算标工作完成以后，编制标书工作也要认真对待，否则功亏一篑。

（9）为提高算标的速度和准确度，投标单位应逐步应用计算机技术计算工程量和投标报价，编制出符合本单位情况的程序。

（10）确定最后标价，要根据自己计算的结果来确定，切忌轻信"偷"来的标底或竞争对手的"报价"。投标单位轻信"摸"来的"标底"或"报价"，并以此来确定自己的投标报价而造成经济损失的现象，时有发生。

5. 编制标书

（1）填标时要用铅笔填写在复印的工程量表上，以便随时涂改，便于最终调价。

（2）要反复核对，至少做标人算完后，由另一人复审单价和逐项审查有否计算上的错误。

（3）要防止丢项、漏项和漏页。

（4）填标时，不要改变标书格式，如果原有格式不能表达投标意图，可另附补充说明。

（5）字迹要清晰、端正，不应有涂改和留空格现象，语言要讲求科学性和逻辑性，投标书的装帧要庄重、美观、大方，力求给业主留下严肃认真的良好印象。

（6）写单位名称时一定要写全称，切忌写简称。

6. 争取中标的辅助手段

投标人为了能在投标竞争中取胜，除了在提高企业素质，增强企业实力，发展自身优势，树立企业信誉的基础上和适当运用投标技巧之外，还可根据条件，采用一系列必要的辅助手段，才能起到良好的效果。

投标过程中常用到的争取中标的辅助手段有以下几个：

（1）许诺优惠条件。投标报价附带优惠条件是一种行之有效的手段。业主在评标时，除了主要考虑报价以外，还要分析别的条件，如工期、支付条件等因素，所以在投标时主动提出提前竣工、低息贷款、赠给业主施工设备、免费转让新技术或某种技术专利、技术协作、免费代业主培训人员等，均可吸引业主，有利于中标。

（2）聘请当地担保人或代理人。聘请在工商界有一定社会能力、声誉好、威信高的代理人，既可起到耳目、喉舌的作用，为投标人提供及时准确的投标信息，又可起到参谋、顾问的作用，协助投标人得标。

（3）优势联合投标。优势联合就是几家具有不同优势的公司联合投标，以取长补短、提高竞争能力。另外，有的水利建设项目，只靠一家公司进行总承包在业务上和技术上都有一定困难，不利于中标，如果由几家具有专长的公司联合投标，既有利于中标，又有利于中标后完成合同。

联合是有选择的，否则将失去联合的作用。通常可以选择的联合对象或联合方式有：

1）与当地公司联合投标。与当地公司联合投标，有利于打破"地区保护主义"的障碍，并可分享当地公司的优惠待遇。一般说来，当地公司与官方及其他本国经济集团关系密切，与之联合可为中标疏通渠道。

2）两家以上的公司组成松散联合体。具有不同专长和优势的两家以上的公司可组成松散的联合体，长期合作，共同向招标人投标。联合体的各方按自身投入的资金份额分享利润并分担风险。参加联合体的企业各自独立核算，对共同使用的设备和设施，按使用时间摊付使用费。

由于两家公司联合经营，在资金、技术和管理上可取长补短，其实力远远超过未联合时的任一个公司。另外，由于在投标过程中各自同时算标，在报价和策略上还可得到交融。由于提高了竞争能力，独家投标时无法得标的工程，采用联合经营后常可得标。

（4）搞好业务招揽工作。业务招揽的任务并不在于为某一投标工程直接服务，而是为了开拓业务来源的渠道，如果不积极地开展业务招揽工作，就很难保证工程任务的连续性。此外，有策略地搞好业务招揽工作，将有助于企业在投标中获胜。招揽工程必须要付出一定的代价。企业必须考虑用最小的代价，取得最好的成果。除了经常性的招揽工作外，有目的、适时地进行一些有针对性的招揽活动，对提高中标率是很重要的。

第四节　开标、评标与中标

一、开标

《招标投标法》规定，投标截止的时间即开标时间。开标会议形式举行，即在规定的时间、地点当众宣布所有投标者的投标文件中的投标者名称、投标报价和其他需要宣布的事项，使所有投标者了解各投标者的报价和自己在其中的先后顺序。招标单位当场逐一宣读投标报价书，但不解答任何问题。但是，如果招标文件规定投标者可提出某种供选择的替代方案，这种方案的报价也在开标时宣读。

招标人对有下列情况之一的投标文件，可以拒绝接收或按无效标处理：

（1）投标文件密封不符合招标文件要求的。

（2）逾期送达的。

（3）投标人法定代表人或授权代表人未参加开标会议的。

（4）未按招标文件规定加盖单位公章和法定代表人（或其授权人）签字（或印签）的。

（5）招标文件规定不得表明投标人名称，但投标文件上表明投标人名称或者任何可能透露投标人名称的标记的。

（6）未按招标文件要求编写或字迹模糊导致无法确认关键技术方案、关键工期、关键工程、质量保证措施、投标价格的。

（7）未按规定缴纳投标保证金的。

（8）超出投标文件规定，违反国家有关规定的。

（9）投标人提供虚假资料的。

开标人员至少由主持人、监标人、开标人、唱标人、记录人等工作人员组成，并对开标负责。

开标时由投标人或者其他推选的代表检查投标文件的密封情况，也可以由招标人委托的公证机构检查并公证；经确认无误后，由工作人员当众拆封，宣读投标人名称、投标文件的其他主要内容。招标人在招标文件要求提交投标文件截止时间前所收到的所有投标文件，开标时都应当众予以拆封、宣读。开标过程应当记录，并存档备查。

开标后任何投标者都不允许更改他的投标内容和报价，也不允许再增加优惠条件，但在发包方需要时可以作一般性说明和一点澄清。

开标后即转入秘密评标阶段，这阶段的工作要严格对投标者以及任何不参与评标工作的人保密。

二、评标方法

1. 评标机构的组成

评标由评标委员会负责。评标委员由招标人的代表和有关技术、经济等方面的专家组成，成员为 5 人以上单数，其中技术、经济等方面的专家不得少于成员总数的 2/3。这些专家应当从事相关领域工作满 8 年，并具有高级职称或同等专业水平，由招标人从国务院有关部门或者省（自治区、直辖市）人民政府有关部门提供的专家名册或者招标代理机构的专家库中随机抽取的方式确定。与投标人有利害关系的人不得进入评标委员会，已经进入的，应当更换。

评标委员会的评标工作应当接受有关行政部门的监督。

2. 评标原则

评标工作应按照严肃认真、公平公正、科学合理、客观全面、竞争优选、严格保密的原则进行，保证所有投标人的合法权益。

招标人应该采取必要的措施，保证评标秘密进行，在宣布授予中标人合同之前，凡属于投标书审查、评价和比较及有关授予合同的信息，都不应向投标人或与该过程无关的其他人泄露。

任何单位和个人不得非法干预、影响评标的过程和结果。如果投标人试图对评标过程或授标决定施加影响，则会导致其投标被拒绝；如果投标人以他人名义投标或者以其他方式弄虚作假，骗取中标，则中标无效，并将依法受到惩处；如果招标人与投标人串通投标，损害国家利益、社会公共利益或其他合法权益，则中标无效，并将依法受到惩处。

3. 评标方法

评标方法可采用综合评分法、综合最低评标价法、合理最低投标价法、综合评议法及两阶段评标法。

（1）综合评分法。根据评标标准设置详细的评价指标和评分标准，经评标委员会集体评审后，评标委员会分别对所有投标文件的各项评价指标进行评分，去掉最高分和最低分后，其余评委评分的算术即即为投标人的总得分。评标委员会根据投标人总得分的高低排序选择中标候选人 1～3 名。若候选人出现分值相同情况，则对分值相同的投标人改为投票法，以少数服从多数的方式，也可根据总监理工程师、监理大纲的得分高低决定次序选择中标候选人。

（2）综合最低评标价法。经评审的最低投标价法是指经评标委员会评审，能够满足招标文件的实质性要求，且经评审的投标价最低（低于个别成本的除外）的投标人，并将其推荐为排序第一的中标候选人的评标方法。本办法一般适用于具有通用技术、性能标准或者招标人对其技术、性能没有特殊要求的招标项目。对不宜采用经评审的最低投标价法的招标项目，应当采用综合评估法进行评标。采用本办法的招标工程项目，每标段的投标人一般应在 7 个以上。

（3）合理最低投标价法。采用本评标办法确定的中标人的投标应当能够满足招标文件的实质性要求，并且经评审的投标价格最低，但是投标价格低于其企业成本的除外。本评标办法亦分两阶段进行。第一阶段为技术标评审，第二阶段为商务标评审。采用此种评标法，招标人必须先对投标人进行资格预审，投标人投标时技术标和商务标应分开，技术标须采用暗标，不能出现投标人名称，项目经理部名单，也不能出现任何人为的特定标记，否则按无效投标书处理。技术标应能满足招标文件的实质性要求，一般以专家评委为主先行评审，通过后方可进入第二阶段商务标的竞争，最后选定中标人。

（4）综合评议法。根据评标标准设置详细的评价指标，评标委员会成员对各个投标人进行定性比较分析，综合评议，采用投票表决的形式，以少数服从多数的方式，排序推荐中标候选人1～3名。

（5）两阶段评标法。对投标文件的评审分为两阶段进行。首先进行技术评审，然后进行商务评审。有关评审方法可采用综合评分法或综合评议法。评标委员会在技术评审结束之前，不得接触投标文件中商务部分的内容。

评标委员会根据确定的评审标准选出技术评审排序的前几名投标人，而后对其进行商务评审。根据规定的技术和商务权重，对这些投标人进行综合评价和比较，确定中标候选人1～3名。

三、评标过程

开标之后即进入评标阶段，评标的过程通常要经过：投标文件的符合性鉴定、技术评估、商务评估、投标文件澄清、综合评价与比较、编制评标报告等几个步骤。

1. 招标文件的符合性鉴定

符合性鉴定也称响应性鉴定，即检查投标文件是否响应招标文件的要求和条件，响应的含义是其投标文件应该符合招标文件的条款、条件规定，无显著差异或保留。符合性鉴定一般包括下列内容：

（1）投标文件的有效性。

1）投标人以及以联合体形式投标的所有成员是否已通过资格预审，获取投标资格。

2）投标文件中是否提交了承包人法人资格证书及对投标负责人的授权委托证书；如果是联合体，是否提交了合格的联合体协议书以及对投标负责人的授权委托证书。

3）投标保证的格式、内容、金额、有效期、开具单位是否符合招标文件要求。

4）投标文件是否按要求进行了有效期的签署等。

（2）投标文件的完整性。投标文件中是否包括招标文件规定应递交的全部文件，如标价的工程量清单、报价汇总表、施工进度计划、施工方案、施工人员和施工机械设备的配备等，以及应该提供的必要的支持文件和资料等。

（3）与招标文件的相应性。

1）凡是招标文件中要求投标人填写的空白栏目是否全部填写，是否作出明确的回答，如投标书及其附录是否完全按要求填写。

2）对于招标文件的任何条款、数据或说明是否有任何修改、保留和附加条件。《招标投标法》规定，投标人应该按照招标文件的要求编制投标文件。投标文件应当对招标文件提出的实质性要求和条件作出响应。这里的"实质性要求和条件"是指招标文件中有关招标项目的价格、项目的计划、技术规范、合同的主要条款等。投标文件必须对这些条款作出响应，不得修改招标文件、不得遗漏或回避招标文件中的要求，更不能提出任何附带条件。

如果投标文件实质上不响应招标文件的要求，将被列为废标予以拒绝。不允许投标人通过修正或撤回其不符合要求的差异或保留，使之成为具有响应性投标。对于投标书的非实质性差异，可根据投标须知中的规定原则，要求投标人予以澄清。

2. 技术评估

技术评估的目的是确认和比较投标人完成本工程的技术能力的可靠性。技术评估的主要内容如下：

（1）施工方案的可行性。对各类分部分项工程的施工方法，施工人员和施工机械设备的配备、施工现场的布置和设施的安排、施工顺序及其相互衔接等方面的评审，特别是对该项目关键工序的施工方法进行可行性论证，审查其技术的最难点或先进性和可靠性。

（2）施工进度计划的可靠性。审查施工进度计划是否满足对完工时间的要求，并且是否科学和合理、切实可行，同时还要审查保证施工进度计划的措施，例如，施工机具、劳务的安排是否合理和可行等。

（3）施工质量等。审查投标文件中提出的质量控制和管理措施，包括质量管理人员的配备、质量检验仪器的配置和质量管理制度。

（4）工程材料和机器设备供应的技术性能符合设计技术要求。审查投标文件中关于主要材料和设备样本、型号、规格和制造厂家名称、地址等，判断其技术性能是否达到设计标准。

（5）分包商的技术能力和施工经验。如果投标人拟在中标后将中标项目的部分工作分包给他人完成，应当在投标文件中载明。此时，应审查拟分包的工作必须是非主体，非关键性工作；审查分包人应当具备的资格条件，完成相应工作的能力和经验。

（6）对于投标文件中按照招标文件规定提交建议方案，作出技术评审。

如果招标文件中规定可以提交建议方案，则应对投标文件中的建议方案的技术可靠性与优缺点进行评估，并与原招标方案进行对比分析。

3. 商务评估

商务评估的目的是从工程成本、财务和经验分析等方面评审投标报价的准确性、合理性、经济效益和风险等，比较授标给不同投标人产生的不同后果。商务评估在整个评标工作中通常占有重要地位。商务评估的主要内容如下：

（1）审查全部报价数据计算的正确性。通过对投标人报价数据全面审核，看其是否有计算上或累计上的算术错误，如果有，按"投标者须知"中的规定予以澄清。

（2）分析报价构成的合理性。通过分析工程报价直接费、间接费、利润和其他费用的比例关系、主体工程各专业工程价格的比例关系等，判断报价是否合理，注意审查工程量清单中的单价有无脱离实际的"不平衡报价"；计日工劳务和机械台班（时）报价是否合理等。

（3）如有建议方案，则进行商务评估。

4. 投标文件澄清

在必要时，为了有助于投标文件的审查、评价和比较，评标委员会可以约见投标人对其投标文件予以澄清，以口头或书面形式提出问题，要求投标人回答，随后在规定的时间内，投标人以书面形式答复。澄清和确认问题必须由授权代表正式签字，并声明将其作为投标文件的组成部分，但澄清问题的文件不允许变更投标价格或对原投标文件进行实质性修改。

5. 综合评价与比较

综合评价与比较是在以上工作的基础上，根据事先拟定好的评标原则、评价指标与标准和评标办法，对筛选出来的若干个具有实质性响应的投标文件进行综合评价与比较，最后选定候选中标人。

（1）中标人的投标应当符合下列条件之一：

1）能最大限度地满足招标文件中规定的各项综合评价标准。

2）能满足招标文件各项要求，并且经评审的投标价格最低，但是投标价格低于成本的除外。

（2）水利水电工程评价标准指标包括下列方面：

1）施工方案（或施工组织设计）与工期。

2）投标价格和评标价格。

3）施工项目经理及技术负责人的经历。

4）组织机构及主要管理人员。

5）主要施工设备。

6）质量标准、质量和安全管理措施。

7）投标人的业绩、类似工程经历和资信。

8）财务状况。

评标方法可采用综合评分法、综合最低评标价法、合理最低投标价法、综合评选法及两阶段评标法。

6. 编制评标报告

评标委员会完成评标后，应当向招标人提出书面评标报告、推荐合格的中标候选人。

招标人根据评标委员会提出的评标报告和推荐的中标候选人，直接确定或通过谈判后确定中标人。招标人也可以授权评标委员会直接确定中标人。评标报告应在中标人确定后15日内报有关行政监督部门备案审查。

在确定中标人前，招标人不得与投标人就投标价格、投标方案等实质性内容进行谈判。

若经评标委员会评审，认为所有投标都不符合招标文件要求的，可以否决所有投标。依法必须进行招标的项目，在所有投标被否决后，应重新招标。

四、中标

中标人确定后，招标人向中标人发出中标通知书，并同时将中标结果通知所有未中标的投标人。

中标通知书对招标人和中标人均具有法律效力。中标通知书发出后，如果招标人想改变中标结果，拒绝和中标人签订合同，应当赔偿中标人的损失，如双倍返还投标保证金；如果中标人拒绝在规定的时间内提交履约担保和签订合同，招标人可报请有关行政监督部门批准后，取消其中标资格，并按规定没收其投标保证金，并考虑与备选的排序第二投标人签订合同。

招标人和中标人应当自中标通知书发出之日起 30 日内，在中标通知书规定的时间、地点，按招标文件和中标人的投标文件签订书面合同。所订立的合同不得对上述文件作实质性修改，不得再行订立背离合同实质性的其他协议。

第五节 承 包 合 同

一、合同的特点与作用

水利工程承包合同又称建筑施工合同，是典型合同的一种。它是工程项目发包人（建设单位）和工程项目承包人（施工单位）之间为了完成某建筑工程建设而签订的委托与承接施工任务的协议，用以明确双方在工程建设中的权利和义务。承包人承诺按期保质完成工程施工任务并将产品交付发包人，发包人承诺按期支付工程价款和验收工程。

水利工程承包合同是项目发包人、项目承包人双方在自愿、平等、公正的条件下，共同认可、签署的双方权利义务及合作事项的约定，且具有法律效力的约束和社会法理的保证，是双方在工程施工活动中共同遵守的准则。有工程施工活动中的"圣经"之说。

1. 水利工程承包合同的特点

由于水利工程建设项目所具有的固定性、唯一性、复杂性、规模大、工期长、成本高、风险大等特点，建设工程项目承包合同也就相应具有"特"、"长"、"多"、"广"、"险"的特点。

（1）合同"标的物"特殊。水利工程承包合同的"标的物"是各类水利建筑工程，水利工程项目的特殊性决定水利工程承包合同在明确"标的物"时，每一个合同都有其明确的特殊性。

（2）合同执行周期长。水利工程产品的交易是按期货交易方式，期货交易方式是指交易成立时，约定日期进行交割的一种交换，实际上就是订货生产。按期货交易方式生产的主要是那些具有特定的目的，进行单件生产的建筑物或工程项目。这种类型的生产就需要签订施工合同。由于工程项目的体积庞大，结构复杂，建设周期较长，且实施必须连续而循序渐进地进行，使施工合同的履行贯穿于整个施工期内，因此，施工合同的履约方式也表现出连续性、渐进性和长期性。

（3）合同内容多。由于水利工程"标的物"的不可移动、技术复杂、合同期长、合同价格高、风险性大等特点，决定了水利工程合同与其他合同比较起来，对提供服务方——施工承包人的要求更为广泛、综合和复杂。因此，必须创造一种环境，使承包人只有充分发挥优势，证明自己能比其他承包人更好地完成工程施工任务，才能够与发包人签订合同、承接工程施工任务。相对来说，建筑施工合同是一种比较复杂、内容比较多的经济合同。

（4）合同涉及面广。水利工程项目的大规模、复杂性和现场性，决定水利工程合同涉及大量的法律法规、地方规章和管理部门，在签订合同时一定要全面考虑多种关系和各种因素，仔细斟酌每一条款，否则可能产生严重的不良后果。

（5）合同的风险性。由于水利工程项目建设关系的多元性、复杂性、多变性、履约周期长和资金数额大、市场竞争激烈等特点，构成和增加了工程项目承包合同的风险性。慎重分析研究各种风险因素，在签订合同中尽量避免承担风险的条款，在履行合同中采取有效措施，防范风险的发生，是十分重要的。

2. 水利工程承包合同的作用

水利工程承包合同除了具有一般典型经济合同的作用外，在工程施工阶段还具有其特定的作用：

（1）明确建设工程发包方与承包方在工程施工中的权利和义务。水利工程承包合同一经签订生效之后，即具有法律效力，工程发包人和承包人双方就产生了法律上的联系。所谓工程承包合同的法律效力有三层涵义：即双方都应认真履行各自的义务；任何一方都无权擅自修改或废除合同；如果任何一方违反履行合同义务，就要相应不能享受其权利，还要承担法律责任。

通过工程承包合同的签订，使发包方和承包方清楚地认识到自己一方和对方在施工合同中各自承担的责任、义务和享有的权利，以及双方之间的权利和义务的相互关系。也使双方认识到施工合同的正确签订，只是履行合同的基础，而合同的最终实现，还需要发包方和承包方双方严格按照合同的各项条款和条件，全面履行各自的义务，才能享受其权利，最终完成工程任务。

（2）建设工程施工阶段实行社会监理的依据。实行建设监理制度是商品经济发展的产物，是建设领域深化改革的需要，对改革现行的工程建设管理方式有重要意义。建设工程项目的社会监理是指社会监理单位受工程项目发包人的委托，对工程建设实施阶段的建设行为实施的监理。水利工程承包合同是监理单位实施监理的主要依据之一。

（3）工程承包合同是企业经营管理的重要依据。企业只有在和工程项目发包人签订工程承包合同之后，才算最后落实生产任务。有了多项工程承包合同，并根据其工程的大小，工期的长短，在实施计划上进行统筹安排和不断地动态调整。据此，企业的施工、生产、物资及其他资源的组织、安排、配备才有可靠依据和具体目标。

（4）工程承包合同可以确保经营管理各环节的紧密衔接。工程承包合同对于外部横向联系是有效的结合手段，对于内部行政隶属的垂直关系，是行政手段必不可少的补充。用合同方式实现经营管理环节的结合，可保证管理在合同期限内稳定的衔接。

（5）工程承包合同是经济责任制推行的法规性保证。合同对当事人的责、权、利都有明确的规定，赏罚分明。因此有利于促使签约人从自己的利益出发主动地关心各自承担的责任。这样也能推动建筑业企业经营管理的改善。

二、合同类型

水利工程承包合同，通常可按工程承包范围和计价方法划分为不同类型，并分别适用于不同的情况。按照计价方式不同，施工合同可以分为总价合同、单价合同、成本加酬金合同。

1. 总价合同

总价合同是指在合同中确定一个完成建设工程的总价，承包单位据此完成项目全部内容的合同。这种合同能够使建设单位在评标时易于确定报价最低的承包人、易于进行支付结算，但适用范围较小。总价合同又可分为固定总价合同、调价总价合同、固定工程量合同。

（1）固定总价合同。是指合同双方以图纸和工程说明为依据，按照商定的总价进行承包，并一笔包死。在合同执行过程中，除非发包人要求变更原定的承包内容否则承包人不得要求变更总价。也就是说这种合同在约定的风险范围内价款不再调整，约定的范围内的风险由承包人承担。这种合同双方应当在专用条款中约定合同价款包括的风险费用和承担风险的范围。风险范围意外的合同价款调整方法，应当在专用条款内约定。这类合同仅适用于工程量不太大且能精确计量、工期较短、技术不太复杂、风险不大的项目，并且要求在签订合同时已具备详细的设计文件。

（2）调价总价合同。是指在报价以及签订合同时，以设计图纸、工程量清单及当时的价格计算签订总价合同，但在合同条款中双方商定，如果在执行合同过程中由于通货膨胀引起工料成本增加，合同总价应相应调整。合同总价调整的方法双方应当在专用条款内约定。这种合同发包人承担了物价上涨这项不可预测因素的风险，承包人承担其他风险。这种计价方式通常适用于工期较长，通货膨胀率难以预测，但现场条件较为简单的工程项目。

调价方法目前有文件证明法和调价公式法两种。文件证明法通俗地讲就是凭正式发票向发包人结算价差。为了避免因承包人对降低成本不感兴趣而引起的副作用，合同中一般都规定了发包人和监理人有权指令承包人选择更加价廉的供货来源。这种方法非常复杂，需要通过修改概算或追加预算，按实际发生数进行结算，在计划经济条件下采用较多，但已经难以适应市场经济的运行机制。目前一般都按照国际惯例采用"公式法"结算价差。"公式法"具有公平、合理、透明度高、易于操作等特点，已为各方所认同，成为结算价差的主要方法。

（3）固定工程量总价合同。是指发包人要求承包人在投标时按单价合同办法分别填报分项工程单价，从而计算出工程总价，据此签订合同。原定工程项目全部完成后，根据合同总价付款给承包人。如果改变设计或增加新项目，则用合同中已确定的单价来计算新的工程量和调整总价。这种合同方式要求工程量清单中的工程量比较准确，不宜采用估算的数量，因此应达到施工图设计或扩大的初步设计条件。

固定工程量总价合同中的单价并不是成品价，并不包括所有的费用。因此除了合同提出的单价费用外，还需确定一些有关的费率，如施工管理费、不可预见费、利润等。

2. 单价合同

单价合同是承包单位在投标时，按招标文件就部分工程所列出的工程量表确定各分部分项工程费用的合同。这类合同适用范围较宽，其风险可以得到合理的分摊，并且能鼓励承包单位通过提高工效等手段从成本节约中提高利润。这类合同能够成立的关键是双方对单价和工程量计算方法的确认。在合同履行中需要注意的问题则是双方对实际工程量计量的确认。单价合同可具体分为估计工程量单价合同、纯单价合同。

（1）估计工程量单价合同。承包人投标时以工程量表中的估计工程量为基础，填写入相应的单价作为报价。合同总价是根据结算单中每项的工程数量和相应的单价计算得出，但合同的总价并不是工程项目费用的最终金额，因为单价合同中的工程数量是一个估计值。这种合同适用于招标时还难以确定比较准确工程量的工程项目。

估计工程量单价合同与固定工程量总价合同是两种截然不同的合同方式，它们的主要区别是估计工程量单价合同中的单价属于成品单价，即包括了产品全部费用的单价；合同中的工程数量是可以变化的。而固定工程量总价合同的单价并不是成品价，不包括施工管理费、不可预见费、利润等；合同中的工程数量是固定的。

估计工程量单价合同还可以进一步划分为固定单价合同和可调单价合同。

（2）纯单价合同。招标文件只需招标人给出各分项工程内的工作项目一览表、工程范围及必要的说明，而不提供工程量。承包人只要给出各项目的单价即可，将来实施时按照实际工程量计算。但对于工程费分摊在许多工种中的复杂工程，或有一些不易计算量的项目，采用纯单价合同就会引起一些麻烦与争执。

3. 成本加酬金合同

成本加酬金合同是由发包人向承包单位支付建设工程的实际成本，并事先约定的某一种方式支付酬金的合同。这类合同要求发包人承担项目实际发生的一切费用，因此也就承担了项目的全部风险，而承包人由于无风险，其报酬往往也就较低。这类合同的缺点是发包人对工程造价不易控制，承包人也往往不注意降低项目成本。主要适用于开工前对工程内容还不十分清楚的情况，如：①需要立即开展工作的项目，如震后救灾工作；②新型的工程项目，或项目工程内容及技术经济指标未确定；③项目的风险很大。

在实践中，成本加酬金合同有四种具体做法：

（1）成本加固定百分比酬金合同。即除直接成本外，管理费和利润按成本的一定比例支付。计算公式为

$$C = C_d(1+P) \qquad (5-1)$$

式中　C——总造价；

　　　C_d——实际发生的直接费；

　　　P——双方事先商定的酬金固定百分数。

从式（5-1）可以看出，承包人可获得的酬金将随着直接费的增大而水涨船高，使得工程总造价无法控制。它不能鼓励承包人缩短工期和降低成本，因而对发包人是十分不利的。

（2）成本加固定酬金。这种合同与成本加固定百分比酬金合同类似，区别在于成本加固定百分比酬金合同的酬金与直接成本成正比例关系；而成本加固定酬金的酬金按事先商定的酬金支付，与直接成本没有直接关系。计算公式为

$$C = C_d + F \qquad (5-2)$$

式中　C——总造价；

　　　F——固定酬金。

这种方式同样不利于缩短工期和降低成本。

（3）成本加浮动酬金。即成本按实际发生数额计算，但酬金数额是浮动的。采用这种

计价方式，须事先商定成本和酬金的预期水平。如果实际成本恰好等于预期水平，工程造价就是实际成本加固定酬金；如果实际成本低于预期水平，则增加酬金；如果实际成本高于预期水平，则减少酬金。这三种情况可用公式表示为

$$\begin{cases} C=C_d+F(C_d=C_0) \\ C=C_d+F-\Delta F(C_d>C_0) \\ C=C_d+F+\Delta F(C_d<C_0) \end{cases} \tag{5-3}$$

式中　C_0——预期成本；

　　　F——固定酬金；

　　ΔF——酬金可增减部分，可以是一个百分数，也可以是一个固定的绝对数。

采用这种计价方式，通常规定，当实际成本超支而导致减少酬金时，以原定的预期酬金数额为减少的最高限度；也就是在最坏的情况下，承包人将得不到任何酬金，但不承担赔偿成本超支的责任。

（4）目标成本加奖罚。承发包双方事先要商定目标成本和酬金的百分数；最后结算时，如果实际成本高于目标成本，并超出预先规定的界限（如 5%），则减少酬金；如实际成本低于目标成本一定幅度（如 5%），则增加酬金。计算公式为

$$C=C_0+P_1C_0+P_2(C_0-C_d) \tag{5-4}$$

式中　C_0——目标成本；

　　　P_1——基本酬金百分数；

　　　P_2——奖罚百分数。

这种计价方式可促使承包人关心降低成本和缩短工期，而且目标成本可以随设计深度作相应的调整而确定，故承发包双方都不会承担多大风险，有其可取之处。实行全过程承包的建设项目，一般不大可能采用总价合同或单价合同，采用这种计价方式则比较适宜。

三、合同谈判

（一）谈判的目的

水利水电工程招标项目开标后，招标人经过研究，往往需要选出两三家投标人就工程有关问题和价格问题进行谈判，然后再选择中标人。这一过程习惯上称为商务谈判。招标人和投标人的目的各不相同，具体如下。

1. 招标人（业主）谈判的目的

（1）通过谈判，了解投标人报价的构成，进一步审核和压低报价。

（2）进一步了解和审查投标人的施工规划和各项技术措施是否合理，以及负责项目实施的班子力量是否足够雄厚，能否保证工程的质量和进度。

（3）根据参加谈判的投标人的建议和要求，也可吸收其他投标人的建议，对设计方案、图纸、技术规范进行某些修改后，估计可能对工程报价和工程质量产生的影响。

2. 投标人（承包方）谈判的目的

（1）争取中标。即通过谈判宣传自己的优势，包括技术方案的先进性，报价的合理性，所提建议方案的特点，许诺优惠条件等，以争取中标。

（2）争取合理的价格。既要准备应付招标人的压价，又要准备当招标人拟增加项目、设计变更或提高标准时适当增加报价。

（3）争取改善合同条件。包括争取修改苛刻的和不合理的条款，澄清模糊的条款和增加有利于保护承包商权益的条款。

（二）谈判准备

对于水利水电工程而言，一般都具有投资数额大、实施时间长，合同内容又涉及到技术、经济、管理、法律等诸多领域的特点，因此，在开始谈判之前，必须细致地做好以下几个方面的准备工作。

1. 谈判的组织准备

谈判的组织准备包括谈判组的成员组成和谈判组长的人选等。

一般谈判组成员以 3～5 人为宜，在谈判的各个阶段所需要人员的知识结构不一样。如承包合同前期谈判时技术问题和经济问题比较多，离不开工程师和经济师；后期谈判设计合同条款以及准备合同和备忘录文稿，则需要律师、合同专家以及优秀的翻译参加。根据谈判的需要，可调换成员，但谈判组一般也不宜少于两人，一个主谈，另一个观察情况，考虑对策。

谈判组长最主要的条件是具有较强的业务能力和应变能力，即需要有比较丰富的业务知识面和工程经验，最好还具有合同谈判的经验，对于合同谈判中出现的问题能够及时做出判断，主动找出对策。

2. 谈判的方案准备

谈判前要整理出谈判提纲，研究对方可能提及的问题，尤其是对己方不利的条件，按上、中、下策拟定备用方案。对自己希望解决的问题和解决方案按轻重缓急拟定要达到的目标，同时要明确谈判组长的授权问题。对组内其他成员进行训练，一方面，分析双方的有利、不利条件，制定谈判策略；另一方面，对组内成员进行分工并明确注意事项。

如果是国际工程项目，若有翻译参加，则应让翻译参加全部准备工作，了解谈判意图和方案，特别是有关技术问题和合同条款问题，以便做好准备。

3. 谈判的资料准备

谈判前要准备好自己一方谈判使用的各种参考资料，准备提交给对方的文件资料以及计划向对方索取的各种文件资料清单，准备提供给对方的资料一定要经谈判组长审查，以防与谈判时的口径不一致，造成被动。

如果有可能，可以在谈判前向对方索取有关文件和资料，以便分析准备。

4. 谈判的议程安排

谈判的议程安排一般由招标人提出，征求对方意见后再确定，根据拟讨论的问题来安排议程可以避免遗漏要谈的主要问题。

议程要松紧适宜，既不能拖得太长，也不宜过紧。一般在谈判中后期安排一定的调节性活动，以便缓和气氛，进行必要的请示以及修改合同文稿等。

（三）谈判阶段

在实际工作中，有的招标人把全部谈判均放在决标之前进行，以利用投标人想中标的心情压价并取得对自己有利的条件；也有的招标人将谈判分为决标前和决标后两个阶段进行。下面就后一种方式介绍谈判的主要内容。

1. 决标前的谈判

招标人在决标前与初选出的几家投标者谈判的内容主要有两个方面：一是技术答辩；二是价格问题。

（1）技术答辩。由评标委员会主持，了解投标人如果中标后将如何组织施工，如何保证工期，对技术难度较大的部位采取什么措施等，虽然投标人在编制投标文件时对上述问题已有准备，但在开标后，当本公司进入前几标时，应该就这方面再进行细致的准备，必要时画出有关图解，以取得评委会的好感，顺利通过技术答辩。

（2）价格问题这是一个十分重要的问题，招标人利用他的有利地位，要求投标人降低报价，并就工程款额中自由外汇比率、付款期限、贷款利率（对有贷款的投标）以及延期付款条件等方面要求投标人做出让步。但如为世界银行贷款项目，则不允许压低报价。投标人在这一阶段一定要沉住气，对招标人的要求进行逐条分析，在适当时机适当地、逐步地让步，因此，谈判有时会持续很长时间。

2. 决标后的谈判

经过决标前的谈判，招标人确定出中标人并发出中标通知书，这时招标人和中标人还要进行决标后的谈判，即将过去双方达成的协议具体化，并最后签署合同协议书，对价格及所有条款加以确认。决标后，中标人地位有所改善，他可以利用这一点，积极地、有理有节地同招标人进行决标后的谈判，争取协议条款公正合理，对关键性条款的谈判，要做到彬彬有礼而又不作大的让步。对有些过分不合理的条款，一旦接受了会带来无法负担的损失，则宁可冒损失投标保证金的风险而拒绝招标人要求或退出谈判，以迫使招标人让步，因为谈判时合同并未签字，中标人不在合同约束之内，也未提交履约保证金。

招标人和中标人在对价格和合同条款达成充分一致的基础上，签订合同协议书（在某些国家需要到法律机关认证）。至此，双方即建立了受法律保护的合同关系，招投标工作即完成。

（四）谈判的重点

水利工程施工合同谈判的内容很多，涉及的面也很广泛，工程项目不同，商谈的合同内容也有很大差异。现就其中的一些共性问题在处理时应注意的事项作一简单介绍。

1. 工作内容

工作内容是指承包商所承担的工作范围，包括施工、材料和设备供应等。工作内容是合同成立的前提，也是制定合同单价的基础。因此，在商讨工作内容时，一定要明确具体，责任分明，切忌用词含混，以免扯皮现象发生。这方面常出现的问题有：

（1）因工作范围和内容规定不明确，或承包商理解不正确，出现报价漏项。

（2）工作内容文字表达不清楚。如某承包工程合同规定由承包商提供工程师住房和办公用房，但具体包括哪些内容和质量指标却不说明，执行起来免不了双方要扯皮。后来通过协商，承包商提供工程师用房与承包商项目部用房标准相同，系临时住房，从而减少承包商的成本。

（3）将外文标书翻译成中文时，译名不正确。如把自动喷洒浇灌系统翻译成水龙头，把发电机译成发动机。显然，这些都会影响报价。

2. 价格

价格是合同谈判的重点之一，它包括单价、总价、工资、加班费等费用。这方面要着重注意合同类型和调价方法的确定。关于合同调价问题，投标人应争取：

1）合同价格限定化。应以实际授标和开工令下达时间的价格作为支付依据。如某项目投标书的有效期为 4 个月，即在 1986 年 1 月截止，而业主实际授标和下达开工令时间为 1986 年 7 月，超过 6 个月，应进行合同价格限定化，但由于项目合同条款中已注明不进行合同价格限定化，所以使承包商失去了一次调高合同价的机会。

2）在调价公式中，应尽量降低固定系数，提高潜在的可调系数。在谈判过程中，要突出人工工资变化系数、设备指数、油料系数、水泥系数等。如某项目合同规定固定系数为 0.2，照业主国家和国际上的习惯，固定系数为 0.15。固定系数愈大，就意味着可调价的部分减少，投标人应要求业主尽量降低固定系数，保障调价索赔的权益。据测算，系数值相差 0.01 时，影响调价收益约 1%。

3. 支付

1）选择货币类型。在当地币不稳定的情况下，提高硬通货币的支付比例，是减少汇率贬值风险、保证工程获得预期效益的前提，在发展中国家或地区承包工程尤为重要。要尽量争取硬通货币的比例，设备费、材料费和人员工资都需硬通货币支付，一般来讲硬通货币与付额占合同总额的比例不低于 60%。

2）争取固定汇率。为防止当地币贬值，使合同实际价格降低，获得高比例的固定汇率的硬通货币支付，在汇兑当地币时可得到额外的汇率溢出。如中国某公司承包的西非某农田整治工程，在签订合同时汇率为 1∶83，即 1 美元兑换 83 个当地币，到工程合同期满汇率已涨到 1∶124，货币贬值率达 49.4%，由于在合同谈判中争取到固定汇率 1∶83.12，使项目承包未因当地币贬值而亏损。

3）关于延期付款。由于主客观原因，业主经常拖欠预付款、工程款，按国际惯例支付不得超过 90 天，投标人在协议谈判中关键要抓住超过 90 天如何处理。是争取按银行贷款利率补偿，还是按储蓄利率补偿。

4. 税金

谈判重点是争取免税指标、税金种类等。免税额度分为国内和国外两部分，国内指交纳所在国的营业税、增值税和公司所得税；国外指标主要用于进口设备物资的关税。因此，谈判中要尽力争取较大的免税额度。值得注意的是，国内额度与国外额度不能互相替代，即国外额度不能用于国内税收支付，国内额度也不能用来支付关税。因此，在谈判中除了要争取总免税额度外，还应准确把握投标人自己所需的国内、国外两种额度数额和比例。另外，项目免税额度只能用于本项目，所以在计算时，也不要漫天要价，多了也没用，反而因此给自己的报价竞争力带来负面影响。

5. 工期

工期是项目合同的关键内容之一，也是影响合同价格的重要因素。

（1）区分两个概念。即不要把合同期与工期混淆起来。合同期是表明一个合同的有效期限，即从合同生效之日开始，到合同终止之日为止。而工期则是指承包商完成工程施工所需的时间。如果工程已经竣工，但款项并没有结清，还存在着维修期，则合同依然有效。

（2）争取保证条件。按期开工需要有保证条件，其中有承包商自己创造的，也有业主提供的。因此，在合同中要尽可能地写清楚业主可能影响按时开工的因素，如场地交付、图纸供应、施工方案批准等。

（3）明确验收时间。有的业主为了拖延付款，常采用拖延验收的方法，不按时检查验收工程。因而，在商签有关工期的条款时，要十分注意，否则，承包商不但不能保证工期，甚至还要挨罚。此外，还应注意工程变更以及业主对承包商各种请示的确认给工期造成的影响；注意延期罚款额，一般不超过工程合同总价的 5%。

6. 验收

验收包括三种：一是工程施工过程之中的验收，又称中间验收，如隐蔽工程验收，混凝土浇筑前对钢筋的验收等；二是整个工程完工后的检查验收，称最后验收，包括签发竣工证书；三是对工程用材料、半成品和设备的验收。商讨验收条款应注意确定验收范围、验收时间和验收标准，同时还应对验收的组织方法予以规定。

7. 保证

保证是业主为了能使承包商有效履行合同而要求其作出的。承包商提供保证的方式通常有出具保函、交付定金和保留金三种。这方面要注意的问题是履约担保、预付款担保、预付款扣回和保留金提取的限额和还回的条件、时间及方式。

8. 违约责任

违约责任是指当事人一方因部分不履行或完全不履行合同而对给另一方带来损失的补偿和赔偿。在商讨违约责任和惩罚方式时，需注意以下几个问题：

（1）明确什么是不履行合同的行为。如承包商施工质量低劣，到期不完工，业主不按时付款，延迟交付图纸等。

（2）不要轻易承担违约责任。因为承担了违约责任，就意味着负有赔偿损失的义务。因此，在商讨这方面内容时，不要轻易给自己规定违约责任。此外，在合同履行过程中，即使发生了某些不符合合同规定的事实，也要尽力为自己开脱。当然，开脱不是否认的意思，而是要找出各种理由来证明发生这种事实并不仅仅是自己的过错所致，也有对方的原因造成的，从而尽量减少承担违约责任。要对自己的关键性权利，即对方的主要义务，给予特别的注意。

（3）虽然在合同中规定了违约责任，但实际履行合同时，不可避免地会出现对违约责任事实理解上的分歧，因此，调解、仲裁、诉讼、适用法律等必须在合同中订立清楚。例如，有内地某工程公司与香港主家公司签订了工程分包合同，在这份合同中竟然没有写进仲裁条款，后来香港公司在同这家工程公司财务结清之前，欠他一笔工程款未支付就撤回香港。由于没有仲裁条款，同时这笔款的数量也不值得诉诸于法庭，最后这家公司只得自认倒霉。

四、签订合同协议

合同协议书签订的过程是当事人双方互相协商并最后就各方的权利、义务达成一致意见的过程。签约是双方意见统一的表现。

签订工程承包合同的准备工作时间很长，实际上它是从准备招标文件开始，继而招标、投标、评标、中标，直至合同谈判结束为止的一整段时间。

合同协议书签订通常应考虑如下几方面的问题：

（1）合同签订应该遵守的基本原则。

（2）合同签订的程序。

（3）合同的文件组成、合同文件优先顺序及其主要内容。

（4）合同签订的形式。

在整个招标过程中，招标人一方可能对招标内容做出某些修改，在投标和谈判过程中投标人一方也可能提出某些问题要求修改，经过谈判达成一致意见后，将其写入合同协议书备忘录（或称附录），这份备忘录是合同文件的重要组成部分，备忘录写好并经双方同意后即可正式签署合同协议书。

协议书中应列出所有包括在合同中的文件以及双方的权利和义务。合同协议书由招标人和投标人的法人代表正式授权委托的全权代表签署后，合同即开始生效。

签订合同协议书并收到履约保函后，招标人即应尽快将投标保证金退还中标的和未中标的投标者。

思　考　题

1. 招标的方式有哪些？分别阐述其特点。

2. 为什么工程建设要进行招投标？

3. 标底的意义是什么？

4. 简述评标方法。

5. 要争取工程项目中标，如何做好工程项目投标前的准备工作？

第六章　工程建设进度控制

工程项目建设进度是最重要的建设目标之一，进度控制的目的与任务首先是保证建设项目的总工期，使项目按时交付使用，如一个枢纽工程按时完工，在此基础上发挥配套工程的效益，或实现流域的总体开发目标；其次是控制阶段性目标，使工程建设的分目标（如通航、发电等）得以实现，从而使建设项目及早发挥效益；然后是保证建设过程按计划有条不紊地进行，避免停工、窝工现象出现，节省工程建设费用。

进度控制是计划管理的重要内容，在以往的工程实践中积累创造了大量的成功经验与实用技术。最早用于进度控制的工具是横道图，它将工程项目进行分解，用表格形式表示每一工程活动进行的时间安排。1958年出现了网络计划技术，它在横道图技术的基础上引入了活动之间的相互关系，使得进度计划的分析成为可能，随之在工程得到普及应用，并且出现了关键线路法（CPM）、计划评审技术（PERT）、图示评审技术（GERT）、风险评审技术（VERT）和决策网络（DCPM）等不同的分支。

在当前工程进度控制中应用最广的是关键线路法，许多工程项目的招标规定要求用关键线路法进行进度表示与控制。随着计算机软件的发展，也出现了不同的网络计划分析管理软件，其中最著名的是Premevera公司的P3软件（Premevera Project Planner）和微软公司的Project系列软件。

第一节　进度与进度计划

一、工程项目进度

进度通常是指工程项目实施结果的进展情况，在工程项目实施过程中要消耗时间（工期）、劳动力、材料、成本等才能完成项目的任务。在现代工程项目管理中，人们已赋予进度以综合的含义，将工期与工程实物、成本、劳动消耗、资源等统一起来，形成一个综合的指标，全面反映项目的实施状况。

工程项目进度控制是指在确定进度计划的基础上，在规定的控制时期内，对比分析实际进度状况与计划进度，对产生的偏差和原因进行分析，找出影响工期的主要因素，调整和修改计划进度，做好施工进度计划与项目总进度计划的衔接，明确进度各级管理人员的职责与工作内容，对进度计划的执行进行检查、分析与调整，按期完工。

进度控制的基本对象是工程活动。它包括项目结构图上各个层次的单元，上至整个项目，下至各个工作包（有时直到最低层次网络上的工程活动）。项目进度状况通常是通过各个工程完成程度（百分比）逐层统计汇总计算得到的。进度指标的确定对进度的表达、计算、控制有很大影响。由于一个工程有不同的子项目、工作包，它们工作内容和性质不同，必须挑选一个共同的、对所有工程活动都适用的计量单位。

常用的进度指标，即进度的表述方式与控制目标有以下几个。

1. 时间

工程活动或整个项目的持续时间是进度的重要指标。常用已经使用的工期与计划工期相比较以描述工程完成程度。例如，计划工期两年，现已经进行了一年，则工期已达50%；一个工程活动，计划持续时间为 30 天，现已经进行了 15 天，则已完成 50%。但通常人们还不能说工程进度已达 50%，因为工期与人们通常概念上的进度是不一致的。工程的效率和速度不是一条直线，如通常工程项目开始时效率很低，进度慢，到工程中期投入最大，进度最快，而后期投入又较少。所以工期下来一半，并不能表示进度达到了一半，何况在已进行的工期中还存在各种停工、窝工、干扰的情况，实际效率可能远低于计划的效率。

2. 实物工程量

这主要针对专门的领域，这些领域生产对象简单、工程活动简单。例如：设计工作按资料数量（图纸、规范等）；混凝土工程（墙、基础、柱）按体积；设备安装按吨位；管道、道路按长度；预制件按数量、重量、体积；运输量按吨位和运输距离；土石方按体积或运载量等。

特别当项目的任务仅为完成这些分部工程时，以它们作为指标计算更能反映实际情况。

3. 完成投资

已完成工程的价值量用已经完成的工作量与相应的合同价格（单价）或预算价格计算。它将不同种类的分项工程统一起来，能够较好地反映工程的进度状况，是常用的进度指标。

4. 资源消耗

最常用的资源消耗包括劳动工时、机械台班、成本的消耗等。它们有统一性和较好的可比性，即各个工程活动直到整个项目都可用它们作为指标，这样可以统一分析尺度。但在实际工程中要注意如下问题：

（1）投入资源数量和进度有时候会有背离、会产生误导。例如，某活动计划需要 100 工时，现已用了 60 工时，则进度已达 60%。这仅是偶然的，计划劳动率和实际劳动率通常不会完全相等。

（2）由于实际工作量和计划经常有差别。例如，某工程计划 100 工时，由于工程变更、工程难度增加、工作条件变化，应该需要 120 工时。现完成 60 工时，实质上仅完成50%，而不是 60%，所以只有当计划正确（或反映最新情况），并按预定的效率施工时才得到正确的结果。

（3）用成本反映工程进度是经常的，但这里有如下因素要剔除：

1）不正常原因造成的成本损失，如返工、窝工、工程停工。

2）由于价格原因（如材料涨价、工资提高）造成的成本的增加。

3）考虑实际工程量，工程（工作）范围的变化造成的影响。

5. 形象面貌

对于水利工程而言，工程施工的形象面貌能直接反映工程进度情况。以大坝混凝土浇筑为例，把不同坝段在不同时刻达到的高程能否满足导流度汛、接缝灌浆、金属结构安装要求，作为大坝施工进度的主要控制目标。

二、进度计划

目前国内外进度计划的基本表达形式主要有横道图和网络图。

（一）横道图

横道图是一种最直观的工期计划方法。它在国外又被称为甘特（Gantt）图，在工程中广泛使用。在网络进度计划及相应的计算机进度控制软件出现之前，受到普遍的欢迎。横道图以横坐标表示时间，工程活动在图的左侧纵向排列，以活动所对应的横道位置表示活动的起始时间，横道的长短表示持续的时间的长短。

横道图可以清楚地反映实际和计划进度的对比，如图 6-1 所示。在该例中，项目已经开始两个月（8 周末），实际状况为：A 已经在 0~5 周中完成；B 已于第 5 周初开始，现分析剩余工作还有 4 周可完成；C 尚未开始，预计 1 周后开始；D 已经于 5 周初开始，由于工作量增加，现仅完成 30%，还需 8 周才能完成；E 已于 4~7 周内全部结束；其他尚未开始。可将实际的开始（结束）时间标在计划的横道图下面，用两种图例，以做对比，见图 6-1（图中的百分比是以工期作为尺度的，括号中为剩余工期）。

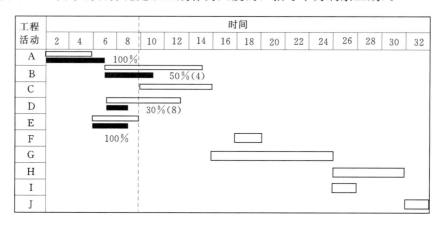

图 6-1　实际计划工期对比

横道图法用线条形象地表现了各个分项工程的施工进度，综合地反映了各分部工程之间的关系和各施工队在时间上和空间上开展工作的相互配合关系。但当搭接和公众配合之间的关系复杂时，就难以充分暴露矛盾。尤其是在计划的执行过程中，某项工作由于某种原因提前和拖后了，将对其后序工作产生难以分清的影响，不能反映出施工中的主要矛盾，不利于及时调整计划和指挥生产。在实际工程中，一般只用于小型工程或施工过程相对简单的工程中。

（二）网络图

网络图作为一种计划的编制和表达方法，与常用的横道图具有相同的功能，但与横道图不同，网络计划采用加注作业时间的箭头（双代号表示法）和节点组成的网状图形来表示工程施工的进度。例如，图6-2所示为一项分三段施工的钢筋混凝土工程。网络图法能充分反映施工过程中各工序之间的相互影响，相互依赖的关系，利于对计划的检查和调整。

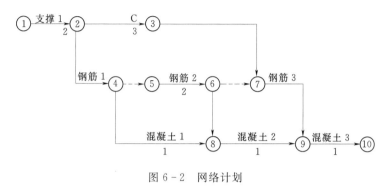

图6-2 网络计划

（三）其他方法

新横道图的方法是将网络计划的技术与横道图相结合的方法，它兼有横道图和网络图的优点，现已逐渐开始使用。

现代各种计划方法中，网络图、速度图、线形图等都可与横道图等效使用。

第二节 进度计划的产生

一、工期目标

1. 目标确定

工程项目管理的重要任务是对项目的目标（投资、进度、质量）进行有效的控制。就进度控制而言，编制进度计划时必须合理确定项目的进度目标，明确项目进度实施控制的目标，并与进度计划实施相协调。

工期进度控制的总目标与工期控制是一致的，但控制过程中它不仅追求时间上的吻合，而且还追求在一定时间内工作量的完成程度（劳动效率和劳动成果）或消耗的一致性。

对于项目进度控制的目标，有些工程项目比较清楚，是单一的管理目标；而多数工程项目是一个以目标为主兼顾多个目标的目标体系；还有些工程项目开始施工时，项目进度控制的目标还比较模糊，这时应及时分析工程项目的背景、目的及工程项目的经济效益与社会效益，研究实现进度控制目标的标准、条件、可能性，建立进度目标体系。在分析研究成果的基础上，要对进度目标体系按主次关系进行排队，确定实现目标的先后顺序，明确实现目标的控制标准。

工程项目进度计划的编制需要从项目施工计划的整体出发，根据系统工程的观点，将一个项目逐级分解成若干个子项目（或称工作单元），以便明确进度控制的管理目标。编制子项目的网络计划，可以明确进度控制责任人，有效地组织进度计划的实施，并能控制整个工程项目网络计划系统的实施。

特别是大中型工程项目,建设周期长,影响因素错综复杂,若干个相互独立的单项工程项目的网络计划,不能全面反映整个工程项目各个阶段之间的衔接和制约关系,没有全面反映工程项目进度控制的综合平衡问题。为了解决这个问题,必须建立工程项目网络计划系统。

2. 进度控制目标划分

为了防止施工项目进度的失控,必须建立明确的进度目标,并按项目的分解建立各层次的进度分目标,上级目标控制下级目标,下级目标保证上级目标,最终实现施工项目进度的总目标。

(1) 按施工项目组成分解,确定主要工程项目的开工日期。主要工程项目的进度目标是项目建设总进度计划和工程项目年度计划的具体体现。在工程项目阶段要进一步明确各主要工程项目的开工和竣工日期,保证工程项目总进度目标的实现。

(2) 按工程项目阶段分解,确定进度控制的里程碑。根据工程项目的特点,将其施工项目分成几个阶段,每一阶段的起止时间都要有明确的里程碑。特别是不同承包单位的施工段之间,更要明确划定时间分界点,以此作为形象进度的控制标志,使工程项目进度控制目标具体化。

(3) 按项目计划分解,组织工程项目。将工程项目的进度控制目标按年、季度、月(或旬)进行分解,用施工实物工程量、货币工作量及形象进度来表示,便于监理工程师明确对承包单位进度控制的要求。同时,该计划可以作为进度计划的实施、监督、检查的依据。计划期越短,进度目标越具体,进度跟踪就越及时,纠正进度偏差所采取的措施就更有效,使计划有步骤地协调长期目标与短期目标、下级进度目标与总目标的关系,按期实现项目的进度控制目标和竣工交付使用的目的。

二、项目划分

1. 划分原则

项目结构分解是将项目行为系统分解成相互独立、相互影响、相互联系的工程活动。在项目管理中,通常将这项工作的结果称为工作分解结构,即 WBS(Work Breakdown Structure)。

工程项目计划系统的目标确定后,可按项目结构(见图6-3)或按项目进展阶段进行分解(见图6-4),以便分解后可编制各子项目计划,最终编制出整个工程项目的总进度计划。每一个单元(不分层次,无论在总项目

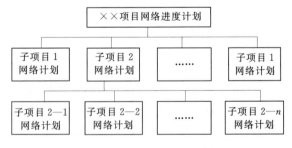

图6-3 按项目结构分解的网络计划系统

的结构图中或在子结构图中)又统一被称为项目单元。项目结构图表达了项目总体的结构框架。工程项目工作分解结构的特点是能确保建设参与者从整体出发,明确各自的责任,使计划有效地实施。在分解结构中,各项目计划具有相对独立的作业,项目参与者责权分明,易于管理。

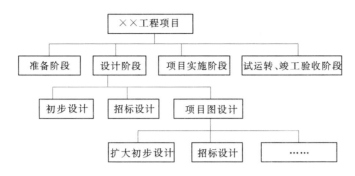

图 6 - 4 按项目进展阶段进行分解

2. 项目分解过程

对于不同种类、性质、规模的项目，从不同的角度，其结构分解的方法和思路有很大的差别，但分解过程却很相近，其基本思路是：以项目目标体系为主导，以工程技术系统范围和项目的总任务为依据，由上而下，由粗到细地进行。一般经过如下几个步骤：

（1）将项目分解成单个定义的且任务范围明确的子部分（子项目）。

（2）研究并确定每个子部分的特点、结构规则和实施结果，以及完成每个子部分所需的活动，以作进一步的分解。

（3）将各层次结构单元（直到最低层的工作包）收集于检查表上，评价各层次的分解结果。

（4）用系统规则将项目单元分组，构成系统结构图（包括子结构图）。

（5）分析并讨论分解的完整性。

（6）由决策者决定结构图，并形成相应的文件。

（7）建立项目的编码规划，对分解结果进行编码。

3. 注意的问题

随着项目结构分解的细化，工期计划也逐步细化。项目最低层次的单元是工作包（相当于单元工程），在工期计划中，工作包可以进一步分解到工序。这些工序构成子网络。它们是项目总网络的基础。在详细的工期计划中，通常首先确定这些工序的持续时间，进而分析工作包（子网络）的持续时间，再作总网络的分析。工作包进一步分解要考虑：

（1）持续时间和工作、过程的阶段性。

（2）工作过程的不同专业特点和不同工作内容。

（3）工作的不同承担者。

（4）建筑物的不同层次和不同工作区段等因素。例如，通常基础混凝土施工可以分解为垫层、支模板、扎钢筋、浇捣混凝土、拆模板、回填土等。

三、历时确定

（一）计算方法

根据项目的工程量确定所需要的劳动量或机械台班数，根据施工水平确定该项目安排的工人数或配备的机械台数，由式（6-1）计算项目的持续时间为

$$D = \frac{P}{RB} \qquad (6-1)$$

式中 D——项目所需要的时间，即持续时间（单位通常为 d）；

P——项目所需要的劳动量（工日）或机械台班数（台班）；

R——每班安排的工人数或工程项目机械台数；

B——每天工作班数。

如果根据式（6-1）确定的工人数或机械台数超过承包单位现有的人力、物力，除了寻求其他途径增加人力、物力外，应从技术上和工程项目的组织上采取措施加以解决。

（1）按实物工程量和定额标准计算。对于主要工程项目的各项工作，可根据工程量、人工、机械台班产量定额和合理的人、机数量按下式计算：

$$t=\frac{w}{rm} \tag{6-2}$$

式中 t——工作基本工时；

w——工作的实物工程量；

r——台班产量定额；

m——施工人数（或机械台班数）。

（2）套用工期定额计算。确定工程项目总进度计划中大"工序"的持续时间时，通常对国家及相关部门制定的各类项目工期定额作适当修改后套用。

（3）三时估计法计算。有些工作任务没有确定的实物工程量，或不能用实物工程量来计算工时，又没有颁布的工期定额可套用，如试验性工作或新工艺、新技术等。在这种情况下，可以采用三时估计法来计算：

$$t=\frac{t_0+4t_m+t_p}{6} \tag{6-3}$$

式中 t_0——乐观估计工时；

t_m——最可能工时；

t_p——悲观估计工时。

上述三个工时是在经验的基础上，根据实际情况估计出来的。

根据上述方法确定了工作的基本工时后，还应考虑到其他因素，并进行相应的调整。在实际工作中，经常选择几种主要因素加以考虑，调整公式为

$$T=t_0 K \tag{6-4}$$

$$K=K_1 K_2 K_3 \tag{6-5}$$

式中 T——工作的持续时间计划值；

K——综合修正系数；

K_1——自然条件（天气、水流、地质等）影响系数；

K_2——技术熟练程度影响系数；

K_3——单位或工种协作条件修正系数。

K_1、K_2、K_3 都是不小于 1 的系数，其值可根据工程实践经验和具体情况来确定。在缺少经验数据时，综合调整系数参考取值为

当 $t_0 \leqslant 7$ 天时 $\qquad\qquad K=1.15\sim 1.4$

当 $t_0 > 7$ 天时 $\qquad\qquad K=1.1\sim 1.25 \tag{6-6}$

（二）工程活动持续时间的确定

为了论述的方便，在工期计划中可以将工序、工作包和更高层的项目单元统一称为工程活动。因为有的工作包，甚至更高层的项目单元内容比较简单，活动单一，持续时间可以直接确定。工程活动持续时间的确定应由本活动的负责人完成。当需要时，顾客和其他利益相关者也应参与该项活动。

1. 能定量化的工程活动

对于有确定的工作范围和工作量，又可以确定劳动效率的主工程活动，可以比较精确地计算持续时间。一般包括：

（1）工程范围的确定及工作量的计算。这可由合同、规范、图纸、工作量表得到。

（2）劳动组合和资源投入量的确定。在工程中，完成上述工程活动，需要什么工种的劳动力，什么样的班组组合（人数、工种级配和技术级配）。这里要注意：

1）项目可用的总资源限制。如劳动力限制、运输设备限制，这常常要放到企业的总计划的资源平衡中考虑。

2）合理的专业和技术级配。如混合班组中各专业的搭配，技工、操作工、粗壮工人数比例合理，可以按工作性质安排人，达到经济、高效率的组合。

3）各工序（或操作活动）人数安排比例合理。例如，混凝土班组中上料、拌和、运输、浇捣、面处理等工序人数比例安排合理，使各个环节都达到高效率、不浪费人工和机械。

4）保证每人一定的工作面。工作面小会造成互相影响，降低工作效率。

（3）确定劳动效率。劳动效率可以用单位时间完成的工程数量（即产量定额）或单位工程量的工时消耗量（即工时定额）表示。它除了决定于该工程活动的性质、复杂程度外，还受劳动者的培训和工作熟练程度，季节、气候条件，实施方案，装备水平及工器具的完备性和实用性，现场平面布置和条件，人的因素（如工作积极性）等因素的制约。

在确定劳动效率时，通常考虑一个工程小组在单位时间内的生产能力，或完成该工程活动所需的时间（包括各种准备、合理休息、必需的间歇等因素）。

我国有通用的劳动定额，在具体工程中使用通用定额时应考虑前述因素，可以用系数加以调整。

（4）计算持续时间。单个工序的持续时间是易于确定的，它可由下式计算：

$$持续时间（天）＝\frac{工作量}{（总投入人数×每天班次×8h×产量效率）}$$

例如，某工程基础混凝土300m³，投入3个混凝土小组，每组8个人，预计人均产量效率为0.375m³/h，采用三班制连续作业。则：

每班次（8h）可浇捣混凝土＝0.375×8×8＝24（m³）则混凝土浇捣的持续时间为：

$$T＝300/(24×3)＝4.2(d)≈4(d)$$

而一个工作包的情况就会复杂一点，它需要考虑工作包内各工序的安排方式。

2. 非定量化的工作

（1）有些工程活动的持续时间无法定量计算得到，因为其工作量和生产效率无法定量化。如项目的技术设计，招标投标工作，以及一些属于白领阶层的工作。对于这些可以考虑按过去的工程经验或资料分析确定。

（2）充分地与任务承担者协商确定。特别有些活动由其他的分包商、供应商承担，在给他们下达任务、确定分包合同时应认真协商，确定持续时间，并以书面（合同）的形式确定下来。在这里要分析研究他们的能力，在对他们的进度进行管理时经常要考虑到行为科学的作用。

3. 持续时间不确定情况的分析

有些活动的持续时间不能确定，这通常由于：

（1）工作量不确定。

（2）工作性质不确定，如基坑挖土，土的类别会有变化，劳动效率也会有很大的变化。

（3）受其他方面的制约，例如对承包商提供的图纸，合同规定监理工程师的审查批准期在 14 天之内。

（4）环境的变化，如气候对持续时间的影响。

4. 工程活动和持续时间都不确定的情况

有时在计划阶段尚不能预见（或详细定义）后面的实施过程，例如在研究、革新、开发项目中，后期工作可能有多种选择，而每种选择的必要性、内容、范围、所包括的活动等都要依赖前期工作所获得的项目成果或当时的环境状态。在对这样的工程活动进行安排时应注意：

（1）采用滚动计划安排，对近期的确定性的工作作详细安排，对远期的计划不作确定性的安排，如不过早地订立合同。但为了节约工期常常又必须预先做方案准备，建立各种任务的委托意向联系。

（2）加强对中间决策工作和决策点的控制。一般按照上阶段成果来确定下阶段目标和总计划，进而详细安排下阶段的工作计划。对这种情况，可以采用一些特殊的网络形式，如 GERT（图形评审技术）网络。

四、关系建立

（一）工程活动的逻辑关系

在工作包中各工程活动之间以及工作包之间存在着时间上的相关性，即逻辑关系。只有全面定义了工程活动之间的逻辑关系才能将项目的静态结构演变成一个动态的实施过程，才能得到网络。工程活动的逻辑关系的安排是计划的一个重要方面。

1. 几种形式的逻辑关系

两个活动之间有不同的逻辑关系，逻辑关系有时又被称为搭接关系，而搭接所需的持续时间又被称为搭接时距。常见的搭接关系有：

（1）FTS，即结束—开始（FINISH TO START）关系。这是一种常见的逻辑关系。例如，混凝土浇捣成型之后，至少要养护 7 天才能拆模，如图 6-5 所示，通常将 A 称为 B 的紧前活动，B 称为 A 的紧后活动。

图 6-5　紧前（后）活动网络示意图

这里的 7 天为搭接时距，即拆模开始时间至少在浇捣混凝土完成 7 天后才能进行，不得提前。

当搭接时距为 0 时，即紧前活动完成后可以紧接着开始紧后活动。

（2）STS，即开始—开始（START TO START）关系。紧前活动开始后一段时间，紧后活动才能开始，即紧后活动的开始时间受紧前活动开始时间的制约。例如某基础工程采用井点降水，按规定抽水设备安装完成，开始抽水 1 天后，即可开挖基坑，如图 6-6 所示。

图 6-6 开始—开始关系示意图

（3）FTF，即结束—结束（FINISH TO FINISH）关系。紧前活动结束后一段时间，紧后活动才能结束，即紧后活动的结束时间受紧前活动结束时间的制约。例如，基础回填土结束后基坑排水才能停止，如图 6-7 所示。

图 6-7 结束—结束关系示意图

（4）STF 即开始—结束（START TO FINISH）关系。紧前活动开始后一段时间，紧后活动才能结束，这在实际工程中用的较少。

上述搭接时距是容许的最小值，即实际安排可以大于它，但不能小于它。例如，图 6-6 中，浇混凝土后至少 7 天才能拆模，10 天也可以，但 5 天就不行。搭接时距还可能有最大值定义，例如，按施工计划规定，材料（砂石、水泥等）入场必须在混凝土浇捣前 2 天内结束，不得提前，否则会影响现场平面布置，如图 6-8 所示。又如，按规定基坑挖土完成后，最多在 2 天内必须开始做垫层，以防止基坑土反弹和其他不利因素影响质量，如图 6-9 所示。

图 6-8 开始—结束关系示意图一   图 6-9 开始—结束关系示意图二

2. 逻辑关系的安排及搭接时距的确定

工程活动逻辑关系的安排和搭接时距的确定是一项专业性很强的工作，它由项目的类型和工程活动性质所决定。这要求管理者对项目的实施过程，特别是技术系统的建立过程有十分深入的理解。一般从以下几个方面来考虑：

（1）按系统工作过程安排。任何工程项目必须依次经过目标设计→可行性研究→设计和计划→实施、验收→运行各个阶段，不能打破这个次序，这是由项目自身的逻辑决定的。

（2）专业活动之间的搭接关系。如各种设备（如水、电等）安装必须与土建施工活动交叉、搭接。

（3）自然的规律。例如，只有做完基础之后才能进行上部结构的施工，只有完成结构后才能做装饰工程等。

（4）技术规范的要求。例如，前述混凝土浇捣之后，按规范至少需养护7天才能拆模；墙面粉刷后至少需10天才能上油漆，否则不能保证质量。

（5）办事程序要求。例如设计图纸完成后必须经过批准才能施工，而批准时间按合同规定最多14天。

（6）施工计划的安排。例如，在一个工厂建设项目中有五个单项工程，是按次序施工，还是平行施工，或采取分段流水施工，这由施工组织计划来安排的。

（7）其他情况。如施工顺序的安排要考虑到人力、物力的限制；当工期或资源不平衡时，常常要调整施工顺序；要考虑气候的影响，如应在冬雨季到来之前争取主楼封顶等；对承包商来说，有时还会考虑到资金的影响，如考虑尽早收回工程款减少垫支等；对有些永久性建筑建成后可以服务于施工的，可考虑先建，如给排水设施、输变电设施、现场道路工程等。

（二）施工作业的组织形式

在工程项目施工中，组织同类项目或将一个项目分成若干个施工区段进行施工时，根据施工过程的连续性、协作性、均衡性和经济性的要求，空间组织和时间组织的关系，可以采用不同的施工组织方式，如顺序施工、平行施工、流水施工等组织方式。不同的组织方式具有不同的特点。

1. 顺序施工

顺序施工即指前一个施工过程完工后才开始下一施工过程，一个过程紧接着一个过程依次施工下去，直至完成全部施工过程的施工组织方式。

（1）能够充分利用工作面，工期长。

（2）如按专业成立工作队，各专业不能连续作业，有时间间歇，劳动力及施工机具等无法均衡使用。

（3）如果由一个工作队完成所有施工任务，不能实现专业化施工，不利于提高劳动生产率和工程质量。

（4）单位时间投入的劳动力、施工机具、材料等资源量较少，有利于资源供应的组织。

（5）施工现场的组织管理简单。

2. 平行施工

平行施工是指工程对象的所有施工过程同时投入作业的施工组织方式。

（1）充分利用工作面进行施工，工期短。

（2）如果每一个施工对象均按专业成立工作队，各专业队不能连续作业，劳动力及施工机具等无法均衡使用。

（3）如果由一个工作队完成一个施工对象的全部施工任务，则不能实现专业化施工，不利于提高劳动生产率和工程质量。

（4）单位时间内投入的劳动力、施工机具、材料等资源量成倍地增加，不利于资源供应的组织。

（5）施工现场的组织管理比较复杂。

3. 流水施工

流水施工是由固定组织的工人在若干个工作性质相同的施工环境中依次连续地工作的施工组织方式。

（1）尽可能利用工作面进行施工，工期比较短。

（2）各工作队实现了专业化施工，有利于提高技术水平和劳动生产率，也有利于提高工程质量。

（3）专业工作队能够连续施工，同时使相邻专业队的开工时间能够最大限度的搭接。

（4）单位时间投入的资源量比较均衡，有利于资源供应的组织。

（5）为施工现场的文明施工和科学管理创造了有利条件。

第三节 进度计划的计算与分析

对工程施工进度进行计划、分析、调整与实施控制的前提是掌握施工进度计划的时间特性与资源消耗动态，由此常涉及网络计划的事件时间、活动时间与资源动态计算，关键项目的确定等问题。

网络计划技术是一种科学的管理方法，它的基本原理是利用模型来表达计划任务的各项工作（施工过程工序）之间的相互依赖、相互制约的关系及进度安排，它使计划中的各项工作与整体计划的关系得以明确表示，并在此基础上进行网络的分析计算，从错综复杂的施工环节中找出控制计划的关键线路，并不断地优化调整，改善计划，以求保证以最低的消耗，取得最佳的经济效果。

网络的计划技术包括关键线路法、计划评审技术、搭接网络技术、随机评审技术和风险评审技术等。

网络计划技术的不同分支在实际应用中的背景不同，分析与求解的方法、内容也各不相同。作为网络计划最基础、最重要的内容，本节以双代号确定型网络进度计划为例，介绍网络进度计算的基本概念和方法，即关键线路法的基础内容。

一、事件时间

事件在双代号法中用结点表示，因此，事件时间又称为结点时间。事件是施工过程中的阶段性特征，事件的实现标志着事件紧前活动的完成与紧后活动可以开始。

由于网络中的活动安排有一定机动性，事件的实现也有机动性。因此，事件时间有最早事件时间（EET）与最迟事件时间（LET）之分。最早事件时间是该事件的全部紧前活动完成的最早时间，最迟事件时间则为在不影响总工期的前提下，其紧后活动必须开始的最迟时间。

显而易见，活动的开始时间由其紧前结点的时间所决定，而结点的时间又由其紧前活动的结束时间决定。因此，结点时间与活动时间的计算是互为前提、交叉进行的，这点在本节介绍的算法中可以清楚地表现出来。

二、活动时间参数定义

在与活动有关的时间参数中，活动的历时反映了活动本身进行所需要的时间，一般来说与计划关系不大，由活动的施工特性（如工程量、施工技术水平等）所决定。而活动安排在何时进行，机动性如何则由以下几个参数决定。

1. 最早开始时间 ES

最早开始时间是活动开始的最早可能时间，该项活动具备开始条件的那一时刻，也就是活动的紧前活动全部完成的时刻。因此，活动的最早开始时间等于其紧前活动（也按最早开工计划）完成时间的最大值。根据事件时间的定义，在双代号网络中，活动的最早开始时间就等于其箭尾结点的最早时间 EET。

设活动为，其紧前活动的集合为 A，则

$$ES_{ij}=EET_i=\max\{EF_{hi}\} \quad (hi \in A) \tag{6-7}$$

式中 hi ——活动的任一项紧前活动；

EF_{hi} ——开工活动的最早结束时间，详见下面的定义。

2. 最早结束时间 EF

当一项活动按最早开始时间开工时，其对应的完成时间则称为最早结束时间，用 EF 表示。显然，其值等于活动的最早开始时间加上活动本身的历时 D_{ij}，即

$$EF_{ij}=ES_{ij}+D_{ij} \tag{6-8}$$

3. 最迟开始时间 LS

在保证总工期和有关时限约束的前提下，某项活动最迟必须开始的时间称为该项活动的最迟开始时间，用 LS 表示，若该活动的开始时间迟于 LS，则会引起总工期的延误。在计算方法与实际控制上，通过活动的最迟结束时间、活动历时以及它们之间的关系来确定活动的最迟开始时间，计算公式为

$$LS_{ij}=LF_{ij}-D_{ij} \tag{6-9}$$

根据事件时间的定义 $LF_{ij}=LET_{ij}$，故式（6-9）又可表示为

$$LS_{ij}=LET_{ij}-D_{ij} \tag{6-10}$$

4. 最迟结束时间 LF

活动的最迟结束时间指在不影响总工期和有关时限约束的前提下，活动最迟必须完成的时间，用 LF 表示。它是其紧后活动中最迟开始时间的最小值，也等于其紧后事件的最迟时间，计算公式为

$$LF_{ij}=LET_{ij}=\min\{LS_{jk}\} \quad (jk \in B) \tag{6-11}$$

式中 B —— ij 紧后活动的集合；

jk —— ij 的任一紧后活动。

5. 时差 TF

在不延误总工期的前提下，一项活动可以延误的时间叫该活动的总时差（Total Float），有时也称为工作时差，用 TF 表示，总时差计算公式为

$$TF_{ij}=LS_{ij}-ES_{ij}=LF_{ij}-EF_{ij} \tag{6-12}$$

6. 自由时差 FF

自由时差又称为局部时差，它是在不影响后续活动最早开始的前提下，活动可以延误

的时间，用 FF（Free Float）表示，它等于紧后活动的最早开始时间与本活动的最早结束时间之差，即

$$FF_{ij} = ES_{jk} - EF_{ij} = EET_j - EF_{ij} \qquad (6-13)$$

式中　jk——活动 ij 的任一项紧后活动。

有时，自由时差与局部时差的意义不同。在这种情况下，局部时差的定义与上述自由时差相同，而自由时差的定义则为：某一活动按最迟开工计划开始，而不影响其后续活动按最早开工计划开始时，活动可以延误的时间。这一自由时差定义的意义在于，可以将该自由时差的机动时间（若大于0时）用来延长该活动的历时，而不会对整个计划产生任何影响。

7. 时间参数的特性

根据时间参数的定义，以及从其算式可以看出，上述几个时间参数有以下特性

$$EF_{ij} - ES_{ij} = LF_{ij} - LS_{ij} = D_{ij} \qquad (6-14)$$

$$TF_{ij} \geqslant FF_{ij} \geqslant 0 \qquad (6-15)$$

8. 开工计划

开工计划是指网络中活动进行时间的安排计划。最早开工计划指网络中的活动都按其最早开始时的计划，常用 ESS 表示（Earliest Start Schedule）。最迟开工计划的含义与之相反，表示活动都按最迟开工时间进行的计划，用 LSS 表示（Latest Start Schedule）。实际工程中的施工计划可以是上述二者之一，也可以介于上述二者之间。

三、时间参数计算

网络计划时间参数的计算方法很多，其原理无非是利用网络的特殊结构、活动与事件的关系、时间参数的定义这三者来进行计算。下面利用如图 6-10 所示的网络计划说明网络时间参数计算的顺向、逆向推算法，图中箭杆上方为历时。这是一种图表结合的算法，其计算过程大致分三个步骤进行。

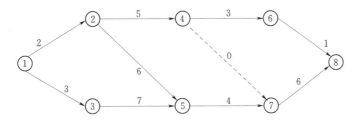

图 6-10　网络时参计算实例

1. 顺向推算计算事件最早时间

事件最早时间的含义是活动全部按最早开工时间进行时，所对应的每一事件的发生时间。因此，采用的算法是顺向推算法（Forward Flow），即一个结点实现后，马上安排其紧后活动的进行。这种算法的要点有以下几步：

（1）从第一个结点开始，其结点时间为0。

（2）某一结点的时间为其紧前结点的时间加上连接两个结点的箭杆历时。

（3）当有多个箭杆指向某一结点时，算出该结点的不同最早时间，这时该结点最早时间取其中的最大值。

(4) 一个结点的紧前活动全部考虑后，才能定出该结点的最早时间，也才能通过它来计算紧后结点的时间。

(5) 转第 (2) 步，直到算出最后一个结点的时间。

通过上述计算，所得出的最后结点的时间即代表网络计划的总工期，它是工期控制的总目标，也是计算结点最迟时间的基础。

在图上计算时，用方框及数字标注在结点旁，表示某一个结点的最早时间。每考虑一步，计算一个结点时间并标注，将舍弃的结点时间划去。通过顺向推算，得出如图 6 - 11 所示的结点最早时间，总工期 $T = 20$。

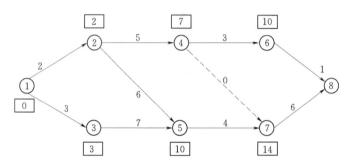

图 6 - 11　结点最早时间计算

2. 逆向推算计算事件最迟时间

事件最迟时间对应于最迟开工计划，即在保证总工期不变的前提下，网络中的活动都按最迟开工时间进行时所对应的事件时间。在计算时，采用逆向推算法（Backward Flow），即用一个事件的时间来控制其紧前活动的完成时间。这种算法的要点有以下几步：

(1) 从最后一个结点开始，其最迟结点时间等于最早结点时间，即网络计划的总工期（本例 $T = 20$）。如有规定工期，则其最迟结点时间等于规定工期。

(2) 某一结点的最迟时间等于其紧后结点的最迟时间减去它们之间箭杆的历时。

(3) 当有多个活动从某一结点发出时，算出该结点的多个最迟时间。这时，结点的最迟时间应取其中的最小值。

(4) 一个结点的紧前活动全部考虑后，才能确定该结点的最迟时间，也才能通过它来计算紧前结点的时间。

(5) 转第 (2) 步，直到算出网络第一个结点的最迟时间为止。

在图上计算时，用三角框及数字标注在结点边，表示一个结点最迟时间。每考虑一步计算一个结点并标注，将舍弃的结点最迟时间划去。结点最迟时间计算结果如图 6 - 12 所示。

3. 活动时间参数的确定

计算结果一般用表列出，见表 6 - 1。在计算出网络中结点的最早时间、最迟时间后，利用网络中结点与箭杆的关系，可以计算出网络中活动的各项时间参数，计算方法如下：

(1) 最早开始时间 ES 等于其箭尾（发出）结点的最早时间。

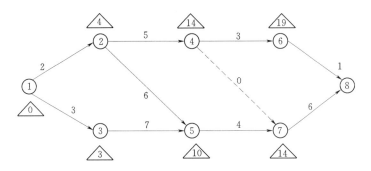

图 6 - 12　结点最迟时间计算

（2）最早结束时间 EF 等于其最早开始时间加上活动历时。

（3）最迟开始时间 LS 等于其最迟结束时间减去活动历时。

（4）最迟结束时间 LF 等于其箭首（汇入）结点的最迟时间。

（5）总时差 TF 等于其最迟开始时间与最早开始时间之差。

（6）自由时差 FF 等于其箭首（汇入）结点的最早时间减去活动的最早结束时间。值得注意的是，虚活动的计算结果并不一定列出，在计算过程中切不可忽视其存在。

表 6 - 1　　　　　　　　　　　　　活动时间参数计算结果

活动编号(1)	历时(2)	ES(3)	EF(4)=(3)+(2)	LS(5)=(6)-(2)	LF(6)	TF(7)	FF(8)
1—2	2	0	2	2	4	2	0
1—3	3	0	3	0	3	0	0
2—4	5	2	7	9	14	7	0
2—5	6	2	8	4	10	2	2
3—5	7	3	10	3	10	0	0
4—6	3	7	10	16	19	9	0
4—7	0	7	7	14	14	7	7
5—7	4	10	14	10	14	0	0
6—8	1	10	11	19	20	9	9
7—8	6	14	20	14	20	0	0

4. 关键活动与非关键活动

通过上述计算可以看出，网络计划的总工期实际上只由网络中的最长线路决定，这条线路（有时多条）则被定义为关键线路。关键线路具有以下的特点：

（1）关键线路上每个事件的最早时间都等于其最迟时间。相应地，组成关键线路的每一活动也没有机动时间，最早时间等于最迟时间。

（2）关键线路上的所有活动都叫关键活动，若某一关键活动延迟，会引起总工期同等数量的增加。而一个关键活动的历时减少时，这条关键线路可能成为非关键线路，此时工期由新的关键线路所决定。若该线路仍为关键线路，则总工期会有同等数量的减少。

（3）关键活动的时间参数有以下特点：

$$ES=LS$$
$$EF=LF$$
$$TF=FF=0$$

在实际计算时常通过 $TF=0$ 来确定关键活动。

（4）在实际施工中，由于计划执行程度不同，关键线路可能会发生变化。在图 6-10 所示算例中，关键线路为 1—3—5—7—8，相应的关键活动为 1—3，3—5，5—7，7—8。

关键线路的概念体现了抓主要矛盾的管理思想，即对关键活动实行"例外管理"，同时考虑到施工过程的动态性，加强对次关键活动（总时差较小）的控制。

5. 日历时间的换算

在上述网络计算中，活动与结点的时间参数都用绝对时间的概念。如某一活动的开始时间为 3，历时为 1，则结束时间为 $3+1=4$，这点与工程惯例是不一致的。在进行网络的时间参数向日历时间转换时，要考虑到计划时段的特性，给出下面的约定：

（1）活动开始时间对应计划时段的开始。

（2）活动的结束时间对应计划时段的结束。例如，一项活动历时为 1 月，开始于 2008 年 3 月（$ES=0803$），则其开始时间指 2008 年 3 月 1 日，而结束时间也是 2008 年 3 月（$EF=0803$），指 2008 年 3 月 31 日。

6. 资源动态计算

资源动态计算的目的在于绘出资源动态曲线，由资源动态曲线的高峰值与分布情况分析施工进度安排的可行性与经济性，进而为安排每时段的施工作业计划提供依据。

施工活动所需资源的表示有两种：一种是指明一项活动需要的资源"容量"，如某项工作要求 2 台起重机、10 个工人等；另一种是指明一项活动要求的资源数量，如某项工作要求投入的机械台班、工日等。在水利水电工程施工中，常见的资源表示方式为第二种。

在进行资源动态计算时，假定一项活动的资源在其历时时段中是均匀消耗的。因此，一项活动的资源消耗强度为其资源占有量（需要量）与其历时的比值。

资源动态的计算要逐时段进行，从开工直到完工，计算时段等于网络计划的工期。在求某一时段的资源强度时，须先求出在该时段有哪些活动正在进行，将这些活动的资源消耗强度累加起来，便得到时段的资源强度。由于网络计划中活动的进行存在机动性，因此必须首先确定活动进行的时间，通常计算的有最早开工计划、最迟开工计划的资源动态。

【例 6-1】 设图 6-10 所示算例中历时的单位为天，占有资源为活动需要的工日，活动历时、工日及强度见表 6-2，计算最早开工计划的资源动态曲线。

表 6-2　　　　　　　　　　　　　活动资源与消耗强度

活　　　动	历　　　时	资　源　数　量	资　源　强　度
1—2	2	10	5
1—3	3	9	3
2—4	5	10	2
2—5	6	12	2

续表

活　　动	历　　时	资　源　数　量	资　源　强　度
3—5	7	7	1
4—6	3	18	6
5—7	4	8	2
6—8	1	5	5
7—8	6	18	3

解：活动资源消耗强度的计算公式为

$$r_{ij} = \frac{R_{ij}}{D_{ij}} \tag{6-16}$$

式中　r_{ij}——活动资源消耗强度；

　　　R_{ij}——活动资源、占有量；

　　　D_{ij}——活动历时。

由于虚活动不占任何资源，故在进行资源强度计算时，不考虑虚活动。对于计算时段，在活动按最早开工计划进行时，在时段 t 内进行的活动满足以下条件：时段 t 所对应的资源强度是满足上述条件的活动资源消耗强度之和。本例的计算结果如图 6-13 所示。

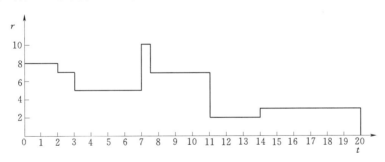

图 6-13　最早开工计划资源动态曲线

最早开工计划或其他开工计划所对应的资源动态计算与上述原理相同，所不同的只是在确定某一时段内进行活动时，采用的活动开工、完工时间不同。将各时段资源数量累计，与各活动资源占有量的总和应相同，这是检验资源动态曲线计算结果的一种方法，本例中二者均为 97。

第四节　实　施　控　制　与　调　整

一、工程项目进度控制意义与过程

建设工程项目进度控制，是对项目进度目标进行分析和论证，在收集资料和调查研究的基础上编制进度计划，并在动态的管理过程中，对进度计划进行跟踪调查、调整和总结，通过控制以实现工程的进度目标。其基本过程为：

（1）采用各种控制手段保证项目及各个工程活动按计划及时开始，在工程过程中记录各工程活动的开始和结束时间及完成程度。

（2）在各控制期末（如月末）将各活动的完成程度与计划对比，确定整个项目的完成程度，并结合工期、生产成果、劳动效率、消耗等指标，评价项目进度状况，分析其中的问题，找出需要采取纠正措施的地方。

（3）对下期工作作出安排，对一些已开始，但尚未结束的项目单元的剩余时间作估算，提出调整进度的措施，根据已完成状况作新的安排和计划，调整网络，重新进行网络分析，预测新的工期状况。

（4）对调整措施和新计划作出评审，分析调整措施的效果，分析新的工期是否符合目标要求。

二、工程项目进度实施控制方法

工程项目进度实施控制是工程项目进度控制的主要环节，常用的控制方法有横道图控制法、S形曲线控制法、香蕉形曲线比较法、前锋线比较法和列表比较法。

1. 横道图控制法

人们常用的、最熟悉的方法是用横道图编制实施进度计划，控制施工进度，指导项目的实施。它简明、形象和直观，编制方法简单，使用方便。

横道图控制法是在项目过程实施中，收集检查实际进度的信息，经整理后直接用横道线表示，并直接按原计划的横道线进行比较的方法。由于施工项目中各个工序（或工作）实施速度的进度控制的要求不一定相同，可采用移动式进度计划控制法。

移动式进度计划控制方法是按照时间坐标（季度、月、周、日）在同一条粗实线的上下方分别标注两组工程量（目标计划工程量和实际完成工程量），以图示的方法描述目标进度与当前进度之间的状态。比较当前进度与目标进度之间工程量的差异，可以得到工序的完成情况（按时、推迟或提前），粗实线的尾部表示工序实际完成的工程量和完成时间，它始终在控制的目标时间前后移动，称这种方法为移动式进度计划。机组施工工序的移动式进度计划见表 6 - 3。

表 6 - 3　　　　　　　　　　　机组施工移动式进度计划

时间（季度）　工程量（t）	3	4	5	6	7	8	9	10	11	12	13	14	15	16
目标计划工程量	1000	800	1000	1000	800	800								
实际完成工程量	800	600	1000	400	1300	(1300)								
备注	计划量 5400t，累计完成工程量 4100t，剩余工程量 1300t													

在表 6 - 3 中，粗实线上方为每季度计划的目标工程量，下方为每季度实际完成的工程量。要确保目标工期，括号内的数字是要完成的剩余工程量。当前进度的推迟或提前天数可按下式计算：

$$D_j = \sum_{i=1}^{j} \frac{I(AQ_i - TQ_i)}{TQ_i} \qquad (6-17)$$

式中　D_j——当前进度的推迟或提前天数；

$\quad\quad i$——时间坐标，$i = 1, 2, 3, \cdots, j, \cdots, N$；

I——时间坐标相应的实际工作天数；

AQ_i——实际完成的工程量；

TQ_i——计划工程量。

以表 6-3 为例，按照上式计算该工序当前进度的实际状态。如第 3 季度 $D_1 = (800 - 1000) \times 3/1000 = -0.6$，表示当前进度比目标进度推迟 0.6 个月；第 8 季度 $D_8 = -1.44$，表明在第 8 季度，工序的当前进度比计划进度推迟了 1.44 个月。采用移动式进度计划的控制方法，每个时段必须计算、更新一次进度图，通过当前进度的实际状况安排以后的进度计划，以满足目标工期的要求。

移动式进度计划控制方法最适用于短期的单项关键工序，在众多的项目同时施工时，它可以抓住关键、重点突破，以确保关键工序的形象进度，无论从工程量的完成还是工程项目工期的长短，都能以图示的形式用时间直接反映出当前进度与目标进度之间的关系。

2. S 形曲线控制法

S 形曲线是一个以横坐标表示时间，纵坐标表示工作量完成情况的曲线图。该工作量的具体内容可以是实物工程量、工时消耗或费用，也可以是相对的百分比。对于大多数工程项目来说，在整个项目实施期内单位时间（以天、周、月、季等为单位）的资源消耗（人、财、物的消耗）通常是中间多而两头少。即项目实施前期资源的消耗较少，随着时间的增加而逐渐增加，在某一时期到达高峰后又逐渐减少直至项目完成，形状如图 6-14（a）所示。由于这一特性，资源消耗累加后便形成一条中间陡而两头平缓的形如"S"的曲线，如图 6-14（b）所示。

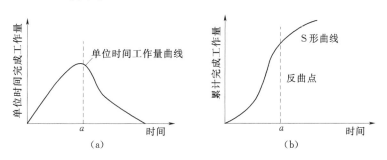

图 6-14　时间与完成工作量关系曲线

a—资源消耗的峰值时间

像横道图一样，S 形曲线也能直接地反映工程项目的实际进展情况。项目进度控制建立在工程师事先绘制进度计划的 S 形曲线的基础上。在项目施工过程中，每隔一定时间将项目实际进度情况绘制进度计划的 S 形曲线，并与原计划的 S 形曲线进行比较，如图 6-15 所示。

（1）项目的实际进度进展速度。如果项目实际进展的累计完成量在原计划的 S 形曲线左侧，则表示此时的实际进度比计划进度超前。如图 6-15 中 a 点；反之，如果项目实际进展的累计完成量在原计划的 S 形曲线右侧，则表示实际进度比计划进度拖后，如图 6-15 中 b 点。

（2）进度超前或拖延时间。如图 6-15 所示，Δt_a 表示时刻进度超前时间；Δt_b 表示

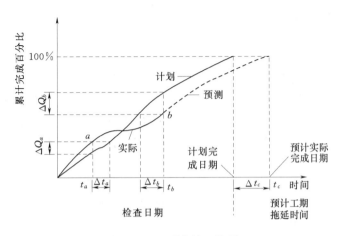

图 6-15　S 形曲线比较图

时刻进度拖延的时间。

（3）工程完成情况。如图 ΔQ_a 表示时刻超额完成的工程量；ΔQ_b 表示时刻拖欠的工程量。

（4）项目的后续进度的预测。在图 6-15 中，虚线表示项目后续进度若后按原计划速度实施，总工期拖延的预测值为 Δt_c。

3. 香蕉形曲线比较法

香蕉形曲线是由两条以同一开始时间、同一结束时间的 S 形曲线项目后续进度组合。

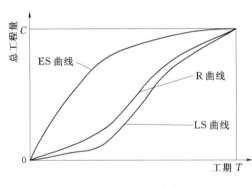

图 6-16　香蕉形曲线图

其中，一条 S 形曲线是工作按最早开始时间安排进度所绘制的 S 形，简称 ES 曲线；而另一条 S 形曲线是工作按最迟开始时间安排进度所绘制的 S 形曲线，简称 LS 曲线。除了项目的开始和结束时刻外，ES 曲线在 LS 曲线的上方同一时刻两条曲线应完成的工作量是不同的。在项目实施过程中，对于任一时刻，实际进度是在这两条包络区域内的曲线 R，如图 6-16 所示。

利用香蕉形曲线除可进行进度计划的合理安排，实际进度与计划进度的比较外，还可对项目后续工作的工期进行预测。即在目前状态下，预测项目后续工作的最早和最迟时间 ES 曲线与 LS 曲线的发展趋势，如图 6-17 所示。

4. 前锋线比较法

前锋线比较法也是一种简单地进行项目进度计划分析和控制的方法，主要适用于时标网络进度计划。它是从检查项目进度计划的时标点开始，一次连接工作箭线实际进度的时标点，将所有正在进行的工作时标点连接成一条折线，称这条折线为前锋线。比较前锋线与计划进度的位置来判定项目的实际进度与计划进度之间的偏差。采用前锋线比较法分析进度计划的步骤为：

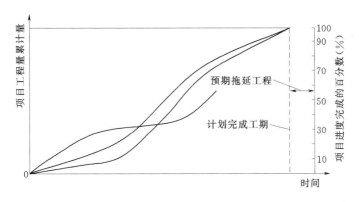

图 6 - 17　香蕉形曲线分析图

（1）绘制进度计划的早时标网络图。

（2）绘制项目进度计划的前锋线。项目进度计划的前锋线是在早时标网络图上绘制的。在早时标网络图的上方和下方各设一时间坐标轴，从上时间坐标轴的检查时刻起，一次连接工作箭线的实际进度时标点，直到下时间坐标轴的检查时刻为止。

（3）比较分析实际进度与计划进度。项目进度计划的前锋线能够给出工作的实际进度与计划进度的关系，一般有三种情况：工作的实际进度时标点与检查的时间坐标点相同，说明工作的实际进度是一致的；工作的实际进度时标点在检查的时间坐标右侧，说明工作实际进度超前，超前时间为两者之差；工作的实际进度时标点在检查的时间坐标点左侧，说明工作实际进度拖后，拖后时间为两者之差。

采用进度计划的前锋线比较分析实际进度与计划进度，适用于匀速进展的工作。对于非匀速进展的工作的比较较复杂，在此不作介绍。

【例 6 - 2】　一项目的网络计划如图 6 - 18 所示，在第 5 天检查时发现工作 A 已完成，工作 B 进行了 1 天，工作 C 进行了 2 天，工作 D 还未开始。试用前锋线法分析实际进度与计划进度的关系。

解：

（1）按照网络计划图绘制早时标网络计划，如图 6 - 18 所示。

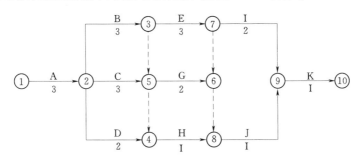

图 6 - 18　网络计划图

（2）第 5 天检查实际进度情况，绘制前锋线，如图 6 - 19 的折线。

（3）实际进度与计划进度比较。从图 6 - 19 中的前锋线可以看出：工作 B 拖延 1 天；

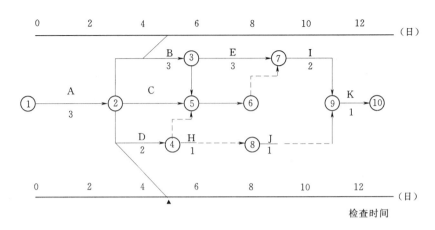

图 6-19　网络计划前锋线比较图

工作 C 与计划一致；工作 D 拖延 2 天。

5. 列表比较法

采用列表比较法比较项目的实际进度与计划进度的偏差的方法是检查正在进行的工作和进行的时间，通过列表计算工作的时间参数，比较分析总时差的变化，判断实际进度与计划进度的关系。列表比较法的分析步骤是：

（1）计算正在进行的工作 i 还需的作业时间，计算公式为

$$T^2_{i-j}=D_{i-j}-T^1_{i-j} \qquad (6-18)$$

式中　D_{i-j}——工作的最迟完成时间；

$\quad\quad T^1_{i-j}$——检查时刻。

（2）计算工作从检查时刻至计划最迟完成时间的时间，计算公式为

$$T^3_{i-j}=LF_{i-j}-T_2 \qquad (6-19)$$

（3）计算工作 $i-j$ 剩余的总时差 T^1_{i-j}，计算公式为

$$TF'_{i-j}=T^3_{i-j}-T^2_{i-j} \qquad (6-20)$$

（4）分析工作实际进度与计划进度的偏差。

若工作剩余的总时差与原总时差相等，说明工作的实际进度与计划进度一致；若工作剩余的总时差小于原总时差，并且 TF 为正值，说明工作的实际进度比计划进度拖后，但不影响总工期；若工作剩余的总时差小于原总时差，并且 TF 为负值，说明对总工期有影响。

三、进度计划实施中的调整方法

（一）分析偏差对后继工作及工期影响

当进度计划出现偏差时，需要分析偏差对后继工作产生的影响。分析的方法主要是利用网络计划中工作的总时差和自由时差来判断。工作的总时差（TF）是指在不影响项目工期，但影响后继工作的最早开始时间的条件下，该工作拥有的最大机动时间；而工作的自由时差是指在不影响后继工作按最早开始时间的条件下，工作拥有的最大机动时间。利用时差分析进度计划出现的偏差，可以了解进度偏差对进度计划的局部影响和对进度计划的总体影响。具体分析步骤如下：

（1）判断进度计划偏差是否在关键线路上。如果出现进度偏差工作的总时差 TF 等于零，说明工作在关键线路上。无论其偏差有多大，都对其后继工作和工期产生影响，必须采取相应的调整措施；如果总时差 TF 大于零，说明工作在非关键线路上。偏差的大小对后继工作和工期是否产生影响以及影响的程度，还需要进一步分析判断。

（2）判断进度偏差是否大于总时差。如果工作的进度偏差大于工作的总时差，说明偏差必将影响后继工作和项目的总工期；如果偏差不大于工作的总时差，说明偏差不会影响项目的总工期。但它是否对后继工作产生影响，还需进一步与自由时差进行比较判断来确定。

（3）判断进度偏差是否大于自由时差。如果工作的进度偏差大于工作的自由时差，说明偏差将对后继工作产生影响，但偏差不会影响项目的总工期；反之，如果偏差不大于工作的自由时差，说明偏差不会对后继工作产生影响，原进度计划可不作调整。

采用上述分析方法，进度控制人员可以根据工作的偏差对后继工作的不同影响采取相应的进度调整措施，以指导项目的进度计划实施。具体的判断分析过程如图 6-20 所示。

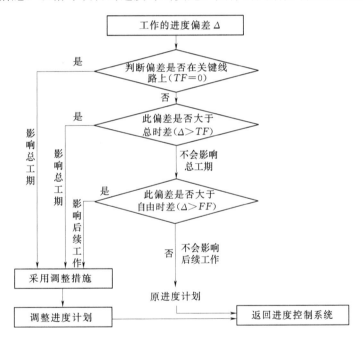

图 6-20 进度偏差对后继工作和工期影响分析

（二）进度计划实施中的调整方法

从实现进度的控制目标来看，可行的调整方案可能有多种，存在一个方案优选的问题。一般来说，进度调整的方法主要有以下两种。

1. 改变工作之间的逻辑关系

改变工作之间的逻辑关系主要是通过改变关键线路上工作之间的先后顺序、逻辑关系来实现缩短工期的目的。例如，若原进度计划按比较保守的方式编制，即各项工作分别实施，也就是说某项工作结束后，另一项工作才开始。通过改变工作之间的逻辑关系、相互间搭接关系，便可达到缩短工期的目的。采取这种方式进行调整时，由于增加了工作之间的相互搭接时间，进度控制工作显得更加重要，实施中必须做好协调工作。

2. 改变工作延续时间

改变工作延续时间与改变工作之间的逻辑关系不同，它主要是对关键线路上工作本身的调整，工作之间的逻辑关系并不发生变化。例如，某一项目的进度拖延后，为了加快进度，通常采用压缩关键线路上工作的持续时间，增加相应的资源来达到加快进度的目的。这种调整方式通常在网络计划图上直接进行，调整方法与限制条件以及对后继工作的影响程度的不同有关，一般可考虑以下三种情况。

（1）在网络图中，某项工作进度拖延，但拖延的时间在该工作的总时差范围内，自由时差以外。若用 D 表示此项工作拖延的时间，则

$$FF < D < TF$$

根据前面分析的方法，这种情况不会对工期产生影响，只对后继工作产生影响。因此，在进行调整前，要确定后继工作容许拖延的时间限制，并作为进度调整的限制条件。确定这个限制条件有时很复杂，特别是当后继工作由多个平行的分包单位负责实施时，更是如此。后继工作在时间上产生的任何变化都可能使合同不能正常履行，受损失的一方可能向业主提出索赔。例如，在进度执行过程中，如果设计单位拖延了交图时间，并且对后续工程项目产生影响。由于推迟交图而造成工程项目拖后，可能造成施工单位人力、机具等的窝工，增加工程项目成本。施工单位有责任按合同规定的价格和按规定的时间完成工程项目任务，由于推迟交图造成的损失，有权向业主提出索赔。因此，寻找合理的调整方案，把对后继工作的影响减少到最低程度，是工程项目管理的一项重要工作。

（2）在网络图中，某项工作进度的拖延时间大于该项工作的总时差，即

$$D > TF$$

这种情况可能是该项工作在关键线路上（$TF = 0$）；也可能在非关键线路上，但拖延的时间超过了总时差。

1）无论哪种情况都会对后继工作及工期产生影响，其进度的调整方法可分为以下三种情况：

a. 项目工期不允许拖延。在这种情况下，只有采取缩短关键线路上后继工作的持续时间（消除负时差），以保证工期目标的实现。

b. 项目工期允许拖延。此时只需用实际数据代替原始数据，重新计算网络计划的有关时间参数。

c. 项目工期允许拖延，但时间有限。有时工期虽然允许拖延，但拖延的时间受到一定的限制。如果实际拖延的时间超过了该限制，需要对网络计划进行调整，以满足进度控制的要求。

2）调整的方法是以工期的限制时间作为规定工期，对未实施的网络计划进行工期—费用优化。通过压缩网络图中某些工作的持续时间，使总工期满足规定工期的要求。具体步骤如下：

a. 化简网络图，去掉已经执行的部分，以进度检查时间作为开始节点起点时间，将实际数据代入化简网络图中。

b. 以简化的网络图和实际数据为基础，计算工作最早开始时间。

c. 以总工期容许拖延的极限时间作为计算工期，计算各工作最迟开始时间。

以上三种进度调整方式，都是以工期为限制条件来进行的。值得注意的是，当工作时间的拖延超过总时差（即 $D>TF$），在进度进行调整时，除了考虑工期的限制条件外，还应考虑网络图中的一些后继工作在时间上是否也有限制条件，特别是在总进度计划控制中，更应注意这一点。在这类网络图中，一些后继工作也许是一些独立的工程项目合同段，任何时间上的变化都会带来协调上的麻烦或者引起索赔。因此，当网络计划中某些后继工作对时间的拖延有限制时，可以用时限网络计划按上述方法进行调整。

（3）在网络计划中工作进度的超前。在计划阶段所确定的工期目标，往往是综合考虑各方面因素优选的合理工期。正因为如此，网络计划中工作进度的任何变化，无论是拖延还是超前，都可能造成其他目标的失控，如造成费用增加等。例如，在一个项目工程总进度计划中，由于某项工作的超前，致使资源的使用发生变化，不仅影响原进度计划的继续执行，也影响各项资源的合理安排。特别是施工项目采用多个分包单位进行平行工程项目时，因进度安排发生了变化，会导致协调工作的复杂性。

思 考 题

1. 什么是工程建设的进度控制，为什么要进行进度控制？
2. 对比说明横道图和网络计划法的优缺点。
3. 进行进度计划时为什么要进行项目的分解？简述项目分解的过程。
4. 试举例说明网络计划时间参数的计算方法。
5. 简述工程项目进度实施控制与调整方法。

第七章　质量管理与环保安全

质量是产品的生命，是工程项目建设管理最重要的目标。质量管理理论与方法的发展经过了以下三个阶段：

（1）质量检验阶段。在产品生产完成后对产品质量进行抽查，剔除其中不合格的产品，保证出厂产品的质量。这一阶段主要是实行"事后管理"，因此，增大了质量成本，且对质量的提高效果不大。

（2）质量统计阶段。随着数理统计技术的发展，人们把数理统计技术用于产品质量的统计，质量管理不仅需要事后把关，更需要事先预防，这对制定质量控制标准、生产人员的技能要求有所提高。

（3）全面质量控制阶段。在系统思想的指导下，运用全面质量的概念，综合利用数学方法、计算机技术对生产过程进行全面管理，不仅仅局限于生产制造过程，还必须贯穿于企业生产经营活动的全过程。

全面质量控制简称 TQC（Total Quality Control），以后的学者在此基础上引入人文化、社会化管理的概念与思想，将其发展为全面质量管理——TQM（Total Quality Management），并广泛运用到社会生产的各个领域。同时，各个行业结合其质量管理的标准化与企业建设，推行企业贯标，进行企业的 ISO 系列认证（如 ISO9000 等）。

实行事先控制是全面质量管理的一个主要特点，包括对生产质量与产品质量控制两个方面，也就是用合格的方法生产出合格的产品，因此这对安全文明施工提出更高的要求，而从社会化大生产、可持续发展的角度来说，项目的建设一定要符合环境保护和生态保护的要求。

第一节　基　本　概　念

一、基本术语

1. 质量

质量是反映产品或服务满足明确或隐含需要能力的特征和特性。

质量主体是实体，实体可以是活动或过程，可以是由承包商履行施工活动的过程，也可以是活动或过程结果的有形产品，如建成的水电站、大坝或无形产品等，为工程项目的规划与设计等；也可以是某个组织、体系或个人以及它们的组合。

质量的主体不仅包括产品，而且包括活动过程、组织体系或人以及它们的组合。满足明确或隐含需要不仅是针对项目参与人，还应考虑社会的需要，符合国家的有关法律、法规要求。

工程项目质量是国家现行的有关法律、法规、技术标准、设计文件及工程合同中对工程安全、使用、经济、美观等特性的综合要求。它是在"合同环境"下形成的，合同条件中对工程项目的功能、使用价值及设计、施工质量有明确的要求，是工程项目质量的内容。

工程项目的质量还包括服务的质量，如咨询、设计、投标中的服务时间、服务能力、服务态度、施工中的工期、现场的面貌、同其他劳动者的协作配合、工程竣工后的保修等。

由于工程项目是一次性的，项目的质量定义是一个渐进的过程，工程项目的建设过程是不可逆的，因此，当工程出现质量问题时，则不能重新恢复原状，最终甚至可能导致工程的报废。

2. 质量管理

质量管理是指确定质量方针、目标和职责，并在质量体系中通过质量策划、质量保证和质量控制等，使其实施的全部管理职能与活动。

质量管理包括为实现质量目标而制定的总体计划、资源配备及其他与质量活动有关的系统活动，如质量计划、作业和评价等。为达到规定的质量目标，应要求全体职工参加有关活动并为之承担相应的责任，但质量管理的责任应由最高领导者承担。

3. 质量方针

质量方针是由质量管理专家制定，为最高管理者完全支持，有关机构的最高管理者正式颁布的总的质量宗旨和质量方向。质量方针必须表明质量目标和为组织所承认的质量管理层次，体现了该组织成员的质量意识和质量追求，是组织内部的行动准则，也体现了用户的期望和对用户作出的承诺。

质量方针的履行是最高管理者的责任，最高管理者必须遵循诺言。

4. 质量体系

质量体系是为实施质量管理而所需的组织机构、职责、程序、过程和资源构成的有机整体。简而言之，质量体系就是为了达到质量目标所建立的综合体。

为了履行合同和法令，或进行评价，可要求供方提供实施体系要素的证明。

5. 质量控制

质量控制是为满足质量要求所采取的作业技术和活动，这类活动包括持续的控制过程，识别和消除产生问题的原因，使用统计过程控制、减少质量波动，增加管理过程的效率。质量控制的目的在于保证组织的质量目标能得到实现。

质量控制贯穿于质量形成的全过程、各环节。质量控制体系包括选择控制的对象，建立标准作为选择可行性方案；按此基准，确定控制技术方法，能作实际结果与质量标准的对比，根据所收集的信息对不符合要求的工作过程或材料作出纠正。

6. 质量保证

质量保证是指为努力确保移交的产品或服务达到所要求的质量水平而计划并实施的正式活动和管理过程。

为了实现有效的质量保证，通常应对那些影响设计和规范正确性的要素进行连续性评价。此外，还应对生产、安装、检验工作进行验证和审核。为取得对方的信任，可能还需要提供证据。项目经理需要建立必要的管理过程和程序，确保和证明项目范围的说明与顾客的实际要求相一致，保证项目收益人对项目质量活动能正确履行充满信心，同时必须符合有关的法律法规。

在企业内部，质量保证是一种管理手段；在合同环境中，质量保证还是供方取得对方信任的手段。

二、质量的影响因素

1. 建设各方的责任和影响

水利水电工程具有投资大、规模大、建设周期长、建设环节多、参与方多等特点，影响质量的因素非常多，任何一个环节的问题都会对最终的工程质量造成影响。工程项目建设过程中，建设各方在质量方面出现的问题主要有以下几个方面：

（1）建设单位。建设单位行为不规范，直接或间接导致工程质量事故的情况时有发生。一些建设单位为了自身的经济利益，明示或暗示承包单位违反国家强制性标准的要求，降低工程质量标准，如将工程发包给不具备相应资质等级的施工单位承包施工；指示施工单位使用不合格的建筑材料、构配件和设备；将项目分包给质量保证能力差的企业等。

（2）勘察单位。勘察没能达到建设阶段的要求深度，提供的水文、地质等资料不准确全面；勘察不具备相应的资质条件，不满足工程建设强制性标准的要求，不能满足建设工程在安全、卫生、环保及公众利益等诸多方面的质量要求。

（3）设计单位。设计计算错误，方案没深入审查讨论，设备选型不合理，不具备相应的设计资质条件，不满足工程建设强制性标准的要求，设计不能满足建设工程在安全、卫生、环保及公众利益等诸多方面的质量要求。

（4）施工单位。不按照工程设计图纸和施工技术标准施工，擅自修改工程设计，偷工减料，违反施工技术要求盲目缩短工期等。

（5）监理单位。不严格依照法律、法规以及有关技术标准、设计文件和建设工程承包合同对工程质量实施监理，故意弄虚作假，降低工程质量标准；材料实验手段不强等。

表 7-1　　　　　　　　　　　建设环节对质量的影响程度

影响因素	设　计	施　工	材　料	使　用	其　他
影响程度	40.10%	29.30%	14.50%	9.00%	7.10%

2. 影响工程质量的因素

从系统的角度对影响质量的因素进行分析，工程项目质量的影响因素可概括为"人"（Man）、"机"（Machine）、"料"（Material）、"法"（Method）、"环"（Environment）等五大因素，简称 4M1E。

（1）人（Man）。人是指直接参与工程建设的决策者、组织者、指挥者和操作者。为了确保工程质量，应调动工程参与人员的主观能动性，增强人的责任感，达到以人的工作质量确保工程质量的目的。除了采取加强职工政治思想教育、劳动纪律教育、职业道德教育、专业技术知识培训、健全岗位责任制、改善劳动条件的措施以外，还应根据工程项目的特点，从确保质量出发，本着适才应用、关键部门和工种选用优秀人才，严把质量关。

此外，应严格禁止无技术资质的人员上岗操作。总之，人的因素控制应从政治素质、思想品德素质、业务素质和身体素质等方面综合分析，全面控制。

（2）机械（Machine）。包括机械设备与质量检测仪器设备两个方面。机械设备包括生产机械设备和施工机械设备两大类：生产机械设备是工程项目的组成部分；施工机械设备是工程项目实施的重要物质基础。在质量控制过程中，要从生产机械设备的型号、主要性能参数、使用与操作要求、施工机械设备的购置、检查验收、安装质量和试车运转加以控制，以保证工程项目质量目标的实现。

（3）材料（Material）。材料包括原材料、成品、半成品、构配件，是水利水电工程施工的物质条件，是工程质量的基础。材料的质量直接影响工程的质量，材料质量不符合要求，工程设备质量也就不可能符合标准。加强材料的质量控制，是提高工程质量的重要保证；是创造正常施工条件，实现项目建设质量、进度和投资三大目标控制的前提。

材料质量控制的内容主要有：严格按材料的质量标准检验和验收材料，按材料的取样标准取样，按材料的标准试验方法进行检验，严格按设计要求选择和使用材料，对凡不符合材料质量标准要求的材料坚决不许使用。

（4）方法（Method）。方法包含工程项目整个建设周期内所采取的技术方案、工程流程、组织措施、计划与控制手段、检验手段、施工方案等各种技术方法。方法是实现工程项目的重要手段，无论工程项目采取哪种技术、工具、措施，都应结合工程实际，从技术、组织、管理、经济等方面进行全面分析、综合考虑，确保施工方案技术上可行、经济上合理，且有利于提高施工质量。

（5）环境（Environment）。影响工程项目质量的环境因素很多，如社会环境、工程技术环境、工程管理环境、劳动环境等。环境因素对工程质量的影响，具有复杂而多变以及不确定性的特点。

对环境因素的控制，关键是充分调查研究，及时做出预报和预测，针对各个不利因素以及可能出现的情况，做好相应预测，及时采取对策和措施。

除了上述的4M1E外，影响质量的主要因素还包括资金（Money），有了必要的资金投入，才较容易避免偷工减料、以次充优等问题的出现。

三、质量成本

1. 定义

质量成本不同于工程成本，它是指施工单位为了保证工程质量能满足设计要求和用户需要所做出的各项努力的费用，以及由于工程质量问题而造成的损失和进行返修赔偿等所消耗的费用的总和。而工程成本则是指工程材料费用、施工前准备费用、施工费用和管理费用的总和。

质量成本应将质量水平和成本水平联系起来考察。质量成本主要由素质成本、鉴定费用、损失成本组成，即

$$质量成本＝素质成本＋鉴定成本＋损失成本$$

素质成本，又称预防成本，是为了提高和保证工程质量，防止出现预料的质量问题而进行的一系列提高质量管理素质的全部费用，包括管理费用、改进工程质量的费用和教育培训费用。

鉴定成本是指在施工准备阶段和施工阶段，对使用的材料和工程施工质量进行鉴定、评价所需的费用，包括来料检验费、工序质量检验费、质量监督部门的检查费、竣工检查验收费、试验及检测设备费用和管理费。

损失成本包括施工期损失成本和竣工后损失成本。施工期损失成本包括因工程质量存在问题或因产生质量事故所造成的损失，以及对上述质量问题和事故处理所造成的损失，又称内部损失成本。竣工后损失成本是指工程交工后发生质量事故所造成的损失费用，包括质量问题的调查费、质量问题的返修处理费及质量处罚费等，又称外部损失成本。

2. 项目目标

质量的提高，往往伴随着预防成本和鉴定成本的相应提高以及损失成本的下降。因而，在满足要求的前提下，选择合理的、适当的质量水平是降低质量成本的重要途径。对于整个建设项目而言，要从宏观上、项目目标上把握成本、质量和进度的关系，这点在国际工程中尤为重要。盲目的追求高速度，会影响工程质量，带来更高的损失成本。在确定质量成本管理目标之后，质量成本管理才会更为有效。

四、质量保证体系

（一）项目的质量保证体系

在工程项目施工中，质量保证有两层含义：一是指施工承包商在工程质量方面对业主作的一种担保，因此质量保证具有保证书的含义；二是指施工承包商为保证工程项目施工质量所必需的全部有组织、有计划的活动。

质量保证体系是指施工承包商为保证工程质量满足规定的或潜在的要求，运用系统的观点和方法，将参与施工及其管理的各部门和人员组织起来，明确他们在保证施工质量方面的任务、责任、权限、工作程序和方法，从而形成一个有机的质量保证体系。

1. 质量保证体系的主要内容

质量保证体系的主要内容有：

（1）有明确的质量方针、质量目标和质量计划。

（2）建立严格的质量责任制。

（3）设立专职质量管理机构和质量管理人员。

（4）实行质量管理业务标准化和管理流程程序化。

（5）开展群众性的质量管理活动。

（6）建立高效灵敏的质量信息管理系统。

2. 工程施工项目质量保证体系组成

工程施工项目质量保证体系一般由下列子体系组成：

（1）思想保证子体系。要求参与施工项目施工和管理的全体人员树立质量第一、用户第一及下道工序是用户、服务对象是用户的观点。

（2）组织保证子体系。包括承担施工任务的承包商的质量保证（管理）机构、业主或监理工程师单位的质量监控机构。

（3）工程保证子体系。包括辅助过程质量保证子体系、施工现场质量保证子体系（还可再分为建筑工程质量保证子体系和安装工程质量保证子体系）和使用过程质量保证子体系。

监督施工承包商建立完善的质量保证体系是监理工程师质量监控的重要任务之一。

（二）质量保证体系标准

水利工程项目的质量管理需要贯彻执行 ISO9000 质量保证体系标准。ISO9000 质量保证体系的定义是"为实施质量管理所需的组织机构、程序、过程和资源"，这就是说组织机构、职责、过程、程序和资源这五个方面组成了实现质量管理的一个有机的整体。

第二节 全面质量管理

一、基本思想

工程施工中的全面质量管理，一般是指施工承包商将施工项目作为整体，依靠全体人员综合运用现代管理方法和科学技术，控制影响施工质量的各项因素，生产出让业主满意的工程产品的管理活动的总称。它是 20 世纪 60 年代出现在美国的管理方法，主要有以下几个特点：

（1）全面质量的概念。就质量而言，不仅包括产品质量，也包括生产产品的工作质量，以及质量成本。

（2）全员参与的管理。从决策层到执行层，从技术人员到管理人员、后勤服务人员，都要参与质量管理，提高质量意识，贯彻质量第一的方针。

（3）全过程控制。从产品的市场调查、设计、实验室生产、试推销、批量生产、售后服务都要提高质量。对工程项目而言，就是从规划、勘测设计、施工、制造、运行管理都要控制与提高质量。

（4）多手段的应用。运用一切技术发展的最新成果与手段进行质量控制工作，如运用数理统计技术、运筹学、信息处理技术及先进的探测检验技术进行质量管理工作。

（5）质量管理工作规范化、标准化。将成熟的技术进行归纳整理，形成技术规范与施工方法，同时推行企业贯标工作，使质量管理工作本身得到规范。

全面质量管理将"事后控制"变为"事前预防或提高"，将对产品质量的控制变为对生产过程的控制，将原来专门人员进行的工作变为整个企业运行的方针。

概括地说，全面质量管理可以归纳为四个阶段、八个步骤、七种工具。

二、PDCA 循环

实行质量的全面管理，不是局限于生产制造过程，而是必须贯穿于企业生产经营活动的全过程。比如产品的质量生命周期包括从市场调查—设计—实验室生产—试推销—批量生产与售后服务—市场调查的过程。戴明环，又称 PDCA 循环，是美国质量管理专家 E.戴明博士（Dr. W. E. Deming）首先提出的全面质量管理所应遵循的科学程序。质量寿命期的全部过程，都应遵循 PDCA 的科学程序，周而复始地运转。

将质量管理过程可为四个阶段，即计划、执行、检查和实施，简称 PDCA 循环。这是管理职能循环在质量管理中的具体体现。

1. 计划制定阶段——P 阶段（Plan）

计划制订阶段的总体任务是确定质量目标，制订质量计划，拟定实施措施。具体分为四个步骤：第一，对质量现状进行分析，找出存在的质量问题；第二，分析造成产品质量问题的各种原因和影响因素；第三，从各种原因中找出影响质量的主要原因；最后，针对影响质量问题的主要原因制定对策，拟定相应的管理和技术组织措施，提出执行计划。

2. 计划执行阶段——D 阶段（Do）

计划执行阶段，按照预定的质量计划、目标和措施及其分工去实际执行。

3. 执行结果检查阶段——C 阶段（Check）

执行结果检查阶段，对实际执行情况进行检查，寻找和发现计划执行过程中的问题。

4. 处理阶段——A 阶段（Action）

处理阶段，对存在的问题进行深入的剖析，确定其原因，并采取措施。此外，在该阶段还要不断总结经验教训，以巩固取得的成绩，防止发生的问题再次发生。

PDCA 循环的特点有以下三个：

（1）各级质量管理都有一个 PDCA 循环，形成一个大环套小环，环环相扣，互相制约，互为补充的有机整体，如图 7-1 所示。一般地说，在 PDCA 循环中，上一级循环是下一级循环的依据，下一级循环是上一级循环的落实和具体化。

（2）每个 PDCA 循环，都不是在原地周而复始运转，而是像爬楼梯那样，每一循环都有新的目标和内容，这意味着质量管理，经过一次循环，解决了这一批问题，质量水平有了新的提高，如图 7-2 所示。

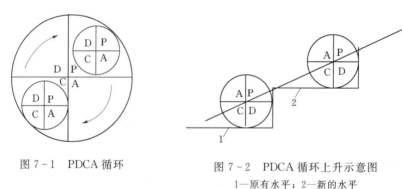

图 7-1　PDCA 循环

图 7-2　PDCA 循环上升示意图
1—原有水平；2—新的水平

（3）在 PDCA 循环中，A 是一个循环的关键，这是因为在一个循环中，从质量目标计划的制订、质量目标的实施和检查，到找出差距和原因，只有采取一定措施，使这些措施形成标准和制度，才能在下一个循环中贯彻落实，质量水平才能步步升高。

三、质量管理工作步骤

为了保证 PDCA 循环有效地运转，有必要把循环的工作进一步具体化，一般细分为以下八个步骤：

（1）分析现状，找出存在的质量问题。

（2）分析产生质量问题的原因或影响因素。

（3）找出影响质量的主要因素。

（4）针对影响质量的主要因素，制定措施，提出行动计划，并预测改进的效果。所提出的措施和计划必须明确具体，且能回答下列问题：为什么要制定这一措施和计划，预期能达到什么质量目标，在什么范围内、由哪个部门、由谁去执行，什么时候开始，什么时候完成，如何去执行，等等。

以上 4 个步骤是"计划"阶段的具体化。

（5）质量目标措施或计划的实施，这是"执行"阶段。在执行阶段，应该按上一步所确定的行动计划组织实施，并给以人力、物力、财力等保证。

（6）调查采取改进措施以后的效果，这是"检查"阶段。

（7）总结经验，把成功和失败的原因系统化、规范化，使之成为标准或制度，纳入到有关质量管理的规定中去。

（8）提出尚未解决的问题，转入到下一个循环。

四、七种工具

在以上八个步骤中，需要调查、分析大量的数据和资料，才能做出科学的分析和判断。为此，要根据数理统计的原理，针对分析研究的目的，灵活运用七种统计分析图表工具，使每个阶段各个步骤的工作都有科学的依据。

常用的七种工具是：排列图、直方图、因果分析图、分层法、控制图、散布图、统计分析表。实际使用时，还可以根据质量管理工作的需要，运用数理统计或运筹学、系统分析的基本原理，制定一些简便易行的新方法、新工具。下面仅结合每个阶段各个步骤中的应用，列于表 7-2 中，仅供参考。

表 7-2　　　　　　　质量管理的四个阶段、八个步骤中七种工具的应用

阶段	步骤	工 具 或 方 法	说　　明
P	1	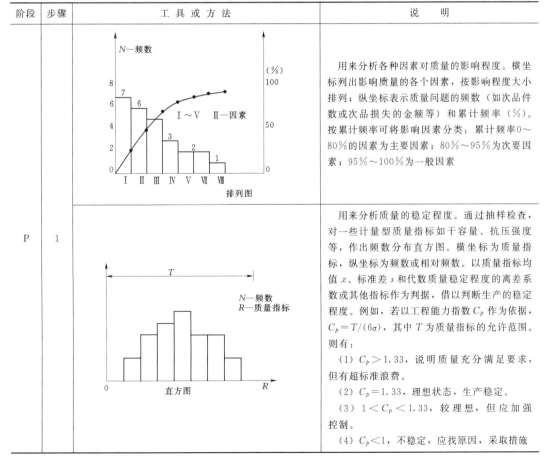	用来分析各种因素对质量的影响程度。横坐标列出影响质量的各个因素，按影响程度大小排列；纵坐标表示质量问题的频数（如次品件数或次品损失的金额等）和累计频率（％）。按累计频率可将影响因素分类：累计频率 0～80% 的因素为主要因素；80%～95% 为次要因素；95%～100% 为一般因素 用来分析质量的稳定程度。通过抽样检查，对一些计量型质量指标如干容量、抗压强度等，作出频数分布直方图。横坐标为质量指标，纵坐标为频数或相对频数。以质量指标均值 x，标准差 s 和代数质量稳定程度的离差系数或其他指标作为判据，借以判断生产的稳定程度。例如，若以工程能力指数 C_p 作为依据，$C_p = T/(6\sigma)$，其中 T 为质量指标的允许范围。则有： （1）$C_p > 1.33$，说明质量充分满足要求，但有超标准浪费。 （2）$C_p = 1.33$，理想状态，生产稳定。 （3）$1 < C_p < 1.33$，较理想，但应加强控制。 （4）$C_p < 1$，不稳定，应找原因，采取措施

阶段	步骤	工 具 或 方 法	说　明
P	1	 控制图	用以进行适时的生产控制，掌握生产过程的波动状况。控制图的纵坐标是质量指标，有一根中心线 C 代表质量的平均指标，一根上控制线 U 和一根下控制线 L，代表质量控制的允许波动范围。横坐标为质量检查的批次（时间）。将质量检查的结果，按批次（时间）点绘在图上，可以看出生产波动的趋势，以便适时掌握生产动态，采取对策
	2	 排列图	根据排列图找出主要因素（主要问题），用因果分析图探寻问题产生的原因。这些原因，通常不外乎人、机器、材料、方法、环境等五个方面。在一个大原因中，还有中原因，小原因，应——列出，如鱼刺状，并框出主要原因（主要原因不一定是大原因）。根据主要原因，定出相应措施，措施实现后，再通过排列图等检查其效果
			见阶段 P 步骤 1
	3	 散布图	用来分析影响质量原因之间的相关关系。纵坐标代表某项质量指标，横坐标代表影响质量的某种原因。由于质量指标和原因之间不一定存在确定的关系，故散布图中的点可能比较分散，但可以通过相关分析，确定指标和原因之间的相关关系
	4	措施计划表	措施计划表（又称对策计划表），必须明确回答前文步骤（4）中所提出的问题，即所谓的 5W1H： Why? 为什么? What? 干什么? Where? 什么地方? When? 什么时候? Who? 谁来执行? How? 如何执行?
D	5	实施、执行	严格按计划落实措施，付诸实施
C	6	与阶段 P 步骤 1 相同	
A	7	标准化、制度化，形成标准、规程或制度	一般认为当 $C_p > 1$ 时，可形成标准或制度
	8	反映到下一个循环步骤 1	当采取措施后 $C_p < 1$ 或效果不大时，应作为本次循环未解决的问题转入下一个循环

第三节　施工过程质量管理

一、水电工程质量管理

水利工程建设质量管理体系是项目法人（建设单位）负责，监理单位控制，施工单位保证和政府监督相结合的质量管理体制。水利工程质量由项目法人（建设单位）负全面责任，监理、施工、设计单位按照合同及有关规定对各自承担的工作负责，不能相互替代。

《建设工程质量管理条例》（中华人民共和国国务院令第279号，2000年1月）对工程建设各方在工程项目规划、勘测设计、施工等各个阶段的责任与义务进行了明确规定。在水利水电工程建设过程中，建设各方必须严格按照条例规定开展工作。同时，根据建设各方的工作特点也出台了相关规定，如1996年建设部发布的《工程项目施工质量责任制（试行）》。

在质量监督管理过程中，除了业主聘任的监理单位实行社会监理职责外，政府有关部门对工程项目质量也按条例规定进行监督管理，政府监理对工程项目质量管理具有权威性、强制性、综合性等特点。

在质量管理的全过程中，设计阶段制定了质量方针，规定了工程所要达到的质量目标，设计质量对工程建设质量有决定与指导的作用，而施工阶段是将工程设计蓝图付诸实际的过程，大量具体的质量管理活动则发生在施工阶段。

二、施工过程质量控制

质量管理工作方法包括质量检测与质量检查两种，质量检测指利用仪器检测与实验室实验的方法对原材料、产品质量的指标进行测定评价，如钢材、水泥及混凝土等的质量指标测定就是质量检测；而对施工中许多环节的测量就靠观察，如是否按照施工程序施工等。

（一）材料检测类型与指标

原材料、半成品、设备是构成工程实体的基础，其质量是工程项目实体质量的组成部分。故加强原材料、半成品及设备的质量控制，不仅是提高工程质量必要条件，也是实现工程项目投资目标和进度目标的前提。

对原材料、半成品及设备进行质量控制的主要内容有：控制材料设备性能、标准与设计文件的相符性；控制材料设备各项技术性能指标、检验测试指标与标准要求的相符性；控制材料设备进场验收程序及质量文件资料的齐全程度等。

施工企业应在施工过程中贯彻执行企业质量程序文件中明确规定的关于材料设备再封装、采购、进场检验、抽样检测及质保等资料提交的控制标准。

表 7-3　　　　　　　　　常用建筑材料的质量检测

建筑材料	质量检查项目	
	常规项目	必要时加检项目
水泥	标号、凝结时间、安定性	稠度、水化热、细度
钢筋	屈服强度、延伸率、冷弯试验	冲击韧性、化学成分、硬度、疲劳强度

建 筑 材 料	质 量 检 查 项 目	
	常规项目	必要时加检项目
砂（细骨料）	颗粒级配（细度模数）、含水量（表面含水率）	氯盐含量（对于海砂）
石料（粗骨料）	颗粒级配、超逊径、含（吸）水率	其他项目
粉煤灰	细度、烧失量、需水比、含水率、三氧化硫	其他项目
填土	土量含水量、物理力学性质、渗透性、杂质含量	其他项目

（二）工序检查内容

建设工程项目是由一系列相互关联、相互制约的作业过程（工序）所构成，控制工程项目施工过程的质量，必须控制全部作业过程，即各道工序的施工质量。

施工作业过程质量控制的基本程序：

（1）进行作业技术交底，包括作业技术要领、质量标准、施工依据、与前后的工序的关系等。

（2）检查施工工序和程序的合理性、科学性，防止工序流程错误，导致工序质量失控。检查内容包括施工总体流程和具体施工作业的先后顺序。在正常的情况下，要坚持先准备后施工、先深后浅、先土建后安装、先验收后交工等。

（3）检查工序施工条件，即每道工序投入的材料、使用的工具和设备及操作工艺及环境条件等是否符合施工组织设计的要求。

（4）检查工序施工中人员操作程序、操作质量是否符合质量规程要求。

（5）检查工序施工中间产品的质量，即工序质量、分项目工程质量。

（6）对工序质量符合要求的中间产品（分项工程）及时进行工序验收或隐蔽工程验收。质量合格的工序经验收后可进入下道工序施工；未经验收合格的工序，不得进入下道工序施工。

（三）质量控制点

1. 设立原则

质量控制点是指为保证施工质量必须控制的重点工序、关键部位或薄弱环节。实践证明，设置质量控制点，是对质量进行预控的有效措施。因此，施工承包商在施工前应根据工程的特点和施工中各环节或部位的重要性、复杂性、精确性，全面、合理地选择质量控制点。

监理工程师应对施工承包商设置质量控制点的情况和拟采取的控制措施进行审核。必要时，还应对承包商的质量控制实施过程进行跟踪检查或旁站监督，以确保控制点的施工质量。

2. 常见的质量控制点

质量控制点设置的主要部位或场所如下：

（1）关键的分部分项工程。如面板堆石坝的面板混凝土施工。

（2）关键工程部位。工程上常见质量控制点的设置部位及控制要点见表7-4。

表7-4　　　　　　　　　　　　质量控制点的设置部位

分部分项工程		质 量 控 制 点
地基工程	地基开挖	开挖轮廓尺寸、岩基开挖的孔深、装药量、起爆方式
	基础灌浆	造孔工艺、孔深、孔斜、洗孔、浆液情况、灌浆压力、封孔
混凝土工程	砂石料生产	砂石料杂质含量、级配、细度模数、超逊径、含水率
	混凝土拌和	原材料配合比、称量精度、拌和物的坍落度、温控措施、外加剂比例
	模板、预埋件	位置、尺寸、平整性、稳定性、刚度、预埋件埋设位置、安装稳定性
	钢筋	钢筋品种、规格、尺寸、搭接长度、焊接
	浇筑	浇筑层厚度、振岛、浇筑时间间隙、埋设件的保护
土石填筑工程	土石料	土料的粘粒含量、含水量、砾质图的粗粒含量、最大粒径，石料的粒径、级配
	土料建筑	结合面处理、铺土厚度、填筑体尺寸、压实干密度、碾压遍数
	石料砌筑	轮廓尺寸、砌筑工艺、砌体密实度、砂浆配比、强度
	砌石护面	石块尺寸、砌石厚度、砌筑方法、砌石孔隙率、垫层级配、厚度、孔隙率

（3）薄弱环节。它指经常发生或容易发生质量问题的施工环节，或施工承包商施工质量控制无把握的环节。

（4）关键工序。如混凝土浇筑中的振捣，它对浇筑质量影响很大，又如对后续工序有重大影响的工序或质量不稳定的工序。

（5）关键工序的关键质量要素及其主要影响因素。如混凝土的强度、填筑土料含水量等。

控制点的选择要准确有效，满足施工质量控制的要求。

三、项目划分与质量等级评定

（一）项目划分层次

质量评定项目划分总的指导原则是：贯彻执行国家正式颁布的标准、规定，水利工程以水利行业标准为主，其他行业标准参考使用。大中型水利水电工程划分为单位工程、分部工程、单元工程三级。

1. 单位工程

枢纽工程以每座独立的建筑物或同一建筑物中具有独立施工条件的或具有独立作用的一个部分划分为单位工程。如厂（站）房、管理房、生活房、办公房、溢洪道、土（石或混凝土）坝，进水闸、进（出）水池等建筑工程为单位工程。

2. 分部工程

枢纽工程的土建工程按设计的主要组成部分划分分部工程；金属结构、启闭机及机电设备安装工程依据《水利水电基本建设工程单元工程质量评定标准》（SDJ 249.26—88）划分分部工程。

同一单位工程中，同类型的各个分部工程的工程量不宜相差太大，不同类型的各个分部工程投资不宜相差太大。每个单位工程的分部工程数目不宜少于五个。

3. 单元工程

枢纽工程按 SDJ 249.26—88 的规定划分单元工程。SDJ 249.26—88 未涉及的单元工程可依据设计结构、施工部署或质量考核要求确定单元工程。建筑工程以层、块、段为单元工程，安装工程以工种、工序等为单元工程。

4. 划分注意事项

(1) 根据单元工程的概念，单元工程单元是项目划分的最基本的也是最小的项目，一般来说，单元工程是不宜再往下划分的，不能再用子单元、分单元等名词来把单元工程划分为更小的项目。

(2) 分部工程，顾名思义，是一座建（构）筑物的一个部位。根据设计结构、施工部署、工程量或投资的大小，可以分成若干个大小不同（即质量评定权重不同）的部位。

(3) 单位工程通常是一座独立的建（构）筑物，是评优报优的基本单位，单位工程也可以作为一个项目申报优质工程奖。

(二) 单元工程的质量

单元工程质量评定是施工项目质量评定的基础。单元工程质量评定标准可依据《水利水电基本建设工程单元工程质量等级评定标准》（DL/T 5113.1—2005）和国家及水利水电行业有关施工规程、规范及技术标准，评定时间一般在其施工完成后立即进行。

单元工程一般有保证项目、基本项目和允许偏差项目三部分组成，见表 7 - 5。

表 7 - 5　　　　　　　　　　建筑工程质量等级评定标准

评定等级	保 证 项 目	基 本 项 目	允 许 偏 差 项 目	
			建筑工程	金属结构
合格	全部符合	基本符合（实测点≥70％符合标准）	70％以上符合	80％以上符合
优良	全部符合，重要子项目优良	(1) 全部符合。 (2) ≥50％项目符合优良	90％以上符合	95％以上符合

注　金属结构细致与建筑工程同时施工或互相穿插在一起进行施工时的附属金属结构件、预埋零部件等。

保证项目是保证水利工程安全和使用功能的重要检验项目。无论质量等级评为合格或优良，均必须全部满足规定的质量标准。规范条文中用"必须"或"严禁"等词表达的都列入了保证项目。另外，一些有关材料的质量、性能、使用安全的项目也列入了保证项目。对于优良单元工程，保证项目应全部符合质量标准，且应有一定数量的重要子项目达到"优良"的标准。

基本项目是保证水利工程安全和使用性能的基本检验项目。一般在规范条文中使用"应"或"宜"等词表达，其检验子项目至少应基本符合规定的质量标准。基本项目的质量情况或等级分为"合格"及"优良"两级。在质的定性上用"基本符合"与"符合"来区别，并以此作为单元工程质量分等级的条件之一。在量上用单位强度的保证率或离差系数的不同要求，以及用符合标准点数占总测点的百分率来区别。一般来说，符合质量标准的检测点（处或件）数占总检测数 70％及以上的，该子项目为"合格"；占 90％及以上的，该子项目为优良。在各个子项目质量均达到合格等级标准的基础上，若有 50％及以上的主要子项目达到优良，则该单元工程的基本项目评为"优良"。

允许偏差项目是在单元工程施工工序过程中或工序完成后，实测检验时规定允许有一定偏差范围的项目。检验时，允许有少量抽检点的测量结果略超出允许偏差范围，并以其所占比例作为区分单元工程是"合格"还是"优良"等级的条件之一。

（三）分部工程的质量

分部工程质量等级评定标准，见表 7-6。

表 7-6　　　　　　　　　　　　　分部工程质量等级评定标准

评定等级	所含单元工程
合格	质量全部合格，资料收集完成
优良	在合格的基础上，有 50％及其以上优良，且主要单元工程、重要隐蔽工程及关键部位的单元工程质量优良，未发生过质量事故

1. 合格标准

（1）单元工程质量全部合格。

（2）中间产品质量及原料质量全部合格，金属结构及启闭机制造质量合格，机电产品质量合格。

2. 优良标准

（1）单元工程质量全部合格，其中有 50％以上达到优良，主要单元工程、重要隐蔽工程及关键部位的单元工程优良，且未发生过质量事故。

（2）中间产品质量全部合格，其中混凝土拌和物质量达到优良，原材料质量、金属结构及启闭机制造质量合格，机电产品质量合格。

（四）单位工程的质量

单位工程质量等级评定标准，见表 7-7。

表 7-7　　　　　　　　　　　　　单位工程质量等级评定标准

评定等级	所含分部工程
合格	（1）质量全部合格。 （2）外观质量的评定得分率在 70％及其以上。 （3）质量保证资料应基本齐全，并整理成册
优良	（1）质量全部合格。 （2）50％及其以上质量优良，主要分部工程质量优良，装饰分部工程必须优良。 （3）外观质量的评定得分率达 85％及其以上。 （4）质量保证资料：主体工程齐全，其他工程应基本齐全，并整理成册

1. 合格标准

（1）分部工程质量全部合格。

（2）中间产品质量及原料质量全部合格，金属结构及启闭机制造质量全部合格，机电产品质量合格。

（3）外观质量得分率达到 70％以上。

（4）施工质量检验资料基本齐全。

2. 优良标准

（1）分部工程质量全部合格，其中有 50% 以上达到优良，主要分部工程质量优良，且未发生过重大质量事故。

（2）中间产品质量中混凝土拌和物质量达到优良，原料质量、金属结构及启闭机制造质量全部合格，机电产品质量合格。

（3）外观质量得分率达到 85% 以上。

（4）施工质量检验资料齐全。

（五）工程项目质量

1. 合格标准

单位工程质量全部合格。

2. 优良标准

单位工程质量全部合格，其中有 50% 以上的单位工程优良，且主要建筑物单位工程为优良。

四、事故分类及处理

凡水利水电工程在工程建设中或竣工后，由于设计、施工、材料、设备等原因造成工程质量不符合规程、规范或合同规定的质量标准，影响工程使用寿命或正常运行，一般需返工或采取补救措施的事故，统称为工程质量事故。由施工原因造成的事故称为施工质量事故。

（一）水利工程质量事故的分类

根据《水利工程质量事故处理暂行规定》（水利部令第 9 号，1999 年 3 月），水利工程质量事故按直接经济损失的大小，检查、处理事故对工期的影响时间长短和对工程正常使用的影响大小，分为一般质量事故、较大质量事故、特大质量事故，见表 7-8。

表 7-8　　　　　　　　　　水利工程质量事故分类标准

损 失 情 况		事 故 类 别			
		特大质量事故	重大质量事故	较大质量事故	一般质量事故
事故处理所需的物资、器材、设备、人工等直接损失费用（万元）	大体积混凝土、紧接制作和机电安装工程	＞9000	＞500	＞100	＞20
			≤9000	≤500	≤100
	土石方工程、混凝土薄壁工程	＞1000	＞100	＞90	＞10
			≤1000	≤100	≤90
事故处理所需合理工期（月）		＞6	＞9	＞1	≤1
			≤6	≤9	
事故处理后对工程功能和寿命影响		影响工程正常使用，需要限制条件运行	不影响正常使用，但对工程寿命有较大影响	不影响正常使用，但对工程寿命有一定影响	不影响正常使用和工程寿命

注　1. 直接经济费用为必须条件，其余两项主要适用于大中型工程。

　　2. 质量事故的质量问题称为质量缺陷。

（1）一般质量事故。指对工程造成一定的经济损失，经处理后不影响正常使用及使用寿命的事故。小于一般质量事故的称谓质量缺陷。

（2）较大质量事故。是指对工程造成较大经济损失或延误较短时间工期，经处理后不影响正常使用但对工程寿命有一定影响的事故。

（3）重大质量事故。是指对工程造成中大经济损失或延误较长时间工期，经处理后仍对正常使用有较大影响的事故。

（4）特大质量事故。是指对工程造成特大经济损失或长时间延误工期，经处理后仍对正常使用和工程寿命造成较大影响的事故。

（二）水利工程质量事故的处理

承包商对工程质量事故分析处理的目的是：正确地分析事故的原因，创造正常的施工条件，总结经验教训，避免承担非承包商责任，选择经济合理的处理方法，减少操作引起的事故，保证工程的质量。

质量事故分析处理的步骤一般可按图7-3所示进行。

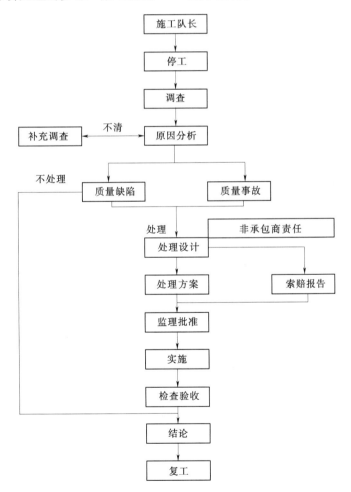

图7-3 质量事故分析处理程序

1. 质量事故处理原则

质量事故发生后，应坚持"三不放过"的原则：

（1）事故原因不查清不放过。只有查清引发事故的原因，才能明确事故的责任；如经查明是非承包商原因，则应尽快地将事故调查报告送工程师，并提出要求索赔的意向。

（2）事故的主要责任人未受到教育不放过。

（3）补救措施不落实不放过。

2. 质量事故的处理方法

（1）非承包商责任的事故处理。作为承包商，在施工中应尽量的避免承担工程质量事故责任，经过分析工程质量事故的原因和预测质量事故可能发生的后果后，应立即将事故的原因分析及可能产生的后果以书面形式报告工程师。报告中应明确责任属于非承包商原因的理由，索赔部分应包括事故的原因分析和采取补救措施的工期损失和经济损失。在会议中本着互相谅解、互相帮助的态度，一方面积极争取索赔的实现，另一方面积极采取补救措施，为工程师和业主出谋划策，争取尽早的处理好事故，不影响项目的正常施工。

（2）承包商责任的质量事故处理。对因施工原因或结构设计（承包商提供图纸）原因引发的质量事故，承包商应本着"三不放过"原则进行处理，同时尽快、尽早地研究切实可行的补救措施并实施，力求缩短工期和减少成本的浪费。在工程师得知后，承包商应本着真诚的态度，积极主动，争取工程师的同情和信任，尽量将事故性质控制在质量缺陷的定义内，以减少不必要的返工，使得处理的方案措施能在可接受的范围内，但一定要保证工程的最终安全。

（3）质量事故的处理方法。根据质量事故的严重性和对工程影响的大小，可采用修补、返工或不做处理的处理方法。

1）修补。即通过修补，不影响工程的外观和正常运行的要求，这是最常采用的一类处理方案。通常当工程的某些部分的质量未达到规定的规范、标准或设计要求时，可以做出进行修补处理的决定。

2）返工。它指对严重未达到技术要求，影响工程使用和安全，且无法通过修补予以纠正的工程质量事故，必须采取返工的措施。承包商在施工中应力求避免此类质量事故的出现。例如，某防洪堤坝的填筑压实后，其压实土的干容重未达到要求规定的干容重值，分析对土体的稳定和抗渗的影响，决定返工处理，即挖除不合格土，重新填筑。

3）不予处理的工程缺陷。它指针对虽然超出技术要求，已具有质量事故的性质，但通过分析论证后，不影响工艺和使用要求的质量事故。如出现以下情况时，可使用此种做法：①不影响结构安全、生产、工艺和使用要求的；②有轻微的质量缺陷，通过后续工序可以弥补的；③对出现的事故，经复核验算，仍能满足设计要求的。此做法即为设计挖潜，因而应特别谨慎的分析论证。

第四节　工　程　验　收

竣工验收是工程完成建设目标的标志，是全面考核建设成果、检验设计与工程质量的重要步骤，也为工程完建后运行管理提供必需的资料。在工程项目完成后，必须对其进行验收方能交付运行。

一、验收规定

1. 技术背景与应用现状

工程验收是水利工程建设全过程中非常重要和关键的环节，《国务院办公厅关于加强基础设施工程质量管理的通知》（国办发〔1999〕16 号）中明确指出："必须实行竣工验收制度。项目建成以后必须按国家有关规定进行严格的竣工验收，由验收人员签字负责。项目竣工验收合格后，方可交付使用。对未经验收或验收不合格就交付使用的，要追究项目法人法定代表人的责任，造成重大损失的，要追究其法律责任。"

2. 水利建设工程验收分类的规定

《水利水电建设工程验收规程》（SL 223—2008）对水利工程验收的分类作了如下规定：水利水电建设工程验收按验收主持单位可分为法人验收和政府验收。法人验收应包括分部工程验收、单位工程验收、水电站（泵站）中间机组启动验收、合同工程完工验收等；政府验收应包括阶段验收、专项验收、竣工验收等。验收主持单位可根据工程建设需要增设验收的类别和具体要求。

3. 水利建设工程验收标准

（1）国家现行有关法律、法规、规章和技术标准。

（2）有关主管部门的规定。

（3）经批准的工程立项文件、初步设计文件、调整概算文件。

（4）经批准的设计文件及相应的工程变更文件。

（5）施工图纸及主要设备技术说明书等。

（6）法人验收还应以施工合同为依据。

4. 验收决定

除竣工验收与投入使用验收须成立专门的验收委员会外，其他验收则由项目法人组织或委托监理单位组织执行。

工程验收结论应经 2/3 以上验收委员会（工作组）成员同意。

验收过程中发现的问题，其处理原则应由验收委员会（工作组）协商确定。主任委员（组长）对争议问题有裁决权。若 1/2 以上的委员（组员）不同意裁决意见时，法人验收应报请验收监督管理机关决定；政府验收应报请竣工验收主持单位决定。

二、验收组织和内容

验收工作的主要内容有：检查工程是否按照批准的设计进行建设；检查已完工程在设计、施工、设备制造安装等方面的质量，并对验收遗留问题提出处理要求；检查工程是否具备运行或进行下一阶段建设的条件；总结工程建设中的经验教训，并对工程作出评价；及时移交工程，尽早发挥投资效益。

1. 分部工程验收

分部工程验收应由项目法人（或委托监理单位）主持。验收工作组由项目法人、勘测、设计、监理、施工、主要设备制造（供应）商等单位的代表组成。运行管理单位可根据具体情况决定是否参加。质量监督机构宜派代表列席大型枢纽工程主要建筑物的分部工程验收会议。

大型工程分部工程验收工作组成员应具有中级及其以上技术职称或相应执业资格；其他工程的验收工作组成员应具有相应的专业知识或执业资格。参加分部工程验收的每个单位代表人数不宜超过 2 名。

分部工程验收应包括以下主要内容：检查工程是否达到设计标准或合同约定标准的要求；评定工程施工质量等级；对验收中发现的问题提出处理意见。

2. 单位工程验收

单位工程验收应由项目法人主持。验收工作组由项目法人、勘测、设计、监理、施工、主要设备制造（供应）商、运行管理等单位的代表组成。必要时，可邀请上述单位以外的专家参加。

单位工程验收工作组成员应具有中级及其以上技术职称或相应执业资格，每个单位代表人数不宜超过 3 名。

单位工程验收应包括以下主要内容：检查工程是否按批准的设计内容完成；评定工程施工质量等级；检查分部工程验收遗留问题处理情况及相关记录；对验收中发现的问题提出处理意见。

需要提前投入使用的单位工程应进行单位工程投入使用验收。单位工程投入使用验收由项目法人主持，根据工程具体情况，经竣工验收主持单位同意，单位工程投入使用验收也可由竣工验收主持单位或其委托的单位主持。

单位工程投入使用验收除完成上述的工作内容外，还应对工程是否具备安全运行条件进行检查。

3. 合同工程完工验收

合同工程完工验收应由项目法人主持。验收工作组由项目法人以及与合同工程有关的勘测、设计、监理、施工、主要设备制造（供应）商等单位的代表组成。

合同工程完工验收应包括以下主要内容：检查合同范围内工程项目和工作完成情况；检查施工现场清理情况；检查已投入使用工程运行情况；检查验收资料整理情况；鉴定工程施工质量；检查工程完工结算情况；检查历次验收遗留问题的处理情况；对验收中发现的问题提出处理意见；确定合同工程完工日期；讨论并通过合同工程完工验收鉴定书。

4. 阶段验收

阶段验收应包括枢纽工程导（截）流验收、水库下闸蓄水验收、引（调）排水工程通水验收、水电站（泵站）首（末）台机组启动验收、部分工程投入使用验收以及竣工验收主持单位根据工程建设需要增加的其他验收。

阶段验收应由竣工验收主持单位或其委托的单位主持。阶段验收委员会由验收主持单位、质量和安全监督机构、运行管理单位的代表以及有关专家组成。必要时，可邀请地方政府以及有关部门参加。工程参建单位应派代表参加阶段验收，并作为被验收单位在验收鉴定书上签字。

阶段验收应包括以下主要内容：检查已完工程的形象面貌和工程质量；检查在建工程的建设情况；检查后续工程的计划安排和主要技术措施落实情况，以及是否具备施工条件；检查拟投入使用工程是否具备运行条件；检查历次验收遗留问题的处理情况；鉴定已完工程施工质量；对验收中发现的问题提出处理意见；讨论并通过阶段验收鉴定书。

5. 专项验收

工程竣工验收前，应按有关规定进行专项验收。专项验收主持单位应按国家和相关行业的有关规定确定。

6. 竣工验收

竣工验收委员会由竣工验收主持单位、有关地方人民政府和部门、有关水行政主管部门和流域管理机构、质量和安全监督机构、运行管理单位的代表以及有关专家组成。工程投资方代表可参加竣工验收委员会。

竣工验收会议应包括以下主要内容：现场检查工程建设情况及查阅有关资料；召开大会，宣布验收委员会组成人员名单；观看工程建设声像资料；听取工程建设管理工作报告；听取竣工技术预验收工作报告；听取验收委员会确定的其他报告；讨论并通过竣工验收鉴定书；验收委员会委员和被验收单位代表在竣工验收鉴定书上签字。

三、验收程序

1. 分部工程验收

分部工程具备验收条件时，施工单位应向项目法人提交验收申请报告。项目法人应在收到验收申请报告之日起 10 个工作日内决定是否同意进行验收。

分部工程验收应按以下程序进行：

（1）听取施工单位工程建设和单元工程质量评定情况的汇报。

（2）现场检查工程完成情况和工程质量。

（3）检查单元工程质量评定及相关档案资料。

（4）讨论并通过分部工程验收鉴定书。

项目法人应在分部工程验收通过之日后 10 个工作日内，将验收质量结论和相关资料报质量监督机构核备。大型枢纽工程主要建筑物分部工程的验收质量结论应报质量监督机构核定。质量监督机构应在收到验收质量结论之日后 20 个工作日内，将核备（定）意见书面反馈项目法人。当质量监督机构对验收质量结论有异议时，项目法人应组织参加验收单位进一步研究，并将研究意见报质量监督机构。当双方对质量结论仍然有分歧意见时，应报上一级质量监督机构协调解决。

分部工程验收遗留问题处理情况应有书面记录并有相关责任单位代表签字，书面记录应随分部工程验收鉴定书一并归档。自验收鉴定书通过之日起 30 个工作日内，由项目法人发送有关单位，并报送法人验收监督管理机关备案。

2. 单位工程验收

单位工程完工并具备验收条件时，施工单位应向项目法人提出验收申请报告。项目法人应在收到验收申请报告之日起 10 个工作日内决定是否同意进行验收。

项目法人组织单位工程验收时，应提前 10 个工作日通知质量和安全监督机构。主要建筑物单位工程验收应通知法人验收监督管理机关。法人验收监督管理机关可视情决定是否列席验收会议，质量和安全监督机构应派员列席验收会议。

单位工程验收应按以下程序进行：

（1）听取工程参建单位工程建设有关情况的汇报。

（2）现场检查工程完成情况和工程质量。

（3）检查分部工程验收有关文件及相关档案资料。

（4）讨论并通过单位工程验收鉴定书。

项目法人应在单位工程验收通过之日起 10 个工作日内，将验收质量结论和相关资料报质量监督机构核定。质量监督机构应在收到验收质量结论之日起 20 个工作日内，将核定意见反馈项目法人。当质量监督机构对验收质量结论有异议时，项目法人应组织参加验收单位进一步研究，并将研究意见报质量监督机构。当双方对质量结论仍然有分歧意见时，应报上一级质量监督机构协调解决。自验收鉴定书通过之日起 30 个工作日内，由项目法人发送有关单位，并报法人验收、监督管理机关备案。

3．合同工程完工验收

合同工程具备验收条件时，施工单位应向项目法人提出验收申请报告。项目法人应在收到验收申请报告之日起 20 个工作日内决定是否同意进行验收。

合同工程完工验收的工作程序可参照与单位工程的顺序相同。

自验收鉴定书通过之日起 30 个工作日内，由项目法人发送有关单位，并报送法人验收监督管理机关备案。

4．阶段验收

工程建设具备阶段验收条件时，项目法人应向竣工验收主持单位提出阶段验收申请报告。竣工验收主持单位应自收到申请报告之日起 20 个工作日内决定是否同意进行阶段验收。大型工程在阶段验收前，验收主持单位根据工程建设需要，可成立专家组先进行技术预验收。

（1）技术预验收工作可参照以下程序进行：

1）现场检查工程建设情况并查阅有关工程建设资料。

2）听取项目法人、设计、监理、施工、质量和安全监督机构、运行管理等单位的工作报告。

3）听取竣工验收技术鉴定报告和工程质量抽样检测报告。

4）专业工作组讨论并形成各专业工作组意见。

5）讨论并通过竣工技术预验收工作报告。

6）讨论并形成竣工验收鉴定书初稿。

（2）阶段验收的工作程序可参照以下的程序进行：

1）现场检查工程建设情况及查阅有关资料。

2）召开由有关人员全体参加的大会。

5．竣工验收

竣工验收应按以下程序进行：

（1）项目法人组织进行竣工验收自查。

（2）项目法人提交竣工验收申请报告。

（3）竣工验收主持单位批复竣工验收申请报告。

（4）进行竣工技术预验收。

（5）召开竣工验收会议。

（6）印发竣工验收鉴定书。

第五节　安全文明环保施工

一、安全问题

（一）安全问题的重要性

质量和安全是工程建设中最重要的两件事情，质量是管物，安全是管人。质量是水利水电工程建设追求的最终目标，而安全是实现这一目标的基本环境条件，安全监理则是达到这一目标的重要措施。如果发生施工人员伤亡事故，就会使施工停下来，对伤亡事故的原因进行调查，分析原因，采取防范措施，然后才能恢复生产，还会使施工期、质量和投资受到影响。因此，搞好安全监理，是确保水利水电工程建设顺利完成的重要保证。

（二）安全管理的意义

保证安全施工和做好劳动保护工作，是施工生产中的一项重要工作。施工企业是一个劳动密集型的生产部门，施工场地狭小，施工人员众多，各工种交叉作业，机械施工与手工操作并进，高空作业也较多，而且施工现场又是在露天、野外和河道上，环境复杂，劳动条件差，不安全、不卫生的因素多，所以安全事故也较多。因此，必须充分重视安全生产控制，加强安全管理，从技术上、组织上采取一系列措施，防患于未然。只有这样，才能避免安全事故的发生，保证施工质量和施工生产的顺利进行。

（三）常见安全问题

为了保证安全施工，在工程建设的全过程中，从施工准备开始直到维修期满，都应该注意影响安全的因素，及时采取预防措施，防止安全事故的发生。一旦发生安全事故，要迅速采取处理措施。以下各项是各个施工阶段和工程部位经常发生的安全事故，并提出注意事项，以防事故发生。

1. 施工准备阶段

在工程项目正式开工以前，项目经理及其项目组主要负责人，要对施工区域的周围环境、地下管线和施工地质情况进行全面考察，特别注意以下问题：

（1）如施工区域内有地下电缆、水管或防空洞时，要派专人进行妥善处理，并给出所在位置，使施工人员事先知晓。

（2）如施工区域或施工现场有高压架空电线时，要在施工组织设计中采取相应的技术措施，并在高压电线附近标出醒目的标志。

（3）在编制施工组织设计时，要注意防止施工设施对周围居民安全、住宿和交通等方面的干扰，避免造成危险，并采取必要的防护措施。

（4）在安排施工进度时，要妥善安排每个工序的进度，防止进度过紧或工作时间过长。施工进度过快或连续施工时间太长，容易导致工伤事故。

2. 基础施工阶段

基础施工阶段的安全生产，主要表现在防范土方明塌或深坑井内窒息中毒，因此应采取安全的边坡比。在深坑部位，应采取支护措施，并计算边坡荷载能力，采取必要的加固边坡的措施。在雨季施工或地下水位较高的地区施工时，要做好基坑支护和排水措施，并密切注意防止基坑两侧土体滑塌。在深基坑内施工时，要注意防止沼气或有毒气体，防止因通风不良出现窒息危险。

3. 隧洞施工阶段

隧洞施工最易发生工伤事故，有时甚至发生极严重的人身伤亡恶性事故，应引起施工管理人员的特别注意。隧洞施工中最易发生的事故是：塌方、涌水、窒息和触电。由于特殊困难的地下施工条件，这些事故一旦发生，往往会导致严重的后果。因此，在隧洞施工中，应严格按程序施工，时刻注意上述事故可能发生的迹象，并认真做好以下工作：

（1）高度警惕发生塌方。在软弱、破碎岩石地段，要有专人观察岩层应变状态，以便在岩石发生显著位移或塌陷时发出警报，迅速从施工掌子面撤出人员。在已经开挖好的隧洞线上，根据洞线上岩石状况，每隔一定距离设立监测岩石应力变化装置，预防已挖段塌方的危险。如果隧洞沿线岩石极为破碎松软，应采取边挖边衬砌的施工方法，确保施工安全。

（2）注意防止涌水。在隧洞开挖通过含水层时，经常发生涌水，甚至出现高压射流，冲淹掘进工作面，造成施工中断。因此，在掘进过程中，要严密观察地下水的动态，及时采取凿孔排水技术措施并在个别地段进行速凝灌浆处理，待地下水渗流状态稳定后再谨慎地继续掘进施工。

（3）时刻注意通风、防止窒息。通风设备是隧洞施工中的必要设施，应保持经常有效地运转。在掘进掌子面上每次放炮爆破以后，炸药烟气和粉尘浪涌而出，对工人健康危害严重，应通过压力送风管道在最短的时间内排出烟尘，然后进行下一道掘进工序。有时，隧洞内含有少量的有毒气体从岩层释放出来，更要注意通风排气。在长隧洞掘进施工时，运输车辆和凿岩机动力设备排出的大量气体常使人窒息难耐，视距仅达 30 余 m，这时如无强大的通风设施，就不能继续施工。

（4）注意防止触电。在隧洞施工中，洞内有风、水、电管道线路，又有频繁来往的出渣进料运输车辆，加之潮湿多水，极易引起电缆破损漏电，稍有不慎，可能发生触电事故或火灾。因此，应定期检查电缆线路，及时维修更新。

4. 结构施工阶段

在结构施工阶段，建筑物的高度不断上升，要特别注意高空作业安全，尤其是作业人员的坠落或被坠落物扎伤。因此要注意以下事项：

（1）完善结构施工层的外防护，预防高处坠落事故。

（2）做好结构内各种洞口的防护，防止落人落物。

（3）加强起重作业的管理，预防机械伤害事故。

（4）特别注意危险工种的安全保护。

以上各项仅是工程施工中最常见的安全事项。各类土建工程的施工管理人员，应根据自己工程项目的特点，有针对性地制定全面的安全施工制度和防护措施，确保安全生产。

（四）水利水电工程施工高概率事故

高概率事故是水利水电工程施工行业中安全预防的重中之重，是水利水电工程施工中的典型代表，是解决水利水电工程施工安全问题的主要矛盾。下面分别对车辆伤害、高处坠落、起重伤害、坍塌、触电、物体打击以及机械伤害等水利水电工程施工中的七大类高概率事故的原因进行分析总结。

1. 车辆伤害

车辆伤害事故位于高概率事故之首，车辆伤害是指企业机动车辆引起的机械伤害事故。在水利水电工程施工中，车辆伤害事故主要是指各种类型的作业车辆如翻斗车、铲车、装载机、推土机、挖掘机等施工车辆和运载施工材料的混凝土罐车、卡车等以及运输生活用品的车辆在作业过程中出现的机件失控、失灵；违章载人；非司机动用车辆等发生的伤害事故。

车辆伤害事故之所以在水利水电工程施工中频繁发生，一方面，与水利水电工程施工本身的行业特征有关，水利水电工程施工本身需要各种类型的作业车辆，同时交叉作业多，施工环境恶劣，作业车辆管理不规范；另一方面，水利水电工程施工车辆伤害事故中违章事故多，据统计数据资料显示，违章现象达到86.36%，违章主要表现有无证驾驶、违章载人、超速行驶、违章停车等。

2. 高处坠落

高处作业是指施工人员在坠落高度基准面2m以上（含2m）有可能坠落的高处进行的作业。根据这一规定，在水利水电工程施工中涉及到高处作业的范围，包括在建筑物和构筑物结构范围以内的各种形式的洞口与临边性质的作业，悬空与攀登作业以及操作平台与立体交叉作业，在主体结构以外的场地上和通道旁的各类洞、坑、沟、槽等的作业等。高处坠落是指由于危险重力势能差引起的伤害事故。

高处坠落之所以在水利水电工程施工中经常发生，一是与水利水电工程施工行业固有的危险属性相关，施工人员长期处在高度达几十米甚至上百米的大坝、水工构筑物上从事露天作业，工作条件差，又受到气候条件多变的影响；二是监管不到位，表现为违章现象多、安全防护设施与个体防护用品缺失。另外，高处坠落产生的原因还包括：安全防护设施设备被简化或省略；施工临时设施（脚手架、施工机械等）没有按照技术标准搭建和安装，设施不配套，超过了其施工能力；普通工、辅助工没有固定的技能特长，流动性大，需要不断地熟悉新工艺，适应新环境；多工种、多层次、全方位、不合理的立体交叉作业，增加了防护和管理上的难度等。总之，高处坠落事故与施工环境、施工人员、设备设施以及管理等都具有相关性。

3. 起重伤害

起重伤害是指从事起重作业时引起的机械伤害事故。在水利水电工程施工中，起重机械使用频繁。起重伤害也是水利水电工程施工中发生概率较高的事故之一。

导致水利水电工程施工起重伤害产生的原因主要有以下几种：一是因操作起重设备过程中失误而引发的伤害，比如出现碰撞、吊件失落、吊钩带人、选用起重支撑点不合理、未检查有隐患的设备就进行操作以及其他违章行为操作等；二是因钢丝绳出了问题引发的伤害，比如使用断了股的钢丝绳、操作中钢丝绳被硌断、因起重设施没有限位装置被拉断、因起重设备运行中遇不规则建筑物障碍钢丝绳被拉断等；三是在拆、装起重设备作业中引发的伤害，其主要原因是在拆、装起重设备时未能严格按照工艺规程程序进行；四是因对缆风绳不能正确掌握及使用所致，如盲目去掉设备的缆风绳、不按工艺规程程序拆去缆风绳、无措施或措施不当拆去缆风绳、乱用其他材料替代缆风绳等。由以上的分析可见，引发起重伤害的原因有两点：一是起重设备本身存在隐患问题；二是施工人员操作失误。

4. 坍塌事故

坍塌事故是指建筑物、构筑物、堆置物等倒塌以及土石方塌方引起的事故。包括在土石方开挖中或深基坑施工中，造成的土石方坍塌；拆除工程、在建工程及临时设施等工程的部分或整体坍塌，尤其是在地下水位较高或大土方开挖遇降大雨时发生的人身伤亡事故。

形成坍塌的主要原因有两点：一是因工程的结构不能承受实际荷载而导致的坍塌；二是因作业中盲目破坏物体的原有相对平衡状态而导致的坍塌。其中，有很多坍塌事故是因施工人员缺乏科学态度、盲目蛮干，导致物态平衡失控而引起的，但也有不少坍塌事故往往与设计人员、管理人员、经营者、监察部门等工作上的失职、渎职有关。可见，坍塌事故的发生主要与施工人员的盲目操作以及管理失误相关。

5. 触电事故

触电事故指电流流经人体，造成生理伤害的事故。电是施工现场各种作业主要的动力来源，大型起重设备必须有电源；很多中小型设备如电葫芦、混凝土搅拌机、砂浆拌合机等必须有电源才能工作；还有工地上晚间灿烂的灯光照明，临时电源线密布于整个作业环境。因而在水利水电工程施工中，若对电使用不当，缺乏防触电知识和安全用电意识，极易引发人身触电伤亡和电气设备事故。

水利水电工程施工触电事故具有三大特点：一是受主客观条件的影响，夏季触电事故多；二是在触电事故中违章事故居多，主要的违章行为包括带电挪动设备，非电工私自接拆电源线及手提电动工具，不按规定包扎电缆或电线的接头等；三是设备隐患多，如设备外壳带电，电缆、动力线、照明线绝缘破损，接线盒破损，接头裸露等。

6. 物体打击

物体打击是指失控物体的惯性力造成的人身伤亡事故，包括落下物、飞来物、滚石、崩块等造成的伤害。

物体打击的原因主要包括以下几种：

（1）水利水电工程施工中有位差的作业环境较多，在高处的物体如处置不当，容易出现物落伤人的事故。

（2）在施工现场机器设备操作中，常因司机违章操作、违章使用机器设备、不能按信号要求进行作业、不掌握机器设备性能乱动机器设备、作业人员不能正确避开机器设备运行区域等引发的机器设备弹打伤人事故。

（3）有些施工人员在施工作业中，常不知不觉地将自身置于有物体打击因素的有险环境之中，或者是违反科学使自己的作业成为有险作业，结果引发了物体打击伤害自己或他人的严重后果。

（4）还有在一些施工现场，由于高层作业人员图省事，有的上层作业人员给下层材料时，不是运送、传递，而是扔，有的在做卫生时乱扔废弃物，拆下的辅助材料，图快省事，也统统往下扔……由此引发了无数起伤害人员的物体打击事故。

由此可见，物体打击引发的伤亡事故主要源于施工人员自身的行为，没有按照操作规程来施工，违章做事引起的。此外，这也与水利水电工程的施工环境有关，水利水电工程一般属于高处作业，位差的出现，容易导致物落伤人的事故。总的来说，物体打击伤害主要与施工环境、施工人员相关。如果追究深层原因，与缺乏标准作业程序、现场监管不到位等因素也相关。

7. 机械伤害

机械伤害事故是人们在操作或使用机械过程中，因机械故障或操作人员的不安全行为等原因造成的伤害事故。发生事故以后，受伤者轻则皮肉受伤，重则伤筋动骨、断肢致残，甚至危及生命。

导致机械伤害事故发生的主要原因是安全操作规程不健全或管理不善，对操作者缺乏基本功能训练，操作者不按规程进行操作，没有穿戴合适的防护服和符合国家标准的防护工具；机械设备不是在最佳状态下运行，机械设备在设计、结构和制造工艺上存在缺陷，机械设备组成部件、附件和安全防护装置的功能退化等可能导致伤害事故；工作场所环境不好，如加工场所照明不良、温度及湿度不适宜、噪声过高、设置布置不合理等，工艺规程和工装不符合安全要求，新工艺、新技术采用时无安全措施。

二、影响安全的因素

水利水电施工系统是人工与自然组成的复杂的复合系统，工程规模大，影响安全的因素很多，归纳起来有以下几个方面。

（一）环境因素（Environment Factor）

水利水电工程施工中的安全问题与环境密切相关。环境主要包括两个方面：自然因素和施工人员所处的施工环境。

1. 自然因素

水利水电工程建设经常是在河流上进行，处于高山峡谷之中，多于露天作业，受地形、地质、水文、气象等自然条件的影响很大。

2. 施工环境

水利水电工程建设生产岗位不固定、流动作业多，作业环境不断变化，作业人员随时面临着新的隐患的危险。施工给环境带来了各种污染，对人们的身体健康造成了一定的威胁。

此外，环境因素还包括当地的地理、气候条件，施工现场的周边环境（包括政治环境），以及承包商进场后营造的现场安全环境（如安全标志的设置，仓库、生产、生活区的布置，电力设施及消防设施的配备与安装等）。

（二）人为因素（Human Factor）

影响水利水电工程施工的人为因素主要指现场人员的安全素质、安全意识和安全技能方面。如操作人员对自己所从事工作的危险程度认识不足，对安全操作规程掌握不熟，对安全工作重视不够，安全意识淡薄，喜欢冒险蛮干，逞强好胜，或对安全工作心存侥幸，对发生事故时应采取的补救、救助或其他应急预案不了解等，这些行为或现象都很容易导致安全事故的发生。

在水利水电工程施工生产过程中，违章作业导致的伤亡事故占事故案例总数的63.1%，而习惯性违章占41.8%。有统计资料显示，有些违章作业是操作者明知是违章，但为了赶时间或者为了图省事而冒风险；有些习惯性违章作业，甚至被人们视为正常的作业程序，操作者每天这样干，管理者也熟视无睹。这种现象反映了规章制度的执行和落实情况并不理想，不严格照章办事的现象十分严重。在水利水电工程施工中，人的不安全行为导致事故的情况除了违章行为之外，还包括对作业现场缺乏观察，按老经验作业或盲目蛮干；安全防护意识差，临危应变能力差；责任心不强或疲劳过度，致使判断或操作失误；操作技术水平低，无证上岗或不懂安全操作技术以及现场管理者的违章指挥等。

（三）物的不安全状态（Equipment Factor）

这里的物是指水利水电工程施工中所用的机械设备以及安全防护设施、设备等。水利水电工程设计项目多，使用的机械种类丰富，品种繁多，其"物"具有水利水电工程施工的行业特点，水利水电工程施工物的隐患多，固有危险性较大。归纳起来，水利水电工程施工伤亡事故导致物的不安全状态主要包括以下一些内容：

（1）防护、保险、信号等装置缺乏或有缺陷。无防护包括无防护罩，无限位、保险装置等，无报警装置，无安全标志，无防护栏或防护栏损坏，无安全网或安全网不符合要求，电气无保护接零或接地，绝缘不良，应防外电线路安全距离不够，防护不严密，"四口"（楼梯口、电梯井口、预留洞口、通道口）防护不符合要求，安全网未按规程设置，变配电、避雷装置不符合要求，电气装置带电部分裸露等。

（2）设备、设施、工具、附件有缺陷。设计不当；结构不合安全要求，安全通道口不符合要求；制动装置有缺陷，安全距离不够；材质有缺陷，工件有锋利毛刺、毛边，设施上有锋利倒棱等；强度不够，包括机械强度不够、绝缘强度不够、起吊重物的绳索不合安全要求等；设备在非正常状态下运行，如设备带"病"运转，超负荷运转，限位、保险装置不灵敏，使用不合理；维修、调整不良，设备失修，地面不平，保养不当，设备失灵，无防雨设施等。

（3）个人防护用具（防护服、手套、护目镜及面罩、呼吸器官用具、听力用具）、防护用品不合要求。

（四）管理因素（Management Factor）

管理因素是事故发生的间接因素。经营管理者和直接从事安全管理的工作人员对施工现场存在的安全隐患或危险程度认识不够，制定的安全管理规章制度或事故预案不够全面；管理者本身对安全工作重视不够，过分强调经济效益，对安全生产与经济效益之间的关系认识不足，对安全管理所需的各项经费投入不足；不遵循科学规律办事，抢工期，抓进度，降成本，忽视安全；对现场违规行为或事故隐患视而不见或纠察不力；对安全教育和安全宣传重视不够；不听取与工程项目有关的外部人员对安全管理的忠告，不进行安全技术交底，一意孤行；没有把安全生产计划列入整个施工计划，或制订的安全计划、安全措施千篇一律，没有针对性，形同摆设；不重视雇用员工的整体素质，一味追求低廉的劳动力，等等。这些都对工程施工的安全构成了严重威胁隐患。

由于水利水电工程施工点多面广、交叉作业、施工环境恶劣，增加了水利水电工程施工安全管理的重要性和复杂性，水利水电工程施工管理中容易出现监管不到位的情况，由于管理因素导致事故发生的频率有时候甚至高于直接因素导致事故发生的频率。

三、安全事故的防范

（一）管理手段

一方面，在水利水电工程施工中，管理因素几乎贯穿于事故发生的始末，它直接影响着人的不安全行为、物的不安全状态、环境的不安全条件的产生；另一方面，管理措施得当可以制约它们的出现。因此，管理因素在水利水电工程施工伤亡事故的发生中具有举足轻重的作用，有效的管理是防范安全事故发生的有效手段。

在工程建设中，安全管理和安全控制主要有以下几方面进行。

1. 安全技术措施

安全技术措施是指为了预防劳动者在施工过程中发生工伤事故而采取的各种技术措施和减轻繁重体力劳动的办法。工程建设中的施工生产，是一个复杂而多变的生产过程，可能出现各种问题，因此必须从全过程的各个方面来考虑，制订安全技术措施，预防各种工伤事故的发生。凡是可能出现或导致安全事故的一切不安全因素，均应采取预防措施，如施工机械的安全装置；运转和传动部分的保护装置；各种高空作业的安全措施；各种用电、接电及线路的安全防护措施；各分部分项工程施工中的安全操作及预防事故措施；一切易燃、易爆、危险物品的储存、保管、使用的安全措施；防火、灭火的消防措施；交通安全的防范措施等。对于一切繁重体力劳动，要减轻劳动强度，适当安排工程进度，合理安排休息等。

2. 工业卫生技术措施

工业卫生技术措施是指预防劳动者在施工生产过程中产生职业病和职业中毒、保护劳动者身心健康的各种技术措施。由于施工环境不同、工种不同，劳动者在施工过程中有时要接触到有毒、有害的物质和气体，如粉尘、有毒气体、有毒物质、腐蚀性材料、辐射性物质等；有时要在密闭空间、高温常态下工作；在噪音、高频、强烈振动的环境下施工；在低温、严寒下工作等。在这些环境和条件下施工，都会对劳动者的身心健康产生危害，因此，除正确贯彻执行国家和卫生部门的各种条例、规章和办法外，还应从技术上、组织上、物质上、医疗保健等各个方面采取必要的措施。例如，发给劳动者必要的劳动保护用品和用具；发给有毒、有害操作工人保健食品；发给高温作业人员清凉饮料、防暑药品；为从事粉尘作业和有毒作业的工人设置淋浴室；为在特殊条件下进行有害操作的工人以特殊的医疗、保健；给予女职工应有的各项保护措施；严格控制加班、加点，贯彻劳逸结合；给予职工必要的物质津贴和补助等。

3. 个人保护措施

个人保护措施是指为保护劳动者在施工过程中的安全、健康而采取的保护性措施，如发给劳动者工作服、安全帽、胶靴、手套、安全带、墨镜等。

4. 建立和执行安全法规

为了进行安全生产控制，必须从组织、计划、教育、检查、处理等方面制定必要的规章制度，并加以实施，这是进行安全生产控制的重要条件。主要的安全法规包括下列几种：

（1）安全生产责任制。安全生产责任制是企业在各级、各部门建立的安全生产责任制度，明确规定各级领导和各级人员在安全生产中所应负的责任和权力，实行全企业、全体人员、施工全过程的安全生产管理的制度。

（2）安全技术措施计划制度。安全技术措施计划制度是指企业在编制年、季、月的施工技术财务计划和月生产计划，以及在编制施工组织设计时，都应编制安全技术措施计划，其中应包括改善劳动条件，防止安全事故，预防中毒等劳动保护措施及其所需的物资、设备、材料等，并将其列入技术物质供应计划内。

（3）安全生产教育制度。安全生产教育制度是指对全体职工、干部、特殊工种工人进行安全生产教育和安全技术培训的制度，以提高全体人员的安全技术素质，牢固树立安全生产的思想。例如，对新工人、合同工进行施工前的安全教育；对全体职工进行操作前的安全教育和安全技术交底；对不同工种的工人进行工种安全教育，如对架子工，电工、起重工、司机、司炉工、电焊工、爆破工等进行安全教育和安全技术考核；进行暑季、冬季、雨季、夜间的施工安全教育；当施工中采用新设备、新工艺、新材料时，应进行必要的安全操作教育；对接触有毒、有害物质的工作人员进行安全操作和安全防护的教育等。

（4）安全生产检查制度。在施工生产中，为了及时发现事故的隐患和堵塞事故漏洞，必须及时和经常地做好安全生产的监督检查工作，采取领导与群众相结合，专职与兼职相结合的安全监督检查制度。例如，公司每季、工程处每月、施工队每两周、班组每周进行安全检查，及时总结经验，发现不安全因素，立即采取措施加以排除；并进行防洪度汛、防雷电、防崩塌、防火、防中毒等的检查，做好预防工作。

5. 安全事故的调查处理制度

当发生安全事故以后，应按照国家和企业的有关规定，及时进行调查处理，并对事故责任者进行严肃处理。在调查处理中要做到"三不放过"，即事故原因未查清不放过，事故责任者和全体职工未受到教育不放过，没有采取防范措施不放过。

6. 防护用品和食品安全管理制度

防护用品及食品安全管理制度是指按国家和企业的规定，根据劳动保护的要求，定时发放不同工种在生产操作中所必需的劳动保护用品；做好防暑降温和防寒保暖工作；经常进行食品卫生的检查和保护工作，当发现食品不符合卫生条件时，应认真进行处理。

7. 建立安全值班制度

建立安全值班制度是指组织一套负责安全生产的值班人员，明确值班制度，规定值班岗位责任；值班人员应佩带"安全值班员"标志；在值班中不放过任何可能造成安全事故的苗头和隐患，对检查到的问题要及时上报；对安全值班员的工作要经常进行检查和考核，建立奖罚制度。

（二）事故树分析

预防安全事故的分析方法有安全检查表法、瑟利模式、多米诺模型等几种。

1. 安全检查表法

安全检查表法是一种简单、初步的安全检查分析方法，它是通过事先拟定的安全检查项目内容，检查实际生产中实施的情况，分析其中存在的问题，从而对安全生产进行初步诊断和控制。安全检查表的内容通常包括检查项目、检查内容、回答问题、存在问题、改进措施、检查方法或要求、检查人等内容。表7-9为检查表的部分格式的示例。

表 7 - 9 班组安全检查表示例

检查项目	检查内容	检查方法或要求	检查结果	处理意见
作业前检查	1. 班前安全生产会开了没有	查安排、看记录、了解未参加人员的主要原因		
	⋮	⋮		
	10. 有无其他特殊问题	作业人员身体情绪正常，无穿拖鞋、裙子等现象		
作业中检查	11. 有无违法安全纪律	密切配合，不互出难题强行作业、不互相打闹		
	⋮	⋮		
	16. 作业人员的特殊反应如何	对作业有无不适应现象，身体、精神、状态是否失常		

2. 瑟利模式

对于一个事故，瑟利模式（见图 7 - 4）考虑两组问题，每一组问题包含三个心理学成分，即对事故的感觉、认识过程、行为响应。第一组问题关注危险的构成，第二组问题关注危险的放出。若第一组（危险的构成）中每步都处理成功，不会构成危险，就不存在第二组（危险放出）问题。当第一组问题处理失败之后，第二组危险放出期间倘能处理成功，也不会导致事故的发生，只有第二组问题处理失败之后，才会导致事故的发生。

3. 多米诺模型

多米诺模型是将造成安全事故五个因素：社会和环境（因素 1）、人的过失（因素 2）、人的不安全行为（因素 3）、安全事故事件（因素 4）、人和物的被伤害（因素 5），看成是五张等距离顺序站立的骨牌，如图 7 - 5（a）所示。前一个因素是导致后一个因素的原因，后一个因素是前一个因素所造成的结果，所以这五个因素形成了一个安全事故的因果关系链。即由社会和环境原因引起人的过失，由人的过失造成人的不安全行为，由人的不安全行为导致安全事故的发生，而安全事故的后果则是造成人和物的伤害。这就是说，当第 1 张骨牌倒下后，必然会引起连锁反应，压倒第 2 张，第 2 张骨牌又压倒第 3 张骨牌，依次压倒第 5 张骨牌，如图 7 - 5（b）所示。

由多米诺模型可见，要使第 5 张骨牌不倒下，也就是要避免人和物的伤害，存在两种方法：第一种方法是确保第 1 张骨牌站立不倒；第二种方法是使造成安全事故后果的因果关系链不发生连锁反应，也就是必须使因果关系链中断。要使第 1 张骨牌站立不倒，就是要对社会和环境因素加以控制，而这一点往往是难以绝对办到的。第二种方法是使因果关系链中断，其办法是抽掉 5 张骨牌中前 4 张骨牌的任一张骨牌，即可阻断因果关系链的连锁反应。如果分析前 4 张骨牌，可以看出，第 3 张骨牌，即人的不安全行为是完全可以加以控制而不使其发生的，也就是若将第 3 张骨牌抽掉（不使发生），则连锁反应立即中断，安全事故就不会发生，安全生产即可得到保证。

4. 因果分析图法

因果分析图法是将影响安全生产的因素，如人、材料、机械、方法、环境，用图表的

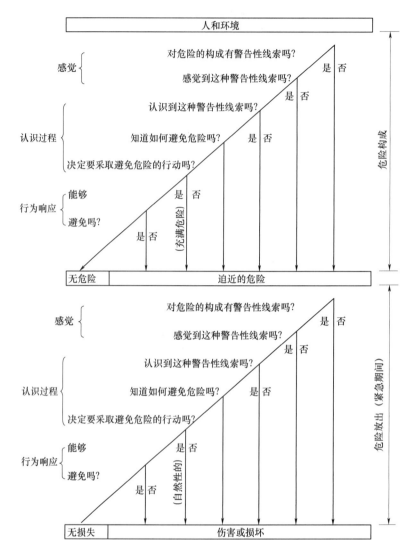

图 7-4　瑟利模式示意图

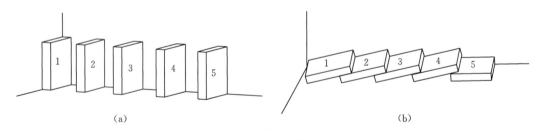

图 7-5　多米诺模型

方法全面细致地加以分析，从中找出导致安全事故的具体原因和潜在因素，然后制订相应的措施加以控制。图 7-6 所示为机械工具伤害事故因果图的事例。

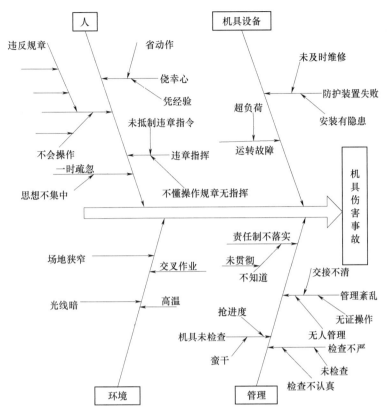

图 7-6　机械工具伤害事故因果图事例

四、文明环保施工

（一）文明施工

文明施工是保持施工现场良好的作业环境、卫生环境和工作秩序。文明施工主要包括：规范施工现场的场容，保持作业环境的整洁卫生；组织施工，使生产有序进行；减少施工对周围居民和环境的影响；保证职工的安全和身体健康。

1. 文明施工的意义

（1）文明施工能促进企业综合管理水平的提高。保持良好的作业环境和秩序，对促进安全生产、加快施工进度、保证工程质量、降低工程成本、提高经济和社会效益有较大作用。文明施工涉及人、财、物各个方面，贯穿于施工全过程之中，体现了企业在项目施工现场的综合管理水平。

（2）文明施工是适应现代化施工的客观要求。现代化施工更需要采用先进的技术、工艺、材料、设备和科学的施工方案，需要严密组织、严格要求、标准化管理和较好的职工素质等。文明施工能适应现代化施工的要求，是实现优质、高效、低耗、安全、清洁、卫生的有效手段。

（3）文明施工代表企业的形象。良好的施工环境与施工秩序，可以得到社会的支持和信赖，提高企业的知名度和市场竞争力。

（4）文明施工有利于员工的身心健康，有利于培养和提高施工队伍的整体素质。文明施工可以提高职工队伍的文化、技术和思想素质，培养尊重科学、遵守纪律、团结协作的大生产意识，促进企业精神文明建设。从而还可以促进施工队伍整体素质的提高。

2. 文明施工的组织管理

文明施工，应从以下几个方面着手进行：

（1）组织和制度管理。施工现场应成立以项目经理为第一责任人的文明施工管理组织。分包单位应服从总包单位的文明施工管理组织的统一管理，并接受监督检查。各项施工现场管理制度应有文明施工的规定，包括个人岗位责任制、经济责任制、安全检查制度、持证上岗制度、奖惩制度、竞赛制度和各项专业管理制度等。加强和落实现场文明检查、考核及奖惩管理，以促进施工文明管理工作提高。检查范围和内容应全面周到，包括生产区、生活区、场容场貌、环境文明及制度落实等内容。检查发现的问题应采取整改措施。

（2）建立收集文明施工的资料及其保存的措施。收集文明施工的资料包括：上级关于文明施工的标准、规定、法律法规等资料；施工组织设计（方案）中对文明施工的管理规定；各阶段施工现场文明施工的措施；文明施工自检资料；文明施工教育、培训、考核计划的资料；文明施工活动各项记录资料。

（3）加强文明施工的宣传和教育。在坚持岗位练兵基础上，要采取派出去、请进来、短期培训、上技术课、登黑板报、广播、看录像、看电视等方法进行文明施工教育工作；要特别注意对临时工的岗前教育；专业管理人员应熟悉掌握文明施工的规定。

3. 现场文明施工的基本要求

施工现场必须设置明显的标牌，标明工程项目名称、建设单位、设计单位、施工单位、项目经理和施工现场总代表人的姓名、开（竣）工日期、施工许可证批准文号等。施工单位负责施工现场标牌的保护工作。

施工现场的管理人员在施工现场应当佩戴证明其身份的证卡。

应当按照施工总平面布置图设置各项临时设施。现场堆放的大宗材料、成品、半成品和机具设备不得侵占场内道路及安全防护等设施。

施工现场的用电线路、用电设施的安装和使用必须符合安装规范和安全操作规程，并按照施工组织设计进行架设，严禁任意拉线接电。施工现场必须设有保证施工安全要求的夜间照明；危险潮湿场所的照明以及手持照明灯具，必须采用符合安全要求的电压。

施工机械应当按照施工总平面布置图规定的位置和线路设置，不得任意侵占场内道路。施工机械进场须经过安全检查，经检查合格的方能使用。施工机械操作人员必须建立机组责任制，并依照有关规定持证上岗，禁止无证人员操作。

应保证施工现场道路畅通，排水系统处于良好的使用状态；保持场容场貌的整洁，随时清理建筑垃圾。在车辆、行人通行的地方施工，应当设置施工标志，并对沟井坎穴进行覆盖。

施工现场的各种安全设施和劳动保护器具，必须定期进行检查和维护，及时消除隐患，保证其安全有效。

施工现场应当设置各类必要的职工生活设施，并符合卫生、通风、照明等要求。职工的膳食、饮水供应等应当符合卫生要求。

应当做好施工现场安全保卫工作，采取必要的防盗措施，在现场周边设立围护设施。

应当严格依照《中华人民共和国消防条例》的规定，在施工现场建立和执行防火管理制度，设置符合消防要求的消防设施，并保持完好的备用状态。在容易发生火灾的地区施工，或者储存、使用易燃易爆器材时，应当采取特殊的消防安全措施。

施工现场发生工程建设重大事故的处理，依照《工程建设重大事故报告和调查程序规定》执行。

（二）环保施工

环境保护是按照法律法规、各级主管部门和企业的要求，保护和改善作业现场的环境，控制现场的各种粉尘、废水、废气、固体废弃物、噪声、振动等对环境的污染和危害。环境保护也是文明施工的重要内容之一。

1. 现场环境保护的意义

（1）保护和改善施工环境是保证人们身体健康和社会文明的需要。采取专项措施防止粉尘、噪声和水源污染，保护好作业现场及其周围的环境，是保证职工和相关人员身体健康、体现社会总体文明的一项利国利民的重要工作。

（2）保护和改善施工现场环境是消除对外部干扰，保证施工顺利进行的需要。随着人们的法制观念和自我保护意识的增强，尤其在城市中，施工扰民问题突出，应及时采取防治措施，减少对环境的污染和对市民的干扰，这也是施工生产能够顺利进行的基本条件。

（3）保护和改善施工环境是现代化大生产的客观要求。现代化施工广泛应用新设备、新技术、新的生产工艺，对环境质量要求很高，如果粉尘、振动超标就可能损坏设备、影响功能发挥，使设备难以发挥作用。

（4）节约能源、保护人类生存环境是保证社会和企业可持续发展的需要。人类社会即将面临环境污染和能源危机的挑战。为了保护子孙后代赖以生存的环境，每个公民和企业都有责任和义务来保护环境。良好的环境和生存条件，也是企业发展的基础和动力。

2. 环境污染的防治措施

空气污染的防治措施主要针对粒子状态污染物和气体状态污染物进行治理，特别是建材破碎、筛分、碾磨、加料、装卸运输过程产生的粉尘。主要采用除尘技术、气态污染物治理技术，并采取一定的防治措施。如施工道路定期洒水打扫，防止道路扬尘；对细颗粒散体材料（水泥、粉煤灰、白灰等）的运输、储存要注意遮盖、密封，防止和减少飞扬；施工现场的垃圾渣土要及时清理出现场；车辆开出工地要做到不带泥沙，基本做到不洒土，不扬尘；减少尾气排放装置；禁止焚烧会产生有毒、有害烟尘和恶臭气体的废弃物品。

施工现场废水和固体废弃物随水流流入水体部分，包括泥浆、水泥、油漆、各种油类，混凝土外加剂、重金属、酸碱盐、非金属无机毒物等。为了减少施工过程中水环境的污染，需要进行废水处理，把废水中所含的有害物质清理分离出来，再进行回收利用。比如搅拌站废水可经沉淀池沉淀后排放，或用于工地洒水降尘使用。

施工现场的噪声主要包括交通噪声、工业噪声（鼓风机、汽轮机、冲压设备）、施工噪声（打桩机、推土机、混凝土搅拌机）、社会生活噪声（高音喇叭、收音机等）。噪声控制技术可从声源、传播途径、接受者防护等方面来考虑。要尽量采用低噪声设备，在声源处安装消声器消声，采用一定的减震降噪技术和吸声材料，严格控制人为噪声，控制强噪声作业的时间，让处于噪声环境下的人员使用耳塞、耳罩等防护用品。

对于固体废弃物的处理基本思想是进行资源化、减量化和无害化处理，对固体废弃物产生的全过程进行控制。对建筑渣土可视其情况加以利用；废钢可按需要用作金属原材料；对废电池等废弃物应分散回收、集中处理。对已经产生的固体废弃物进行分选、破碎、压实浓缩、脱水等减少其最终处置量，降低处理成本，减少对环境的污染，可采用焚烧、热解、堆肥等相关工艺，要特别注意应避免产生对大气的二次污染。利用水泥、沥青等胶结材料，将松散的废物包裹起来，减少废物的毒性和可迁移性，使得污染减少。

思　考　题

1. 工程项目质量有哪些内涵？

2. 影响工程项目质量的因素有哪些？

3. 全面质量管理的基本思想是什么？PDCA 循环包括哪四个阶段，各阶段之间有什么联系？

4. 如何处理水利水电工程事故？

5. 水利水电工程验收包括哪些内容？

6. 为什么要进行安全文明环保施工？

第八章 合同与信息管理

合同管理是水利水电工程建设管理的重要内容之一，在当前建设体制下，如何做好各项合同管理工作，确保工程建设各方利益，保证工程的顺利实施是一项十分重要的课题。本书所指定合同主要是指建设业主与施工企业之间的合同。

加强水利水电工程合同管理的重要性主要反映在以下三方面：

（1）合同管理是施工阶段造价控制的重要手段，也是市场经济的要求。随着市场经济机制的发育和完善，要求政府管理部门打破传统观念束缚，转变政府职能，更多地应用法律、法规和经济手段调节和管理市场，而不是用行政命令干预市场；承包商作为建筑市场的主体，进行建筑生产与管理活动，必须按照市场规律要求，健全和完善内部各项管理制度，其中合同管理制度是其管理制度的关键内容之一。随着市场机制的健全和完善，施工合同必将成为调节业主和承包商经济活动关系的法律依据。加强水利水电工程施工合同的管理，是社会主义市场经济规律的必然要求。

（2）加强建设施工的合同管理是规范建设各方行为的需要。目前，从建筑市场经济活动及交易行为看，工程建设的参与各方缺乏市场经济所必需的法制观念和诚信意识，不正当竞争行为时有发生，承发包双方合同自律行为较差，加之市场机制难以发挥应有的功能，从而加剧了建筑市场经济秩序的混乱。因此，政府行政管理部门必须加强水利水电工程施工合同的管理，规范市场主体的交易行为，促进建筑市场的健康稳定发展。

（3）加强合同管理是适应国际化发展的重要要求。我国加入 WTO 后，建筑市场将全面开放。国外承包商进入我国建筑市场，如果业主不以平等市场主体进行交易，仍然盲目压价、压工期和要求垫支工程款，就会被外国承包商援引"非歧视原则"而引起贸易纠纷。另外，如不能及时适应国际市场规则，特别是对 FIDIC 条款的认识和经验不足，将造成我国建筑企业丧失大量参与国际竞争的机会。同时，工程发包商认识不到遵守规则的重要性，也会造成巨大经济损失。因此，承发包双方应尽快树立国际化意识，遵循市场规则和国际惯例，加强水利水电工程施工合同的规范管理，建立行之有效的合同管理制度。

水利水电工程建设中存在复杂的信息流，对水利水电工程建设中的信息进行管理同样是工程建设顺利实施的基础与保证。同时，随着信息领域相关技术的不断成熟与应用，水利水电工程建设信息管理的层次在不断提升，管理平台的功能日益完善，信息系统日益人性化。

项目信息管理在水利水电工程管理中的重要性主要反映在以下几方面：

（1）信息是水利水电工程管理不可缺少的资源。工程项目的建设过程，实际上是人、财、物、技术、设备等五项资源的投入过程，而要高效、优质、低耗地完成工程建设任务，还必须通过信息的收集、加工和应用实现对上述资源的规划和控制。

（2）信息管理是项目管理人员实施控制的基础。控制是水利水电工程管理的主要手段。控制的主要任务是将计划的执行情况与计划目标进行对比分析，找出差异及其产生的主要原因，然后采取有效措施排除和预防产生差异的原因，保证项目整体目标的实现。

为了有效控制工程项目投资目标、质量目标及进度目标，项目管理人员首先应该掌握项目执行的相关信息，项目信息是控制的基础。其次，项目管理人员还应掌握三大目标的实际执行情况。只有充分掌握了这两方面的信息，项目管理人员才能实施控制工作。因此，从控制角度看，信息是项目管理的基础和保证。

（3）信息是进行项目管理决策的依据。水利水电工程管理决策正确与否，将直接影响工程项目建设目标的实现。而项目管理正确决策的基础就是充分、可靠的项目信息。

（4）信息是项目管理人员协调工程项目建设各参与单位之间关系的纽带。工程项目的建设过程涉及众多的单位，例如：与工程项目审批有关的政府部门、业主、监理单位、设计单位、承包商、材料设备供应单位、资金供应单位、外围工程单位（水、电、煤、通讯等）、毗邻单位、运输单位、保险单位、税收单位等，这些单位都会给工程项目目标的顺利实现带来一定的影响。要想让它们协调一致地工作，实现工程项目的建设目标，就必须用信息将它们组织起来，处理好它们之间的关系，协调好它们之间的活动。

（5）信息是设计单位、施工承包单位等竞争的有力工具。如果设计单位、施工承包单位等能掌握完整、准确的信息，就能为其确定正确的竞争策略提供可靠支持，从而在投标竞争中击败对手，承揽到工程设计、施工任务。这样，在建设项目的设计、施工过程中也就能有效地控制工程项目的建设目标。特别是项目管理信息系统的建立，会使项目管理工作更加有效。随着市场竞争的加剧，信息和信息技术会为工程设计、施工承包单位等创造越来越多的竞争优势，使其在竞争中得到生存与发展。

总之，信息渗透到水利水电工程管理工作的每一个方面，它是水利水电工程管理工作不可缺少的要素。如同其他资源一样，信息是十分宝贵的资源，要充分地开发和利用它。

第一节 合同的基本概念

一、合同的定义

合同是平等主体的自然人、法人、其他组织之间设立、变更、终止民事权利义务关系的协议。简而言之，合同是当事人之间设立、变更或者终止权利义务的协议。

合同有广义、狭义之分。广义上的合同指一切产生权利义务的协议。狭义上的合同指作为平等主体的当事人之间设立、变更或者终止民事权利义务的协议。反映交易关系的合同是狭义上的合同，亦即我国《合同法》调整的合同。

水利水电工程的项目施工合同是指建设工程施工合同，又称建筑安装合同，是发包人（建设单位）和承包人（施工单位）为完成商定的建设工程，明确相互权利、义务关系的协议。

建设工程施工合同应具备以下主要条款：建设工程施工工程名称和地点；建设工程施工工程范围和内容；建设工程施工开、竣工日期及中间交工工程开、竣工日期；建设工程施工工程质量保修期及保修条件；建设工程施工工程造价；建设工程施工工程价款的支付、结算及交工验收办法；建设工程施工设计文件及概、预算和技术资料提供日期；建设工程施工材料和设备的供应和进场期限；双方相互协作事项；建设工程施工违约责任。

二、合同的分类及选择

水利水电工程的合同按照不同的标准可以进行不同的划分。

1. 按合同签约的对象内容划分

（1）建设工程勘察、设计合同。它是指业主（发包人）与勘察人、设计人为完成一定的勘察、设计任务，明确双方权利、义务的协议。

（2）建设工程施工合同。它通常也称为建筑安装工程承包合同，是指建设单位（发包方）和施工单位（承包方），为了完成商定的或通过招标投标确定的建筑工程安装任务，明确相互权利、义务关系的书面协议。

（3）建设工程委托监理合同。它简称监理合同，是指工程建设单位聘请监理单位代其对工程项目进行管理，明确双方权利、义务的协议。建设单位称委托人（甲方），监理单位称受委托人（乙方）。

（4）工程项目物资购销合同。它是由建设单位或承建单位根据工程建设的需要，分别与有关物资、供销单位，为执行建筑工程物资（包括设备、建材等）供应协作任务，明确双方权利和义务而签订的具有法律效力的书面协议。

（5）建设项目借款合同。它是由建设单位与中国人民建设银行或其他金融机构，根据国家批准的投资计划、信贷计划，为保证项目贷款资金供应和项目投产后能及时收回贷款而签订的明确双方权利义务关系的书面协议。除以上合同外，还有运输合同、劳务合同、供电合同等。

2. 按合同签约各方的承包关系划分合同

（1）总包合同。建设单位（发包方）将工程项目建设全过程或其中某个阶段的全部工作，发包给一个承包单位总包，发包方与总包方签订的合同称为总包合同。总包合同签订后，总承包单位可以将若干专业性工作交给不同的专业承包单位去完成，并统一协调和监督它们的工作。在一般情况下，建设单位仅同总承包单位发生法律关系，而不与各专业承包单位发生法律关系。

（2）分包合同。即总承包方与发包方签订了总包合同之后，将若干专业性工作分包给不同的专业承包单位去完成，总包方分别与几个分包方签订的分包合同。对于大型工程项目，有时也可由发包方直接与每个承包方签订合同，而不采取总包形式。这时每个承包方都是处于同样地位，各自独立完成本单位所承包的任务，并直接向发包方负责。

3. 按承包合同的不同计价方法划分

按承包合同的不同计价方法可划分为总价合同，单价合同，成本加酬金合同。具体内容见第五章第五节"承包合同"。

在选择合同的计价方式时，需要根据具体工程情况选择合适的方式。水利水电工程合同的分类及选择标准见表8-1。

表 8-1　　　　　　　　　　水利水电工程合同分类及选择标准

合同类型		总价合同	单价合同	成本加酬金合同
概念		合同中确定项目总价,承包单位完成项目全部内容,可以分为固定总价合同和可调总价合同	按分部分项的工程量表确定各分部分项工程费用,可以分为固定单价合同和可调单价合同	业主支付实际成本外,再按某一方式支付酬金,可以分为成本加固定费用合同;成本加定比费用合同;成本加奖金合同;成本加保证最大酬金合同;工时及材料补偿合同
风险承担		由承包人承担	由承、发包双方分担	由业主承担
合同类型		总价合同	单价合同	成本加酬金合同
选择标准	项目规模和工期长短	规模小,工期短	规模和工期适中	规模大,工期长
	项目的竞争情况	激烈	正常	不激烈
	项目的复杂程度	低	中	高
	单项工程的明确程度	类别和工程量都很清楚	类别清楚,工程量有出入	分类与工程量都不甚清楚
	项目准备时间的长短	高	中	低
	项目的外部环境因素	良好	一般	恶劣

三、水利水电工程建设中合同的作用

在水利水电工程建设中,工程建设合同是必不可少的。工程建设合同在工程中有着特殊的地位和作用。

(1) 工程建设合同确定了工程实施和工程管理的主要目标,是合同双方在工程中各种经济活动的依据。

工程建设合同应在工程实施前签订。它确定了工程所要达到的目标以及与目标相关的所有主要的和具体的问题。例如工程建设施工合同确定的工程目标主要有三个方面:

1) 工期。包括工程开始、工程结束以及工程中的一些主要活动的具体日期等。

2) 工程质量要求、规模和范围。主要指详细的,具体的质量、技术和功能等方面的要求,例如建筑材料、设计、施工等质量标准、技术规范、项目要达到的生产能力等。

3) 费用。包括工程总价格、各分项工程的单位和总价格、支付形式和支付时间等。

它们是工程施工和工程管理的目标和依据。工程中的合同管理工作就是为了保证这些目标的实现。

(2) 合同规定了双方的经济关系。合同一经签订,合同双方就结成一定的经济关系。合同规定了双方在合同实施过程中的经济责任,利益和权力。

从根本上来说,合同双方的利益是不一致的。由于利益的不一致,导致工程过程中的利益冲突,造成在工程实施和管理中双方行为的不一致、不协调和矛盾。很自然,合同双方都从各自利益出发考虑和分析问题,采用一些策略、手段和措施达到自己的目的。但这又必然影响和损害对方利益,妨碍工程顺利实施。合同是调节这种关系的主要手段,它规定了双方的责任和权益,双方都可以利用合同保护自己的利益,限制和制约对方。

(3) 合同是工程建设过程中合同双方的最高行为准则。合同是严肃的,具有法律效力,受到法律的保护和制约。订立合同是双方的法律行为。合同一经签订,只要合同合法,双方必须全面地完成合同规定的责任和义务。如果不能认真履行自己的责任和义务,

甚至单方撕毁合同，则必须接受经济的，甚至法律的处罚。除了特殊情况（如不可抗力因素等）使合同不能实施外，合同当事人即使亏本，甚至破产也不能摆脱这种法律约束力。

（4）合同将工程所涉及到的生产、材料和设备供应、运输、各专业施工的分工协作关系联系起来，协调并统一工程各参加者的行为。

由于社会化生产和专业分工的需要，一个工程必须有几个、十几个，甚至更多的参加单位。专业化越发达，工程参加者越多，这种协调关系越重要。在工程实施中，由于合同一方违约，不能履行合同责任，不仅会造成自己的损失，而且会殃及合同伙伴和其他工程参加者，甚至会造成整个工程的中断。如果没有合同的法律约束力，就不能保证工程的各参加者在工程的各个方面，工程实施的每个环节上都按时、按质、按量地完成自己的义务，就不会有正常的工程施工秩序，就不可能顺利地实现工程总目标。

合同管理必须协调和处理各方面的关系，使相关的各合同和合同规定的各工程活动之间不相矛盾，以保证工程有秩序、按计划地实施。

（5）合同是工程过程中双方解决争执的依据。由于双方经济利益的不一致，在工程建设过程中争执是难免的。合同争执是经济利益冲突的表现，它常常起因于双方对合同理解的不一致，合同实施环境的变化，有一方违反合同或未能正确履行合同等。合同对争执的解决有两个决定性作用：

1）争执的判定以合同作为法律依据，即以合同条文判定争执的性质，谁对争执负责，应负什么样的责任等。

2）争执的解决方法和解决程序由合同规定。

第二节 合同管理的任务、方法

一、合同管理的任务

合同管理主要是工程建设合同当事人各方对合同实施的具体管理，是保证当事人双方的实际工作满足合同要求的过程。它是指对项目合同的签订、履行、变更和解除进行监督检查，对合同争议纠纷进行处理和解决，以保证合同依法订立和全面履行。项目合同管理的任务是根据法律、法规和合同的要求，运用指导、组织、控制等手段，促进当事人依法签订、履行、变更合同相承担违约责任，减少和避免合同纠纷的发生，制止利用合同进行违法行为，保证项目顺利进行，保护自己的正当权益。

从合同管理的角度，项目的整个实施过程可以概括为签订合同和履行合同两大阶段。这两个阶段紧密联系，不可分割，前一个阶段是下一个阶段的基础，后一个阶段是前一个阶段的继续，两者缺一不可。合同签订是否合理，直接影响到项目实施的成败和项目的经济效益。一个亏本的或权利义务失衡的合同，是很难履行的，项目的经济效益也很难实现；反之合同条款订得再好，如果在履行合同过程中经常失误，不能正确而有效地执行合同，也不会取得成功。因此合同管理工作贯穿于整个项目实施的始终。

合同管理的中心任务就是利用合同的正当手段避免风险、保护自己，并获取尽可能多的经济效益。

二、合同管理的方法

一般来说建筑合同分三个部分：协议书、通用条款以及专用条款。每个不同的项目，其专用条款部分都不同的，它根据本工程特点，双方协商确定符合该工程实际情况的特殊条款。专用条款具有很强的针对性，是合同的重要组成部分。

建筑施工合同的签订，能否正确履行，不仅关系着企业今天的盈亏和兴衰，而且影响着企业的形象和信誉，关系到未来的生存和发展。建筑合同管理即是在双方已签订合同的基础上，根据双方协商签订的合同条款，正确履行、管理项目，保证项目的质量、工期、安全、文明施工，保证企业的形象和信誉，并为企业赢得最大利益。

建筑合同管理应从以下两个方面入手：

（1）合同的评审和签订。要求制订的合同条款明确严谨，评审人员需按当前的质量体系要求认真考虑各条款的实行性，各个环节紧密相连，不出漏洞。

（2）合同实施和跟进。它要求企业内部人员具有较高的素质，能理解合同，严格按照合同条款办事，认真履行合同，并且随时跟踪工程的满足性，及时解决问题。

（一）合同制定和评审

（1）合同制定。它包括合同条款的对等性、合同条款的明确性、仲裁机构名称要写具体、签字与盖章应同时具备、合同条款的可操作性、约束性条款应详细等方面内容。

（2）合同的评审。在每一项工程合同的签订前，都应按照当前的质量体系文件要求对企业与建设单位双方拟定的合同内容进行各部门的评审，并分别报送相关部门进行评审，总经济师对评审后的合同进行批示。在综合各中心意见和批示的基础上与建设单位洽商修改，最后盖章、签字，送出合同。

（二）合同的实施和跟踪

签订的合同条款需要高素质的人才执行，企业应配备负责合同日常管理工作的专业人员，通过对项目部内部网络，实现合同管理信息化，力求达到重合同守信用的目的。

（1）监督检查有关职能部门和项目部履行合同的情况，及时发现薄弱环节，提出补足措施，防止企业自身发生违约情况，保证合同正确履行。

（2）检查合同履行过程中对方可能发生和已经发生的违约情况，预防对方违约，并对违约事件提出索赔；参加合同纠纷的处理，提出适当对策，保护本企业权益不受损失。

（3）定期和不定期地总结合同履行的全面情况，提炼成功的经验，汲取教训，提出改进合同管理工作的建议，供以后工作参考。

第三节 变 更 与 索 赔

一、建设工程合同变更

合同变更是指合同成立以后，尚未履行或尚未完全履行以前，当事人就合同的内容达成的修改和补充协议。

1. 合同变更的特点

（1）合同变更是业主和承包者双方协商一致，并在原合同的基础上达成的新协议。合同的任何内容都是经过双方协商达成的。因此，变更合同的内容须经过双方协商同意。

任何一方未经过对方同意，无正当理由擅自变更合同内容，不仅不能对合同的另一方产生约束力，反而将构成违约行为。

（2）合同内容的变更是指合同关系的局部变更，也就是说，合同变更只是对原合同关系的内容作某些修改和补充，而不是对合同内容的全部变更，也不包括主体的变更。合同主体的变更属于广义的合同变更。合同主体的变更有时并不是双方协商一致的结果。如合同权利的转让，发生权利主体的变更，此时，权利人转让权利只需通知义务人，而无需义务人同意。这里所说的合同变更，不包括合同主体的变更，是狭义的合同变更。至于合同主体的变更称为合同的转让。

（3）合同变更，也会产生新的债权、债务内容，变更的方式有补充和修改两种方式。补充是在原合同的基础上增加新的内容，从而产生新的债权债务关系。修改是对原合同的条款进行变更，抛弃原来的条款，更换成新的内容。无论修改或补充，其中未变更的合同内容仍继续有效。所以，合同变更是使原合同关系相对消灭。

合同变更可以对已完成的部分进行变更，也可以对未完成的部分变更，这与业主的单方变更是不同的。业主的单方变更不属于前面所说的合同变更，它仅限于未完成部分的变更。如果想对完成部分进行变更，应取得承包者同意，一般情况下，承包者都会同意业主的变更要求，这时的变更，便属于合同变更。无论业主的单方变更，还是合同的变更，如果给当事人造成损失的，都应由有过错方承担赔偿责任，不过不承担违约责任。

合同变更有时是由一方提出，有时是双方提出，有时是由于客观条件变化而不得不变更，有时是根据法律规定变更。但无论是何种原因导致的变更，变更的内容应当是双方协商一致产生的。

2. 合同变更后将产生的效力

（1）合同变更后，被变更的部分失去效力，当事人应按变更后的内容履行。合同的变更就是在保持原合同的统一性前提下，使合同的内容有所变化。合同变更的实质是以变更后的合同关系取代原有的合同关系。

（2）合同变更只对合同未履行的部分有效，不对已经履行的内容发生效力，也就是说合同变更没有溯及力。合同的当事人不得以合同发生了变更，而要求已履行的部分归于无效。

（3）合同变更不影响当事人请求损害赔偿的权利。合同变更以前，一方因可归责于自身的原因给对方造成损害的，另一方有权要求责任方承担赔偿责任，并不受合同变更的影响。当事人因合同的变更本身给另一方当事人造成损害的，当事人应承担赔偿责任，不得以合同的变更是当事人自愿而不负赔偿责任。实践中，一般在合同变更协议中就有关损害赔偿一并作出规定。

二、建设工程合同索赔

索赔是合同执行阶段一种避免风险的方法，同时也是避免风险的最后手段。工程建设索赔在国际建筑市场上是承包商保护自身正当权益、弥补工程损失、提高经济效益的重要和有效手段。许多工程项目通过成功的索赔能使工程收入的改善达到工程造价的 $10\%\sim20\%$，有些工程的索赔额甚至超过了工程合同额本身。在国内，索赔及其管理还是工程建设管理中一个相对薄弱的环节。

索赔一词来源于英语"claim"，其原意表示"有权要求"，法律上叫"权力主张"，并没有赔偿的意思。工程建设索赔通常是指工程合同履行过程中，对于并非自己的过错，而是应由对方承担责任的情况造成的实际损失，向对方提出经济补偿和（或）工期顺延的要求。

在工程建设阶段，都可能发生索赔。但发生索赔最集中、处理难度最复杂的情况发生在施工阶段，因此，通常所说的工程建设索赔主要是指工程施工的索赔。

合同执行的过程中，如果一方认为另一方没能履行合同义务或妨碍了自己履行合同义务或是当发生合同中规定的风险事件后，造成经济损失，此时受损方通常会提出索赔要求。显然，索赔是一个问题的两个方面，是签订合同的双方各自应该享有的合法权利，实际上是业主与承包商之间在分担工程风险方面的责任再分配。

索赔是一种正当的权利要求，它是业主、监理工程师和承包商之间一项正常的、大量发生而且普遍存在的合同管理业务，是一种以法律和合同为依据的、合情合理的行为。

第四节　项目信息管理的含义、目的及任务

一、项目信息系统的含义

如前所述，在水利水电工程项目管理过程中，需要处理大量的信息，而传统的信息管理方式已远不能胜任当前快节奏工程建设的需要。数据库技术、管理信息系统、网络技术等的发展与应用，为工程项目信息管理提供了更为优越的管理环境、管理方式。

项目管理信息系统是指基于计算机软件系统及数据库系统，将工程项目建设中的相关信息与管理工作纳入其中，开发工程项目信息管理系统，并在实际工作中使用。项目信息系统是工程技术、工程管理理论、信息技术等多个学科和专业的交叉和综合。

项目的信息管理是通过对各个系统、各项工作和各种数据的管理，使项目的信息能方便和有效地获取、存储、存档、处理和交流。项目信息管理的目的旨在通过有效的项目信息传输的组织和控制为项目建设的增值服务。

项目信息系统按照不同的标准可以进行不同的划分：

（1）按照项目建设周期分类。可以划分为建设前期项目管理信息系统、施工期项目管理信息系统以及运行期项目管理信息系统。

（2）按照管理对象分类。可以划分为工程项目进度管理系统、工程项目投资管理系统、工程项目质量管理系统以及原材料/施工机械等管理系统。在某些大型管理系统中，将以上的两项或多项进行集成，开发综合管理系统。

（3）按照安装系统运行方式分类。可以划分为单机版的管理系统、局域网运行的 CS 模式管理系统和在 WEB 网运行的 BS 模式管理系统。

开发项目信息系统是一项复杂而庞大的工作，需要多个部门、多个专业人员的积极参与，特别是在需求分析阶段，需要对信息系统的方方面面做详尽的规划和设计。开发项目信息系统的核心和关键在于其实用性，务必保证系统功能可以解决实际工作中的问题，系统工作模式与实际工作流程、工作模式相符，系统界面友好、输入输出满足现实要求。

二、开发项目信息系统的目的

开发水利水电工程项目信息系统的目的主要包括以下几方面：

（1）信息的集成管理。通过建立项目信息系统，实现了对相关业务数据与信息的集成，将分散在各个信息节点的信息统一管理。

（2）信息的共享。以项目信息的集成为基础，在系统使用范围内实现了信息的共享，降低了信息流通成本，提高了信息获取效率。

（3）规范并优化企业内部各部门、各办事机构的业务流程，再造业务规范，对原有管理模式也是一次改进。

（4）提供便捷、高效的管理与决策环境。基于信息的集成和共享，为各项管理工作和决策工作提供了一个良好的、高效的、便捷的管理与决策环境。全面降低企业运作成本，提高企业的整体运作效率，争取企业利润最大化，进一步提高企业的竞争力。

（5）为开发决策支持系统做准备。在项目信息系统的基础上，可以进行决策支持系统的开发，进一步提高企业管理与决策水平。

（6）通过 WEB 的项目信息系统实现全天候实时服务，充分满足用户的各种需求，全面提升客户服务水平，大大加强与客户的紧密度，大幅提升企业形象，建立现代化信息管理体制。

（7）实现各部门间的协同协作、无纸办公。

总之，希望通过项目信息系统的开发和使用，实现项目信息的集成、共享、高效传输，建立高效、便捷的管理与决策环境，为工程项目建设的顺利实施服务。

三、项目信息系统的任务

水利水电工程项目管理信息系统的任务依据管理对象的不同而不同，下面简述项目信息系统在进度管理、质量管理、成本管理、机械及原材料管理等方面的任务。

1. 水利水电工程进度管理系统的任务

水利水电工程进度管理系统的任务主要包括以下几个方面：

（1）工程项目的划分与编码。将整个过程按照一定的方式层层分解，并建立编码系统并表示每个分项工程。

（2）计划进度的表示。以工程实践中常用的进度图或网络图的形式表示工程的计划进度。

（3）进度计划的现场控制。可以对施工现场的进度计划实施控制与管理，根据实际情况调整进度。

（4）进度计划的人工调整。与进度计划的现场控制一致，可对计划的进度计划实施人工调整，对施工机械安排、人员安排等作调整，指定新的进度计划。

（5）进度计划的统计分析。按照某个特定的标准对进度计划的计划执行情况和实际实施情况进行统计分析，以得到供施工管理与决策使用的参数。

2. 水利水电工程质量管理系统的任务

水利水电工程质量管理系统的任务主要包括以下几个方面：

（1）质量标准体系数据库。在信息系统内保存有整套的相应工程的质量标准，包括各类质量标准参数、图形、施工条件等的详细说明。

（2）工程项目的划分与编码。将整个过程按照一定的方式层层分解，并建立编码系统并表示每个分项工程。

（3）质量统计分析模型。在信息系统内建立规范要求的质量分析及统计模型，基于质量标准数据及质量实测数据进行统计分析。

（4）质量评定模型。在信息系统内建立质量评定模型，基于质量标准数据及质量实测数据进行质量评定。

（5）报表图形输出。输出质量管理工作中的各类统计图形、统计图表、报表等信息。

3. 水利水电工程成本管理系统的任务

水利水电工程成本管理系统的任务主要包括以下几个方面：

（1）成本计划管理。依据工程进度计划制定工程成本的预期计划。

（2）成本核算。成本核算是成本管理的主要环节，它在成本管理中起着重要作用。成本核算提供的信息不仅是费用开支的依据，而且是成本分析、经济效益评价的依据。成本核算模块主要有以下四个功能：

1）材料费用计算。系统能够按照各单位工程当月所领用的领料单计算消耗的材料费，系统计算输入系统的单位工程的所有领料单，统计出单位工程的材料消耗费用。

2）人工费用计算。根据输入的施工任务单和考勤表，系统将工日数按不同的用工项目进行分类汇总，最后按平均工资乘以工时数计算出各单位的人工费。

3）管理费和其他费用计算、分配功能。系统首先将各单位工程的施工生产值输入系统，然后输入现场管理经费和其他直接费，按照单位工程预算成本的直接费进行分配，最后输出费用分配表。

4）工程成本核算功能。对系统调用材料耗用表中的材料费、用工分析表中的人工费、费用分配表中的其他直接费和现场经费，以及预算成本分析表中的各项预算成本等有关该工程的各项费用进行统计，传递到建筑工程成本明细账中。

（3）成本控制与分析。它包括对工程成本的实施控制、计划值与实际值的对比分析、成本预测等方面内容。

4. 水利水电工程机械及原材料管理系统的任务

水利水电工程机械及原材料管理系统任务主要包括以下几个方面：

（1）机械的维修管理。记录机械维修记录及运行情况，指定机械的维修计划。

（2）机械的使用情况管理。记录并管理各主要施工机械的使用情况。

（3）原材料生产或进货管理。根据施工进度计划，制定原材料的生产或进货计划，如砂石料的生产计划。

（4）原材料的库存管理。对库存部分的原材料进行出库、入库管理。

第五节　项目信息分类及处理方法

一、项目信息的分类

工程建设各方根据各自的项目管理的需求确定其信息管理的分类，但为了信息交流的方便和实现部分信息共享，应尽可能作一些统一分类的规定，如项目的分解结构应统一。

（1）项目信息应从不同的角度、按照不同的标准进行不同的分类：

1）按项目管理工作的对象，即按项目的分解结构，如子项目1、子项目2等进行信息分类。

2）按项目实施的工作过程，如设计准备、设计、招投标和施工过程等进行信息分类。

3）按项目管理工作的任务，如投资控制、进度控制、质量控制等进行信息分类。

4）按信息的内容属性，如组织类信息、管理类信息、经济类信息、技术类信息和法规类信息。

（2）为满足项目管理工作的要求，往往需要对建设工程项目信息进行综合分类，即按多维进行分类：

1）第一维　按项目的分解结构。

2）第二维　按项目实施的工作过程。

3）第三维　按项目管理工作的任务。

（3）建设工程项目信息编码的方法如下：

1）编码由一系列符号（如文字）和数字组成，编码是信息处理的一项重要的基础工作。

2）一个建设工程项目有不同类型和不同用途的信息，为了有组织地存储信息，方便信息的检索和信息的加工整理，必须对项目的信息进行编码，如项目的结构编码；项目管理组织结构编码；项目的政府主管部门和各参与单位编码（组织编码）；项目实施的工作项编码（项目实施的工作过程的编码）；项目的投资项编码（业主方）/成本项编码（施工方）；项目的进度项（进度计划的工作项）编码；项目进展报告和各类报表编码；合同编码；函件编码；工程档案编码等。

以上这些编码是因不同的用途而编制的，如投资项编码（业主方）/成本项编码（施工方）服务于投资控制工作/成本控制工作；进度项编码服务于进度控制工作。但是有些编码并不是针对某一项管理工作而编制的，如投资控制/成本控制、进度控制、质量控制、合同管理、编制项目进展报告等都要使用项目的结构编码，因此就需要进行编码的组合。

3）项目的结构编码依据项目结构图，对项目结构的每一层的每一个组成部分进行编码。

4）项目管理组织结构编码依据项目管理的组织结构图，对每一个工作部门进行编码。

5）项目的政府主管部门和各参与单位的编码包括：政府主管部门；业主方的上级单位或部门；金融机构；工程咨询单位；设计单位；施工单位；物资供应单位；物业管理单位等。

6）项目实施的工作项编码应覆盖项目实施的工作任务目录的全部内容，它包括：设计准备阶段的工作项；设计阶段的工作项；招投标工作项；施工和设备安装工作项；项目动用前的准备工作项等。

7）项目的投资项编码并不是概预算定额确定的分部分项工程的编码，它应综合考虑概算、预算、标底、合同价和工程款的支付等因素，建立统一的编码，以服务于项目投资目标的动态控制。

8）项目成本项编码并不是预算定额确定的分部分项工程的编码，它应综合考虑预算、投标价估算、合同价、施工成本分析和工程款的支付等因素，建立统一的编码，以服务于项目成本目标的动态控制。

9）项目的进度项编码应综合考虑不同层次、不同深度和不同用途的进度计划工作项的需要，建立统一的编码，服务于项目进度目标的动态控制。

10）项目进展报告和各类报表编码应包括项目管理形成的各种报告和报表的编码。

11）合同编码应参考项目的合同结构和合同的分类，应反映合同的类型、相应的项目结构和合同签订的时间等特征。

12）函件编码应反映发函者、收函者、函件内容所涉及的分类和时间等，以便函件的查询和整理。

13）工程档案的编码应根据有关工程档案的规定、项目的特点和项目实施单位的需求而建立。

二、项目信息的处理方法

（1）在当今的时代，信息处理已逐步向电子化和数字化的方向发展，但建筑业和基本建设领域的信息化已明显落后于许多其他行业，建设工程项目信息处理基本上还沿用传统的方法和模式。应采取措施，使信息处理由传统的方式向基于网络的信息处理平台方向发展，以充分发挥信息资源的价值，以及信息对项目目标控制的作用。

（2）基于网络的信息处理平台由一系列硬件和软件构成：

1）数据处理设备（包括计算机、打印机、扫描仪、绘图仪等）；

2）数据通信网络（包括形成网络的有关硬件设备和相应的软件）；

3）软件系统（包括操作系统和服务于信息处理的应用软件）等。

（3）数据通信网络主要有如下三种类型：

1）局域网（LAN）。由与各网点连接的网线构成网络，各网点对应于装备有实际网络接口的用户工作站）。

2）城域网（MAN）。在大城市范围内两个或多个网络的互联。

3）广域网（WAN）。在数据通信中，用来连接分散在广阔地域内的大量终端和计算机的一种多态网络。

（4）互联网是目前最大的全球性的网络，它连接了覆盖100多个国家的各种网络，如商业性的网络（.com 或 .cn）、大学网络（.ac 或 .edu）、研究网络（.org 或 .net）和军事网络（.mil）等，并通过网络连接数以千万台的计算机，以实现连接互联网的计算机之间的数据通信。互联网由若干个学会、委员会和集团负责维护和运行管理。

（5）建设工程项目的业主方和项目参与各方往往分散在不同的地点，或不同的城市，或不同的国家，因此其信息处理应考虑充分利用远程数据通信的方式，主要包括以下几种情况：

1）通过电子邮件收集信息和发布信息。

2）通过基于互联网的项目专用网站（PSWS Project Specific Web Site）实现业主方内部、业主方以及项目参与各方之间的信息交流、协同工作和文档管理。

3）通过基于互联网的项目信息门户（PIP Project Information Portal）为众多项目服务的公用信息平台实现业主方内部、业主方以及项目参与各方之间的信息交流、协同工作和文档管理。

4）召开网络会议。

5）基于互联网的远程教育与培训等。

（6）基于互联网的项目信息门户（PIP）属于是电子商务（E-Business）两大分支中的电子协同工作（E-Collaboration）。项目信息门户在国际学术界有明确的内涵：即在对项目实施全过程中项目参与各方产生的信息和知识进行集中式管理的基础上，为项目的参与各方在互联网平台上提供一个获取个性化项目信息的单一入口，从而为项目的参与各方提供一个高效的信息交流和协同工作的环境。它的核心功能是在互动式的文档管理的基础上，通过互联网促进项目参与各方之间的信息交流和协同工作，从而达到为项目建设增值的目的。

（7）基于互联网的项目专用网站（PSWS）是基于互联网的项目信息门户的一种方式，是为某一个项目的信息处理专门建立的网站。但是基于互联网的项目信息门户也可以服务于多个项目，即成为为众多项目服务的公用信息平台。

（8）基于互联网的项目信息门户如美国的 Buzzsaw.com（于 1999 年开始运行）和德国的 PKM.com（于 1997 年开始运行），都有大量用户在其上进行项目信息处理。由此可见，建设工程项目的信息处理方式已起了根本性的变化。

第六节　项目管理信息系统的应用

当前的各大水电工程建设中，很大程度上都进行了管理信息系统的开发与应用，而且效果良好，为工程的顺利实施发挥了积极的作用。

项目管理信息系统的应用步骤主要有以下几个方面。

1. 工程项目规范化

保证工程质量的主要手段是使工程实施过程始终处于可控状态，工程管理人员要时刻对工程进展和工程质量保持正确的认识，对于当前工作目标的内容、实施人员及其责任、权利以及技术监督方法都了解得很清楚；工程技术人员明确自己该做什么以及怎么做，工作的输入和输出是什么（输入任务的前提条件，有关文件资料；输出产生的工作记录、总结等）；参与工程的各类人员工作界面清晰，责任明确。这是制定工程管理规范最直接的目的。同时，通过工程管理规范使最终用户从中了解和感受工程的进展流程，在认同的基础上协助系统工程的管理。

只有建立了规范化的工程质量管理文件、质量记录、程序文件、设计文件、技术档案、合同文件、技术资料等，才能建立起工程项目管理信息系统的良好基础。

2. 建立工程项目数据库

在规范化文档的基础上分析、建立工程项目数据库。工程项目数据库可建立在工程项目管理软件之上，或者用其他数据库来实现，如可用微软的 Project 发布用户的工程图表信息，也可用 Access 或其他数据库存储项目条件。

3. 建立工程项目相关应用

在工程应用数据库上建立任务管理系统、工作量管理系统、文档管理系统、设备控制管理系统、物流管理系统、人员管理系统、资金管理系统、质量管理系统、决策管理系统等。

如任务管理系统的实现可在建立任务数据的基础上，建立任务管理控制流程。首先，进行任务拆分以模拟实际操作中的任务细划；其次，建立项目间的关系，表示出项目改变对其他项目的影响；最后，可进行工作日、任务的设置，改进工作分配信息，为每个任务定义开始及结束时间、工作进度及成本比率，或通过改变资源的数量来控制任务的工期。这些功能都可以用微软的 Project 的项目计划控制来实现。

4. 系统测试、运行、维护

在建立工程项目数据库及工程项目相关应用之后，测试是保证工程项目管理系统顺利实施的一项重要工作。通过测试可确保软件系统的安全与可靠性，如数据库被正确处理和信息准确输出。测试后的工程项目管理系统在投入运行后，需要良好的维护以确保数据库的安全与可靠及应用系统高效率运作。

在工程规模不断扩大、工期要求愈来愈严格的今天，应用先进的工程项目管理软件是大型工程项目管理中保证工期、减少事物性重复工作、高效率高质量完成工程项目的必要条件，而开发适合国情的工程项目管理软件是当前项目管理领域的一项重要工作。

思　考　题

1. 简述水利水电工程中合同的分类及每类合同的适用条件。
2. 简述合同在水利水电工程建设中的重要性。
3. 简述水利水电工程合同管理的任务与方法。
4. 简述水利水电工程信息系统的目的。
5. 简述水利水电工程项目信息的分类方法。

第三篇　水利水电工程运行期管理

　　水利水电工程经过前期勘测设计和建设施工并通过竣工验收合格后即转入运行期管理。

　　运行期水利水电工程管理是指为了最大限度地满足国民经济发展、社会进步和人类与自然和谐可持续发展的需要，运用诸如行政、法律、经济、技术和教育等手段，维护水利水电工程的健康和正常发挥工程效益而采取的一系列措施的总和。

　　我国水利水电工程分属两大管理体系：一是以公益性为主、由水利部门主管的水利枢纽工程；二是以经营性为主、由电力部门主管的水电枢纽工程。水利枢纽工程数量大，根据工程受益和影响范围的大小，按照统一管理与分级管理相结合、专业管理与群众管理相结合的原则进行管理，其中特别重要的大型工程由国家机构（水利部）和流域机构（流域水利委员会）主管，其他大型工程和中、小型工程由省（自治区、直辖市）、市、县各级水利行政机构分级主管。水电枢纽工程一般规模较大，由隶属的各大发电公司或电网公司进行管理。

　　运行期水利水电工程管理的主要内容包括：宣传、贯彻和执行国家有关水利水电工程管理的方针、政策和法律、法规；建立工程信息档案，负责工程安全监测、日常维护保养和定期安全检查，确保工程的安全运行和效益的正常发挥；制订工程运行规程，编制防汛抢险应急预案，执行供水与发电计划和兴利与防洪调度指令；开展综合利用，做好经营管理等。

　　我国对水利水电工程管理（特别是安全管理）十分重视，目前已形成了一套以大坝为代表的，比较完整的法律、法规及规范体系。在《中华人民共和国水法》的基础上，国务院于1991年发布了《水库大坝安全管理条例》（中华人民共和国国务院令第78号，1991年3月），水利部于1995年公布并于2003年修订了《水库大坝安全鉴定办法》（水建管［2003］271号），国家电力监察委员会于2005年公布了《水电站大坝运行安全管理规定》（国家电力监管委员会令第3号，2005年1月）。在《水利技术标准体系表》（水利部国际合作与科技司，2001年5月）和《电力标准体系表》中，涉及水利水电工程管理的标准多达100余项。这些法律、法规和规定，是水利水电工程管理的主要行为准则。

　　工程安全是工程管理的核心，"安全第一"是工程管理必须遵循的基本方针。运行期水利水电工程安全保障主要通过安全监测、日常维护保养和注册登记、安全定期检查等手段来实现。安全监测犹如大坝的"医生"，是大坝安全的耳目，不仅可以掌握大坝的工作性态，监视工程安全，还可以服务工程运行，提高工程效益，检验设计与施工，促进坝工科技发展；日常维护保养是保证工程的安全、完整和延长其使用寿命的基本工作，是发现并及时处理工程安全隐患的主要途径；水利水电工程注册登记和安全定期检查是水利水电工程的"定期体检"，是水利水电工程安全管理工作逐步走上规范化、制度化和科学化的长效机制，是深层次分析和评价工程安全的有效手段。因此，本篇重点介绍了水利水电工程安全监测、老化病害及其防治、注册登记及安全定期检查、防汛抢险等方面的基本知识。

水利信息化是水利现代化的重要举措，是提高水利管理与服务水平、促进水利科技进步、保障水利事业可持续发展的关键性工作，也是一项新兴的水利水电工程管理内容。因此，本篇也对水利信息化进行了简单的介绍。本书在第十二章"水利信息化"中从信息化角度涉及了水情预报、防洪调度等方面的部分内容，但未对水文预报、水库调度等作专章阐述。

此外，水利水电工程人事管理和经营管理等也是水利水电工程运行期管理的重要内容。本书主要讨论水利水电工程管理中的技术管理问题，因此没有涉及人事管理和经营管理等内容。

运行期水利水电工程管理内涵丰富，涉及面广，本篇所介绍的仅是基本内容，更广泛的知识可参考相关书籍和文献。

第九章　水利水电工程安全监测

第一节　概　　述

一、安全监测的目的

在本章中仅以大坝监测为代表来论述水利水电工程的安全监测。我国是坝工大国，已建成各类水坝 8.7 万余座，其中大、中型水坝 3000 余座，15m 以上的水坝约 1.8 万余座。坝工在我国国民经济建设和社会发展中已经而且正在发挥着重要作用。但是，由于人们对自然力量（如洪水、地震等）、材料性能（如材料力学指标、老化病害等）、结构机理（如建筑物失稳机理、超载能力等）、施工控制（如混凝土温控、填筑密实度等）以及人为损坏（如运行疏忽、恐怖袭击等）等大坝安全影响因素认识尚不充分，加之许多工程运行超过 40 年，一些工程甚至已经超过设计服役年限，导致部分工程处于带"病"运行状态，存在严重的安全隐患。随着坝工建设的深入发展，高坝大库不断涌现。而当前高坝枢纽工程失效模式、破坏演变机理、安全评估和风险分析等涉及高坝安全的理论研究尚不完善，高坝的安全问题尤其重要。因此，无论从我国既有大坝的安全状态，还是从未来大坝的深入发展，建立、健全和发展大坝安全监测体系，都具有重要意义。

安全监测犹如大坝的"医生"，其主要目的在于：

（1）掌握工作性态，监视工程安全。建立、健全和发展安全监测，可以及时获取大坝第一手安全参数和资料，掌握大坝的工作性态，诊断大坝的健康状况，实现对大坝的在线、实时安全监控，并为实施大坝安全预警和制订应急预案提供基础。

（2）服务工程运行，提高工程效益。建立、健全和发展安全监测，可以及时发现大坝的异常迹象，分析异常状态的成因和危险程度，预测大坝安全趋势，从而为制订工程的控制运行计划和维护改造措施，充分发挥工程经济效益提供技术依据。

（3）检验设计与施工，促进坝工科技发展。建立、健全和发展安全监测，可以认识监测效应量的变化规律，检验坝工基本理论、设计方法和计算参数等的合理性，验证施工措施、材料性能、工程质量等的效果，研究坝工工作机理和失效模式，提高坝工科学技术水平。

二、安全监测的发展趋势

大坝安全监测的发展趋势，可以从大坝安全监测的发展历史中看出。大坝安全监测的发展，大致可以划分为以下四个阶段：

第一阶段是从远古到 19 世纪末，是早期阶段。当时主要是一些土石材料坝，对坝的观测仅为感性认识，主要是简单的外表巡视检查。

第二阶段是 20 世纪初至 20 世纪 50 年代，是起步阶段。随着坝工技术的较快发展，坝工理论体系基本形成，一些新型结构不断出现。为了检验设计理论和计算方法，研究效应量的变化规律，开始在部分大坝中埋设安装相应的监测仪器。为与模型试验相对应，此时将监测工作普遍称为"原型观测"。在此阶段，初步出现了成型的观测仪器和观测方法，开始采用简单的方法对观测资料进行定性分析，一些设计理论和计算方法（如拱坝试载法、重力坝坝基渗压折减系数等）被观测资料所验证而得到肯定和推广。

第三阶段是 20 世纪 60 年代至 20 世纪 90 年代，是发展阶段。随着一些著名大坝的失事，各国政府和公众对大坝的安全深切关注，安全监测工作被提高到一个更加重要的地位，因而得到了快速发展。此时监测工作的主要目的是获取观测数据，从而对结构性态进行评价，发现工程存在的安全隐患，因此，将监测工作普遍称为"大坝观测"。在此阶段，监测仪器的性能得到了较大改善，常规监测仪器可靠性得到了保障，初步出现了自动化观测系统；安全监测制度、法规和管理机构开始出现，并逐步健全，并已实施大坝注册和大坝安全定期检查制度，使得大坝安全监测和管理步入了有法可依、有章可循和依法管坝的标准化管理轨道；监测资料分析方法从定性分析向定量分析转变，出现了一系列监测数学模型，开展了多测点监测分布模型、多项目综合评价模型、监测资料反分析与反演分析等方面的研究。

第四阶段是 20 世纪 90 年代末期以来至今的成熟阶段。监测已经在大坝中得到广泛应用，并已取得了实质性成果，监测目的已经从验证设计、解释性态转变为健康诊断、安全监视，并且正在向实时、在线安全监控方向发展。因此，目前监测工作普遍称为"安全监测"，并开始出现"安全监控"的提法。在此阶段，已形成了型谱齐全、性能稳定的监测仪器系列；监测自动化系统已趋完善，并基本实现监测数据远程控制（采集、传输）；各类监测法律、法规、规范体系已基本完备，大坝注册登记和安全期检查制度已逐步完善；监测设计已从工程类比向优化设计发展，开始从机理上研究监测设计方案；三大传统监测模型（统计模型、确定性模型和混合模型）基本完善，新型监测模型不断涌现，监测资料分析和反分析理论和方法得到了深入的研究；出现了比较完善的安全监测信息管理系统，开展了大坝安全辅助决策支持系统的研究；开始从机理上研究大坝健康诊断技术和寿命预测方法；安全监控指标和监控模型的理论研究取得了较大进展，且初步能应用于工程实际；监测工作正在向实时、在线安全监控方向发展。

随着监测技术的发展和计算机网络技术、人工智能技术的进步，大坝安全监测经历了感性认识、原型观测、大坝观测、安全监测等阶段，正在朝着安全监控的方向发展。未来大坝安全监测的主要发展趋势为：

（1）大坝安全监测的功能，正在从离线分析大坝安全，向实时、在线大坝安全诊断和安全监控的方向发展，未来将会出现高智能、高效率、高可靠性的真正意义上的大坝安全监控系统。

（2）大坝安全监测的区域，正在从单个大坝的分散安全监控，向大坝群、区域大坝乃至全国大坝的统一集中监控的方向发展，未来将出现真正意义上的全国性大坝安全监控中心。

三、安全监测的基本环节和阶段

大坝安全监测融工程结构学、仪器仪表学、计算机学、现代数学、网络技术等于一体，主要包括监测仪器（系统）、监测设计、监测施工、监测数据采集、监测资料整理与分析、安全评价、安全监控等环节。其中，监测仪器是安全监测的物质基础，监测设计是安全监测的关键，监测施工和监测数据采集是安全监测成果质量的保证，监测资料整理与分析是使监测成果得以正常应用的重要手段，安全评价与监控是安全监测的最终目的。

大坝监测工作贯穿于坝工建设与运行管理的全过程，基本上可划分为五个阶段：

（1）可行性研究阶段。提出并优化安全监测系统的总体设计方案、监测项目、测点布置以及所需仪器与设备的数量和监测系统的投资概算（一般占主体工程总投资的 $1\% \sim 2.5\%$）。

（2）招标设计阶段。提出安全监测系统设计文件，包括监测系统布置图、监测仪器设备清单、各监测仪器设施的技术要求、安装埋设要求、观测测次要求、工程预算等。

（3）施工阶段。提出施工详图，按照设计要求和规范规定，实施仪器设备的采购、检验、率定、埋设、安装、调试和维护；完成施工期监测数据采集，保证监测资料的连续、可靠、完整；及时对监测资料进行初步分析，为优化主体工程施工方案和评价工程安全提供依据；编写各类监测报告（月报、季报、年报、特殊观测报告）及监测竣工报告，绘制监测竣工图。有条件时，应建立施工期监测信息管理系统。

（4）首次蓄水阶段。制定首次蓄水的监测工作计划和主要的设计监控技术指标；在蓄水前取得并确定各监测测点的基准值，对工程安全状态作出评价，为制定和优化蓄水方案提供依据。在首次蓄水期间，按设计要求和规范规定，进行监测仪器的常规观测和加密观测及巡视检查；并在蓄水后提出监测资料分析报告。

（5）运行阶段。进行日常的及特殊情况下的监测工作，实施监测数据的定期采集，并定期进行巡视检查；及时整理、整编监测成果并编写报告，建立监测档案；建立安全监测信息管理系统，及时分析监测资料，判断工程安全状态，发现监测资料中的异常现象以及工程可能存在的安全隐患，并分析成因，制定相应的处理或改造措施；做好监测系统的维护、更新、补充、完善、鉴定等工作。有条件时，应建立专家系统或辅助决策支持系统，对工程实施实时、在线安全监控。

四、安全监测的主要项目

由于不同类型大坝的工作特点、工作原理、运行方式等不同，监测项目设置的侧重点也有所不同。安全监测项目包括仪器监测和巡视检查两方面。

（一）仪器监测的主要项目

监测项目的设置，与大坝的型式、水工建筑物的级别以及各大坝的具体特点有关，一般可以归纳为五类。

（1）工作条件监测。也称环境量监测，主要包括水位（上、下游水位）、水温、气温、降雨、坝前淤积、下游冲淤、冰冻等。

（2）变形监测。主要包括坝体位移（水平位移、垂直位移）、坝基位移（水平位移、垂直位移）、坝体倾斜、接缝和裂缝开合度、近坝区岸坡变形等。

（3）渗流监测。主要包括混凝土坝的扬压力、土石坝的浸润线、坝基渗透压力、渗流量、绕坝渗流、渗水透明度及化学分析、导渗降压等。

（4）应力监测。也称应力应变及温度监测，主要包括混凝土坝的混凝土应力、应变、钢筋应力、钢管及蜗壳的钢板应力，混凝土温度，坝基温度，土压力，锚杆（索）应力等。

（5）专门监测。也称专项监测，主要包括高边坡稳定、局部结构应变及应力、坝体动力监测（坝体振动、地震反应等）、水力学项目等。

混凝土坝监测项目设置的详细规定，详见《混凝土坝安全监测技术规范》（DL/T 5178—2003）；土石坝监测项目设置的详细规定，详见《土石坝安全监测技术规范》（SL 60—94）。

（二）巡视检查的主要项目

大坝巡视检查分为日常巡视检查、年度巡视检查和特别巡视检查三类。

日常巡视检查是指在常规情况下，对大坝进行的例行巡视检查。日常巡视检查应根据大坝的具体情况和特点，制定切实可行的巡视检查制度，具体规定巡视检查的时间、部位、内容和要求，并确定日常的巡回检查路线和顺序，由有经验的技术人员负责进行。

年度巡视检查是指在每年汛前汛后、用水期前后、冰冻较严重地区的冰冻期和融冰期、有蚁害地区的白蚁活动显著期、高水位低气温时期等条件下所进行的巡视检查。

特别巡视检查是指在出现严重影响大坝安全的情况下所进行的巡视检查，如发生大暴雨、大洪水、有感地震、水位骤升骤降、工程出现较严重的破坏现象、出现较危险的险情等。

对各类大坝巡视检查的内容，详见相应的监测技术规范。

（三）监测和检查测次

仪器观测的测次因项目和阶段而异。主体工程施工期，常规观测测次一般为1次/旬～1次/月；首次蓄水期及初蓄期（首次蓄水后头3年），一般为1次/天～1次/旬；运行期，一般为1次/月～1次/季。对于应力监测仪器，在传感器埋设后头一个月，应加密观测，间隔从4h、8h、24h到5天，以后逐渐转入常规观测。对于遭遇地震、大洪水以及其他异常情况时，应适当加密观测。自动化监测项目可适当加密观测。经过长期运行后，可通过鉴定对监测测次作适当调整。

日常巡视检查在主体工程施工期，一般为 1～2 次/周；首次蓄水期及初蓄期（首次蓄水后头 3 年），一般为 1 次/天～1 次/2 天；运行期，一般混凝土坝为 1 次/月，土石坝为 2～4 次/月。汛期特别高水位运行期，应加密检查次数。年度巡视检查，一般 2～3 次/年。

第二节　监　测　技　术

一、变形监测技术

变形监测主要包括水平位移、垂直位移、接（裂）缝开合度、基岩变形、土体固结等监测项目。

（一）水平位移监测技术

水平位移监测的基本原理是：设置一条基准线或若干基准点，采用光学、机械学或电子学等原理的监测仪器，测量出不同时间各监测测点相对于基准线或基准点的位置，从而获得各测点水平方向的位移。采用基准线的方法主要有垂线法、视准线法、引张线法和激光准直法等；采用基准点的方法主要有前方交会法、GPS 法、导线法、测斜仪法等。

水平位移的基本计算公式为

$$\delta_i = y_i - y_0$$

式中　δ_i——本次实测水平位移；

　　　y_i——本次测值；

　　　y_0——基准值（首次测值）。

1. 垂线法

垂线法的基准线是一条一端固定的、铅直张紧的、直径为 1.5～2.0mm 的不锈钢丝（垂线），一般安装在竖井、竖管、空腔、钻孔或预留孔中，通过观测沿垂线不同高程的测点相对于垂线固定点的水平投影距离，来求算出各测点的水平位移值。由于沿高程的水平位移反映了观测对象挠曲情况，故也称挠度观测。

上端固定于观测对象上部或顶部，下端用重锤张紧钢丝的，称为正垂线，一般由专业竖井、垂线、悬线固定装置、重锤、垂线坐标仪和观测墩等部分组成，如图 9-1（a）所示；下端固定于水工混凝土建筑物底部或基岩深处（视为相对不动点），上端用浮体装置将钢丝张紧的，称为倒垂线，一般由专业竖井、垂线、倒垂锚块、浮筒（浮体装置）、垂线坐标仪和观测墩等部分组成，如图 9-1（b）所示。

垂线一般布置在混凝土重力坝或拱坝中。在高边坡中，有时也采用倒垂线观测水平位移；在土石坝两坝端，有时布置倒垂线，以便为其他水平位移观测方法（如引张线、激光准直等）提供基准点变形值。

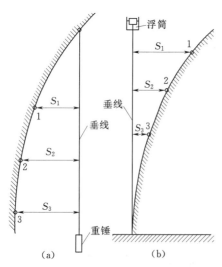

图 9-1　垂线法示意图
(a) 正垂线；(b) 倒垂线

在垂线观测中，正垂线所测得的是相对于悬挂点的相对位移，倒垂线所测得的是相对于锚固点的绝对位移（认为倒垂线锚固点为相对不动点）。因此，工程中一般将正垂线和倒垂线联合使用，将倒垂线的顶部观测点与正垂线的底部观测点置于同一高程（可称为正倒垂线"关联测点"），通过倒垂线来获得正垂线最低点的绝对位移，然后将正垂线上的各观测点的相对位移转化为相对于倒垂线锚固点的绝对位移。

2. 视准线法

视准线法的基准线是一条设置在观测对象两端外侧的永久性牢固控制基墩上的虚拟线（即所谓视准线）。在视准线一侧的控制基墩上安置精密经纬仪或全站仪，在另一侧的控制基墩上安装固定觇标或棱镜，在视准线上设置若干观测墩（测点），在观测墩上布置活动觇标或棱镜。用经纬仪或全站仪瞄准另一侧控制基墩上的固定觇标或棱镜的中心，形成视准线，测点与视准线的偏离值即为各测点水平位移本次测值。

视准线法方法简单，投资小，适用于通视条件良好、可在直线上布置多个测点的情况，因而在安全监测的早期，工程应用较广。但由于受大气折光的影响较大，观测精度一般较低，特别是当视距较长时，远离视镜一端的测点观测精度更低。

3. 引张线法

引张线法的基准线是一条直径为 0.8~1.2mm 的不锈钢丝。在钢丝的两端悬挂重锤，或将钢丝的一端固定，在另一端悬挂重锤，从而使钢丝拉紧形成一条直线。在两端之间布置若干测点，通过观测各测点与钢丝的偏离值来获得各测点的水平位移。

引张线一般设置在观测对象的表面（如坝的表面等）或内部水平空间（如坝体廊道等）中，主要由端点装置、测点装置、测线和保护管等组成。图 9-2 为两端悬挂重锤的引张线示意图。

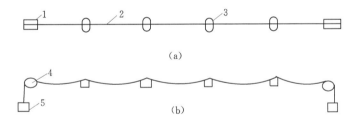

图 9-2　引张线示意图

（a）平面图；（b）立面图

1—端点；2—引张线；3—位移测点及浮托装置；4—定滑轮；5—重锤

引张线法作为水利水电工程水平位移观测的主要手段之一，应用已相当普遍。随着技术的改进，引张线的最大长度记录也会越来越长。

4. 激光准直法

激光准直法的基准线是一条激光束。激光准直监测系统是根据光的衍射原理，激光源（点光源）、波带板中心和像点中心三点一线的特点设计的，在一端安装激光发射装置（激光器），在另一端安装激光接收装置（接收靶），在中间测点上安装波带板。激光器发射出的激光束照满波带板，波带板起聚焦作用，在接收靶上形成圆形亮点（对圆形波带板）或十字形亮线（对方形波带板）。在接收靶上测出亮点或亮线的中心位置，即可计算出测点与激光束的偏离值，此偏离值即为测点的位移。

真空激光准直系统将波带板激光准直装置与真空管道系统相结合，装有波带板装置的测点箱与适应观测对象变形的软连接可动真空管道连成一体，激光束通过低真空气体时，光束偏折、漂移及光斑抖动现象大为降低，因而与早期激光束暴露于大气中的大气激光准直系统相比，其观测精度大为提高。

5. 边角网法

视准线、引张线和激光准直等水平位移监测手段主要适用于坝轴线为直线的情况。对于坝轴线为曲线的拱坝而言，上述观测方法监测效率低。因此，基于基准点的边角网法在拱坝水平位移监测中广泛应用。

边角网法是在坝址上下游区以及坝体布置的位移观测网，如图 9-3 所示。图中 A、B、C、D 组成控制网，其中 C、D 为校核基点，A、B 为工作基点，由校核基点采用测边和测角方法校测工作基点的位移变化情况；1、2、3、4、5 点为坝体位移观测点，通过观测工作基点 A、B 与位移标点（测点）之间的水平角以及工作基点与工作基点或位移标点之间的距离，按照几何关系来确定位移标点的坐标变化，从而求得各测点水平位移的方法。由于位移标点采用交会方法观测，因此也称"交会点法"。

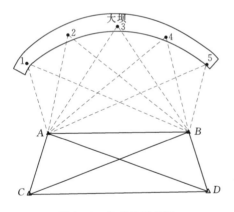

图 9-3 边角法示意图

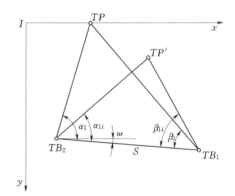

图 9-4 边角法测点位移变化量计算示意图

如图 9-4 所示，TB_2、TB_1 为两固定工作基点（视为相对不动点），TP 为位移标点。建立 xIy 坐标系，以左右岸方向为 x 轴，以上下游方向为 y 轴。

边角法（交会法）任一测点位移变化量的计算公式为

$$\left.\begin{aligned}\Delta_{xTP} &= S\frac{\sin\beta_{1i}\cos(\alpha_{1i}-\omega)}{\sin(\alpha_{1i}+\beta_{1i})} - S\frac{\sin\beta_1\cos(\alpha_1-\omega)}{\sin(\alpha_1+\beta_1)} \\ \Delta_{yTP} &= -(S\frac{\sin\beta_{1i}\sin(\alpha_{1i}-\omega)}{\sin(\alpha_{1i}+\beta_{1i})} - S\frac{\sin\beta_1\sin(\alpha_1-\omega)}{\sin(\alpha_1+\beta_1)})\end{aligned}\right\}\tag{9-1}$$

式中：Δ_{xTP} 为 TP 点第 i 次观测时相对于首次观测时 x 方向的位移变化量；Δ_{yTP} 为 TP 点第 i 次观测时相对于首次观测时 y 方向的位移变化量；S 为 TB_2 至 TB_1 距离；α_1、β_1 分别为首次观测时分别在 TB_2、TB_1 点测得 TP 的交会角；α_{1i}、β_{1i} 分别为第 i 次观测时分别在 TB_2、TB_1 点测得 TP 的交会角；ω 为 TB_2 至 TB_1 连线与 x 轴的交角（通过 TB_2 和

TB_1 坐标的几何计算求得），偏向下游为正，偏向上游为负。

边角法（交会法）一般采用经纬仪或全站仪进行观测（测边与测角），可同时观测径向水平位移和切向水平位移，观测精度较高，测点布置灵活，可在坝体表面增设非固定测点和临时测点。

除上述介绍的方法外，在水平位移监测中，还有一些针对特殊条件而实施的监测方法，如观测拱坝坝内廊道内测点位移的导线法，观测土石坝、河堤或边坡深层水平位移的测斜仪法，等等。

（二）垂直位移监测技术

垂直位移是指监测对象在高程方面的变化量，即在垂直方向的上升或沉降的变化量。目前，水利水电工程垂直位移监测主要采用几何水准测量法和静力水准测量法。

1. 几何水准测量法

几何水准测量法是指采用水准仪量测监测对象不同测点的高程，从而确定不同时期各测点上升量或下沉量的方法。一般采用"三级点位、两级控制"的方法进行观测。三级点位是指水准基点、起测基点和位移标点（测点）；两级控制是指由水准基点校测起测基点，由起测基点观测位移标点。

（1）水准基点。通常为埋设可靠的深埋钢管标、深埋双管标或混凝土水准墩基点，其高程一般由国家大地控制网观测成果提供，定期更新。精密水准网包括所有水准基点和起测基点，并力求构成闭合环线，以提高观测精度。

（2）起测基点。一般为混凝土墩，将起测基点与水准基点组成水准环线，按国家一等水准测量的要求进行联测，通过水准基点高程校测起测基点高程。由于起测基点是垂直位移标点观测的基础，因此要求起测基点埋设在坚实牢固、稳定可靠的位置，且每年对其进行一次校测，以判断其是否变化。当起测基点发生较大变化时，应对各垂直位移标点观测成果进行修正。

在进行垂直位移标点观测时，采用精密水准仪和铟瓦水准尺，从起测基点开始，遵照国家二等水准测量要求，按照预定施测路线，观测相应各垂直位移标点后，闭合回原起测基点或附合至另一起测基点，闭合误差要求不大于 $\pm 0.6\sqrt{n}$ （mm），其中 n 为测站数目。根据各测站平差后的高程值求出各测站高程，然后根据各测站高程推算各垂直位移标点的高程。将标点首次观测高程减去本次观测高程，即为各标点本观测日相对于首次观测日的垂直位移值（规范规定，垂直位移下沉为正，上抬为负）。

几何水准测量法是目前水利水电工程垂直位移观测的主要方法。

2. 静力水准仪测量法

静力水准仪所依据的基本原理是连通管内静止液面高程相等，因此也称连通管法。在两个内径相等、相互连通的容器中充满液体，仪器安装后，当液体完全静止时，两个连通容器内的液面处于同一大地水准面上，观测两容器内液体的位置，作为初始基准值。当容器的基墩下沉或上升时，两个连通容器内液面达到新的水准面，观测此时新水准面相对于基墩面的高度变化。分别测出液面变化量 Δh_1、Δh_2，即可求得两测点之间的相对高差，从而获得各测点的垂直位移。

根据上述原理，不仅可以观测两测点之间的相对垂直位移，也可以布置多个测点并连成系统来观测多个测点之间的相对垂直位移。当需要获得测点的绝对垂直位移时，可将某一测点布置在稳定不动点作为基准点，也可在某一测点处布置水准测点，通过水准观测来传递高程。

早期的静力水准仪液面高程采用水面测针进行目测。现代静力水准仪主要是利用浮子升降来进行液面高程的自动测量及远程遥测。浮子随容器内的水位升降，与浮子相连的传感器的铁芯也连同产生上下垂直运动，通过铁芯垂直运动所引起传感器输出电压的变化来反映水位升降情况，再经 A/D 转换，传输给计算机实现遥测自动数字显示和记录。

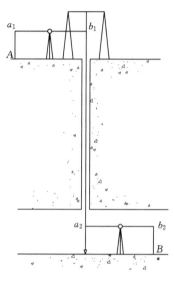

图 9-5　垂直传高示意图

静力水准法精度高，测量方便，特别适用于光学测量困难的部位，但如连通管两端的温度差异较大时，温差引起的两端底座混凝土变形将影响观测精度，因此常用于两端温差较小、气温变化不大的部位（如在灌浆廊道内观测坝基沉降等）。

3. 垂直传高仪

对混凝土坝廊道内的垂直位移测点，当需要从坝外工作基点引测时，如果斜坡过陡无法架设观测仪器，或视距过短无法看清水准尺，则高程从坝外传递至廊道时发生困难。此时，如果坝体有竖向廊道或竖井，则可以利用竖向廊道或竖井将高程向下传递，如图 9-5 所示。

高程传递有两种方法：一种是在竖向廊道或竖井内悬挂一根铟钢尺，铟钢尺上端固定，下端挂以重锤，利用水准仪分别观测上端一测点的高程和下端一测点的高程，铟钢尺两测点之间的长度即为两测点的高程差；另一种方法是在竖向廊道或竖井对应的下部廊道布置一个垂直位移标点，利用垂直传高仪观测上部固定点和下部固定点之间的距离，从而进行高程传递。

（三）三维位移监测技术

随着监测技术的发展，一些监测方法可同时监测 x（左右岸方向）、y（上下游方向）、z（垂直方向）3 个方向的位移。

1. GPS 变形监测技术

GPS（Global Positioning System）是以卫星为基础的全球定位系统，GPS 技术在大坝变形监测、高边坡变形监测等方面的应用，可以解决其他监测手段所不能解决的一些难题。

基于 GPS 的大坝变形监测系统主要包括空间星座、地面监控和监测用户设备等三部分。GPS 的空间星座部分由基本上均匀分布在 6 个轨道平面内的 24 颗卫星组成；地面监控部分主要由分布在全球的 5 个地面站组成，包括卫星检测站、主控站和信息注入站；GPS 变形监测用户设备部分主要由 GPS 数据采集系统、数据传输系统和数据处理系统构成。GPS 技术应用于大坝变形监测，主要是开发用户设备部分。

数据采集系统包括 GPS 基准站和 GPS 监测站。基准站用于改正监测站的 GPS 信号误差；监测站用于接收 GPS 卫星定位信号，以确定监测点位置的三维坐标。数据传输系统可采用有线传输或无线传输。数据处理系统由总控软件、数据自动处理软件、数据管理软件以及大坝安全分析软件等构成。如图 9-6 所示为一个常规的 GPS 监测系统。

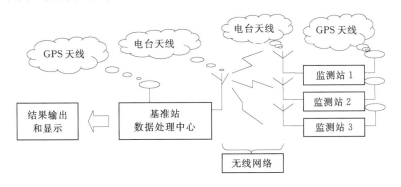

图 9-6 GPS 监测系统示意图

GPS 技术可实现对多个测点 x、y、z 3 个方向位移的同步观测，系统操作简单，数据采集速度快，点位之间无需通视，自动化程度高，观测精度良好，可全天候、全自动化地稳定工作，特别是在汛期、泄洪等恶劣条件下，系统仍能提供良好的监测数据，在关键时刻为大坝安全评价和防洪决策提供重要依据。

GPS 监测技术实用前景十分广阔，但设备造价高是目前条件下制约其大范围推广的关键因素。此外，其解码算法的研究尚待进一步改进，以提高观测精度。

2. 测量机器人

测量机器人实质上就是智能自动全站仪，是一种集自动目标识别、自动照准、自动测角与测距、自动目标跟踪、自动记录于一体的测量平台，其技术组成包括坐标系统、操纵器、换能器、计算机和控制器、闭路控制传感器、决定制作、目标捕获和集成传感器等 8 大部分。

坐标系统为球面坐标系统，望远镜能绕仪器的纵轴和横轴旋转，在水平面 360°、竖面 180°范围内寻找目标；操纵器的作用是控制机器人的转动；换能器可将电能转化为机械能以驱动步进电机运动；计算机和控制器的功能是从设计开始到终止操纵系统、存储观测数据并与其他系统接口，控制方式多采用连续路径或点到点的伺服控制系统；闭路控制传感器将反馈信号传送给操纵器和控制器，以进行跟踪测量或精密定位；决定制作主要用于发现目标，如采用模拟人识别图像的方法（称试探分析）或对目标局部特征分析的方法（称句法分析）进行影像匹配；目标获取用于精确地照准目标，常采用开窗法、阈值法、区域分割法、回光信号最强法以及方形螺旋式扫描法等；集成传感器包括采用距离、角度、温度、气压等传感器获取各种观测值；由影像传感器构成的视频成像系统通过影像生成、影像获取和影像处理，在计算机和控制器的操纵下实现自动跟踪和精确照准目标，从而获取物体或物体某部分的长度、厚度、宽度、方位、二维和三维坐标等信息，进而得到物体的形态及其随时间的变化。因此，使用测量机器人可实时获得测点三维坐标，因而实现对建筑物表面变形的三维位移监测。

有些自动全站仪还为用户提供了一个二次开发平台，利用该平台开发的软件可以直接在全站仪上运行。利用计算机软件实现测量过程、数据记录、数据处理和报表输出的自动化，从而在一定程度上实现了监测自动化和一体化。

（四）其他变形监测技术

1. 接缝开合度监测技术

对大体积混凝土中关键性部位的接缝，如混凝土坝的横缝、混凝土结构的伸缩缝、拱坝的周边缝、面板堆石坝面板间的接缝以及面板与趾板之间的接缝等，应对其开合度进行监测。

对混凝土重力坝，横缝一般不进行灌浆处理，横缝开合度的监测目的在于通过分析开合度变化规律来判断坝基是否存在异常以及各坝段之间的是否存在错动；对混凝土拱坝，横缝应进行封拱灌浆，横缝开合度的监测目的在于通过分析开合度变化规律来判断拱坝是否处于整体工作状态。

接缝开合度监测主要采用测缝计（单向测缝计、三向测缝计）进行。单向测缝计的两端分别埋设在缝的两侧，后端固定在混凝土内，前端套在套筒中，连接传感器的测杆可随着缝宽的变化自由运动。缝宽的变化导致传感器输出信号的变化，从而获得缝开合度变化值。三向测缝计除可测得缝的开合变化外，还能测得缝的上下游方向错动变化和缝的铅直方向错动变化。

测缝计根据其工作原理分为差动电阻式测缝计、振弦式测缝计、电位式测缝计等。由于差动电阻式测缝计价格便宜，且观测精度能满足工程精度的要求，因此在实际工程中应用广泛。

2. 基岩变形监测技术

（1）基岩变形计。基岩变形计是一种用于监测基岩钻孔轴向变形的仪器，所监测的变形为孔口与孔底之间岩体沿钻孔方向的压缩变形或拉伸变形，适用于埋设在重力坝坝基、拱坝拱座、岩体边坡、隧洞衬砌等部位的钻孔中。

基岩变形计由锚头、测杆、保护管、传感器和读数仪等组成。在坝基内钻孔，孔底钻至基岩相对不动层；通过预埋在孔底部的灌浆管灌浆将锚头固定在钻孔底部，使锚头和岩体牢固连成一体，锚头视为相对不动点（基准点）；将传感器安装在孔口，测杆采用外套保护管进行保护，并在钻孔内用水泥灌浆密实。当岩体沿钻孔轴线方向发生位移时，位于孔口的传感器在测杆上的相对位置将随之发生变化，从而获得基岩在锚头与传感器之间的位移变化值。

（2）多点位移计。多点位移计是在同一钻孔中沿其长度方向设置不同深度的多个测点，测量各测点沿钻孔方向的位移，适用于各种建筑物基础和岩土工程，如坝基、拱座、隧洞、洞室、边坡等部位岩体不同深度变形的监测，特别适用于在岩体断层、软弱夹层、破碎带等岩体构造的两侧各布置 1 个测点来监测该构造的压缩或张拉变形情况。

多点位移计由锚头、测杆、保护管、孔口专用固定装置、传感器和读数仪等组成。测点位置和数量根据岩体构造特点和特定监测目的布置，一般在同一钻孔中沿长度方向不同深度布置 3~5 个测点。每个测点处埋设一个锚头（基准点），锚头与测杆相连，测杆另一端与传感器相连。

3. 土体固结监测技术

土体固结监测主要包括两个方面：表面沉降监测和内部分层固结监测。表面沉降监测通过在土体表面设置垂直位移监测点,采用几何水准方法和静力水准方法来实现;内部分层固结监测通过在土体内部不同高程设置若干测点,监测各测点的沉降情况来实现,主要采用各类沉降仪进行监测。

沉降仪广泛用于各种土体结构的分层沉降观测,如土石坝、堤防、高速公路、填土工程等。目前常用的沉降仪主要有横梁管式沉降仪、电测式沉降仪、干簧管沉降仪、水管式沉降仪、钢弦式沉降仪等。

二、渗流监测技术

渗流监测主要包括渗透压力监测和渗流量监测。

(一)渗透压力监测技术

坝基及坝体扬压力监测、岩体裂隙渗流监测、土石坝浸润线监测、绕坝渗流以及地下水位监测均可归属于渗透压力监测。渗透压力监测方法主要有渗压计和测压管(孔)。

1. 渗压计法

渗压计又称孔隙水压力计,一般埋设在观测对象内部,通过观测测点处的渗透压力来确定测点的渗压水头。目前使用较多的是差动电阻式渗压计和振弦式渗压计等。

(1)差阻式渗压计。差阻式渗压计的关键元件为两组电阻差动变化的弹性钢丝。渗流压力自进水口经透水石作用在感应板上,使两方铁杆产生相对移动引起电阻比发生变化。温度升高,渗压计油室的变压器油和空气因膨胀而给感应板施加压力也引起电阻比发生变化。因此,当仪器受渗流压力和温度双重作用时,渗流压力按下式计算:

$$p = f\Delta Z - b\Delta T \tag{9-2}$$

式中　ΔZ——渗压计相对于基准电阻比的电阻比增量,0.01%;

　　　ΔT——相对于基准温度的温度增量,℃;

　　　f——渗压计修正后的最小读数,MPa/0.01%;

　　　b——渗压计温度影响修正系数,MPa/℃。

f 和 b 可根据出厂卡片查得或根据率定资料获得。

(2)振弦式渗压计。振弦式传感器的关键元件为一根由弹性弹簧钢、马氏不锈钢或钨钢制成的金属丝弦,它与传感器受力部件牢固连接,利用金属丝弦的自振频率与金属丝弦所受到的外加张力关系测得各种物理量。振弦式传感器又称为钢弦式传感器或弦式传感器。

振弦式渗压计主要由透水石、感应板、电磁线圈和外壳等几大部分组成,其灵敏度高、稳定性好,因此已在工程应用中逐步取代差动电阻式渗压计而得到广泛应用。

振弦的自振频率取决于它的长度、振弦材料的密度和振弦所受的张力。设振弦的张力 σ 和振弦的线密度 ρ 均匀一致,振弦的长度为 l,则振弦的自振频率 A 为

$$A = \frac{\sqrt{\sigma/\rho}}{2l} \tag{9-3}$$

成型后的渗压计,其振弦材料和有效长度均不会变化,则式(9-3)中 ρ 和 l 为定值。此时,振弦的自振频率只与它所受的张力有关,振弦的张力与其自振频率呈二次函数关系,与自振频率的平方呈线性关系,即

$$\sigma = kA^2 \tag{9-4}$$

当渗压计承受渗流压力时，振弦所承受的张力将使振弦的自振频率发生变化。此时，渗压计实测渗流压力 p 按下式计算：

$$p = f(A_i^2 - A_0^2) = f\Delta A^2 \tag{9-5}$$

温度变化也会引起振弦张力的变化。温度升高，振弦的张力下降。因此，在渗流压力和温度的共同作用下，渗压计实测渗流压力 p 的计算公式为

$$p = f(A_i^2 - A_0^2) + b(T_i - T_0) = f\Delta A^2 + b\Delta T \tag{9-6}$$

式中　A_0——振弦的初始自振频率（基准自振频率），Hz；

$\quad\quad A_i$——i 时刻张力变化后的自振频率；

$\quad T_0$、T_i——基准温度（测定基准自振频率时的对应温度）和 i 时刻的渗压计实测温度；

$\quad\quad f$、b——仪器灵敏度和温度影响修正系数，可根据出厂卡片查得或根据率定资料获得。

振弦式传感器的激振由传感器内的电磁线圈完成。

2. 测压管（孔）法

（1）测压孔。对混凝土坝坝基扬压力，可采用测压孔进行监测。测压孔一般深入基岩 $1\sim2m$，孔口位于基础廊道，孔口安装压力表。

孔口保护装置根据孔内水位情况而定。当孔内水位较低时，可采用带盖板的、加锁的保护箱进行保护。观测时打开盖板，用电测水位计或测绳来观测孔口至孔内水面的深度 h_1。设孔口高程为 h_0，则测压孔实测扬压水位 H 为 $H = h_0 - h_1$。当测压孔水位仅高出孔口 $0\sim1.5m$ 时，可在孔口接玻璃管或塑料管直接观测孔口以上的水位高度 h_2，此时测压孔实测扬压水位 H 为 $H = h_0 + h_2$。当测压孔压力较大、水位高出孔口 $1.5m$ 以上时，应在孔口安装压力表。设压力表实测水压读数为 h_3（水柱），则测压孔实测扬压水位 H 为 $H = h_0 + h_3$。

（2）测压管。对土石坝坝体或坝基渗透压力，可采用测压管进行监测。

测压管由进水管段、导管段、装有孔口保护装置的孔口段三部分组成，材料常采用金属管或塑料管。测压管的种类较多，常见的有单管式、双管式和 U 形管式等，其中以单管式应用广泛。

测压管根据设计要求钻孔埋设，如图 9-7 所示。钻孔孔径一般为 $100\sim150mm$，测压管管径一般为 $50mm$。单管式测压管的进水管段结构应能保证渗透水顺利进入管内，同时测点处又不致发生渗透变形，因此通常由反滤层和插入反滤层的进水短管组成。进水短管长约 $2m$，在下部约 $0.5\sim1m$ 长度的管壁上钻有直径为 $5\sim6mm$ 的梅花状分布的小孔，因此，进水短管俗称花管。为便于渗流水进入测压管并防止进水短管堵塞，在进水短管外壁包裹过滤材料，并在进水短管底部和四周填充经筛分并冲洗干净的粒径为 $6\sim8mm$ 的砂卵石形成反滤层。根据观测目的的不同，可考虑是否在反滤层上方填塞黏土和水泥砂浆以形成止水塞。

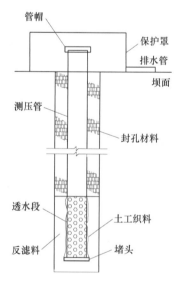

图 9-7　测压管埋设示意图

导管管径与进水短管管径相同，连接在进水短管上面，一直引出到预定的便于观测的孔口部位。

（二）渗流量监测技术

渗流量监测一般分为点渗流量监测和面渗流量监测。

所谓点渗流量，是指为及时排除建筑物及其基础部位的渗流而在建筑物及其基础内设置的具有一定深度的排水管或排水孔排出的渗流水流量。点渗流量也称为单孔渗流量，其流量一般不大，因此常采用容积法进行监测。

所谓面渗流量，是指为判断一定区域内的渗流量大小而将渗流范围划分为若干渗流区域，分区域将渗流量汇集至集水沟来量测的方法。面渗流量也可称为区域渗流量，当渗流量小于 1L/s 时，可用容积法进行量测；当渗流量大于 1L/s 时，应在集水沟内设置量水堰进行量测；当渗流量大于 300L/s 时，宜采用测流速法。

1. 容积法

容积法就是通过测定在一定时间内渗流水的体积来计算渗流量。一般采用秒表计时，采用量杯或量桶来记录体积，充水时间不宜小于 10s。容积法适用于渗流量小于 1L/s 的情况。

2. 量水堰法

量水堰是指在集水沟的直线段上设置一定形状缺口（过水断面）的量水堰，在无压稳定自由出流条件下测得堰顶水位，然后运用相应的量水堰流量计算公式来计算得到渗流量。为防止漏水，在集水沟沟底及边坡处需加混凝土或砌石护砌。量水堰法适用于渗流量在 1～300L/s 的情况。

根据缺口形状，量水堰主要有三角堰、梯形堰、矩形堰等几种型式。

三角堰的缺口为一等腰三角形，其底角一般采用直角，如图 9-8 所示。三角堰是工程中最常用的量水堰，适用于渗流量小于 100L/s 的情况，其堰上水头 H 一般最大不超过 0.35m，最小不小于 0.05m。直角三角堰自由出流的流量计算公式为

$$Q = 1.4H^{5/2}$$

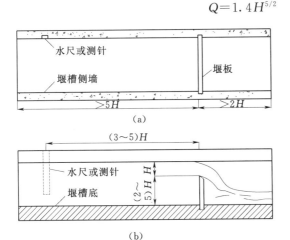

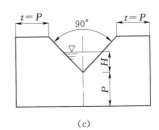

图 9-8　三角堰示意图

（a）平面图；（b）立视图；（c）侧视图

3. 测流速法

测流速法是指当渗流量较大时，将渗水汇集到比较规则平直的排水沟内，采用流速仪或浮标等方法来观测渗流水流流速，并测出排水沟的过水面积，从而计算出渗流量的方法。

渗流量大于 300L/s 时，一般宜采用测流速法进行观测。

4. 遥测观测法

遥测观测法是指在容积法、量水堰法或测流速法等基本观测方法的基础上，通过渗流量遥测装置，将观测到的物理量（时间、体积、水位、流速等）转化为电信号，由电缆传输至中心观测室，实行数据采集的自动控制的方法。

（三）热渗流监测技术

传统的渗流监测技术（渗压计、测压管等）属于点式测量，而水工建筑物的渗流问题是一个复杂的具有随机性和不均匀性的空间分布问题，因此，传统的渗流监测技术难以获得水工建筑物渗流状态的整体概念。通过观测温度分布及其变化来监测坝体、坝基渗流状态的热渗流监测技术，为渗流的空间分布监测提供了一种新途径。

1965 年，美国最先在加利福尼亚州塞米诺土坝上开展了一项为期 3 年的热渗流监测技术试验研究。此后一些国家利用热渗流监测技术开展了地下水勘探、堤坝渗流探察、病险水工建筑物治理等方面的研究。

热渗流监测技术，又称为温度示踪渗流监测技术，其基本原理是：当坝体及坝基内无渗流水流动时，其温度是连续分布、均匀变化且具有一定规律性的。当有渗流（特别是集中渗流）流经坝体或坝基时，一方面，由于渗流水与坝体或坝基介质的温度不同，必然改变坝体或坝基温度状态，温度分布规律性被破坏；另一方面，由于水是良好的热载体，其热传导流量比土体大几倍乃至几十倍，具有很强的吸热效应，必然导致坝体或坝基温度出现异常，特别是在渗流量发生变化时，这种异常将更加明显。据此，将大量具有较高灵敏度的温度传感器埋入堤坝等土石介质的挡蓄水建筑物基础或内部，通过温度观测成果来判断渗流（渗漏）通道和渗透路径。

早期热渗流监测技术的实现主要是通过在水工建筑物及其基础内埋设大量热敏温度计来进行温度观测，但是该方法仍属于点式监测，且耗资较大。

随着光纤监测技术的发展，特别是分布式光纤技术的进步，通过在水工建筑物及其基础内埋设光缆，可以实现对空间温度场的实时温度采集。分布式光纤测温系统克服了点式温度计测点有限和成本高的缺点，大大提高了发现水工建筑物及其基础集中渗流通道的能力。

热渗流监测技术在发现水工建筑物及其基础内部是否存在渗流通道以及确定渗流流径方面，具有直观明确可靠的特点，有广阔的应用前景。

三、应力监测技术

应力监测是对温度监测、应力应变监测、压应力监测、土压力监测、钢筋应力监测、荷载监测等与应力有关的监测项目的统称。

（一）温度监测技术

温度监测的主要方法有：埋设专用温度计，利用差动电阻式仪器监测温度，采用光纤测温和其他测温仪器。差动电阻式仪器在监测其他物体量（如应变、渗压）的同时，亦可监测温度。

目前使用最广的是电阻式温度计（全称为"埋入式铜电阻温度计"），由铜电阻线圈、电缆和密封外壳构成。温度计实测温度 T 按下式计算：

$$T = \alpha'(R_T - R_0')$$ (9-7)

式中 α'——温度常数，$\text{℃}/\Omega$；

     R_T——温度计实测电阻，Ω；

     R_0'——0℃时的电阻值，Ω，一般取为 46.4Ω。

（二）混凝土应力应变监测技术

用观测仪器直接测量混凝土的应力是应力监测最理想的方法，但在目前的监测技术条件下，只有一些已知为压应力的部位可以用压应力计进行直接测量，对于大多数部位，还只能通过监测混凝土应变来间接地计算出混凝土应力。

混凝土综合应变 ε_m 包括两部分，即由应力因素引起的混凝土"应力应变 ε'"和由非应力因素引起的混凝土"非应力应变 ε_0"，则

$$\varepsilon_m = \varepsilon' + \varepsilon_0$$ (9-8)

计算混凝土应力时，需要的是"应力应变 ε'"。ε' 目前尚无法直接观测，而是通过在混凝土内埋设应变计（组）观测混凝土"综合应变 ε_m"，埋设无应力应变计（简称"无应力计"），观测混凝土"非应力应变 ε_0"，然后在 ε 中扣除 ε_0 得到 ε'，即

$$\varepsilon' = \varepsilon_m - \varepsilon_0$$ (9-9)

因此，在混凝土应力监测中，应变计（组）和无应力计是配套使用的，一般在应变计（组）附近 1~1.5m 范围内埋设 1 支无应力计。

1. 混凝土综合应变 ε_m 监测

混凝土综合应变 ε_m 由埋设在混凝土内的应变计进行观测。从工作原理看，应变计主要有差动电阻式、振弦式、差动电容式等。由于差动电阻式应变计价格便宜，性能满足要求，因此，国内应用广泛。

物理学表明，导线的电阻与其截面积、长度有关。当导线的截面积不变时，导线的长度变化与导线的电阻变化呈线性关系，只要测出导线电阻的变化，就可以求得导线长度的变化。此外，导线电阻和温度之间也存在一定的函数关系，测出导线的电阻，就可求出导线的温度。差动电阻式仪器就是基于上述两个原理制成的。

应变计实测混凝土综合应变 ε_m 按下式计算：

$$\varepsilon_m = f\Delta Z + b\Delta T = f(Z_i - Z_0) + b(T_i - T_0)$$ (9-10)

式中 ΔZ——应变计相对于基准时刻电阻比的电阻比增量，0.01%；

     ΔT——相对于基准时刻温度的温度增量，℃；

     f——应变计修正后的最小读数，$\times 10^{-6}/0.01\%$；

     b——应变计温度影响修正系数，$\times 10^{-6}/\text{℃}$。

f 和 b 可根据出厂卡片查得或根据率定资料获得。

式（9-10）适合于所有差动电阻式仪器观测物理量的计算。在计算时，计算参数应选择各监测仪器出厂卡片提供的参数或仪器埋设前率定的参数。

对于应力方向明确的部位，可只在所关心的应力方向布置单向应变计，也可布置三向应变计组来监测相互垂直的3个方向的应力；对于应力状态比较复杂的空间应力问题，则应布置多向应变计组，如5向应变计组、7向应变计组、9向应变计组，甚至13向应变计组，其中5向应变计组和7向应变计组应用较多。

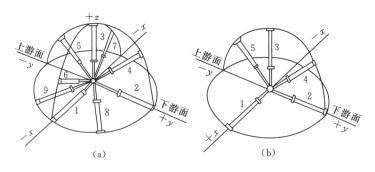

图 9-9　应变计组埋设示意图

(a) 9 向应变计组；(b) 5 向应变计组

2. 混凝土非应力应变监测

混凝土非应力应变也称为混凝土自由应变或自由体积变形，是由于混凝土温度、湿度以及混凝土材料特性、水泥水化热和其他一些未知的物理化学变化等非荷载因素引起的一种应变，采用埋设在应变计（组）附近 1~1.5m 范围内的无应力应变计（简称"无应力计"）进行观测。无应力计监测成果不仅为混凝土应力计算提供了条件，也反映了混凝土的自身基本特性。

将无应力计埋设在锥形双层套筒的内筒混凝土中，使应变计不受筒外大体积混凝土荷载变形的影响，筒口则与筒外的大体积混凝土连成一体，筒内、筒外保持相同的温度和湿度。这样内筒混凝土产生的变形，只是由于温度、湿度和自身因素引起的，而非应力作用的结果。因此，内筒测得的应变即为混凝土的自由体积变形所造成的非应力应变。

差阻式无应力计实测混凝土非应力应变 ε_0 按下式计算

$$\varepsilon_0 = f_0 \Delta Z + b_0 \Delta T \tag{9-11}$$

式中：ΔZ——相对于基准时刻电阻比的电阻比增量，0.01%；

ΔT——相对于基准时刻温度的温度增量，℃；

f_0——无应力计修正后的最小读数，$\times 10^{-6}/0.01\%$；

b_0——无应力计温度影响修正系数，$\times 10^{-6}/℃$。

f_0 和 b_0 可根据出厂卡片查得或根据率定资料获得。

非应力应变 ε_0 包括因温度原因引起的温度变形 ε_T、因湿度原因引起的湿度变形 ε_w 和由于混凝土自身物理化学作用引起的自生体积变形 ε_r，则

$$\varepsilon_0 = \varepsilon_T + \varepsilon_w + \varepsilon_r \tag{9-12}$$

其中，混凝土自生体积变形特点对混凝土应力有较大影响。当自生体积变形为膨胀型时，有利于增大混凝土压应力或减小混凝土拉应力，避免产生混凝土裂缝。因此，在必要时，可以通过使用膨胀型混凝土来改善混凝土应力状况。

混凝土的温度变形为 $\varepsilon_T = \alpha_c \Delta T$。混凝土线膨胀系数 α_c 可以通过试验得出，也可根据无应力计监测资料求得。

在相对较短的时间内，近似地认为混凝土的湿度变形的自变量和自生体积变形的变化量可以忽略不计，则该时段混凝土的自由体积变形的变化量 $\Delta\varepsilon_0$ 为其温度变形的变化量 $\Delta\varepsilon_T$。在相对较短的升温或降温段内取 ε_0 的变化量 $\Delta\varepsilon_0 = \varepsilon_{02} - \varepsilon_{01}$ 和相应的温度变化量 $\Delta T = T_2 - T_1$，则

$$\Delta\varepsilon_T = \Delta\varepsilon_0 = \varepsilon_{02} - \varepsilon_{01} = \alpha_c(T_2 - T_1) = \alpha_c \Delta T \tag{9-13}$$

于是混凝土线膨胀系数 α_c 可按式（9-14）计算：

$$\alpha_c = \Delta\varepsilon_0 / \Delta T \tag{9-14}$$

取若干升温或降温时段进行计算，得到若干 α_{ci}（$i = 1, 2, \cdots, n$），然后取其平均值作为混凝土线膨胀系数 α_c。

对大体积混凝土，一般认为其湿度基本不变，可以忽略湿度变形，则混凝土自生体积变形为

$$\varepsilon_r = \varepsilon_0 - \alpha_c \Delta T \tag{9-15}$$

3. 混凝土应力计算

混凝土坝实测应力计算步骤为：

(1) 应变计及无应力计原始测值误差检验和修正。

(2) 基准时间和基准值选择。

(3) 应变计实测综合应变计算，无应力计实测自由应变计算。

(4) 应变计组的不平衡量计算及平差处理。

(5) 单轴应变计算。

(6) 计算混凝土总变形。

(7) 混凝土坝实际应力和主应力计算。

考虑徐变影响的应力计算方法主要有变形法、松弛系数法和有效弹模法等。变形法和松弛系数法的本质是一样的。变形法直接根据徐变试验进行计算，精度较高，但计算复杂；松弛法计算简便，但精度稍差，是目前最常用的方法；有效弹模法是一种简化的近似计算方法，对龄期很长的混凝土建筑物比较合适。

（三）其他应力监测技术

1. 压应力监测

压应力计是一种能直接量测混凝土内压应力大小的仪器，只能埋设在压应力比较明确的部位。

压应力计由感应板组件、传感部件、油腔、电缆等组成，油腔内充满特种溶液。根据传感部件的性质，压应力计主要有差动电阻式和弦式等类型。

压应力计的工作原理为：当混凝土应力作用于压应力计受压面板时，油腔内的液体因不可压缩的特性而产生液体压力；传压液体将压力传递到感应背板上，感应背板产生变形推动传感器部件，使得传感器输出信号发生变化（弦式传感器的自振频率发生变化，或差动电阻式传感器的电阻比和电阻值发生变化），从而计算出混凝土压应力。压应力计的独特形状和结构形式，使得在压应力计算时，可以忽略非应力因素引起的混凝土非应力应变

以及混凝土徐变特性造成的影响。

压应力计的结构特点（液体只能传递压应力，不能传递拉应力），决定了它只能反映压应力的大小，因而只能用于观测压应力，不能用于观测拉应力。所以，在确定压应力计的埋设位置时，应确保该部位属于始终处于压应力工作状态的部位；否则，所观测的结果是失真的。

2. 土压力监测

土压力计是一种埋入土体之中，直接用于观测土体压应力的仪器。土压力计广泛应用于土石坝、堤、护岸、公路、铁路、机场跑道、码头、建筑物基础、地下洞室、支撑及防护结构等。

土压力计的工作原理与压应力计相似，也主要有差动电阻式和弦式等类型；土压力计的结构型式主要有立式、卧式和分离式等。

多支土压力计埋设在同一部位不同方向，可以观测该点土体主应力和最大剪应力。

3. 钢筋应力监测

钢筋计又称钢筋应力计，用于观测钢筋混凝土内的钢筋应力。钢筋计由连接杆、钢套、传感组件、电缆等构成。根据传感组件的不同，可以分为差动电阻式、弦式等类型。其中差动电阻式钢筋计价格便宜，应用广泛。

将受力钢筋焊接在钢筋计的两端，使钢筋计与受力钢筋连成整体；当钢筋受到轴向作用力（拉力和压力）时，钢套便产生变形（拉伸或压缩变形），与钢筋紧固在一起的感应组件也随之变形，使得传感器输出信号发生变化（弦式传感器的自振频率发生变化，或差动电阻式传感器的电阻比和电阻值发生变化），从而计算出钢筋轴向应力。

钢筋计观测的直接成果为钢筋计综合应力。要计算出钢筋的实际应力，必须考虑混凝土与钢筋的共同作用以及混凝土徐变等因素的影响。

4. 荷载监测

荷载监测是指对水利水电工程中的分布荷载或集中力进行的监测，其监测仪器统称测力计，例如用于观测预应力锚索或锚杆加固效果以及预应力荷载的形成与变化情况的锚索测力计或锚杆测力计等。

从结构上看，测力计主要有轮辐式测力计、环式测力计、液压式测力计等，均带有中心孔。轮辐式测力计由内外 2 个钢环和 4 个轮辐连为一体，辐内安装传感器；环式测力计由工字形钢环形成缸体，在环内 4 个对称位置安装 4 个传感器；液压式测力计由压力表或传感器和一个充满液体的环形容器组成。

按传感器原理，测力计同样可分为差动电阻式、弦式等。

四、专项监测技术

（一）高边坡监测

高边坡安全监测应以边坡整体稳定性监测为主，兼顾局部稳定性监测；应监测边坡性态变化的全过程，特别应注重施工期安全监测与运行期安全监测的衔接和连续性。

高边坡安全监测主要包括高边坡表面位移、深层位移、渗流（地下水）、裂缝、爆破及松动范围、加固效果等监测内容。

高边坡的表面水平位移和垂直位移监测，主要采用平面控制网大地测量法，利用全站仪进行监测。大地测量法监测范围广，精度高，但工作量大，技术要求高。对于特别重要的人工部位，可采用倒垂线进行水平位移观测；地形条件允许时，也可采用引张线等方法进行水平位移监测。

深层位移监测手段主要有钻孔测斜仪和多点位移计。钻孔测斜仪通过在高边坡内钻孔，并在孔内安装测斜管，采用活动式测斜仪探头，每间隔 0.5～1.0m 观测一个测点，从而获得高边坡的挠度变化；多点位移计利用钻孔穿过高边坡内存在的断层、裂隙及破碎带，在断层、裂隙及破碎带的两侧各布置一个测头，从而获得断层、裂隙及破碎带在压缩或拉伸状态下的相对位移变化。深层位移监测是高边坡中普遍采用的监测方法。

地下水是影响高边坡稳定的主要因素之一，是高边坡渗流监测的重点。地下水位监测主要采用测压管进行，也可采用渗压计。测点布置为：在坡顶及不同高程马道上布置若干个测点，通过钻孔形成测压管，观测测压管内的水位，从而实现对高边坡地下水分布状态的监测；在排水洞内每间隔一定距离布置一根测压管，监测排水效果；在测斜管附近布置一根测压管，以便与深层位移监测成果进行对比分析。地下水渗流量主要采用量水堰进行监测，量水堰一般布置在排水洞出口。

表面可见的明显裂缝，可采用测缝计、位错计、钢丝位移计等仪器监测其开合度。

爆破是人工高边坡中常用的手段，也是导致高边坡变形、破坏的重要外因。爆破监测的目的在于控制爆破规模，优化爆破工艺，减小爆破动力作用对高边坡的影响，避免超挖和欠挖，确保边坡稳定。爆破震动监测主要采用爆破震动监测仪，监测质点振动速度或加速度。

边坡开挖中的应力释放和爆破的动力破坏，将导致高边坡内岩体扰动。通过监测岩体的扰动范围（深度），可为锚杆布置设计提供依据。通常采用声波法和声波仪监测，也可采用地震法和地震仪进行监测。

加固效果监测主要针对加固措施。对锚杆（锚索）加固，主要采用锚杆（锚索）应力计监测锚杆（锚索）的应力状态以及预应力锚杆（锚索）的应力松弛状态等；对抗滑桩，主要采用应变计组监测混凝土的应力状态，采用钢筋计监测钢筋应力状态等。

（二）水力学监测

水力学监测主要包括动水压力、水流流态及水面线、流速及泄流量、空蚀及掺气、消能及冲刷等监测内容。

动水压力监测包括时均压力、瞬时压力和脉动压力监测，其中脉动压力是引起水工建筑物振动的主要因素之一，主要监测水流脉动时的振幅和频率等参数。动水压力一般采用测压管和压力传感器进行监测。测压管式动水压力计通过一根进水口位于泄槽底面或侧面、出水口安装测压管水银比压计（或压力表）的连通管，将测点处的压力转换成测压管水头进行监测。压力传感器主要有电阻式和压阻式传感器等，安装时需要预先埋设电缆和传感器底座。

水流流态目前主要采用文字描述、摄影、录像等方式进行记录性监测；明流条件下的水面线一般采用水尺或电测水位计进行监测，测点间距视具体情况和要求布置，一般间距5～20m。

泄流流速一般采用浮标、流速仪、超声波、毕托管等方法监测，泄流流量则主要根据过流断面面积和流速进行计算。

空蚀一般采用以下三种方法监测：①在可能出现空穴处，用水下噪声探测仪监听空泡溃灭时噪声强度变化进行空蚀监测；②利用地面近景摄影观测方法测出空蚀量，大型空蚀应测量空蚀的面积和深度，计算空蚀量；③观测空蚀的平面分布，在整个空蚀破坏范围内，设置各种标记，用照相机、录像机拍摄记录空蚀破坏全貌，同时记录相应的水流条件进行分析。

掺气监测一般采用取样法、电测法、同位素法。①取样法常用负压取样器取水，然后对样品进行水、气分离处理测定掺气量；②电测法包括电阻法、电容法等，即利用空气掺入水体后，水体的电阻或电容变化来推求掺气量；③同位素法是利用放射性同位素的 γ 射线通过水和空气吸收值不同的特点，测量分层掺气量。

消能监测包括底流、面流和挑流等各类水流形态的测量和描述，监测方法主要采用目测或摄影法。当流态比较稳定时，也可采用交会法监测水流位置。

冲刷监测包括局部冲刷、局部淘刷和淤积。一般可以在泄洪结束后下游无水时直接测量局部冲刷的冲坑位置、深度、形态和范围，以及淤积的位置、高度形态和范围等；当下游有水时，可采用水下地形测量方法对局部冲刷或淤积进行监测。局部淘刷目前还只能采用目视检查的方法进行。

（三）地震监测

地处地震基本烈度Ⅶ度及其以上地区的Ⅰ、Ⅱ级大坝，经论证认为需要时，应进行坝体地震反应监测。

大坝地震监测是利用强震仪来监测地震时大坝测点运动的全过程以及在其作用下的结构反应情况，是取得对地震破坏作用和结构抗震性能认识的主要来源。开展强震监测，有利于加深对抗震客观规律的认识，推动抗震设计方法由"静力"方法向反应谱理论的"动力"分析和"全动力"分析方法的方向发展。

大坝地震监测通常采用基于物体的惯性原理制造的水工强震仪进行。强震监测物理量主要有振动位移、振动速度或振动加速度等，因而强震仪主要有强震位移记录仪、强震速度记录仪和强震加速度记录仪三种类型。由于记录地震加速度精度高、适用性强，因此大坝强震监测中多采用强震加速度记录仪，其他两个物理量则通过计算处理获得。

水工强震仪主要包括拾震系统、信号放大记录系统、触发启动系统、时标服务系统、不间断电源系统和信号采集分析系统。

水工强震仪记录的是位移、速度或加速度等物理量沿时间变化的波形。通过波形频谱分析，可获得大坝的动力特性，如大坝的自振频率、振型等模态参数以及动应变、动应力等物理参数，从而为大坝的安全运行和性态评价提供依据。

五、监测系统集成技术

大坝安全监测系统一般由现场传感器、测控单元及中央处理机组成。按系统的组成结构，可分为集中式监测数据采集系统、分布式监测数据采集系统和现场总线数据监测系统。

（一）集中式自动监测数据采集系统

大坝安全监测自动化系统最初都是集中式系统结构。集中式监测数据采集系统只有一台测控单元，安置在远离测点现场的监控室内，一般和监测主机放在一起。在测点现场安装切换单元（如集线箱、开关箱等），由电缆将传感器信号通过切换单元接入到测控单元中。典型的集中式自动监测系统结构如图9-10所示。

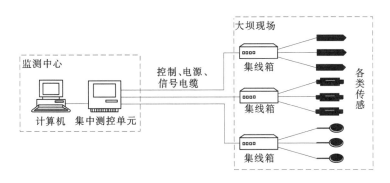

图9-10　典型的集中式监测数据自动采集系统

集中式自动监测系统在数据采集时，由测控单元直接控制切换单元，对所有测点的传感器进行逐个测量。这种系统在传感器—切换单元—测控单元之间传送的是电模拟量，且连接电缆一般较长，易受到干扰，所以对连接电缆的要求较高（如连接电缆的芯数、阻抗特性、屏蔽特性、绝缘电阻等）。

集中式自动采集系统具有远程自动测量功能。它能对接入系统的传感器进行巡测或选测，也可采用其他通信方式进行远距离数据通信。

集中式系统虽然结构简单，但也存在不少缺点。例如，每种类型的监测仪器共用一台集中测量单元，一旦测量单元发生故障，大坝上所布设的该类传感器均无法测量；连接集线箱和集中测量单元的控制电缆和信号电缆一旦损坏，将会造成整个系统瘫痪；由于控制电缆和信号电缆一般较长，所传输的又都是模拟信号，因而极易受到干扰；由于大坝监测采用的监测传感器种类较多，其结构和工作原理各不相同，因此集线箱、测量单元和电缆均需专用。所以集中式系统存在可靠性较低、测量时间长、不易扩展等缺陷。

由于集中式数据采集系统存在上述缺陷，自分布式自动化监测系统开发研制后，集中式数据采集系统已趋于淘汰，但在相对较小的监测系统中尚有应用。

（二）分布式自动监测数据采集系统

我国20世纪90年代开始开发分布式大坝安全自动监测系统，现已得到广泛应用。

1. 系统结构

分布式自动监测系统由监测传感器、测量控制单元（MCU）、监测计算机组成。典型的分布式自动监测系统如图9-11所示。

分布式大坝安全监测自动化系统将集中式测控单元小型化，并和切换单元集成到一起，安置在测点现场，每个MCU连接若干支传感器，MCU具有A/D转换（将模拟信号转换为数字信号）功能，数字信号通过"数据总线"直接传送到监控计算机中。每个MCU可看作一个独立子系统，各个子系统采用独立控制。

与集中式数据采集系统相比，分布式数据采集系统由于每台MCU均为独立进行量测，如果发生故障，只影响该台MCU，不会导致整个系统瘫痪，因而可靠性大为提高；分布式数据采集系统的数据总线上传输的是数字信号，可采用统一的标准通信数

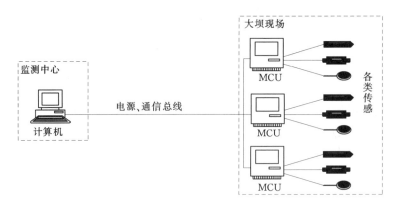

图 9-11　典型的分布式监测数据自动采集系统

据接口，抗干扰能力强；每台 MCU 均为独立工作，各台 MCU 可同时量测，因而监测速度快，监测参数同步；只需要在原系统的基础上增加 MCU 即可扩充监测系统，可拓展性强。

2. 测量控制单元（MCU）

测量控制单元是分布式大坝安全监测自动化系统数据采集网络中的重要节点，它将集中式监测系统的测量单元和切换单元集成在一起，完成监测物理量的测量、A/D 转换、数据自动存储和数据通信等功能。

MCU 由机箱、智能数据采集模块、接口模块、人工比测模块和电源模块等组成。数据采集模块是 MCU 的核心，由它控制 MCU 的接口切换、数据采集、存储和通信等；由于测控单元一般工作在比较恶劣的环境下，机箱均采用全密封防水机箱；电源模块由电源、变送器、充电器及电源端子等组成；接口模块由切换电路和防雷电路组成，每支传感器接入 MCU 时均与避雷器相接；人工比测模块提供人工比测时的切换接口。

智能数据采集模块由 CPU、时钟电路、存储器、数据通信电路、测量电路和键盘显示器等组成。智能数据采集模块的启动由通信电路和时钟电路控制，当接收到数据测量命令或定时测量时间到时，CPU 控制接通各路传感器进行数据采集，并存储在 RAM 中。模块配有键盘和显示器，可通过键盘控制进行参数测量。

（三）监测系统的防雷技术

雷击是影响大坝安全监测系统正常运行的重要因素之一，因此必须提高监测系统的防雷避雷性能。一般在系统内部采用屏蔽技术、光电隔离、浮空等措施，使系统本身具有一定的防雷性能，减少雷击损失；但在系统外部，还应根据监测系统的技术特点加设避雷设施，构造完整的避雷系统。

第三节　监测资料初步分析

一、初步分析的内容和重点

（一）初步分析的主要内容

初步分析主要包括监测资料的整理整编和监测物理量的常规分析。

（1）整理整编。包括工程基本信息汇编、测点基本信息表建立、监测数据记录表建立、测值可靠性检验、监测物理量计算、监测数据的报表与绘图、监测资料的编印等。

（2）常规分析。包括监测物理量的变化过程分析、特征值分析、空间分布规律分析、相关性分析以及对比分析等。

（二）初步分析的重点

1. 混凝土坝

（1）利用坝体引张线、视准线、垂线、真空激光准直、水准测点等观测数据，分析坝体水平位移和垂直位移工作状态，评价坝体变形性态。

（2）利用基岩及坝体底部埋设的监测仪器的监测数据（如倒垂、基础廊道引张线及静力水准、多点位移计、基岩变形计、深埋钢管标等），分析坝基、坝肩变形性态，判断坝基、坝肩的稳定性。

（3）利用扬压力和渗流量监测数值，分析坝基、坝肩防渗情况，评价固结灌浆、帷幕灌浆、排水及断层破碎带处理的效果和工作状态。

（4）利用测缝计监测资料，分析重力坝横缝工作性态和拱坝的整体工作状态。

（5）利用坝体应变计组、压应力计、钢筋计等观测资料，分析坝体混凝土应力状态。

2. 土石坝

（1）利用测压管或渗压计等坝体渗流监测资料，绘制坝体及地基内的等势线分布图或流网图，绘制坝体浸润线，计算各部位渗透坡降，分析坝基和坝体是否存在管涌、流土接触冲刷等渗透变形现象。

（2）利用坝表面变形、内部变形等监测资料，分析坝体及坝基的结构稳定状态，判断是否会发生整体或局部滑坡，判断是否会产生裂缝。

二、监测资料的整理整编

（一）监测资料可靠性检验

在监测资料中，除必然会存在的偶然误差外，还可能存在粗差（疏失误差）和系统误差。后两种误差会使测值失真，对安全评价和监控模型有较大影响。因此，对现场采集的数据，应对其进行可靠性检验，包括：作业方法是否符合规定，是否存在缺测或漏测现象，数据记录是否准确、清晰、齐全，观测精度是否满足规定要求，各项观测限差是否在容许的范围内，是否存在粗差或系统误差，是否超仪器量程等。对于超出限差及判断为粗差的数据，应做好标记，并立即重测。对于含有较大系统误差的数据，应分析原因，设法减少或消除其影响。

1. 粗差检验

粗差可能是由于仪器使用不当、人为疏失、误读误记等原因造成，常常表现为出现一个或几个测值明显地比其他测值偏大或偏小。因此，对于粗差的检查，可以通过绘制监测效应量的变化过程线，分析过程线上是否存在明显的尖点，结合测值效应量的物理含义、相邻测点测值的比较分析、与环境量之间的相关分析等，进行综合判断。

此外，由于粗差与其他正常监测测值不属于同一母体，因此，还可以采用一些数理统计学中的统计检验方法来判断，如偏度—峰度检验法等。

2. 系统误差检验

对系统误差，可以采用直观分析方法或数理统计理论进行检验，如：物理判别法、剩余误差观察法、马林可夫准则法、误差直接计算法、阿贝检验法、符号检验法、t 检验法等。

对监测资料进行粗差、偶然误差或系统误差判断时应十分慎重。有些测值虽然看似粗差，但它也可能是由于环境因素的明显变化（如库水位骤升、骤降等）、坝体结构或地基条件的明显改变（如坝体裂缝开展、坝基条件恶化、坝基加固处理等）等原因引起的监测值极端波动。若是如此，则尽管测值明显地偏大或偏小，但它属于监测效应量成因变化引起的正常测值或带有工程安全性态变化信息的测值，不仅不应被删除，而且应对其进行专门研究。

（二）基准值选择

监测效应量是相对于基准日期而言的相对值。作为计算起点测次的观测日期称基准日期，该测次的观测值（如差阻式仪器的电阻比 Z_0、电阻值 R_0 等）相应称为基准值。

变形效应量一般取首次观测值为基准值，作为变形的相对零点，且要求首次观测在工程蓄水前完成。应力监测仪器一般埋入混凝土内，其基准值的选择，必须综合考虑仪器埋设的位置、混凝土的特性、仪器的性能及周围的温度等因素。基准时间选择过早，混凝土尚未凝固，仪器尚未能与混凝土正常共同工作，此时监测资料不可靠；基准时间选择过迟，则既丢失了前期资料，又不能反映真实情况。

确定埋设在混凝土或基岩中的应变计的基准时间和基准值时，通常应当考虑以下几个原则（以应变计为例）：

（1）埋设应变计的混凝土或砂浆（埋设在基岩中时）已从流态固化，具有一定弹性模量和强度的弹性体，能够带动应变计正常工作。绘制仪器电阻比和温度过程线，当两者已呈相反趋势变化时，表明仪器已开始正常工作。

（2）埋设仪器的混凝土层上部已有 1m 以上的混凝土覆盖，混凝土已有一定强度和刚度，足以保护仪器不受外界气温急骤变化的影响和机械性的振动干扰。仪器观测值已从无规律跳动变化到比较平滑有规律，测值具有代表性，能够正确反映实际状态。

（3）在满足上面所说的条件的情况下，基准时间应尽可能提前，以便计算出完整的施工期间观测效应量变化规律。

（三）效应量计算

经检验合格后的观测数据，应及时换算成监测物理量。存在有多余观测或平衡条件的数据，应先做平差计算或平衡修正计算，再计算物理量。

数据计算应方法合理、计算准确。采用的计算公式要正确反映物理关系，使用的计算机程序要经过检验，用的参数要符合实际情况。数据计算应使用国际单位制，有效数字应与仪器读数精度相匹配，且前后一致、不得任意增减。

数据计算后应经过校核和合理性检查，以保证成果准确可靠。计算成果应填入统一格式的表格中，可录入到固定格式的磁盘文件中并打印和拷贝。每页计算成果表上均应有计算人及校核人签字。

（四）监测数据的报表和绘图

监测资料应及时填写相应的表格和绘制相应的图形。报表应包括当次观测成果汇总表

（测次报表）、月观测成果汇总表（月报表）和年度观测成果汇总表（年报表）等；绘图应包括过程线、分布图和相关图等。

在绘制过程线时，每批效应量过程线图宜配有主要原因量的过程线。当同一项目在邻近可相关联的范围内有多个测点时，宜绘制同一时间物理量的分布线图或等值线图，亦可绘制同一时间段内物理量的特征值分布线图或等值线图。当效应量与某一原因量有较明显相关关系时，宜绘制它们之间的相关图。

根据观测物理量成果图，可初步考察物理量的变化规律。发现异常时，应及时分析异常值产生的原因，进行专门分析。对原因不详者，应及时向上级主管部门报告。

（五）整编成册

所有的监测资料（包括原始测值、效应量、环境量、埋设记录、仪器参数等）均应汇编成册（电子版和纸质版）。

整编一般以一个日历年为整编单位，且要求在次年汛期来临之前完成。整编的工作主要包括：汇集工程基本概况（含基本指标、历次加固改造情况等）、监测系统布置及更新改造情况、各项考证资料等；对监测资料进行汇总、列表和刊对，按规范要求绘制各种图表；对监测资料进行简单分析，发现明显的异常情况；对上述资料进行全面复核、汇编，刊印成册，并建档保存等。

三、监测资料的常规分析

监测资料的常规分析，主要包括监测效应量的时程变化过程分析、监测效应量的特征值统计分析、监测效应量的相关性分析、监测效应量的对比情况分析、监测效应量的分布状况分析。

通过常规分析，可以初步判断监测效应量的变化是否正常，找出监测效应量的主要影响因素，初步判断异常测值产生的原因，为进一步深入的定量分析提供基础。

（一）时程变化过程分析

过程线是指一个或数个效应量（含环境量及效应量）在一段监测时段内的所有测值按时间顺序及比例连接起来的折线。通过绘制监测效应量的过程线，主要了解该效应量随时间而变化的规律，包括：

（1）判断该效应量是否存在周期性变化，周期性变化是否合理。

（2）直观判断整个过程的效应量变幅、各年的变幅，以及变幅是否合理、协调。

（3）判断变化过程中是否存在尖点、突变，以及尖点、突变的大小和类型。

（4）判断该效应量是否存在趋势性变化，以及趋势性变化的速率。

（5）当与环境量绘制在同一过程线上时，可了解监测效应量与各环境因素的变化是否相对应，周期是否相同，滞后变化时间多长，变化幅度（是否大致成比例）。

（6）当多个测点的监测效应量绘制在同一幅图上时，还可判断它们之间的变化规律是否相似，是否存在明显的不协调或异常状况。

（7）当不同监测效应量的过程线绘制在同一幅图上时，还可判断这些效应量之间是否存在相互关系，以及相互关系的程度。

（二）特征值统计分析

特征值统计是指对各个测点效应量集合按一定要求进行的统计。特征值统计主要包括算术平均值，最大值及其发生的时间，最小值及其发生的时间，变幅，以及极差、方差、标准差、均方根均值、分布特征等。

通过特征值统计，可以达到以下目的：

（1）测值是否在正常范围。

（2）最大值、最小值是否超出物理意义。

（3）最大值、最小值出现的时间是否合理。

（4）不同年份平均值、最大值、最小值以及变幅是否一致或协调，是否存在趋势性变化，以及趋势性变化状态如何。

（5）分布特征是否合理。

（三）相关性分析

相关性分析是指效应量与环境量之间的相关关系分析和效应量与效应量之间的相关关系分析。相关性分析可以通过前述的多条过程线绘制在一幅图上来进行，也可以通过绘制相关图来进行。

相关图是指一个效应量与一个环境量，或一个效应量与另一个效应量的多次测值在二维坐标系中的多点聚合图，此图中常绘有通过点群的相关线。

通过相关分析，大致可以得出如下判断：效应量与环境量之间的相关性（全过程、数年、每一年）；效应量与效应量之间的相关性（全过程、数年、每一年）；判断效应量是否存在系统的趋势性变化，是否存在明显的异常迹象等。

（四）对比分析

对比分析是指将效应量与历史测值、相邻测点测值、相关项目测值、计算或试验数值等进行比较，从而判断效应量有无异常的方法，主要包括：

（1）和上次测值相比，看是连续渐变还是突变。

（2）和历史最大值、最小值比较，看是否突破。

（3）和历史同条件测值相比较，看差异程度和偏离方向。

（4）和相邻测点测值相互比较，看它们的差值是否在正常的范围内，分布情况是否协调，是否符合历史规律和一般规律。

（5）和相关项目相比较，看他们是否存在不协调的异常现象。

（6）和设计计算、模型试验数值相比较，看变化和分布趋势是否相近，数值差别多大，是偏大还是偏小。

（7）和监控指标相比较，看是否超出。

（8）和预测值相比较，看出入有多大，是偏于安全还是偏于危险。

（五）分布分析

分布图是指同一监测项目在临近或相关联的范围内多个测点的同次观测值的空间分布连线图。连线可为一条（一次测值连线）或多条（多次测值连线）。

通过绘制效应量分布图，可以了解效应量随空间而变化的规律，主要包括以下几点：

（1）判断测值沿水平方向或垂直方向分布有无规律性，规律性是否符合一般规律。

（2）判断最大最小值出现在什么位置。

（3）判断各测点，特别是相邻测点间效应量的差异大小。

（4）判断各测点效应量空间上是否存在突变。

（5）在同一幅图上绘制多个时间的分布图，可以判断测值的演变情况。

（6）在同一幅图上绘制多个项目的效应量分布图，可以判断它们之间的相互关系是否密切、变化是否同步等。

第四节　监测数学模型

监测数学模型是针对水工建筑物效应量监测值而建立起来的、具有一定形式和构造的、用以反映效应量监测值定量变化规律的数学表达式。目前常用的主要有监测统计模型、监测确定性模型和监测混合模型。这三类传统监测数学模型已在实际工程中得到检验，应用效果良好。

一、统计模型

监测统计模型是一种根据已取得的监测资料、以环境量作为自变量、以监测效应量作为因变量、利用数理统计分析方法而建立起来的、定量描述监测效应量与环境量之间的统计关系的数学方程。统计模型以历史实测数据为基础，基本上不涉及水工建筑物的结构分析，因此它本质上是一种经验模型。

水工建筑物监测效应量可分为变形类、应力类和渗流类。其中变形类和应力类效应量模型结构一致，渗流类效应量模型略有区别。

（一）模型的构造

监测统计模型应反映出影响监测效应量变化的主要因素，排除与监测效应量变化无关的因素。已有的水工建筑物知识和经验表明，水工建筑物上任一点在时刻 t 的变形、应力等效应量主要受上下游水位（水压）、温度及时间效应（时效）等因素的影响，因此监测统计模型主要由水压分量、温度分量和时效分量构成。其模型的一般表达式为

$$\hat{y}(t) = \hat{y}_H(t) + \hat{y}_T(t) + \hat{y}_\theta(t) \tag{9-16}$$

式中　$\hat{y}(t)$ ——监测效应量 y 在时刻 t 的统计估计值；

　　　$\hat{y}_H(t)$ ——$\hat{y}(t)$ 的水压分量；

　　　$\hat{y}_T(t)$ ——$\hat{y}(t)$ 的温度分量；

　　　$\hat{y}_\theta(t)$ ——$\hat{y}(t)$ 的时效分量。

1．水压分量的构成形式

通过对水工建筑物在水压作用下所产生的变形类、应力类效应量的分析表明，水压分量的构成一般取为上游水位、水深或上下游水位差的幂多项式，即

$$\hat{y}_H(t) = a_0 + \sum_{i=1}^{n} a_i H^i(t) \tag{9-17}$$

式中　$\hat{y}_H(t)$ ——t 时刻的水压统计分量；

　　　$H(t)$ ——t 时刻作用在水工建筑物上的水压（上游水位、水深或上下游水位差）；

　　　a_0、a_i ——回归常数和回归系数，a_0、a_i 均由回归分析确定；

　　　n ——水压因子个数，一般取为 $3\sim4$。

当下游水位变化较大且上下游水位差不大时，应考虑下游水位变化对监测效应量的影

响。此时应增加下游水位因子，即

$$\hat{y}_H(t) = a_0 + \sum_{i=1}^{n} a_{1i} H_1^i(t) + \sum_{i=1}^{n} a_{2i} H_2^i(t) \qquad (9-18)$$

式中　$H_1(t)$——t 时刻的上游水位或水深；

$\qquad\quad$ $H_2(t)$——t 时刻的下游水位或水深。

2. 温度分量的构成形式

温度分量取决于水工建筑物温度场的变化。因此，温度分量的构成形式与描述水工建筑物温度场的方式密切相关。当水工建筑物内埋设有足够多的温度测点，且测点温度可以充分描述温度场的变化状态时，可采用各温度测点的实测温度值作为温度因子。此时温度分量的构成形式可表示为

$$\hat{y}_T(t) = b_0 + \sum_{i=1}^{m} b_i T_i(t) \qquad (9-19)$$

式中　$\hat{y}_T(t)$——t 时刻的温度统计分量；

$\qquad\quad$ $T_i(t)$——t 时刻温度测点 i 的温度实测值；

$\qquad\quad$ b_0、b_i——回归常数和回归系数，b_0、b_i 均由回归分析确定；

$\qquad\quad$ m——温度因子数，此处 m 为温度测点个数。

当采用测点温度作为温度因子时，可能会因为温度测点数量很多而导致温度因子数量过多，不利于模型的求解。考虑到水工建筑物温度场可以用若干个水平断面上的平均温度和这些断面上的温度梯度来描述，因此可采用平均温度和温度梯度作为温度因子。此时温度分量的构成形式可表示为

$$\hat{y}_T(t) = b_0 + \sum_{i=1}^{m} b_{1i} \overline{T}_i(t) + \sum_{i=1}^{m} b_{2i} T_{ui}(t) \qquad (9-20)$$

式中　$\overline{T}_i(t)$——t 时刻水平断面 i 上的平均温度；

$\qquad\quad$ $T_{ui}(t)$——t 时刻水平断面 i 上的温度梯度；

$\quad$ b_0、b_{1i}、b_{2i}——回归常数和回归系数，b_0、b_{1i} 和 b_{2i} 均由回归分析确定；

$\qquad\quad$ m——温度因子数，此处 m 为水平断面个数。

如果水工建筑物内无温度监测资料，或虽有温度监测资料但不足以描述温度场变化，则无法采用实测温度或水平断面平均温度及温度梯度的温度因子形式。考虑到当水工建筑物温度场接近准稳定温度场时，其温度场变化主要受外界气温变化的影响，因此，可以用外界气温变化来间接地描述水工建筑物内部温度场的变化。由于水工建筑物内部温度变化对气温变化存在滞后效应，因而气温变化对监测效应量的影响也存在滞后效应。为此，可采用监测效应量观测日前期若干天气温的平均值作为温度因子。此时温度分量的构成形式可表示为

$$\hat{y}_T(t) = b_0 + \sum_{i=1}^{m} b_i T_{i(s-e)}(t) \qquad (9-21)$$

式中　$T_{i(s-e)}(t)$——第 i 个温度因子，系观测日（t）前第 s 天～第 e 天气温的平均值；

$\qquad\quad$ b_0、b_i——回归常数和回归系数，b_0、b_i 均由回归分析确定；

$\qquad\quad$ m——温度因子个数。

s、e 和 m 的确定，需要结合具体情况，经分析而定。

当有良好的水温实测资料时，可在式（9-21）中增加水温因子，因子形式与气温因子相同。

除上述温度因子构成形式外，还可以考虑用谐量分析的方法来确定温度因子的构成形式。也可以根据具体情况采用上述三种温度因子的组合形式。

3. 时效分量的构成形式

时效分量是一种随时间推移而朝某一方向发展的不可逆分量，它主要反映混凝土徐变、岩石蠕变、岩体节理裂隙以及软弱结构对监测效应量的影响，其成因比较复杂。时效分量的变化一般与时间呈曲线关系，可采用对数式、指数式、双曲线式、直线式等表示。在建立监测统计模型时，可根据具体情况预置一个或多个时效因子参与回归分析。时效因子一般可以采用以下八种形式来表示，即

$$\left.\begin{aligned}
I_1 &= \ln(t_1+1) \\
I_2 &= 1-\mathrm{e}^{-t_1} \\
I_3 &= t_1/(t_1+1) \\
I_4 &= t_1 \\
I_5 &= t_1^2 \\
I_6 &= t_1^{0.5} \\
I_7 &= t_1^{-0.5} \\
I_8 &= 1/(1+\mathrm{e}^{-t_1})
\end{aligned}\right\} \tag{9-22}$$

因此，时效分量的构成形式可表示为

$$\hat{y}_\theta(t) = c_0 + \sum_{i=1}^{p} c_i I_i(t) \tag{9-23}$$

式中　　$\hat{y}_\theta(t)$——t 时刻的时效统计分量；

t_1——相对于基准日期的时间计算参数，一般取 $t_1 =$（观测日序号－基准日序号）$/365$；

c_0、c_i——回归常数和回归系数，c_0、c_i 均由回归分析确定；

p——所选择的时效因子个数，可取 $p=1\sim8$。

式（9-16）所示的统计模型是针对变形类和应力类效应量的。对于渗流类效应量，特别是对于靠近河流两岸的水工建筑物，其受降雨的影响比较明显，因此在渗流类效应量统计模型因子设置时，一般取为水压、降雨、温度和时效四类因子。

$$\hat{y}(t) = \hat{y}_H(t) + \hat{y}_R(t) + \hat{y}_T(t) + \hat{y}_\theta(t) \tag{9-24}$$

式中　　　　　　　　$\hat{y}(t)$——渗流类监测效应量 y 在时刻 t 的统计估计值；

$\hat{y}_H(t)$、$\hat{y}_R(t)$、$\hat{y}_T(t)$、$\hat{y}_\theta(t)$——$\hat{y}(t)$ 的水压、降雨、温度和时效分量。

由于水压、降雨和温度的变化对渗流类监测效应量的影响均存在滞后效应，因此，此时水压和降雨因子的构成形式类似于式（9-21）温度因子形式。

（二）模型的建立

监测统计模型的建立（求解）主要有两种方法：多元回归分析和逐步回归分析。其中

逐步回归分析应用更为广泛。

（三）模型的检验与校正

1. 复相关系数 R

复相关系数 R 是判断回归有效性的重要指标，表达式为。

$$R = \sqrt{\frac{\sum_{t=1}^{m}\left[\hat{y}(t) - \overline{y}\right]^2}{\sum_{t=1}^{m}\left[y(t) - \overline{y}\right]^2}} \tag{9-25}$$

式中　$\overline{y}$——效应量 $y(t)$ 的平均值。

复相关系数 $0 \leq R \leq 1$。R 越大，说明效应量 $y(t)$ 与入选因子群 $x_i(t)$（$i=1, 2, \cdots, k$）之间的相关程度越密切，回归方程的质量越高。

2. 剩余标准差 S

剩余标准差 S 反映了所有随机因素及方程外的有关因子对监测效应量 $y(t)$ 的一次测值影响的平均变差的大小，它是回归方程精度的重要标志，表达式为

$$S = \sqrt{\frac{\sum_{t=1}^{m}\left[y(t) - \hat{y}(t)\right]^2}{(m-k-1)}} \tag{9-26}$$

剩余标准差 S 越小，说明回归方程的精度越高，方程的质量越好。同时，S 还是利用回归模型进行监测效应量 $y(t)$ 预报或对回归方程质量进行预报检验的重要参数。

3. 拟合残差检验

从理论上讲，回归方程拟合值 $\hat{y}(t)$ 与实测值 $y(t)$ 的残差序列 $\varepsilon(t)$（$t=1, 2, \cdots, m$）应为一个均值为 0、方差为 σ^2 的正态分布随机序列。因此，如果经检验不符合上述条件，且残差序列中存在周期项、趋势项等规律性成分时，则需从预置因子集等角度对回归方程作进一步改进。

（四）模型分析

建立监测数学模型的目的，是为了从定量的角度去描述监测效应量与环境量之间的相关关系，分析监测效应量的变化规律，评价建筑物的安全状态，并为安全监控提供基础。可以从以下几个方面去分析。

1. 模型质量分析

首先应对所建立的模型质量进行判断。只有所建立的模型能真正反映效应量与环境量之间的关系时，模型才能描述效应量的变化规律。

模型质量主要从复相关系数 R 和剩余标准差 S 两个角度初步判断。复相关系数应较大，一般 R 应不低于 0.7，最好 R 能大于 0.85；剩余标准差应较小，剩余标准差 S 占拟合时段内测点实测效应量变幅的比例 η 宜小于 10%，最好 η 能小于 5%。

2. 模型因子构成分析

所建立的监测数学模型入选因子的情况，反映了各因子对效应量的影响情况。主要从几个方面分析：

（1）如果某类分量（水压、温度、降雨或时效）的所有因子均未入选模型中，则表明

该类分量因素对效应量的影响不显著。例如，水位变化幅度很小的大坝，水压因子可能不能入选监测数学模型。不能入选并不代表该类影响因素对效应量完全没有影响，而是影响的程度较低，不足以在模型中得到反映。

（2）通过各分量所占比例的大小分析各分量在模型中的地位。所占比例越大，说明该类因素对效应量影响越大。例如，对拱坝变形，研究表明，高程较低的测点，温度分量和水压分量的比例比较接近；高程较高的测点，温度分量占有明显的主导地位。

（3）通过对各入选因子回归系数的符号，可以判断环境量变化对效应量的影响方向。例如，对混凝土重力坝，水位升高时，水平位移应向下游方向增大，因此，水压因子回归系数应为正（监测中规定，水平位移向下游为正）。

3. 时效分量分析

在监控模型构成中，水压分量和温度分量主要反映了效应量弹性变化规律，而时效分量则更多地蕴涵着非弹性因素的影响。建筑物在荷载因素作用下产生的塑性影响，在监控模型中主要通过时效分量来描述。时效分量蕴涵着建筑物潜在的不安全信息，能更好地描述和刻画建筑物结构性态和安全状况，是建筑物结构性态是否正常、工作状态是否安全的重要标志。因此，时效分量分析，是监测数学模型的重点。

以混凝土坝时效变形为例，时效变形（时效分量）大致存在如图9-12所示的五种表现形式：

（1）时效分量基本无变化或在某一范围内小幅度变化，如图9-12中的曲线A，这是一种理想的状况，对工程的安全最为有利，但在实际工程中极少出现。

（2）时效分量在初期增长较快，在运行期变化平稳，变幅较小，如图9-12中的曲线B，这种情况在实际工程中最为常见，是一种符合时效变形普遍规律的正常状况。

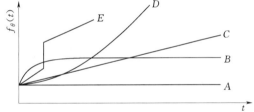

图9-12 时效变形分量的表现形式

（3）时效分量以近乎相同的速率持续增长，如图9-12中的曲线C，这种情况表明工程中存在着某种或某些危及安全的隐患，对工程的安全是不利的；此时应引起重视，并进行适当的专题研究。

（4）时效分量以逐渐增大的速率持续增长，如图9-12中的曲线D，这是对工程安全极为不利的情况，它表明建筑物的隐患正在向不利的方向迅速发展。此时应高度重视，并立即采取预防措施。

（5）时效分量持续增长，并在变化过程中伴有突变现象，如图9-12中的曲线E，这是对工程的安全最为不利的情况，它表明建筑物的隐患已发生了质的恶化，并在继续向恶化的方向发展。此时应立即采取降低或转移工程失事风险的应急措施。

4. 异常值分析

当监测数学模型所反映出的效应量变化规律完全或基本符合建筑物的一般变化规律时，可以认为建筑物的状态是安全的或基本安全的。当监测模型反映出测值存在异常情况时，则应对异常情况进行重点分析。

对被判断为异常测值的效应量，处理时应十分慎重。有些表面上看表现为异常的效应量，很可能是建筑物结构性态异常的表现，决不可轻易简单地进行删除处理。

对表现异常的效应量，一般应按以下方法进行分析和判断：

（1）首先检查观测记录和计算方法是否有问题。

（2）检查观测方法是否有问题。

（3）检查环境量是否有明显变化。

（4）检查观测设备是否有异动，如设施的改造、人为的损坏等。

（5）检查建筑物主体及附属建筑物是否有异动，如大坝的加固改造等。

（6）将异常效应量与其他测点的同类效应量进行比较，看是否协调。

（7）将异常效应量与其他测点的相关效应量进行比较，看是否有关联。

（8）只有在上述检查均没有发现问题时，才可以把该异常测值判断为错误测值。

二、确定性模型

监测确定性模型是一种先利用结构分析计算成果来分别确定环境量（自变量）与监测效应量（因变量）之间的确定性物理力学关系式，然后根据监测效应量和环境量实测值通过回归分析来求解修正计算参数误差的调整系数，从而建立定量描述监测效应量与环境量之间的因果关系的数学方程。

统计模型是一种基于历史监测资料的经验模型。当环境量超出了历史监测资料的环境量范围（如水库水位远大于建模的历史水位）时，按历史监测资料确定的统计模型将可能难以准确解释新的监测成果；同时，统计模型的外延预报效果也难以保证。因此，与统计模型相比，确定性模型具有更加明确的物理力学概念，能更好地与水工建筑物的结构特点相联系，能取得更好的预报效果。但确定性模型往往计算工作量大，对用作结构计算的基本资料有较高要求。

（一）模型的构造

如前所述，水工建筑物上任一点在时刻 t 的变形、应力等效应量，主要受水压、温度及时效等因素的影响，因此监测确定性模型也主要由水压分量、温度分量和时效分量构成。其模型的一般表达式为

$$\hat{y}(t) = \tilde{y}_H(t) + \tilde{y}_T(t) + \tilde{y}_\theta(t) \tag{9-27}$$

式中　$\hat{y}(t)$ ——监测效应量 y 在时刻 t 的估计值；

$\tilde{y}_H(t)$ ——$\hat{y}(t)$ 的水压分量；

$\tilde{y}_T(t)$ ——$\hat{y}(t)$ 的温度分量；

$\tilde{y}_\theta(t)$ ——$\hat{y}(t)$ 的时效分量。

在确定性模型中，水压分量和温度分量的构造形式一般由结构计算成果（如有限元计算成果）来确定，时效分量的构造形式则采用经验方式确定。

1. 水压分量的构成形式

取若干代表性水荷载（如坝前水深）H_1、H_2、$\cdots$、H_m，根据物理力学理论关系，利用结构分析方法（如有限元法），分别计算在上述代表性水荷载作用下，水工建筑物上准备建立确定性数学模型的测点 k 的监测效应量值 y_{H1}、y_{H2}、$\cdots$、y_{Hm}，从而得到 m 组对

应的水位—监测效应量理论计算值 (H_j, y_{Hj}) $(j=1, 2, \cdots, m)$。

在水压作用下，水工建筑物上所产生的变形类、应力类效应量一般与水压（水深）的幂次方有关，即

$$y_H = \sum_{i=0}^{n} a_i H^i \tag{9-28}$$

式中　y_H——理论计算效应量值；

　　　　H——水压（水深）；

　　a_0、a_i——回归常数和回归系数；

　　　　n——效应量与水压相关的最高幂次，一般取为 $3 \sim 4$。

根据式（9-28）的结构形式，利用理论计算得到的 m 组水位~效应量值 (H_j, y_{Hj}) $(j=1, 2, \cdots, m)$，采用一元多项式回归分析方法，可以求得式（9-28）中的回归系数 a_i 和回归常数 a_0，从而得到确定性模型中水压分量的构造形式，即

$$\tilde{y}'_H(t) = \sum_{i=0}^{n} a_i H^i(t) \tag{9-29}$$

式中　$\tilde{y}'_H(t)$——t 时刻的水压确定性分量；

　　　$H(t)$——t 时刻作用在水工建筑物上的水压（上游水位、水深或上下游水位差）。

2. 温度分量的构成形式

水工建筑物上温度作用所引起的效应量值的理论计算一般采用有限元法。在水工建筑物有限元分析的计算网格上选择 n 个有温度监测值的结点，要求这些结点的温度变化足以描述整个水工建筑物温度场的变化。采用"单位荷载法"计算当代表性结点 i 温度变化 $1\ ℃$ 而其他结点温度无变化时，在水工建筑物上准备建立确定性数学模型的测点 k 处所产生的效应量值 y_{Ti}。当结点 i 的实际温度变化为 ΔT_i 而其他结点温度无变化时，它在测点 k 处产生的效应量值为 $y_{Ti}\Delta T_i$。若所有 m 个具有温度测点的结点的实际温度变化分别为 ΔT_1、ΔT_2、$\cdots$、ΔT_m 时，测点 k 处所产生的效应量值则为

$$y_T = \sum_{i=1}^{m} y_{Ti}\Delta T_i \tag{9-30}$$

设在 t 时刻上述 m 个结点的实际温度变化分别为 $\Delta T_1(t)$、$\Delta T_2(t)$、$\cdots$、$\Delta T_m(t)$，则确定性模型中温度分量的构造形式可表示为

$$\tilde{y}'_T(t) = \sum_{i=1}^{m} b_i y_{Ti}\Delta T_i(t) \tag{9-31}$$

式中　$\tilde{y}'_T(t)$——t 时刻的温度确定性分量；

　　$\Delta T_i(t)$——t 时刻测点 i 的实际温度变化；

　　　　b_i——回归系数。

3. 时效分量的构成形式

由于时效分量的成因较为复杂，一般难以用物理力学方法确定其理论关系式，因此，在确定性模型中，时效分量的构造形式仍然采用式（9-22）和式（9-23）的统计形式。

（二）模型的建立

式（9-29）和式（9-31）是由理论计算确定的。在理论计算中，所选取的物理力学

参数与工程实际情况一般是有差别的，因而按式（9-29）和式（9-31）计算出的水压分量和温度分量也与实际情况存在误差。因此，需要对其进行调整。

假设水压分量的误差主要是由水工建筑物及基岩的弹性模量取值不准引起的，则给出一个调整系数 Φ，用以调整这种因弹性模量取值不准而引起的误差，此时，水压确定性分量的表达式为

$$\tilde{y}_H(t) = \Phi \sum_{i=0}^{n} a_i H^i(t) \tag{9-32}$$

同理，假设温度分量的误差主要来源于水工建筑物及基岩的线膨胀系数取值不准，则给出一个调整系数 Ψ，用以调整这种因线膨胀系数取值不准而引起的误差，此时，温度确定性分量的表达式为

$$\tilde{y}_T(t) = \Psi \sum_{i=1}^{m} b_i y_{Ti} \Delta T_i(t) \tag{9-33}$$

综合上述分析，监测确定性模型可表示为

$$\hat{y}(t) = \tilde{y}_H(t) + \tilde{y}_T(t) + \hat{y}_\theta(t)$$
$$= \Phi \sum_{i=0}^{n} a_i H^i(t) + \Psi \sum_{i=1}^{n} b_i y_{Ti} \Delta T_i(t) + \sum_{i=1}^{p} c_i I_i(t) \tag{9-34}$$

在式（9-34）中，调整系数 Φ、Ψ 和回归系数 c_i 均为未知，需要根据实测资料，采用多元回归分析或逐步回归分析来确定。为保证在模型中水压和温度分量均能得到反映，宜采用多元回归分析。

（三）模型的检验与校正

确定性模型的检验和校正，同样可以采用统计模型中介绍的复相关系数 R 检验、剩余标准差 S 检验以及拟合残差正态性检验等检验方法。此外，由于在确定性模型中引入了调整系数 Φ、Ψ，因此 Φ、Ψ 的合理性也是检验确定性模型质量的重要指标。

由于调整系数 Φ、Ψ 主要反映的是理论计算时物理力学参数取值与实际情况的误差，因此，合理的 Φ、Ψ 值应该在 1.0 左右。如果 Φ、Ψ 值出现明显的不合理，如 Φ、Ψ 值太大或太小，则说明所建立的模型质量不佳，需要查找原因（如理论计算时物理力学参数的取值是否严重偏差、有限元计算方法是否合理、时效分量形式选择是否合适等），然后重新建立确定性模型。

三、混合模型

监测混合模型是一种利用结构分析计算成果来确定某一环境量（自变量）与监测效应量（因变量）之间的确定性物理力学关系式，利用数理统计原理及经验来确定其他环境量与监测效应量之间的统计关系式，然后根据监测效应量和环境量实测值通过回归分析来求解调整系数及其他回归系数，从而建立定量描述监测效应量与环境量之间的关系的数学方程。

混合模型从一定程度上克服了统计模型外延预报效果不佳和确定性模型计算工作量大的缺点，是一种同时具有解释和预报功能的较好的监测数学模型。

混合模型主要有两种。

（1）水压分量确定性的混合模型。即水压分量的构造形式由结构分析计算成果来确定，温度分量和时效分量的构造形式由数理统计原理及经验来确定，其模型可表示为

$$\hat{y}(t) = \widetilde{y}_H(t) + \hat{y}_T(t) + \hat{y}_\theta(t) \qquad (9-35)$$

式中，水压分量确定性模型 $\widetilde{y}_H(t)$ 按式（9-32）来确定，温度分量统计模型 $\hat{y}_T(t)$ 视具体情况按式（9-19）、式（9-20）或式（9-21）来确定，时效分量统计模型 $\hat{y}_\theta(t)$ 按式（9-22）及式（9-23）来确定。因此，式（9-35）可表示为

$$\hat{y}(t) = \Phi \sum_{i=0}^{n} a_i H^i(t) + \hat{y}_T(t) + \sum_{i=1}^{p} c_i I_i(t) \qquad (9-36)$$

式中符号意义同前。其中，调整系数 Φ 和回归系数 b_i［在 $\hat{y}_T(t)$ 中］、c_i 为未知，因此需要根据实际监测资料，采用多元回归分析或逐步回归分析来确定。

（2）温度分量确定性的混合模型。即温度分量的构造形式由结构分析计算成果来确定，水压分量和时效分量的构造形式由数理统计原理及经验来确定。

由于建立温度与监测效应量之间的确定性关系的计算工作量一般很大，而且要求水工建筑物内具有足够数量的能反映其温度场的温度监测点，因此，在实际工程中，较少建立温度确定性的混合模型，而主要是建立水压分量确定性的混合模型。

混合模型的检验和校正，仍主要采用复相关系数 R、剩余标准差 S、拟合残差的正态性以及调整系数 Φ 的合理性等检验指标来进行。

统计模型、确定性模型和混合模型是目前应用最为广泛的三类监测模型，它们具有以下特点：①所建立的均是以环境变量为自变量、以监测效应量为因变量的因果关系模型；②所建立的均是单个测点的单种监测效应量的数学模型；③在因子选择时，均以传统的水压、温度（或降雨）和时效因子为基本因子；④三类模型的主要区别在因子构造形式的确定方式上，但模型的求解均以数理统计理论中的最小二乘法回归分析为基础。

四、其他监测模型

除上述三大类传统监测数学模型外，还存在一些其他监测数学模型，如主成分模型、模糊数学模型、灰色系统模型、时间序列模型、神经网络模型、非线性动力分析模型、多测点模型、多项目综合评价模型、反分析模型等。其中，非线性动力分析模型、多项目综合评价模型、反分析模型等是监测数学模型的前沿领域和发展方向。

思 考 题

1. 为什么要进行水利水电工程安全监测？

2. 安全监测包含哪些基本环节？

3. 简述安全监测项目的分类方法。

4. 为什么说仪器监测和巡视检查是安全监测中的两个同等重要的组成部分？

5. 水平位移有哪些基本监测方法？

6. 垂直位移有哪些基本监测方法？

7. 为什么在应变计（组）附近应同时布置无应力计？

8. 简述集中式监测自动化系统和分布式监测自动化系统的联系和区别。

9. 简述混凝土坝和土石坝监测资料分析的重点。

10. 简述监测资料初步分析的基本方法。

11. 简述监测统计模型、确定性模型和混合模型的相互关系及其优缺点。

12. 为什么说时效分量是监测效应量定量分析的重点？

13. 简述异常测值的检验、分析和处理方法。

14. 在监测确定性模型和混合模型中，为什么要设置调整系数？

第十章 水利水电工程老化病害及其防治

第一节 混凝土坝老化病害及其防治

混凝土坝的维护与老化病害处理，按照《混凝土坝养护修理规程》（SL 230—98）和《混凝土重力坝设计规范》（SL 319—2005）或《混凝土拱坝设计规范》（SL 282—2003）等规程或规范执行。

一、混凝土坝的维护

混凝土坝的维护是指对混凝土坝主要建筑物及其设施进行的日常保养和防护。主要包括工程表面、伸缩缝止水设施、排水设施、监测设施等的养护和维修，以及冻害、碳化与氯离子侵蚀、化学侵蚀等的防护和处理。

（一）表面养护和防护

（1）坝面和坝顶路面应经常整理，保持清洁整齐，无积水、散落物、杂草、垃圾和乱堆的杂物、工具。

（2）溢流过水面应保持光滑、平整，无引起冲磨损坏的石块和其他重物，以防止溢流过水面出现空蚀或磨损现象。

（3）在寒冷地区，应加强冰压、冻拔、冻胀、冻融等冻害的防护。

（4）对重要的钢筋混凝土结构，应采取表面涂料涂层封闭的方法，防护混凝土碳化与氯离子侵蚀对钢筋的锈蚀作用。

（5）对沿海地区或化学污染严重的地区，应采取涂料涂层防护或浇筑保护层的方法，防止溶出性侵蚀或酸类和盐类侵蚀。

（二）伸缩缝止水设施维护

（1）各类止水设施应完整无损，无渗水或渗漏量不超过允许范围。

（2）沥青井出流管、盖板等设施应经常保养，溢出的沥青应及时清除。

（3）沥青井5～10年应加热一次，沥青不足时应补灌，沥青老化时应及时更换。

（4）伸缩缝充填物老化脱落时，应及时充填封堵。

（三）排水设施维护

（1）排水设施应保持完整、通畅。

（2）坝面、廊道及其他表面的排水沟、孔应经常进行人工或机械清理。

（3）坝体、基础、溢洪道边墙及底板的排水孔应经常进行人工掏挖或机械疏通，疏通时应不损坏孔底反滤层。无法疏通的，应在附近补孔。

（4）集水井、集水廊道的淤积物应及时清除。

（四）其他维护

（1）严禁在大坝管理和保护范围内进行爆破、炸鱼、采石、取土、打井、毁林开荒等危害大坝安全和破坏水土保持的活动。

（2）严禁将坝体作码头停靠各类船只。在大坝管理和保护范围内修建码头，必须经大坝主管部门批准，并与坝脚和泄水、输水建筑物保持一定距离，不得影响大坝安全和工程管理。

（3）严禁在坝面堆放超过结构设计荷载的物资和使用引起闸墩、闸门、桥、梁、板、柱等超载破坏和共振损坏的冲击、振动性机械。

（4）有排漂设施的应定期排放漂浮物；无排漂设施的可利用溢流表孔定期排漂，无溢流表孔且漂浮物较多的，可采用浮桶结合索网或金属栏栅等措施拦截漂浮物并定期清理。

（5）坝前泥沙淤积应定期监测。有排沙设施的应及时排淤；无排沙设施的可利用底孔泄水排淤，也可进行局部水下清淤。

（6）坝肩和输、泄水道的岸坡应定期检查，及时疏通排水沟孔，对滑坡体应立即处理。

二、混凝土坝的裂缝

裂缝是水工混凝土建筑物普遍存在的技术问题。当混凝土坝出现裂缝，特别是严重裂缝时，应首先对裂缝的形态进行必要的调查、检测，分析裂缝的成因，然后有针对性地制定和实施合适的处理措施。

（一）混凝土坝裂缝的检测

裂缝检测主要是对裂缝的走向、长度、宽度和深度进行量测。裂缝的走向，以目视判断为主。裂缝的长度，一般用精密钢尺量测。裂缝的宽度，一般采用读数放大镜量测；对于重要的裂缝，则应安装监测仪器监测其开合度变化。裂缝的深度可采用塞尺插入裂缝中量测；对于精度要求较高的裂缝深度，一般应采用以下专用方法进行检测。

1. 超声波平测法

利用低频超声波遇到裂缝时将绕裂缝末端传播的原理，将探头对称布置在裂缝两侧的 A 点和 B 点，测出超声波从发射探头 A 出发绕过裂缝末端 N 到达接收探头 B 所需的时间 t，然后与超声波在无裂缝混凝土中的传播时间 t_0 进行对比，从而计算出裂缝的深度，如图 10-1 所示。

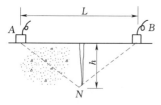

图 10-1　平测法检测浅层垂直裂缝深度示意图

当裂缝为斜裂缝时，可在接收端多布置几个探头，利用几何关系求解斜裂缝的走向和深度。

上述方法称为平测法，属于无损检测。当裂缝深度较大时，超声波平测法比较困难，可采用钻孔超声波检测。

2. 钻孔超声波检测

在裂缝两侧各 0.5～1.0m 处（仪器穿透能力强的情况下，距离宜宽些，以免裂缝偏出钻孔）钻两孔，清理后充水作为耦合介质，将探头置于钻孔中，在钻孔内的不同深度处进行对测，根据接收信号振幅或声时的突变情况来判断裂缝尾端的深度。信号发生突变处的深度即裂缝深度。

3. 凿槽检测法

用风镐、风钻、手工凿等工具沿缝的走向凿槽，直至缝的末端，然后用钢尺量测缝的深度。由于凿槽时产生的岩粉、灰渣等容易掩盖缝面，因此，缝深的量测误差可能较大；当缝较深时，凿槽也比较困难。凿槽检测法仅适用于对浅层裂缝或无其他检测工具时缝深的临时检测。

4. 钻孔压水法

在裂缝一侧或两侧打斜孔穿过裂缝，然后在孔口安装压水设备和阻塞器，进行压水。若裂缝表面上可见压水渗出，说明钻孔穿过裂缝，则继续往深处钻斜孔并再次压水，如此反复进行直至缝表面不渗水为止，此时的钻孔与裂缝的交点到缝表面的距离就是裂缝的深度。此法简便易行，无需其他仪器，因此在工程中经常采用。

5. 孔内电视检查法

在需要探测裂缝深度的缝面，骑缝钻 $\phi 50 \sim 150$ 的钻孔，孔内冲洗风干后，将电视摄像探头插入钻孔内，逐渐下移，从电视屏幕上可以看到孔内的图像，从而判断裂缝的位置和深度。

孔内电视检查法除可以用于检测裂缝外，还可以用于检测其他隐蔽部位的混凝土缺陷。具有防水探头的全景式孔内彩色电视系统不仅可以更好地完成上述工作，还可以用于水下检测。

（二）混凝土坝裂缝的成因

混凝土坝产生裂缝的根本原因在于混凝土承受的拉应力大于混凝土的抗拉强度。其具体原因是多方面的，且大多是多种因素共同作用的结果，主要表现如下。

1. 外约束导致温度应力过大引起的裂缝

混凝土在浇筑初期，水泥将释放大量的水化热，导致坝体混凝土温度急剧升高；随着混凝土温度的下降（自然冷却及人工冷却），混凝土产生较大的温降收缩；混凝土的收缩，将受到基础或下部混凝土的约束（称为"外约束"）而不能自由发挥，从而产生温度应力（称为"约束应力"）；一旦降温过快、过大（混凝土温度急剧下降），致使所产生的温度应力大于混凝土的抗拉强度，就会导致从基础面或下部混凝土处产生贯穿性裂缝或深层裂缝，对大坝安全危害较大。

2. 内约束导致温度应力过大引起的裂缝

混凝土施工或运行过程中，在温降条件中，特别是冬季温度骤降时，会在混凝土表面和内部之间形成温差。表面温度低于内部温度，表面混凝土收缩大于内部混凝土收缩，因而受到内部混凝土的约束（称为"内约束"）而不能自由发挥。当这种温差过大时，就会在混凝土表面形成拉应力（自由应力）。当混凝土表面产生的拉应力大于混凝土抗拉强度时，混凝土表面就会产生裂缝。表面裂缝一般深度不大，无明显规则性，对大坝安全危害较小。

3. 温控措施不当引起的裂缝

在混凝土坝施工过程中，由于温控措施不严或不当，也会导致坝体混凝土产生裂缝。例如，入仓温度过高，冷却措施不力，表面保温不够，浇筑块间歇时间过长，相邻浇筑块高差过大，并缝过早等。这类裂缝对大坝安全的影响视裂缝的具体情况而定。

4. 不均匀沉陷引起的裂缝

有些大坝坝基存在断层、软弱夹层、破碎带，如果前期勘测时未探明，或坝基处理时措施不当，则在大坝浇筑以后，有可能产生较大的不均匀沉降，导致坝体混凝土内产生过大的拉引力而引起裂缝。沉陷裂缝属于贯穿性裂缝，其走向一般与沉陷走向一致，对大坝安全危害较大。

5. 其他原因引起的裂缝

例如，设计或施工不当，导致混凝土强度较低或均匀性差，形成抗裂性较低、容易产生裂缝的劣质混凝土；结构型式选择不当、混凝土重力坝横缝间距过大、大体积混凝土未设置变形缝等，导致混凝土坝产生裂缝；混凝土发生碱骨料反应，导致较大的体积膨胀效应从而产生裂缝；混凝土养护不当，导致混凝土表面水分大量、快速散失，从而引起混凝土干缩裂缝；混凝土中的钢筋发生锈蚀，其锈蚀产物（氢氧化铁）的体积急剧膨胀，从而产生沿钢筋长度方向发展的顺筋裂缝；施工缝处理不完善，导致抗拉强度降低而引起的裂缝，或施工缝内材料流失而形成裂缝；当水工混凝土建筑物遭受超载作用或强烈地震时，其结构构件有可能产生裂缝等。

（三）混凝土坝裂缝的处理

混凝土坝裂缝处理的目的是恢复混凝土结构的整体性，保持混凝土的强度、耐久性和抗渗性，其方法主要有表面涂抹法、粘贴法、凿槽嵌补法、灌浆法等。

1. 表面涂抹法

表面涂抹法是指在裂缝所在的混凝土表面涂抹水泥浆、水泥砂浆、防水快凝砂浆、环氧基液以及环氧砂浆等防渗材料，以达到封闭裂缝、防渗堵漏的目的。

2. 粘贴法

粘贴法是用黏胶剂在裂缝部位的混凝土表面上粘贴钢板、碳纤维布、橡胶、聚氯乙烯等片材。当需要对裂缝同时具有补强加固和防渗堵漏作用时，应采用钢板或碳纤维布等片材；当只需要对裂缝进行防渗堵漏时，可采用橡胶、聚氯乙烯等片材。

3. 凿槽嵌补法

凿槽嵌补法是指沿混凝土裂缝开凿一条深槽，然后在槽内嵌充防水材料，以达到封闭裂缝、防渗堵漏的目的，适合于缝宽大于 0.3mm 的表面裂缝的处理。对死缝，一般采用普通水泥砂浆、聚合物水泥砂浆、树脂砂浆等材料嵌充，凿槽的形状主要为 V 形槽；对活缝，应选用弹性树脂砂浆或其他弹性嵌缝材料嵌充，凿槽的形状主要为 U 形槽。

4. 灌浆法

对于深度较深或位于混凝土内部的裂缝，一般采用钻孔后对裂缝进行灌浆的处理方法。常用的灌浆材料主要有水泥和化学材料，可按裂缝的性质、宽度以及施工条件等情况选用。对于宽度大于 0.3mm 的裂缝，一般采用水泥灌浆；对于宽度小于 0.3mm 的裂缝，宜用化学灌浆。

三、混凝土坝的渗漏

（一）混凝土坝渗漏的成因

混凝土坝的渗漏，按其发生的部位可分为坝身渗漏、基础渗漏、建基面接触渗漏、绕坝渗漏等，按其表现现象可分为集中渗漏、裂缝渗漏和散渗等。

混凝土坝产生渗漏的根源在于：坝体混凝土不密实，抗渗性能低，形成渗透区域；坝体混凝土或坝基岩体防渗处理不当，存在渗流通道（如裂缝、裂隙等）等。最常见的原因主要有：

（1）筑坝材料问题。如水泥品种选用不当，骨料的品质低劣、级配不当等，导致坝体混凝土抗渗性能低，引起渗漏。

（2）设计考虑不周。如勘探工作不深入，地基存在隐患；混凝土强度、抗渗设计等级偏低；防渗排水设施考虑不周全；伸缩缝止水结构不合理等。

（3）施工质量差。如配合比不合理、浇筑时质量控制不严格、未振捣密实，或因温差过大和干缩造成裂缝等，引起渗漏。

（4）管理运用不当。它主要指运行条件改变、养护维护不善、物理化学因素的作用等。如基岩裂隙发展、混凝土受侵蚀后抗渗强度降低、帷幕防渗措施破坏、伸缩缝止水结构破坏、沥青老化，或混凝土与坝基接触不良等而引起渗漏。

（5）其他原因。如遭受超高水位、强烈地震或其他自然灾害的破坏，使坝体或坝基产生裂缝，引起渗漏。

（二）混凝土坝渗漏处理

渗漏处理应遵循"上堵下排、以堵为主"的原则进行，处理方案要根据渗漏产生的部位、原因、危害程度及处理条件等因素，经技术经济比较后确定。

1. 坝体渗漏处理

（1）集中渗漏处理。集中渗漏处理一般采用直接堵漏法、导管堵漏法、木楔堵漏法以及灌浆堵漏法等。前三种用于水压小于0.1MPa的情况，最后一种用于水压大于0.1MPa的情况。堵漏材料可选用快凝止水砂浆、化学浆材等。漏水封堵后，应采用水泥砂浆、聚合物水泥砂浆或树脂砂浆等进行表面保护。

1）直接堵漏法。先把孔壁凿成口大内小的楔形，并冲洗干净；后将快凝止水砂浆捻成与孔相近的形状，迅速塞进孔内，以堵住漏水。

2）导管堵漏法。清除漏水孔壁的混凝土，凿成适合下管的孔洞，将导管插入孔中，在导管的四周用快凝砂浆封堵，凝固后拔出导管，用快凝止水砂浆封堵导管孔。

3）木楔堵漏法。先把漏水出口凿成圆孔，将铁管插入孔内，注意管长应小于孔深；在导管的四周用快凝砂浆封堵，待砂浆凝固后，将裹有棉纱的木楔打入铁管，以达到堵水的目的。

4）灌浆堵漏法。将孔口扩成喇叭状，并冲洗干净，用快凝砂浆埋设灌浆管，一边使漏水从管内导出，一边用高强砂浆回填管口四周至混凝土面；待砂浆强度达到设计要求后，进行顶水灌浆，灌浆压力宜为0.2~0.4MPa。

（2）裂缝渗漏处理。裂缝渗漏的处理应先止漏、后修补。止漏可以采用直接堵漏法或导渗止漏法，修补可参见前述的裂缝表层处理方法。

1）直接堵漏法。该法一般用于水压力小于0.01MPa的裂缝漏水处理。施工时先沿缝面凿槽，并将其冲洗干净，然后将快凝砂浆捻成条形，逐段迅速堵入槽中，挤压密实，堵住漏水。

2）导渗止漏法。该法一般用于水压力大于0.01MPa的裂缝漏水处理。施工时先采用风钻在裂缝的一侧钻斜孔，斜孔应保证穿过裂缝面，并且埋管进行导渗，待裂缝修补以后，再及时封堵导水管。

2. 伸缩缝渗漏处理

伸缩缝的渗漏，是工程运用中较为常见的现象，其处理方法较多，如嵌填法、粘贴法、锚固法、灌浆法以及补灌沥青法等。

由于伸缩缝是为满足混凝土热胀冷缩而设置的结构缝，因此，嵌填法的嵌填材料，要求有一定的弹性，一般可以选用橡胶类、沥青类或树脂类材料；粘贴法的粘贴材料可选厚为 3~6mm 的橡胶片材；锚固法主要用于迎水面的伸缩缝处理，防渗材料有橡胶、紫铜、不锈钢等片材，锚固件可采用锚固螺栓、钢压条等；灌浆法主要用于迎水面伸缩缝的局部处理，灌浆采用弹性聚氨酯、改性沥青浆材等；补灌沥青法主要用于沥青井止水结构的漏水处理。

3. 坝基渗漏处理

坝基渗漏处理方法，需要根据产生渗漏的原因以及对结构影响程度来决定。

混凝土坝如出现扬压力升高、排水管涌水量增大等情况，可能是原防渗帷幕失效、岩基断层裂隙增大或坝与基岩接触不良等。因此，必须先查明原因，再确定处理方法。坝基渗漏处理方法主要包括以下几种方法：

（1）加深加密帷幕。该法适用于防渗帷幕深度不够或防渗性能较差的情况。一般应采取加深原帷幕的处理方法，如孔距过大，还需加密钻孔。对于断层破碎带垂直或斜交于坝轴线、贯穿坝基、渗漏严重的情况，除加深帷幕深度外，还需要加厚帷幕厚度。帷幕孔深小于 8m 时，可采用风钻钻孔；对超过 8m 的深孔，宜采用机钻钻孔。

（2）接触灌浆处理。该法适用于混凝土与基岩接触处产生渗漏的情况。接触灌浆钻孔的孔深，一般至基岩以下 2m。

（3）固结灌浆。若有断层、破碎带与坝轴线垂直或斜交、贯穿坝基而导致渗漏，除在该处加深加厚帷幕外，还要根据破碎带构造情况增设钻孔，进行固结灌浆。

（4）增设排水孔或改善排水条件。对排水不畅或排水孔堵塞的情况，可设法疏通，以改善排水条件；必要时可适当增设排水孔。

4. 绕坝渗漏处理

对于绕坝渗漏，一般在上游堵截或灌浆以防渗，在下游则采用导渗排水措施进行综合处理。岩体破碎时，可采用水泥灌浆形成防渗帷幕；岩石节理裂隙发育时，可采用水泥或化学灌浆处理；岩溶渗漏时，可采用灌浆、堵塞、阻截、铺盖和下游导渗等综合措施处理。

四、混凝土坝的侵蚀

混凝土坝的侵蚀破坏，主要包括物理侵蚀、化学侵蚀和有机质侵蚀。物理侵蚀以溶出性侵蚀为主，化学侵蚀以碳酸性侵蚀、盐类侵蚀为主，有机质侵蚀主要以油类侵蚀和生物侵蚀为主。

（一）物理侵蚀

硅酸盐水泥中的水化产物均属于碱性物质，都在一定程度上溶于水，各水化产物中 $Ca(OH)_2$ 的溶解度最大。只有在液相中石灰含量超过水化产物各自的极限浓度的条件下，这些水化物才稳定，不向水中溶解。相反，当液相石灰含量低于水化物稳定的极限浓度时，这些水化物将依次发生分解，释放出石灰，使高钙水化产物向低钙水化产物转化。

当环境水为静止时，溶液中的石灰浓度将达到其极限石灰浓度，$Ca(OH)_2$ 的溶解将停止。当环境水为流动水时，溶液中的 $Ca(OH)_2$ 不断被流水带走，溶液的石灰浓度总是低于其极限浓度，混凝土内的 $Ca(OH)_2$ 将不断被溶解析出，导致混凝土孔隙率增加，渗透性增大，溶出性破坏逐步加剧，从而引起混凝土结构酥松，混凝土强度降低。

混凝土表面出现"流白浆"，是混凝土存在溶出性侵蚀的标志。侵蚀的强弱程度与水的硬度和混凝土的密实性有关，当环境水的水质较硬、混凝土较密实时，溶出性侵蚀较弱，反之则较强。

（二）化学侵蚀

1. 碳酸性侵蚀

当水中的 CO_2 含量过高时，将对水泥石产生破坏。CO_2 融入水中形成碳酸水，水泥石中的氢氧化钙将与其反应生成碳酸钙，而碳酸钙又与碳酸水进一步反应生成易溶于水的碳酸氢钙。碳酸氢钙的极限浓度是 16.6g/L，反应的结果是使本来难溶解的碳酸钙转变为易溶解的碳酸氢钙。但随着碳酸氢钙的增加，HCO_3^- 浓度恢复平衡，上述反应停止。如果混凝土是处在有渗透的压力水作用下生成碳酸氢钙，它就溶于水而被带走，反应将永远达不到平衡，$Ca(OH)_2$ 将不断起反应而流失，使水泥石的石灰浓度逐渐降低，孔隙逐渐加大，水泥石结构逐渐发生破坏。

环境水中游离 CO_2 越多，其侵蚀性也就越强；若温度升高，则侵蚀速度加快。

2. 硫酸盐类侵蚀

在海边、某些地下水或工业废水、盐碱地区的沼泽水中，常含有大量的硫酸盐，如 $MgSO_4$、Na_2SO_4、$CaSO_4$ 等，它们对石灰石均有破坏作用。

硫酸盐中的 SO_4^{2-} 能与 $Ca(OH)_2$ 起反应生成石膏，石膏在水泥石孔隙中结晶时体积膨胀，使水泥石破坏；更为严重的是石膏与水泥石中的水化铝酸钙起反应，生成高硫型水化硫铝酸钙，又名钙矾石，它含有大量的结晶水，其体积增大为原来的 2.5 倍左右，对水泥石产生巨大的破坏作用。

硫酸盐侵蚀的破坏体现在两个方面：一方面，SO_4^{2-} 与水泥石中的矿物生成石膏、钙矾石等膨胀性物质，造成混凝土开裂、剥落和解体；另一方面由于侵蚀反应导致水泥石中主要组成 $Ca(OH)_2$ 等溶出和分解而导致混凝土的强度、硬度下降。

硫酸盐类的侵蚀以 SO_4^{2-} 的浓度为指标，但侵蚀的强弱还与 Cl^- 的含量有关，Cl^- 能提高钙矾石的溶解度，阻止其晶体的生成与长大，从而减轻其破坏作用。

（三）有机质侵蚀

1. 油类侵蚀

油类侵蚀是指动植物油所含有的脂肪酸与混凝土中的 $Ca(OH)_2$ 反应生成脂肪酸钙而侵蚀混凝土。豆油、杏仁油、花生油、核桃油、亚麻仁油、牛油、猪油等对混凝土有较强的侵蚀性。

2. 生物侵蚀

生物侵蚀是指菌类、细菌、藻类、苔藓等在混凝土表面生长，对混凝土外观及性能的直接或间接影响。菌类和苔藓等在混凝土表面生长，会产生腐殖酸，对混凝土表面产生破坏，既影响混凝土的外观，又逐渐影响混凝土的结构和性能。

五、侵蚀混凝土坝的预防及处理措施

1. 预防措施

混凝土侵蚀破坏一般采用的预防措施为：选用与侵蚀类型及程度相适应的水泥，提高混凝土的密实性和抗渗性，掺加外加剂、控制水灰比，采用热沥青涂层或专门涂料处理混凝土表面，坚持正确的施工工艺，确保混凝土质量等。

2. 处理措施

对已发生侵蚀的混凝土结构，应有针对性地进行检验，以分析其病因及侵蚀破坏程度，这些检验包括力学性能检验（如表面回弹法、拔拉强度等）、物理性能检验（如声波传播速度、减水率等）、化学成分分析检验（如检验混凝土中存在的有害成分及数量）、微观结构分析（如电子显微镜观察、分析水泥石的形貌和结构）等。

应根据分析结果，确定病害病因，有针对性地进行修复。

病变初期，若侵蚀破坏仅限于混凝土表层，结构未受严重破坏，维修的目的在于防止病害进一步扩大，可采用耐腐蚀的材料进行表面修复，如采用聚合物水泥砂浆修补。当病害发展至危及结构安全使用时，必须进行加固。工程加固设计应综合考虑结构、材料及施工各方面的技术问题，以保证结构加固的安全性及合理性。

六、混凝土坝的表面缺陷

（一）蜂窝

1. 蜂窝产生的原因

蜂窝是指混凝土局部出现酥松、骨料多砂浆少、骨料之间形成孔隙，类似蜂窝状的窟窿现象。其产生的原因主要有：①混凝土配合比选配不当、混凝土配料计量不准，造成砂浆少、石子多；②混凝土搅拌时间不够，拌和不均匀，和易性差，振捣不密实；③运输不当或下料过高、过长，造成石子砂浆离析；④混凝土振捣不实，或漏振，或振捣时间不够；⑤模板安装不规范，缝隙过大导致水泥浆流失，造成骨料多浆少。

2. 蜂窝的预防与治理措施

预防措施：①合理设计混凝土配合比，混凝土拌制时做到计量准确，拌和均匀，坍落度适合，其最短拌和时间应符合规定；②为防止离析，混凝土下料高度超过 2m 时应设串筒或溜槽，浇筑应分层下料，分层振捣，防止漏振，浇筑中应随时检查模板情况防止变形、变位或漏浆。

处理措施：若是小蜂窝，先用清水冲洗干净后，用 1∶2 或 1∶2.5 水泥砂浆抹平压实；如果是大蜂窝，则先将松动的石子和突出颗粒剔除，尽量形成喇叭口，冲洗后再用高一级的细石混凝土填实，加强养护；较深蜂窝，如清除困难，可埋灌浆管、排气管，在表面抹砂浆或灌筑混凝土封闭后，进行灌水泥浆处理。

（二）麻面

1. 麻面产生的原因

麻面是指混凝土局部表面出现缺浆和许多小坑洼、麻点，麻点直径通常小于 5mm，形成粗糙面，但无钢筋外露现象。其产生的原因主要有：①模板表面粗糙或粘附水泥浆渣

等杂物未清理干净，拆模时混凝土表面被粘脱形成斑点；②模板未浇水湿润或湿润不够，构件表面混凝土的水分被吸去，使混凝土失水过多出现麻面；③模板拼缝不密实，造成局部漏浆；④模板隔离剂涂刷不匀、局部漏刷或失效，导致拆模时混凝土表面被粘脱成斑点；⑤混凝土振捣不实，气泡未排出而停留在模板表面形成麻点。

2. 麻面的预防与治理措施

预防措施：①模板表面应清理干净，不得粘有干硬水泥砂浆等杂物；②浇筑混凝土前，模板应浇水充分湿润，模板缝隙应用油毡纸、腻子等封堵严密，应选用长效的模板隔离剂，涂刷均匀，不漏刷；③混凝土应分层均匀振捣密实，严防漏振，直至混凝土颜色一致，不再下沉和排出气泡为止。

处理措施：表面作粉刷的，可不处理，表面无粉刷的，待清水冲洗干净后，用 1:2 的水泥砂浆抹刷，在终凝前再次压光抹平。

（三）孔洞

1. 孔洞产生的原因

孔洞指蜂窝深度超过保护层厚度，但不超过截面尺寸的 1/3 的空穴，也指特别大的蜂窝。其产生的原因主要有：①在钢筋较密的部位或预留孔洞和预埋件处，混凝土下料被阻搁，未振捣或振捣不够就继续浇筑上层混凝土；②混凝土离析，砂浆分离、石子成堆、严重跑浆，又未进行振捣；③混凝土下料过高，一次下料过多、过厚，振捣器振动不到位，形成松散孔洞；④混凝土内掉入施工器具、木块、泥块等杂物。

2. 孔洞的预防与治理措施

预防措施：①混凝土浇筑时自由下落高度应符合规定，在混凝土的拌和、运输、浇筑过程中应防止杂物（如石块等）落入其中，且浇筑前清理模板内的杂物；②采用正确的振捣方法，严防漏振、欠振，振点要均匀，可采用行列式或交错式顺序移动，不能混用，操作时要快插慢拔。

处理措施：对于已经产生的孔洞，应将其四周的松散混凝土凿除，用压力水冲洗，湿润后用高强度等级细石混凝土浇灌、捣实。

（四）露筋

1. 露筋产生的原因

露筋指混凝土内部受力筋、架立筋或箍筋局部裸露在结构构件表面的现象。其产生的原因主要有：①灌筑混凝土时，钢筋保护层垫块位移、垫块太少、漏放或模板变形、变位，致使钢筋紧贴模板外露；②结构构件截面小，钢筋布置过密，骨料卡在钢筋上，致使水泥砂浆不能充满钢筋周围造成露筋；③混凝土配合比不当，混凝土产生离析，靠模板部位缺浆或模板漏浆致使钢筋外露；④混凝土保护层太小，保护层附近混凝土漏振或振捣不实，振捣棒撞击钢筋或踩踏钢筋致使钢筋位移等造成露筋。

2. 露筋的预防与治理措施

预防措施：①浇筑混凝土，应保证钢筋位置和保护层厚度是否准确，保护层垫块是否牢靠；②钢筋密集的地方采用细石混凝土，细石最大粒径不得超过结构截面最小尺寸的 1/4，同时不得大于钢筋净距的 3/4；③振捣时，严禁振捣棒撞击钢筋，并严格按照施工规范操作规程操作。

处理措施：表面露筋，经刷洗干净后，在露筋部位用1：2或1：2.5水泥砂浆充满抹平；露筋较深的凿去薄弱混凝土和突出颗粒，经刷洗干净后，用高一级的细石混凝土填塞振捣密实。要认真进行养护。

（五）表面不平整

1. 表面不平整产生的原因

表面不平整是指混凝土表面凹凸不平，或梁板厚薄不一、表面不平的现象。其产生的主要原因有：①混凝土浇筑后，表面收浆仅用铁锹、拍子抹平，未用抹子找平压光，造成表面粗糙不平；②利用土层做支撑时模板未支承在坚硬土层上，或支承面不足，或支撑松动、土层泡水，致使混凝土早期养护时发生不均匀下沉造成表面不平整；③未达到规定强度时，在混凝土表面操作或运料，致使表面出现凹陷不平或印痕。

2. 表面不平整的预防与治理措施

预防措施：①严格按施工规范操作，浇筑混凝土后，应根据水平控制标志或弹线用抹子找平、压光，终凝后浇水养护；②模板应有足够的强度、刚度和稳定性，模板应支在坚实地基上，有足够的支承面积，防止地基泡水；③在浇筑混凝土时，加强检查，当混凝土强度达到1.2N/mm²以上，方可在已浇结构层上走动或作业。

处理措施：当表面不平整不影响结构安全性和正常使用时，可采用局部抹面填平处理，或采用增加一层同配比的砂浆抹面进行处理。当表面不平整影响结构安全性或正常使用时，应将表层混凝土凿除，重新浇筑混凝土；或采取相应加固或补强措施进行处理。

除上述缺陷外，还存在表面龟裂、色泽不匀等缺陷。

第二节　土石坝老化病害及其防治

土石坝的维护与老化病害处理，按照《土石坝养护修理规程》（SL 210—98）和《碾压式土石坝设计规范》（SL 274—2001）等规程或规范执行。

一、土石坝的维护

土石坝的维护是指对土石坝主要建筑物及其设施进行的日常保养和防护。主要包括坝顶及坝端、坝坡、排水设施、坝基及坝区等的养护和维修。

（一）坝顶、坝端的养护

（1）坝顶应平整，无积水、杂草、弃物；防浪墙、坝肩、踏步完整，轮廓鲜明；坝端无裂缝、坑凹、堆积物等。

（2）如坝顶出现坑洼或雨淋沟缺，应及时用相同材料填平补齐，并应保持一定的排水坡度；对经主管部门批准通行车辆的坝顶，如有损坏，应按原路面要求及时修复，不能及时修复的，应用土或石料临时填平。

（3）防浪墙、坝肩和踏步出现局部破损，应及时修补或更换。

（4）坝端出现局部裂缝、坑凹时，应及时填补，发现堆积物应及时清除。

（5）坝面上不得种植树木、农作物，不得放牧、铲草皮以及搬动护坡和导渗设施的砂石材料等。

（二）坝坡的养护

（1）干砌块石护坡或堆石护坡的养护。应及时填补、楔紧个别脱落或松动的护坡石料；及时更换风化或冻毁的块石，并嵌砌紧密；块石塌陷、垫层被淘刷时，应先翻出块石，恢复坡体和垫层后，再将块石嵌砌紧密；堆石或碎石石料如有滚动，造成厚薄不均时，应及时进行平整。

（2）混凝土或浆砌块石护坡的养护。应及时填补伸缩缝内流失的填料，填补时应将缝内杂物清洗干净。护坡局部发生侵蚀剥落、裂缝或破碎时，应及时采用水泥砂浆表面抹补、喷浆或填塞处理，处理时表面应清洗干净；如破碎面较大，且垫层被淘刷、砌体有架空现象时，应用石料做临时性填塞，岁修时进行彻底整修。排水孔如有不畅，应及时进行疏通或补设。

（3）草皮护坡的养护。应经常修整、清除杂草，保持完整美观；草皮干枯时，应及时洒水养护。出现雨淋沟缺时，应及时还原坝坡，补植草皮。

（4）严寒地区护坡的养护。在冰冻期间，应积极防止冰凌对护坡的破坏。可根据具体情况，采用打冰道或在护坡临水处铺放塑料薄膜等办法减少冰压力；有条件的，可采用机械破冰法、动水破冰法或水位调节法，破碎坝前冰盖。

（三）排水设施的养护

（1）各种排水、导渗设施应达到无断裂、损坏、阻塞、失效现象，排水畅通。

（2）必须及时清除排水沟（管）内的淤泥、杂物及冰塞，保持通畅。

（3）对排水沟（管）局部的松动、裂缝和损坏，应及时用水泥砂浆修补。

（4）排水沟（管）的基础如被冲刷破坏，应先恢复基础，后修复排水沟（管）；修复时，应使用与基础同样的土料，恢复到原来断面，并应严格夯实；排水沟（管）如设有反滤层时，也应按设计标准恢复。

（5）随时检查修补滤水坝趾或导渗设施周边山坡的截水沟，防止山坡浑水淤塞坝趾导渗排水设施。

（6）减压井应经常进行清理疏通，保持排水畅通；周围如有积水渗入井内，应将积水排干，填平坑洼，保持井周无积水。

（四）坝基和坝区的养护

（1）对坝基和坝区管理范围内一切违反大坝管理规定的行为和事件，应立即制止并纠正。

（2）设置在坝基和坝区范围内的排水、观测设施和绿化区，应保持完整、美观，无损坏现象。

（3）发现坝区范围内有白蚁活动迹象时，应按土石坝防蚁的相关要求进行治理。

（4）发现坝基范围内有新的渗漏逸出点时，不要盲目处理，应设置观测设施进行观测，待弄清原因后再进行处理。

（5）严禁在大坝管理和保护范围内进行爆破、打井、采石、采矿、挖砂、取土、修坟等危害大坝安全的活动。

（6）严禁在坝体修建码头、渠道，严禁在坝体堆放杂物、晾晒粮草。在大坝管理和保护范围内修建码头、鱼塘，必须经大坝主管部门批准，并与坝脚和泄水、输水建筑物保持一定距离，不得影响大坝安全、工程管理和抢险工作。

二、土石坝的裂缝

（一）裂缝的类型和成因

土石坝裂缝是一种较常见的病害现象，平行于坝轴线的纵向裂缝可能导致坝体产生滑坡，垂直于坝轴线的横向裂缝可能发展成贯穿坝体的渗漏通道，从而导致大坝失事；有的裂缝虽未造成失事，但影响水库正常蓄水，导致水库长期不能发挥正常效益。

土石坝的裂缝，按其成因可分为沉陷裂缝、滑坡裂缝、干缩裂缝、冻融裂缝、水力劈裂裂缝、塑流裂缝和震动裂缝等；按其方向分为横向裂缝、纵向裂缝、水平向裂缝和龟纹裂缝等；按其部位可分为表面裂缝和内部裂缝等。在实际工程中土石坝的裂缝常由多种因素造成，并以混合的形式出现。

1. 沉陷裂缝

沉陷裂缝主要是由于不均匀沉陷引起的裂缝，多发生在河谷形状变化较大、地基压缩性较大、土坝合拢段、土坝分区分期填土交界处、坝体与刚性建筑物连接段和坝下埋设涵管等部位。

沉陷裂缝按其方向主要分为以下三种：

（1）纵向沉陷裂缝。纵向裂缝与坝轴线平行，一般规模较大，并深入坝体，多发生在坝的顶部或内外坝肩附近，有时也出现在坝坡和坝身内部，是破坏坝体完整性的主要裂缝之一。其长度在平面上可延伸几十米甚至几百米，深度一般为几米，也有几十米的。纵向裂缝产生的主要原因为：坝体在垂直于坝轴线方向的不均匀沉陷；沿大坝横断面的坝基开挖处理不当，造成坝基在横断面上产生较大的不均匀沉陷；坝下结构引起的坝体裂缝，如坝体下部与混凝土截水墙、齿墙等刚性建筑物连接部位，因刚性建筑物压缩性小，连接部位容易产生应力集中形成裂缝；施工不当等原因，如坝体施工时对横向分区结合面处理不慎，施工填筑时土料性质不同、上下游填筑进度不平衡、填筑层高差过大、接合面坡度太陡不便碾压或有漏压现象等，都可能在结合面产生纵向裂缝。

纵向裂缝如未与贯穿性的横向缝连通，则不会直接危及坝体安全，但也需及时处理，以免库水或雨水渗入缝内而引起滑坡。斜墙上的纵缝，很容易发展成渗漏通道而危及坝体安全，应特别引起重视。

（2）横向沉陷裂缝。横向裂缝走向与坝轴线大致垂直，多出现在坝体与岸坡接头处，或坝体与其他建筑物连接处，缝深几米到几十米，上宽下窄，缝口宽几毫米到十几厘米。横向裂缝产生的原因与纵向裂缝比较相似，主要是裂缝的方向不同，例如：坝体沿坝轴线方向的不均匀沉陷；坝基开挖处理不当而产生横向裂缝，如果坝基局部的高压缩性地基或湿陷黄土未经处理，筑坝后压缩变形必然较大，而相邻坝基压缩变形较小，则将产生不均匀沉陷；坝体与刚性建筑物结合处的不均匀沉陷；坝体分段施工的结合部位处理不当，各段坝体碾压密实度不同甚至漏压而引起不均匀沉陷。

横向裂缝往往上下游贯通，其深度又通常延伸到正常蓄水位以下，因而危害极大，可能造成集中渗漏甚至导致坝体溃决。

（3）水平向沉陷裂缝。破裂面为水平面的裂缝称为水平裂缝。水平裂缝多为内部裂缝，常贯穿防渗体，而且在坝体内部较难发现，往往是失事后才被发现，因此也是危害性很大的一种裂缝。水平裂缝通常在如下部位出现：

1）薄心墙土坝。若坝壳的碾压质量高，心墙碾压质量相对较差，心墙沉陷量大于坝壳的沉陷量，此时坝壳通过与心墙接触面上摩擦力的作用阻止心墙沉陷，这就是坝壳对心墙的拱效应，拱效应使心墙的垂直应力减小，甚至可能使垂直应力由压变拉而在心墙中产生水平裂缝。

2）峡谷压缩性地基上的土坝。在其沉陷过程中，由于拱效应的作用，使坝体的重量只传递到两岸山坡上，不能与下部坝体同时沉陷，致使坝体受拉而形成水平裂缝。

3）岩石岸坡有突出的平台，平台的一侧为陡峻的悬崖，在施工中又未做削坡处理。土石坝在沉陷的过程中，平台上部的土体沉降量小，并受到平台的阻止，不能和坝体下部一起下沉，因而发生水平裂缝。

2. 滑坡裂缝

滑坡裂缝是因滑移土体开始发生位移而出现的裂缝。裂缝中段大致平行坝轴线，缝两端逐渐向坝脚延伸，在平面上略成弧形，多出现在坝顶、坝肩、背水面及排水不畅的坝坡下部。在水位骤降或地震情况下，迎水面也可能出现滑坡裂缝。裂缝一般形成过程历时较短，缝口有明显错动，下部土体移动，有脱离坝体的倾向。滑坡裂缝的危害比其他裂缝更大，它预示着坝坡即将失稳，可能造成失事，需要特别重视，并迅速采取适当措施进行加固。

3. 干缩裂缝

干缩裂缝一般发生在黏性土体的表面，或黏土心墙的坝顶，或施工期黏土的填筑面上。通常由于坝体表面水分迅速蒸发干缩，同时受到坝体内部黏性土的约束而产生裂缝。这种裂缝分布较广，呈龟裂状，密集交错，分布均匀。干缩裂缝一般与坝体表面垂直，上宽下窄，呈楔形尖灭，缝宽通常小于1cm，缝深一般不超过1m。

干缩裂缝一般不影响坝体安全，但如不及时维护处理，雨水沿裂缝渗入，将增加土体的含水量，降低裂缝区域土体的抗剪强度，促使其他病情的发展，尤其应注意重视斜墙和铺盖上的干缩裂缝，它可能会引起严重的渗透破坏。

4. 冻融裂缝

在寒冷地区，坝体表层土料因冰冻收缩而产生裂缝。当遭遇气温再次骤然下降时，表层冻土将进一步收缩，此时受到内部未降温冻土的约束，因而进一步产生表层裂缝；当气温骤然升高时，应融化的土体不能恢复原有的密度而产生裂缝。冬季气温变化，黏土表层反复冻融形成冻融裂缝和松土层。因此，在寒冷地区，应在坝坡和坝顶用块石、碎石、砂性土做保护层，保护层的厚度应大于冻层厚度。

5. 水力劈裂缝

水力劈裂缝产生的机理是水库蓄水后，水进入到细小而未张开的裂缝中，裂缝在水的压力下张开，好似水劈开了土体。因此，产生水力劈裂缝的条件是：首先，土体已有微细裂缝，库水能够进入；其次，水进入缝内所产生的劈缝压力要大于土体对缝面的压应力，才能使裂缝张开。由于劈缝压力只有在透水性很小的土体缝隙中才能产生，故水力劈裂缝可能发生于黏土心墙、黏土斜墙、黏土铺盖和均质土坝中。水力劈裂缝可能导致集中渗漏甚至造成严重危害。

6. 塑流裂缝

如土石坝的坝基存在大面积的淤泥、淤泥质黏土、含水量大的粉质黏土或砂质黏土，当坝基剪应力超过这些土层的屈服强度时，土层就会发生塑流变形，向坝脚挤出隆起，并在坝基的中部发生裂缝。这种裂缝常常由坝体贯穿到坝基。塑流裂缝发生后较难处理，应该在设计时计算塑流范围，如果大面积发生塑流，就应该采用砂井或预压措施，以提高坝基土的抗剪强度，防止塑流裂缝。

7. 震动裂缝

震动裂缝是由于坝体经受强烈震动或地震后产生的裂缝，走向平行或垂直坝轴线方向，裂缝多暴露坝面，缝长和缝宽与震动烈度有关。纵缝多发生在坝顶、坝肩或坝坡的上部，横缝则一般发生坝体与两岸岩体、溢洪道的接头部位，或埋管上部的坝顶。横向缝的缝口会随时间而逐渐变小或弥合，而纵向缝缝口则无变化。

（二）裂缝的预防

沉陷裂缝是土石坝裂缝中出现较多、危害也较大的裂缝，下面主要结合沉陷裂缝，介绍裂缝预防的相关措施，主要从以下三个阶段着手。

1. 设计阶段

沉陷裂缝产生的主要原因是坝体或坝基的不均匀沉陷。因此，在设计阶段应主要考虑如何减少坝体的不均匀沉陷，以及做好地基的勘测和处理。

2. 施工阶段

施工必须按照设计要求严格进行，把好基础处理、上坝土质、填土含水量、填筑厚度和碾压标准等各施工质量关，妥善处理各填筑部位的接合处。

3. 运行管理阶段

运行管理阶段特别要注意土石坝竣工后首次蓄水时库水位的上升速度，防止因水位骤升突然增加荷载和湿陷产生裂缝；同时在运行期间也要控制库水位的下降速度，防止因水位骤降而导致迎水面坝坡滑移。日常的土石坝的维护工作必须严格符合设计和施工要求、相关规程和管理规定，防止新的裂缝产生。

（三）裂缝的处理

土石坝出现裂缝后，应加强观察，注意了解裂缝的特征，观测裂缝的发展和变化，分析裂缝产生的原因，判断裂缝的性质，采取有针对性的措施，防止裂缝的进一步发展，并适时进行处理。通常对于危害性较大的裂缝，如土石坝防渗体贯穿性的横向裂缝、黏土心墙的水平裂缝、黏土斜墙和铺盖的纵向裂缝等，必须进行慎重和严格的处理；对于危害性较小、暂时不会发生险情的裂缝，一般宜等到裂缝发展稳定后再进行处理。非滑坡裂缝处理方法一般有以下几种（滑坡裂缝处理见"四、土石坝的滑坡"）。

1. 缝口封闭法

对于深度小于1m的裂缝和由于干缩或冰冻等原因引起的细小表面裂缝，可只进行缝口封闭处理。处理方法是用干而细的砂壤土从缝口灌入，用竹片或板条等填塞捣实，然后在缝口处用黏性土封堵压实。

2. 开挖回填法

开挖回填是将发生裂缝部位的土料全部挖出，重新回填符合设计要求的土料。开挖回填法是处理裂缝比较彻底的方法，适用于深度不大于3m的沉陷裂缝及防渗体表面的裂缝。

3. 充填灌浆法

充填灌浆法是利用一定的灌浆压力或利用浆液的自重将浆液灌入坝体从而充填密实裂缝。灌浆浆液可采用纯黏土浆或水泥黏土浆，灌浆压力应在保证坝体安全的前提下通过试验确定。充填灌浆法适用于坝体内部裂缝或裂缝较多的情况。

4. 劈裂灌浆法

当裂缝处理范围较大，裂缝的性质和部位又不能完全确定时，可采用劈裂灌浆法处理。详见坝体渗漏处理。

5. 开挖回填和充填灌浆结合法

开挖回填和充填灌浆结合法主要适用于由表层延伸至坝体中等深度的裂缝，或水库水位较高全部采用开挖回填有困难的部位，裂缝的上部采用开挖回填法，裂缝的下部采用充填灌浆法，一般是先开挖2m深度后立即回填，然后在回填面上进行灌浆。

三、土石坝的渗漏

（一）渗漏的类型及危害

土石坝坝体为散粒体结构，具有较大的透水性，因此，水库蓄水后，在水压力的作用下，土石坝出现渗漏是不可避免的。对于不引起土体渗透破坏的渗漏通常称为正常渗漏，引起土体渗透破坏的渗漏称为异常渗漏。异常渗漏通常表现为：渗流量较大，比较集中，水质浑浊，透明度低。

1. 渗漏的类型

按照渗漏部位的特征可分为以下几种：

（1）坝体渗漏。水库蓄水后，库水通过坝体在下游坡面或坝脚附近逸出。

（2）坝基渗漏。渗漏水流通过坝基的透水层，从坝脚或坝脚以外的覆盖层中的薄弱部位逸出。

（3）绕坝渗漏。渗水绕过土坝两端渗向下游，在下游岸坡逸出。

2. 渗漏的危害

异常渗漏将对土石坝造成如下危害：

（1）损失水量。一般正常的稳定渗流所损失的水量较少，但是在强透水地基和岩溶地区修建土石坝，往往由于对坝基的工程地质条件处理不够彻底，没有妥善地进行防渗处理，以致蓄水后造成库水的大量渗漏损失，有时甚至无法蓄水。

（2）造成渗透破坏。在坝身、坝基渗漏逸出区，由于渗流坡降大于土的临界坡降，使土体发生管涌或流土等渗透变形，甚至产生集中渗漏，从而导致土石坝失事。

（3）抬高坝体浸润线。坝身浸润线抬高后，使下游坝坡出现散浸现象，降低了坝体土体的抗剪强度，严重时会引起坝体滑坡。

因此，发现危及大坝安全的渗水时，必须立即查明渗漏原因，采取妥善的处理措施，防止事故扩大。

土石坝渗漏处理的基本原则是"上截下排"。"上截"就是在坝体和坝基的上游侧设置防渗设施，防止库水入渗或延长渗流渗径，降低渗透坡降和减少渗透流量；"下排"就是在坝的下游侧设置排水和导渗设施，使渗入坝体或地基的渗水安全通畅地排走，以增强坝坡稳定。一般来说，"上截"为上策，"下排"的工程措施往往结合"上截"同时采用。

（二）坝体渗漏原因及处理

1. 坝体渗漏原因

对土石坝有较大危害的坝体渗漏主要有散浸和集中渗漏两种情况。

（1）散浸及其成因。坝体浸润线抬高，渗漏的逸出点超过排水体的顶部，下游坝坡土呈现大片浸润的现象称为散浸。随着时间的延长，坝体土体逐渐饱和软化，甚至在坡面上形成分布较广的细小水流；严重时将导致产生表面流土，或引起坝坡滑塌等失稳现象。造成散浸的原因如下：

1）因坝体尺寸单薄、土料透水性大，均质坝的坝坡过陡等原因使渗水从排水体以上逸出下游坝坡。

2）坝后反滤排水体高度不够；或者下游水位过高，洪水淤泥倒灌使反滤层被淤堵；或者由于排水体在施工时未按设计要求选用反滤料或铺设的反滤料层间混乱等原因，造成浸润线逸出点抬高，在下游坡面形成大面积散浸。

3）坝体分层填筑时已压实的土层表面未经刨毛处理，致使上下层结合不良；铺土层过厚造成碾压不实，使坝身水平向透水性较大，因而坝身浸润线高于设计浸润线，渗水从下游坡逸出。

（2）集中渗漏及其成因。水库蓄水后，在土石坝下游坡面出现成股水流涌出的异常渗漏现象，称为集中渗漏。集中渗漏往往带走坝体的土粒形成管涌，甚至淘成空穴逐渐形成塌坑，严重时导致土石坝溃决，它是一种严重威胁土石坝安全的渗漏现象。形成集中渗漏的主要原因如下：

1）坝体防渗设施厚度单薄，致使渗透水力坡降大于其临界坡降，往往造成斜墙或心墙土料流失，最后使斜墙或心墙被击穿，形成集中渗漏通道。

2）坝体分层分段和分期填筑时，如果层与层、段与段以及前后期之间的结合而没有按施工规范要求施工，以致结合不好；或者施工时漏压形成松土层，在坝内形成了渗流，在薄弱夹层处渗水集中排出。

3）施工时对贯穿坝体上下游的道路以及各种施工的接缝未进行处理，或者对坝体与其他刚性建筑物（如溢洪道边墙、涵管或岸坡）的接触面防渗处理不好，在渗流的作用下，发展成集中渗漏的通道。

4）生物洞穴、坝体土料中含有树根或杂草腐烂后在坝身内形成空隙，常常造成坝体集中渗漏。

5）坝体不均匀沉陷后引起的横向裂缝、心墙的水平裂缝等，也是造成坝体集中渗漏的原因。

2. 坝体渗漏的处理

坝体渗漏的主要处理措施有：

（1）抽槽回填法。对于渗漏部位明确且高程较高的均质坝和斜墙坝，可采用抽槽回填法处理。处理时，库水位必须降至渗漏通道高程以下1m。开挖时采用梯形断面，抽槽范围必须超过渗漏通道以下1m和渗漏通道两侧各2m，槽底宽度不小于0.5m，深度应不小于 3m。回填土料应与坝体土料一致，并分层夯实，回填土夯实后的干容重不得低于原坝体设计值。

（2）铺设土工膜。目前土工膜在土石坝及堤防工程防渗中得到广泛应用。土工膜防渗具有的特点为：稳定性好，产品规格化；铺设简便，施工速度快；抗拉强度高，适应堤坝变形；质地柔软，能与土壤密切结合；重量轻，运输方便；经过处理后，其抗老化及耐气候性能均较高。常用的土工膜有聚乙烯、聚氯乙烯、复合土工膜等几种。采用土工膜防渗时，应注意土工膜厚度选择、土工膜连接质量、土工膜上覆保护层等几个关键技术问题。

（3）冲抓套井回填。冲抓套井回填黏土防渗墙是利用冲抓机具在土石坝的渗漏范围内造井，用黏性土料分层回填夯实，形成一个连续的黏土截水墙，截断渗流通道，达到防渗的目的。黏土防渗墙是处理土石坝坝体渗漏较好的措施之一，具有防渗效果好、设备简单、施工方便、质量易控制、功效高、投资少等优点，特别适合均质坝和宽心墙坝渗漏处理，缺点是造孔孔径大，回填方量大。

（4）混凝土防渗墙。混凝土防渗墙是利用专用机具，在坝体或覆盖层透水地基中，建造槽孔，以泥浆固壁，然后向槽孔内浇筑混凝土，形成连续的混凝土墙，起到防渗的作用，适用于坝高 60m 以内、坝身质量差、渗漏范围普遍的均质坝和心墙坝。与其他措施相比，混凝土防渗墙具有施工速度快、建筑材料省，尤其是防渗效果好的优点，但成本较高。

（5）倒挂井混凝土墙。倒挂井混凝土墙又称连锁井柱。此法是利用人工挖井，自上而下在井内浇筑混凝土井圈，然后在井圈内浇筑混凝土，形成井柱，各井柱彼此相连，构成连锁井柱混凝土防渗墙。其优点是方法简单，不需要大型机械设备与专业施工力量，且易保证施工质量，造价低，抗震能力强；缺点是用工多，工期较长。在缺乏大型机械设备下，此技术不失为一种可行的施工方法，可适用于高 50m 以内、坝体渗流量不大、水库能放空或水头不大的情况。

（6）劈裂灌浆法。劈裂灌浆法是利用河槽段坝轴线附近的小主应力面一般为平行于坝轴线的铅直面这个规律，沿坝轴线单排布置相距较远的灌浆孔，利用泥浆压力人为的劈开坝体，灌注泥浆，从而形成连续的浆体防渗帷幕。对于坝体质量不好、坝后坡有大面积散浸或多处明漏、问题性质和部位不能完全确定的隐患，可采用劈裂灌浆法处理加固。劈裂灌浆法具有施工设备简单、操作容易、能够就地取材、防渗效果好、工程造价低、经济效益显著等优点，是处理土石坝坝体渗漏较好措施之一。

（7）导渗法。导渗属于"下排"措施，当坝体原有排水设施不能满足坝体渗透稳定要求，下游坝坡发生散浸现象时，应通过改善加强坝体排水能力，使渗水顺利排向下游，以保护坝体的土粒不被渗水带走，并保持坝面干燥。下游导渗措施主要有导渗沟、反滤层导渗法。当均质坝下游发生散浸时，采用导渗沟处理是一种有效的方法。

（三）坝基渗漏原因及处理

1. 坝基渗漏原因

坝基渗漏主要原因如下：

（1）由于坝基工程地质条件不良或地基条件过于复杂，地质勘探工作不细致，未能发现地基中的渗漏隐患。

（2）设计不当，未能采取有效的坝基防渗措施或坝基防渗设施尺寸不够，如截水槽设计深度不够，未与不透水层相连接；黏土铺盖与透水砾石地基之间未设计有效的反滤层，铺盖在渗水压力作用下被破坏等。

（3）施工时对地基处理质量差，如截水槽施工质量不好致使破坏，铺盖长度不够或铺盖厚度较薄被渗水击穿等。

（4）运行管理不当，如库水位降落太低，以致河滩谷地上部分的黏土铺盖受暴晒发生裂缝而未加处理，使其失去防渗作用；导渗沟、减压井养护不良，淤塞失效等。

2. 坝基渗漏的主要处理措施

坝基渗漏的主要处理措施有：

（1）黏土截水墙。黏土截水墙是在土坝上游坡脚内用开槽回填黏土的方法将地基透水层截断，达到防渗的目的。此法适用于地基不透水层埋置深度较浅且坝体质量较好的均质坝或斜墙坝的坝基渗漏处理；当不透水层埋置较深，施工时又不能放空库水时，采用黏土截水槽处理坝基渗漏则难以施工，也不经济。

（2）混凝土防渗墙。对于均质土坝、黏土心墙和斜墙坝，如果坝基透水层较深，修建黏土截水墙开挖断面过大，排水困难时，可考虑采用混凝土防渗墙处理坝基渗漏，防渗墙的施工应在水库放空或低水位条件下进行，施工时注意将防渗墙与坝体防渗体连成整体。

（3）灌浆帷幕。灌浆帷幕是通过钻孔从透水地基到达基岩下 2～5m，灌浆机把浆液压入坝基砾石层中，将砂砾石胶结成具有一定厚度的防渗帷幕。此法适用于非岩性的砂砾石地基和基岩破碎的坝基。

（4）高压喷射灌浆。高压喷射灌浆是利用置于钻孔中的喷射装置射出高压水束冲击破坏被灌地层结构，同时将浆液灌入，形成按设计方向、深度、厚度等新的结构型式，与地基紧密结合的、连续的防渗帷幕体，达到截渗防漏目的。该项技术具有设备简单、适应性广、功效高、效果好等优点，适用于最大工作深度不超过 40m 的软弱夹层、砂层、砂砾层地基渗漏处理，在卵石、漂石层过厚或含量过多的地层不宜采用。

（5）黏土防渗铺盖。黏土防渗铺盖是一种水平防渗措施，利用黏性土在坝上游地面分层碾压而成，在透水层深且无条件做垂直防渗墙的情况下采用，此法要求放空水库，当地有足够做防渗铺盖的土料资源。

（6）坝后导渗。坝后导渗主要措施有排水沟、减压井、压渗台。

当坝基轻微渗漏，造成坝后积水而透水层较浅时，可在坝下游修建排水沟。一方面，收集坝身和坝基的渗水，排向下游，避免下游坡脚积水；另一方面，当下游有弱透水层时，还可采用排渗沟作为排水减压措施。排水沟可采用平行坝轴线或垂直坝轴线布置，并与坝趾排水体连接；垂直坝轴线布置的导渗沟的间距视地基渗漏程度而定，一般为 5～10m，在沟的尾端设横向排水干沟，将各排水沟的水集中排走；排水沟的底部和边坡，均应采用滤层保护。

减压井设在坝的下游，它是用钻机在地基内沿纵向每隔一定距离钻孔后，下入井管，并在管下端周围填以反滤料而成。对于坝基弱透水层覆盖较厚的地基，开挖排水沟是不经济的，而且施工也较困难。采用减压井可把较深的承压水导出地面，从而降低坝体浸润线，防止坝基土的渗透变形和坝下地区沼泽化。

当坝基渗漏严重,在坝后发生翻水冒砂、管涌或流土现象,则不宜开沟导渗,而应采用压渗措施。即在渗水出露的适当范围内,首先铺设滤料垫层,然后填石料或土料盖压。压渗台的厚度应根据渗水压力确定。采用压渗方法既能使覆盖层土体中的渗水顺利排出,又能使覆盖层土体不被冲走。常用的压渗台有石料压渗台和砂土料压渗台。

（四）绕坝渗漏原因及处理

1. 绕坝渗漏原因

绕坝渗漏主要原因如下:

（1）坝端两岸地质条件差。如土石坝两岸连接的岸坡属条形山或覆盖层单薄的山包,而且有砂砾透水层;透水性过大的风化岩层;山包的岩层破碎,节理裂隙发育,或有断层通过,而且施工又未能妥善处理。

（2）因施工取土或水库蓄水后由于风浪的淘刷,破坏了上游岸坡的天然铺盖。

（3）坝头与岸坡接头防渗处理措施不当或施工质量不合要求。如岸坡接头采用截水槽时,有时不但没有切入不透水层,反而挖穿了透水性较小的天然铺盖,暴露出内部的渗透水层,加剧了绕坝渗漏;有的工程没有根据设计要求施工,忽视岸坡接合坡度和截水槽回填质量,造成坝岸接合质量不好,形成渗漏通道。

（4）岩溶、生物洞穴以及植物根茎腐烂后形成的孔洞等。

2. 绕坝渗漏的主要处理措施

绕坝渗漏的主要处理措施有截水槽法、防渗斜墙法、灌浆帷幕法、堵塞回填法、导渗排水法。

四、土石坝的滑坡

土石坝坝坡的部分土体（也可能包含部分地基）,由于各种内外因素的综合影响,失去平衡,脱离原来的位置向下滑移,这种现象称为滑坡。土坝滑坡,有的是突然发生的,但是多数在滑坡初期会出现裂缝并且土体有小的位移,如能及时发现,并积极采取适当的处理措施,危害往往可以避免或者减轻,否则有可能造成重大损失。

（一）滑坡的类型

土石坝的滑坡可根据其成因分为剪切性滑坡、塑流性滑坡和液化性滑坡三类。

1. 剪切性滑坡

剪切性滑坡主要是由于坝坡坡度较陡,填土压密程度较差,渗透水压力较大造成的,当坝受到较大的外荷作用使坝体某一个面上的剪应力超过了土体的抗剪强度,因而滑动体沿该面产生滑动。产生剪切性滑坡时,通常在坝坡或坝顶开始出现一条平行于坝轴线的纵向张开裂缝,缝深和缝宽均较大,随后裂缝不断延长和加宽,两端逐渐弯曲成弧形向坝坡延伸,同时在这一主裂缝的周围出现一些不连续的细小短裂缝,随后主裂缝的两侧上下错开,随着错距的加大,坝坡脚或坝基出现带状的或椭圆形的隆起,而且坝体向坝脚处移动,先慢后快,直至滑动力矩与抗滑力矩达到新的平衡后滑坡才终止。

2. 塑流性滑坡

塑流性滑坡主要发生在坝体和坝基为高塑性黏土的情况下。高塑性黏土在一定的荷载作用下会产生蠕动或塑性流动,在土的剪应力低于土的抗剪强度情况下,剪应变仍不断增加,使坝坡出现连续位移和变形,其过程为缓慢的塑性流动,这种现象称为塑流性滑坡。

这种滑坡的发展一般比较缓慢，在产生塑流性滑坡时，开始坝上并无裂缝出现，而是坝面的位移量连续增加，滑动体下部也可能有隆起的现象。

3. 液化性滑坡

液化性滑坡多发生在坝体或坝基土层为均匀的、密度较小的中细砂或粉砂的情况下。当水库蓄水后坝体在饱和状态下突然受到震动（如地震、爆破及机械震动等）时，砂的体积急剧收缩，坝体水分无法析出，使砂粒处于悬浮状态，抗剪强度极小，甚至为零，因而像液体那样向坝坡处四处流散，造成滑坡，故称为液化性滑坡，简称液化。液化性滑坡通常都是骤然发生的，事前没有征兆，滑坡时间也很短，因此很难进行观测和抢救。

（二）滑坡的成因

土石坝的滑坡往往是多种因素共同作用的结果，根据已发生的土石坝滑坡原因分析，滑坡主要取决于以下因素。

1. 勘测设计方面的原因

（1）土石坝坝坡设计过陡。在设计中进行坝坡稳定分析选择的土料抗剪强度指标偏高，而实际坝体（或坝基）土的抗剪强度太小，致使土体滑动力超过抗滑力而产生滑坡。

（2）坝基中有含水量较高的淤泥夹层、软黏土或湿陷性黄土，在勘测不明、设计不当，或施工清基不彻底等情况下，以致地基抗剪强度指标低，地基承载力不够，筑坝后易产生剪切破坏而引起滑坡。

2. 施工方面的原因

（1）基础淤泥软弱层未清除干净，河槽深部淤泥处理不当等。

（2）筑坝土料的质量控制不严。筑坝土料黏粒含量较多，含水量大，加之坝体填筑上升速度太快，上部填土荷重不断增加；而这种土料渗透系数又小，孔隙水压力不易消散，降低了土体的有效应力，而造成滑坡。

（3）坝体土压实度差。对碾压式土坝，由于施工时铺土太厚，碾压次数不够，致使碾压不密实。坝体蓄水后，因土体抗剪强度大大降低而产生滑坡。

（4）施工时对结合面未妥善处理，接缝处理质量差，水库蓄水后，库水通过结合面渗漏，从而导致滑坡甚至溃坝。

3. 运行管理方面的原因

（1）水库放水时库水位降落速度过快，且上游坝壳黏粒含量高、渗透系数小，致使水位下降速度与浸润线下降不同步，浸润线至库水位之间的土体密度由浮容重变为饱和容重，上游坝体中孔隙水向迎水坡排出，造成较大的反向渗透压力，此时上游坡面极易发生滑坡。

（2）雨水沿裂缝入渗，增大坝体含水量，降低抗剪强度导致滑坡。

（3）坝后减压井运用多年后，由于淤积和堵塞而失效，以致引起坝基渗透压力和浮托力的增加，导致坝体滑坡。

4. 其他原因

（1）没有明确基础实际状况，盲目加高坝体，使坝坡的稳定性降低，导致滑坡。

（2）强烈地震或人为在坝岸附近爆破采石等，导致坝体滑坡。

（3）坝体土料中的水溶盐、氧化物等化学溶液以及渗水中可能夹带的细颗粒堵塞了排水滤体，或由于坝面排水不畅等原因，引起浸润线抬高，增加了下游坝体的饱和度，降低了土体的抗剪强度。

（三）滑坡的预防和抢护

1. 滑坡的预防

由于滑坡成因是多方面的，因此滑坡的预防也应该从多方面进行：

（1）设计方面。需要选择合适的土石坝坝型，确定安全合理的坝剖面与结构，选择合适的筑坝材料。

（2）施工方面。需要达到设计提出的坝料组成、填筑密度、含水量、接缝和坝基处理等方面的要求。

（3）运行管理方面。严格控制库水位降落速度，密切关注防渗排水设施的运行状况，并在容易发生滑坡的时期（高水位时期、水位骤降时期、持续特大暴雨时、台风时、回春解冻时、强烈地震后）加强巡视检查，判断是否有滑坡征兆。

2. 滑坡的抢护

对刚出现滑坡征兆的边坡，应采取紧急措施，使其不再继续发展并使滑动逐步稳定下来。主要的抢护措施有：

（1）发生在迎水面的滑坡，可在滑动体坡脚部位抛砂石料或沙袋，压重固脚，在滑动体上部削坡减载，减少滑动力。

（2）发生在背水面的滑坡，可采用压重固脚、滤水土撑、以沟代撑等方法进行抢修。压重固脚法是在滑坡体的下部堆积块石、砂砾石、土料等压重体以增加滑坡体的抗滑力，适用于坝身与基础一起滑动的滑坡的抢险；滤水土撑法是在滑坡范围内，沿坝脚用透水性大的砂料等透水性材料填筑成多个滤水土撑，适用于坝区石料缺乏、坝体排水不畅、滑动裂缝达到坝脚的滑坡的抢修；以沟代撑法是以导渗沟作为支撑阻滑体，适用于坝身局部滑动的滑坡的抢修。

（四）滑坡的处理

1. 滑坡的正确处理方法

如果滑坡已经形成，则应在滑坡终止后，根据滑坡的原因、滑坡的状况、已采取的抢护措施及其他具体情况，采取永久性的处理措施。滑坡处理应该在水库低水位的时候进行，处理的原则是"上部减载"与"下部压重"。"上部减载"是在滑坡体上部与裂缝上侧陡坝部分进行削坡，或者适当降低坝高，增设防浪墙等；"下部压重"是放缓坝坡，在坡脚处修建镇压台及滑坡段下部做压坡体等，具体处理时，主要采用开挖回填、加培缓坡、压重固脚、导渗排水等多种方法进行综合处理。必须指出，凡因坝体渗漏引起的坝体滑坡，修理时应同时进行渗漏处理。

（1）开挖回填。彻底挖除滑坡体上部已松动的土体，再按设计坝坡线分层回填夯实。若滑坡体方量很大，不能全部挖除时，可将滑弧上部能利用的松动土体移做下部回填土方。开挖时，对未滑动的坡面要按边坡稳定要求放足开口线；回填时由下至上分层回填夯实，做好新老土的结合。在开挖回填的同时，必须恢复或修好坝坡的护坡和排水设施。

（2）加培缓坡。该法主要适用于坝身单薄、坝坡过陡引起的滑坡。放缓坝坡的坡比应按坝坡稳定分析确定。处理时将滑动土体上部进行削坡，按放缓的坝坡加大断面，分层回填夯实。回填前，应先将坝趾排水设施向外延伸或接通新的排水体。回填后，应恢复和接长坡面排水设施和护坡。

（3）压重固脚。该法主要适用于滑坡体底部脱离坝脚的深层滑动情况。压重固脚常用的有镇压台和压坡体两种形式，应根据当地土料、石料资源和滑坡的具体情况采用。

（4）导渗排水。该法适用于排水体失效、坝坡土体饱和而引起的滑坡。导渗沟的布置和要求可参照坝体渗漏处理措施中导渗沟的内容，导渗沟的下部必须伸到坝坡稳定的部位或坝脚，并与排水设施相通。导渗沟之间滑坡体的裂缝，必须进行表层开挖、回填封闭处理。

2. 滑坡的错误处理方法

在土石坝滑坡处理时，应特别注意避免采用以下错误的处理方法：

（1）试图沿滑坡体表面均匀抛石来阻止滑坡。在坝脚抛石是有效的，在坝腰抛石效果很小，在坝顶抛石反而会加速滑坡体滑坡。

（2）试图在加固前先进行灌浆处理。对滑坡裂缝，最好的方法是挖除回填，灌浆处理没有效果。如未加固，灌浆压力反而加速滑坡体滑动。如一定要灌浆，则应在加固处理后，经过严格计算分析来确定。

（3）试图在滑坡体上打桩阻止滑坡。打桩时产生的动力会加速滑坡体的滑动；如果桩本身就坐落在松动滑坡体内，则桩随滑坡体移动，起不到任何作用。

五、土石坝的蚁害

白蚁的危害非常广泛，涉及国民经济各个领域，如房屋建设、交通设备、电信设备、江河堤坝、书籍、衣物、武器弹药和农林果物以及化纤物质等，由于白蚁危害而造成的事故时有发生，导致经济损失巨大，甚至威胁人民的生命、财产安全。

（一）白蚁对土石坝的危害

白蚁按栖居习性不同，大致可以分为木栖白蚁、土栖白蚁和土木两栖白蚁 3 种类型。危害堤坝安全的是土栖白蚁，主要蚁种有黑翅土白蚁、黄翅大白蚁等。这两种白蚁营巢于水库堤坝内，巢深 1～3m，年久的可达 7m 深左右。由于白蚁生活特性需要，须找水寻食和自然繁衍，并随着巢龄的增长，群体数量不断增加，巢体逐渐迁深扩大，白蚁路不断蔓延，四通八达，直至穿通土石坝内外坡，当库水位升高时，库水从迎水坡进入蚁道使土石坝产生散浸、渗漏，甚至造成管涌、跌窝、滑坡等险情，若不及时处理，就会造成垮坝。

（二）土石坝蚁害的主要原因

（1）清基不彻底，隐含旧蚁患。这种蚁害成害早，危害大，治理困难。特别是一些小型堤坝，由于清基粗略而可能留下蚁患。

（2）有翅成虫飞到堤坝营巢繁殖。特别是当堤坝附近常年有灯光时，引诱大量成虫而来，更易导致堤坝内蚁害产生。这是堤坝白蚁产生的主要原因。

（3）附近的白蚁蔓延堤坝。堤坝土质和湿度及其坝坡杂草十分适合白蚁生长繁殖，因此附近如果存在白蚁，则极易蔓延到堤坝。堤坝两端的蚁害大多是这一原因造成的。

（4）人为招致白蚁。例如，在堤坝上翻晒柴草、堆放木柴；在堤坝附近修建坟墓、猪舍等；在水库两端种植白蚁喜好的植物树木等。

（三）土石坝白蚁的防治

1．土石坝白蚁的预防

土栖白蚁对土石坝的危害既隐蔽又严重，在白蚁对土石坝造成严重危害之前，通常不易被人们发现。土石坝中产生白蚁的原因很多，防治白蚁的工作是经常而长期的，所以必须贯彻"防重于治，防治结合"的方针，以保障土石坝的安全。预防土石坝白蚁一般有以下措施：

（1）做好清基工作。对新建的土石坝和扩建的加高培厚工程，施工前，必须做好清基工作，清除杂草和树根，并仔细检查白蚁隐患，认真做好附近山坡白蚁的灭治工作；对料场的清基亦应予以重视，严禁杂草树根上土石坝，以避免蚁患埋于土石坝中，造成严重隐患。

（2）灯光诱杀。在每年4～6月繁殖蚁分飞季节，利用它们的趋光特性，在大坝两端一定距离以外的位置设灯光诱杀，减少新群体发生，但灯光不能离坝太近（有翅成虫的飞翔距离因地形、风力和风向而异，要防止繁殖蚁掉在大坝上，反而招来白蚁）。

（3）加强工程管理。坝区周围500～1000m范围的山坡、荒地、坟墓等是白蚁"安营扎寨"的基地，是传播白蚁的主要来源，因此要加强坝区周围的环境管理，消灭白蚁的孳生地；铲除土坝上灌木、杂草，禁止在土坝上堆放柴草、木材，保持坝面和周围的干净，减少白蚁的蔓延；白蚁分飞繁殖期（4～6月），严格控制土坝灯光，以免招来有翅成虫的繁殖；保护鸟类、青蛙等白蚁的天敌，适当在坝坡放养鸡鸭捕食白蚁；在坝坡面喷洒药剂，灭杀落地的有翅成虫等。

2．土石坝蚁巢的寻找

寻找土石坝白蚁的方法有以下两种：

（1）普查法。根据白蚁的生活习性，寻找白蚁修筑的泥被、泥线和分飞孔等地表活动迹象。

（2）引诱法。引诱法适用于植被减少、自然环境遭到破坏、在地表查不出白蚁痕迹的情况。主要包括引诱坑法、引诱包法。

在防治白蚁时，巢位寻找至关重要。灭蚁先灭王，蚁王和蚁后都在很深的主巢中。确定主巢位的方法为：从主蚁路追挖找巢、利用锥探找巢、利用鸡丛菌找蚁巢、利用同位素探巢等。

3．土石坝白蚁的灭治

当找到白蚁巢后进行灭杀，才能彻底的消灭白蚁。灭杀白蚁的常用方法有挖穴取巢、药物毒杀、综合治理法等。

（1）挖穴取巢。找到蚁巢蚁穴，将其挖出，并将蚁王蚁后处死。

（2）药物毒杀。主要包括：①诱杀法：将白蚁诱出，然后喷药杀灭；②诱饵法：将灭蚁灵混合在白蚁喜爱的食料中，投放到白蚁活动的部位。一般一个月即可将白蚁全部毒死。

（3）综合治理法。主要包括找（寻找白蚁活动迹象）、标（标出活动范围）、杀（多种灭杀方法予以剿灭）、灌（使用药土回填或充填灌浆回灌）、防（定期进行复查预防）、控（白蚁总量控制）。

第三节　水闸老化病害及其防治

水闸的维护与老化病害处理，按照《水闸工程管理设计规范》（SL 170—96 ）和《水闸设计规范》（SL 265—2001）等规程或规范执行。

一、水闸的维护

水闸的日常维护中，混凝土结构可参照混凝土坝维护进行，土石结构可参照土石坝维护进行。除此之外，水闸应重点做好机电设备、消能防冲等方面的维护。

（一）机电设备的维护

（1）启闭机防护罩、机体表面应保持清洁，除转动部位的工作面外，均应定期采用涂料保护。启闭机的连接件应保持紧固，不得有松动现象。

（2）传动件的传动部位应加强润滑，润滑油的品种应按启闭机的说明书要求，并参照有关规定选用。

（3）闸门开度指示器，应保持运转灵活，指示准确。

（4）制动装置应经常维护，适时调整，确保动作灵活、制动可靠。

（5）钢丝绳应经常涂抹防水油脂，定期清洗保养。

（6）电动机的维护应遵守：①电动机的外壳应保持无尘、无污、无锈；②接线盒应防潮，并保持接线牢固可靠，压线螺栓如松动，应立即旋紧；③轴承内的润滑脂应保持填满空腔内 $1/2\sim1/3$，油质合格，轴承如松动、磨损，应及时更换；④绕组的绝缘电阻值应定期检测，小于 $0.5M\Omega$ 时，应干燥处理，如绝缘老化，可刷浸绝缘漆或更换绕组。

（7）操作设备的维护应遵守：①开关箱应经常打扫，保持箱内整洁；②定期检查漏电开关的灵敏度，各种开关、继电保护装置应保持干净，触点良好，接头牢固；③主令控制器及限位装置应保持定位准确可靠，触点无烧毛现象；④保险丝必须按规定规格使用，严禁用其他金属丝代替。

（8）输电线路的维护应遵守下列规定：①各种电力线路、电缆线路、照明线路均应防止发生漏电、短路、断路、虚连等现象；②线路接头应连接良好；③定期测量导线绝缘电阻值。

（9）指示仪表及避雷器等均应按有关规定定期校验。

（二）消能防冲设施维护

（1）砌石护坡、护底遇有松动、塌陷、隆起、底部淘空、垫层散失等现象时，应参照《水闸施工规范》（SL 27—91）中有关规定按原状修复。

（2）浆砌石墙身渗漏严重的，可采用灌浆处理；墙身发生倾斜或滑动迹象时，可采用墙后减载或墙前加撑等方法处理；墙基出现冒水翻沙现象，应立即采用墙后降低地下水位和墙前增设反滤设施等办法处理。

（3）水闸的防冲设施遭受冲刷破坏时，一般可加筑消能设施或抛石笼、抛堆石等办法处理。

（4）水闸的反滤设施、减压井、导渗沟、排水设施等应保持畅通，如有堵塞、损坏，应予疏通、修复。

(5) 消力池范围内的砂石、杂物应定期清除。

(6) 建筑物上的进水孔、排水孔、通气孔等均应保持畅通。

二、混凝土碳化

（一）混凝土碳化的成因

碳化是典型的混凝土中性化形式之一。所谓混凝土中性化就是混凝土中的碱性物质与环境中的酸性物质相互作用的过程。常见的酸性物质有 CO_2、H_2S、SO_2 等。混凝土的碳化就是混凝土在硬化过程中，表面的 $Ca(OH)_2$ 与空气中的 CO_2 在有水的情况下发生化学作用，形成碳酸钙的过程。

$Ca(OH)_2$ 在水中的溶解度低，除少量溶于孔隙液中，使孔隙液成为饱和碱性溶液外，大部分以结晶状态存在，成为孔隙保持高碱性的储备，它的 pH 值为 $12.5\sim13.5$。空气中的 CO_2 气体不断地扩散到混凝土中尚未完全充水的粗毛细管道中，与其中的孔隙液所溶解的 $Ca(OH)_2$ 进行中和反应，反应产物为 $CaCO_3$ 和 H_2O、$CaCO_3$ 溶解度低，沉积于毛细孔中。反应后，毛细孔周围水泥石中的钙石溶解为 Ca^{2+} 和 OH^-，反向扩散到孔隙液中，与继续扩散来的 CO_2 反应，直到孔隙液的 pH 值降为 $8.5\sim9.0$ 时，这层混凝土内的毛细孔中才不再进行这种中和反应，此时即所谓"已碳化"。确切地说，碳化应为碳酸盐化。另外，凡是能与 $Ca(OH)_2$ 反应的一切酸性气体，如 SO_2、H_2S 及 HCl 气体等，均能进行上述中和反应，使混凝土碱性降低。混凝土表层碳化后，大气中 CO_2 继续沿混凝土中未完全充水的毛细孔道向混凝土深处扩散，更深入地进行碳化反应。

碳化对素混凝土而言，不会产生大的危害；但对于钢筋混凝土而言，当碳化深度到达钢筋位置时，将使钢筋失去钝化膜的保护而发生电化学锈蚀，引起混凝土顺筋裂缝，加速钢筋的锈蚀，造成严重危害。碳化还能引起混凝土收缩，导致混凝土表面产生裂缝，降低建筑物的可靠度。

（二）混凝土碳化的检测

在检测部位表面开凿直径约为 15mm 的 V 形孔洞，其深度大于混凝土的碳化深度，然后除净孔洞中的粉末和碎屑；立即用 1% 的酚酞酒精溶液滴在孔洞内壁的边缘处，当混凝土已碳化与未碳化部分界线清楚时，用游标卡尺测量已碳化与未碳化混凝土界线到混凝土表面的垂直距离，连续测量 3 次，精度读至 0.5mm，取其平均值作为该测区的混凝土碳化深度。

测试区域的选择应具有代表性，应避开较大的裂缝或空洞部位。同时，在测试区内应选择多个测试孔进行测试。

混凝土的碳化速度与环境因素、水泥品种及用量、水灰比、骨料种类及浇筑和养护质量等因素有关。许多研究表明，碳化速度大体上符合 Fick 第一扩散定律，用下式表示

$$D = \alpha\sqrt{t}$$

式中　D——碳化速度；

　　　t——碳化龄期，以建筑物的实际使用年限计算；

　　　α——碳化速度系数。

由于混凝土是一种多相复合材料，建筑物及其各部位所处的环境条件不相同，因此碳化速度系数很难用一个统一不变的数字表达式来描述，它是由决定于许多内因和外因的复

杂函数。由于渡槽中的结构构件多采用小体积钢筋混凝土轻型结构，钢筋混凝土保护层厚度有限，现浇渡槽结构的施工和养护难度较其他建筑物大，因此，渡槽的碳化对钢筋锈蚀的影响较其他建筑物更为突出。

（三）混凝土碳化的处理

混凝土碳化的程度不同、部位不同，处理方法也不同。但一般情况下，不主张对混凝土的碳化进行大面积处理，这是因为施工质量较好的水工建筑物，在其设计使用年限内，平均碳化层深度基本上不会超过平均保护层厚度。一旦建筑物的保护层厚度全部被碳化，说明该建筑物的剩余使用年限已不长，对其碳化进行全面处理，投资较大，没有多大实际意义。如建筑物的已使用时间不长，绝大部分碳化不严重，只是少数构件或小部分碳化严重，对其碳化进行处理是必要的。具体的处理措施需视碳化情况及程度而定。

对于已碳化到钢筋表面而未引起钢筋锈蚀或钢筋锈蚀处于发展前期的比较坚硬的混凝土保护层，可不凿除，而用优质涂料封闭，以隔绝空气和水进入混凝土内部，防止钢筋锈蚀或进一步锈蚀。

对钢筋锈蚀处于发展中期及后期的混凝土保护层，必须采取措施将松动及开裂的保护层清除，凿除包裹钢筋的混凝土，使钢筋全部露出，然后将钢筋的锈蚀物处理干净，测量缺损断面。对于缺损断面小于5%的，可用环氧树脂涂抹以补足缺损断面；对于缺损断面大于5%的，应通过计算补足钢筋。新增加的补强钢筋可以通过若干点焊接在原钢筋的下面。钢筋除锈及补强加固后重新浇筑保护层。浇筑保护层之前应使用无机界面粘结胶或聚合物水泥砂浆处理好新旧混凝土界面。新的混凝土保护层应是高密实、低渗透性的优质混凝土或砂浆，使空气和水难以进入保护层，且保护层厚度不小于原保护层厚度。

常用的涂料有环氧厚浆涂料、硅粉砂浆等，在处理工程中应严格保证施工质量，使得防碳化处理后的结果能达到阻止或尽可能减缓外界有害气体进入钢筋混凝土内侵蚀，以确保混凝土内部及钢筋一直处在高碱性环境中。

三、钢筋锈蚀

（一）钢筋锈蚀的成因

钢筋混凝土结构中的钢筋，在高碱性环境中（pH值为12.5～13.2），表面会生成一层致密的水化氧化物薄膜，又称钝化膜，来保护钢筋免受腐蚀。通常，周围混凝土对钢筋的这种碱性保护作用在很长时间内是有效的，然而一旦钢筋周围的钝化膜遭到破坏，钢筋就处于活化状态，就有受到腐蚀的可能性。

使钢筋钝化膜破坏的主要因素如下：

（1）碳化作用破坏钢筋的钝化膜。当无其他有害杂质时，由于混凝土的碳化效应，即混凝土中的碱性物质［主要为 $Ca(OH)_2$］与空气中的 CO_2 作用生成碳酸钙，使水泥石孔结构发生了变化，混凝土碱度下降并逐渐变为中性，pH值降低，从而使钝化膜遭到破坏。

（2）由于 Cl^-、SO_4^{2-} 和其他酸性介质侵蚀作用破坏钢筋的钝化膜。混凝土中钢筋锈蚀的另一原因是氯化物的作用。氯化物是一种钢筋的活化剂，当其浓度不高时，亦能使处于碱性混凝土介质中钢筋的钝化膜破坏。事实上，氯化物引起的钢筋去钝化一般要比碳化作用引起的钢筋去钝化要严重得多，因此，在海洋工程等氯化物影响明显的工程中，更要着重考虑到氯化物对钢筋的锈蚀。

（3）当混凝土中掺加大量活性混合材料或采用低碱度水泥时，也可导致钢筋钝化膜的破坏或根本不生成钝化膜。

当钢筋表面的钝化膜遭到破坏后，只要钢筋能接触到水和氧，就会发生电化学腐蚀，即通常所说的锈蚀。钢筋生锈后，体积增大，导致混凝土保护层胀裂，严重损失钢筋与混凝土的黏结力，使得它沿钢筋产生裂缝，同时水和空气沿裂缝进入，又加速了锈蚀。

（二）钢筋锈蚀的检测

水工钢筋混凝土中钢筋锈蚀程度的检测方法可分为非电化学法和电化学法。其中非电化学法主要有分析法、裂缝观察法、破样检查法等，电化学法主要有电位测定法等。

1. 分析法

分析法是根据现场实测的混凝土碳化速度、碳化深度、有害离子的含量及侵入深度、混凝土强度、保护层厚度等资料，综合推算钢筋锈蚀速度和锈蚀量的一种方法。钢筋的截面损失率 λ（％）与锈蚀时间 t（单位：a）满足下列关系：

$$\lambda = K_T \sqrt{t}$$

式中　K_T——钢筋锈蚀速度系数，可查相应表格。

2. 裂缝观察法

钢筋锈蚀后，锈蚀产物体积膨胀，造成混凝土保护层开裂。裂缝宽度 δ_f 与钢筋截面损失率 λ（％）有如下关系：

$$\lambda = 507 e^{0.007a} f_{cu}^{-0.09} d^{-1.76} \quad (0 \leqslant \delta_f < 0.2mm)$$

$$\lambda = 332 e^{0.008a} f_{cu}^{-0.567} d^{-1.108} \quad (0.2mm \leqslant \delta_f < 0.4mm)$$

式中　e——保护层厚度，mm；

　　　f_{cu}——混凝土立方体强度，MPa；

　　　d——钢筋直径，mm。

3. 破样检查法

破样检查法是破开混凝土层直接观察钢筋锈蚀情况，直接量测剩余直径、剩余周长、蚀坑深度和长度以及锈蚀产物的厚度；也可以直接将钢筋截取回实验室测试，将取回的样品整理平整后量取实际长度，在 NaOH 溶液中通电除锈后，用天平称重。称重质量与公称质量之比即为钢筋剩余截面率。

4. 电位测定法

混凝土中钢筋界面与周围介质共同作用形成"双电层"并建立起自然电位。钢筋锈蚀后，其自然电位将负位变化，从而产生很多电位不相等的区域。通过量测电位差，可反映出钢筋所处的状态。

电位差量测时，其中一般采用内阻远大于混凝土电阻的高内阻毫伏表。电位量测系统如图 10 - 2 所示。钢电极（钢筋）对硫酸铜电极的电位差小于 −50mV 的区域为钢筋锈蚀区，电位差为 −50～0mV 的区域为过渡区，大于 0mV

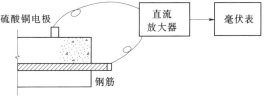

图 10 - 2　电位测量系统示意图

的区域为钢筋不锈区。

（三）处理措施

钢筋锈蚀对钢筋混凝土结构危害性极大，其锈蚀发展到加速期和破坏期会明显降低结构的承载力，严重威胁结构的安全性，而且修复技术复杂。耗资大，修复效果不能完全保证。因此，一旦发现钢筋混凝土中钢筋有锈蚀现象，就应及早采取防护或修补处理措施。部分锈蚀的钢筋混凝土结构，应视其锈蚀程度、锈蚀原因区别对待。当钢筋锈蚀已经达到明显降低结构承载能力时，应进行加固处理。当钢筋锈蚀未影响结构承载能力时，可采取局部修补技术。常见的措施有以下四个方面。

（1）补丁修补方法。补丁修补即在发生钢筋锈蚀破坏的部位，凿除胀裂或剥落的混凝土，再用新的混凝土或砂浆抹平的方法。补丁修补法可用于大多数的钢筋混凝土结构，但应当使用适当的修补材料和方法。国外有公司专门生产销售补丁修补材料，这些材料可用于原基体混凝土表面的胶结涂层材料和用于钢筋表面的防锈漆，施工时可用手工方法将已拌和好的流动性灌注材料浇筑在模板中或喷覆在钢筋表面。无论采用何种修补材料，均要求将锈蚀破坏部位的钢筋剥离直至露出未损坏的混凝土和钢筋，并处理钢筋表面。

（2）涂层、密封和薄膜覆盖保护。这种方法是利用涂层阻止外部氯离子、CO_2 或水分浸入混凝土内部，从而延缓钢筋的去钝化和锈蚀过程。若钢筋周围的混凝土已完全碳化，则会继续锈蚀；若钢筋去钝化的范围很小且能够修补，则涂层可以延缓甚至终止锈蚀的发展。常用的涂层有环氧树脂涂层、丙乳砂浆、聚合物水泥涂层等。

（3）阴极保护法。外加电流阴极保护，就是向被保护的锈蚀钢筋通入微小直流电，使锈蚀钢筋变成阴极，被保护起来免遭锈蚀，并另设耐腐蚀材料作为阳极，亦即阴极保护作用是靠长期不断地消耗电能，使被保护钢筋为阴极，外加耐蚀材料作为阳极来实现。这种方法适用于暴露在大气中的、已受锈蚀的钢筋混凝土结构。实施阴极保护应注意的前提条件是：所有钢筋必须是电连通的，因此，所有钢筋（如主筋与箍筋之间）的接触点都应焊连接。另外，施工时应特别注意避免阴阳极短路。

（4）钢筋阻锈剂。钢筋中的锈蚀反应为电化学反应，包括阴极和阳极两种反应，阻锈剂的作用在于能优先参与并阻止这两种或其中一种反应，且能长期保持有效状态，从而有效阻止钢筋锈蚀。按照作用类型，阻锈剂可分为三种：阴极型、阳极型和综合型。钢筋阻锈剂是防止锈蚀最简单且节省的一种方法，同样它也可掺入混凝土中用来修复已锈蚀的钢筋。用阻锈剂来修复已锈蚀的工程的缺点是：在较强腐蚀环境中，当钢筋锈蚀破坏严重，尤其是不能彻底除锈和完全清除受污染的混凝土的情况下，补后耐久性使用虽能延长但难以确保。

四、水闸的渗漏

水闸的渗漏，按其发生部位可分为闸体结构渗漏、闸基渗漏和闸侧绕渗等，其处理渗漏的原则是"上截下排"，防渗与排水相结合。

水闸渗漏的原因主要有以下几个方面：

（1）由于水闸材料强度不足、施工质量差以及闸基不均匀沉降等，导致闸体裂缝，引起渗漏。

（2）由于运行条件改变、养护维护不善、物理化学因素的作用等引起渗漏。如闸体混凝土老化后抗渗强度降低、帷幕防渗措施破坏、铺盖与闸底板、翼墙之间，岸墙与边墩之间等连接部位的止水损坏，上游边坡防渗设施和接缝止水损坏，或底板与地基接触不良等而引起渗漏。

（3）遭受强烈地震或其他自然灾害的破坏，使水闸闸体或基础产生裂缝，引起渗漏。

（一）闸体结构渗漏

对于闸体一般裂缝引起的渗漏，可采用表面涂抹、表面贴补、凿槽嵌补、喷浆修补等表面处理措施，也可采用灌浆的方法进行内部处理。对于影响建筑物整体性或结构强度的渗水裂缝，除了内部处理外，还应采取结构处理措施，如弧形闸门闸墩裂缝的处理。由于闸身结构缝损坏引起的渗漏，则应掏出缝内的堵塞物或老化沥青，然后补做橡皮止水或金属止水片。当沥青止水结构缝渗漏时，如果仅为沥青老化或缺少沥青而漏水时，可加热补灌沥青。

（二）闸基渗漏

闸基渗漏不仅会引起渗透变形，甚至会影响水闸的稳定。因此，对闸基渗漏要认真分析，查清渗水来源，采取有效措施进行处理。工程中主要采取以下几种措施：

（1）延长或加厚铺盖。加长、加厚铺盖，可以提高防渗能力。如原铺盖损坏严重，引起渗径长度不足，应将这些部位铺盖挖除，重新回填翻新。

（2）及时修补止水。如铺盖与闸底板、翼墙之间，岸墙与边墩之间等连接部位的止水损坏，要及时进行修补，以确保整个防渗体系的完整性。

（3）封堵渗漏通道。底板、铺盖与地基间的空隙是常见的渗漏通道，不仅使渗透变形迅速扩大，还会影响底板的安全使用，一般可采用水泥灌浆予以堵闭。

（4）增设或加厚防渗帷幕。建在岩基上的水闸，如基础裂隙发育或较破碎，可考虑在闸底板首端增设防渗帷幕；若原有帷幕的，应设法加厚。

（三）闸侧绕渗

当上游边坡防渗设施和接缝止水不可靠而破坏时，因绕岸渗径缩短而加大了渗透坡降，水从上游边坡绕过刺墙渗到下游，对土体形成很大的渗透力，产生下游边坡渗透破坏，甚至造成翼墙倒塌等事故。

在运用管理中，应加强观测，发现问题后应及时调查研究，采取措施，上截下排，控制闸侧绕渗的发展。工程中可采用的防渗措施很多，如经常维护岸墙、翼墙及接缝止水，确保其防渗作用；对于防渗结构破坏的部位，采用开挖回填、彻底翻修的方法；若原来没有刺墙的，可考虑增设刺墙，但要严格控制施工质量；对于接缝止水损坏的，应补做止水结构，如橡皮止水、金属止水、沥青止水等。

五、水工钢闸门的维护与病害处理

（一）闸门的维护

闸门的维护主要包括以下几个方面：

（1）闸门表面附着的水生物、泥沙、污垢、杂物等应定期清除，闸门的紧固件联接应保持牢固可靠。

（2）运转部位的加油设施应保持完好、畅通，并定期加油。

（3）应定期对表面涂膜进行检查，发现局部锈斑、针状锈迹时，应及时补涂涂料。当涂层普遍出现剥落、鼓泡、龟裂、明显粉化等老化现象时，应重新进行整体防腐涂层处理。

（4）闸门喷涂金属作防腐涂层时，金属材料应视环境介质而定。一般情况下，淡水环境或 pH 值大于 7 时，采用喷涂锌为宜；海水环境或 pH 值不大于 7 时，采用喷涂铝或锌铝合金为宜。

（5）闸门橡皮止水装置应密封可靠，闭门状态时无冒流现象。当门后无水时，应无明显的水流散射现象。当止水橡皮出现磨损、变形或止水橡皮自然老化、失去弹性且漏水量超过规定时，应予更换。更换后的止水装置应达到原设计的止水要求。

（6）闸门体的承载构件发生变形时，应核算其强度和稳定性，并及时矫形、补强或更换。

（7）闸门体的局部构件锈损严重的，应按锈损程度，在其相应部位加固或更换。具体要求参考《水利水电工程金属结构报废标准》（SL 226—98）有关规定。

（8）闸门行走支承装置的零部件出现主轨道变形、断裂、磨损严重时应更换。更换的零部件规格和安装质量应符合原设计要求。

（9）闸门泄水时，可能发生共振现象，引起金属构件的疲劳变形、焊缝开裂或紧固件松动，甚至整体结构的破坏。采取预防措施时，主要考虑波浪冲击、止水漏水、一定开度下泄流等三方面。如在一定开度下发生振动，适当改变运用条件，就可能停止振动；预防波浪冲击导致的振动，可在闸门上游加设防浪栅、防浪排，以削弱波浪的冲击。

（10）闸门预埋件由于更换困难，注意防锈蚀和气蚀。各种金属预埋件除轨道水上部位摩擦面可涂油脂保护，其余部位，凡有条件的均宜涂坚硬耐磨的防锈蚀材料。如发现锈蚀严重或磨损严重时，可采用环氧树脂或不锈钢材料进行修复。

（11）对多泥沙河流上的闸门，经常用高压水枪或其他方法清除闸门前后淤积的泥沙。

（12）冰冻地区的水闸，在冰冻期间为防止闸门承受过量的冰压力，应在建筑物周边开凿不冻槽，将冰层与建筑物隔开；为防止闸门、门槽和门轴冻结，应采取保暖措施，使其保持不冻，或启闭前先行解冻。

（二）闸门的病害处理

闸门经过长期运行，由于各种原因常会出现某些缺陷或故障，严重的会影响闸门的安全运行，因此，在运行管理中对闸门出现的各种病害要及时进行处理。

闸门修理分门体修理和埋设件修理两部分。

1. 门体修理

（1）门叶结构修理。由于门叶结构长期处于干湿交替环境，受到水、空气、日光等介质和水生生物的侵蚀以及高速水流、泥沙、冰凌等的冲击摩擦，极易发生锈蚀、磨蚀或变形。出现锈蚀、磨蚀时可采用涂料保护、喷镀保护和阴极保护等措施。门叶因外力（如撞击）作用发生变形且影响运行，可采用机械矫正或热矫正，矫正时应逐步进行，不可一次矫正过量，必要时进行适当加固。闸门产生局部损坏时，应及时对闸门进行安全检测，确定闸门各构件应力、稳定性，根据所得结果进行补强。可增加梁格，对原有梁系、面板进行局部补强。用焊接方法补强，应先确定施焊工艺，不得增加门叶结构的焊接应力。当发现焊缝开裂、铆钉松动脱落，应进行补焊并更换新铆钉。

（2）支撑行走装置修理。它主要包括闸门主轮、侧轮、反轮、支铰、滑道、顶枢、底枢及吊轴等装置的修理。这些装置在运行中易发生滚轮不能转动或锈死，胶木滑道变形、开裂或掉出，弧门支铰转动不灵或止轴板螺栓剪断等现象，因此应对这些部件定期拆卸清洗、除锈，轮轴等部件表面宜镀铬以防锈死；轴与轴承间应保持设计的配合公差，间隙过小应进行刮瓦；胶木滑道表面有微裂及凹槽应及时修理，超过允许值即应更换；滚轮等铸钢件有轻微裂纹应补焊，严重时应更换新件；闸门主支承在修理后，其装配精度要符合安装规范要求；轴套、垫片等易磨损件磨损量超过允许范围时应及时更换。

（3）止水装置修理。止水装置有橡胶止水、金属止水和木止水，运行中止水常发生漏水、射水、局部撕裂、磨损过量和老化变形等。对橡胶止水要定期调整止水的预压量，当设计有要求时应符合设计要求；无要求时，控制在 $2\sim4mm$ 范围内。在设计条件下，每米长止水漏水量应符合《水利水电工程闸门及启闭机、升船机设备管理等级评定标准》（SL 240—1999）规定的不超过 $0.16L/s$ 的要求。止水老化变质或磨损过量时即应更换；局部断裂、撕裂可局部更换修复；固定止水的螺栓应使用不锈钢螺栓，如有松动、脱落，应拧紧或更换新件；止水与止水座板接触不严，可在止水底部加垫调整。金属止水由于锈蚀、空蚀产生的麻点、斑孔应进行补焊，焊后磨平；木止水要做好防腐，更换时要全部更新；当止水装置布置不当或选用型式不好时，应进行改造或更换部件。

2. 埋设件修理

主轨发生空蚀、锈蚀、磨损造成局部缺陷时，应进行补焊处理，然后退火磨平。顶、侧止水座板发生锈蚀，可采用涂刷防锈漆或用环氧树脂护面，必要时可喷镀不锈金属。底槛、反轨、侧轨、护角如有松动、变形、磨损及脱落，可按具体情况予以紧固、矫正、补焊或更新。

第四节　水工隧洞老化病害及其防治

水工隧洞的维护与老化病害处理，参照《水工隧洞设计规范》（SL 279—2002）及相关规程与规范执行。

一、水工隧洞的维护

隧洞投入运行后承受内水、外水压力，通过高速水流和含沙水流，洞内出现明、满流交替的流态或遭受地震等影响，均可能使隧洞衬砌表面局部破坏、裂缝、断裂、渗漏、衬砌与围岩被渗透水流冲淘成空洞、永久止水缝失效及发生空蚀冲刷破坏等现象，从而降低结构的承载能力和使用年限。当洞顶上覆盖地面和山坡出现严重渗水时，将危及山体稳定和邻近建筑物的安全。所以平时应加强对隧洞的养护，当出现上述缺陷和破坏时，应及时查明原因，采取相应的修理措施。

隧洞的日常维护主要包括以下几个方面：

（1）为防止污物破坏洞口结构和堵塞取水设备，要经常清理隧洞进水口附近的漂浮物，在漂浮物较多的河流上，要在进水口设置拦污网。

（2）经常注意检查隧洞进出口处山体岩石的稳定性，对于易崩塌的危岩应及时清理，防止堵塞水流。

（3）输水期间，要经常注意观察和倾听洞内有无异常声响，如听到洞内有"咕咚咚"阵发性的响声或"轰隆隆"的爆炸声，说明洞内有明满流交替的情况，或者有的部位产生了气蚀现象，隧洞应尽量避免在明、满交替流态下工作。

（4）明流设计的隧洞要严禁在有压水流作用下运用。发电输水洞每次充、泄水过程尽量缓慢，避免猛增突减，以免洞内出现超压、负压或水锤而引起破坏。

（5）当岩石厚度小于两倍洞径的隧洞顶部时，禁止堆放重物或修建其他建筑物。当洞顶需要承受设计时未考虑的活荷（如交通车辆等）时，要采取必要措施防止隧洞的断裂。

（6）经常注意观察洞的出口流态是否正常，如在泄量不变的情况下水跃位置有无变化，主流流向有无偏移，两侧有无旋涡等，以判断消能设备有无损坏。

（7）隧洞的通气孔要保持通畅，若有堵塞或堵小通气孔面积的情况发生时，要及时处理。在寒冷季节，要防止通气孔被冰堵塞。

（8）隧洞停水期间应注意洞内是否有水流出，检查漏水是闸门漏水还是洞壁漏水。

（9）对启闭设备和闸门要经常进行检查和养护，保证其完整性和操作灵活性。

（10）寒冷地区采取有效的防冰措施，避免洞口结构的冰冻破坏。

（11）隧洞放空后，冬季在出口应做好保温。

对隧洞的检查养护可在泄洪之后，或结合发电停机、农田停灌时进行。发现局部的衬砌裂缝、漏水等，应及时进行封堵以免扩大。对钢衬应定期涂漆防腐蚀，对开裂的焊缝要补焊。对放空有困难的隧洞，要加强平时的观测与外部观察，观测隧洞沿线内水和外水压力是否有异常，如发现有漏水或塌坑的征兆，应研究是否放空隧洞进行检查和修理。对不衬砌的隧洞要检查周围岩石是否被水流冲刷而引起局部岩块松动，对一些龟石、松动石块以及阻水的岩石要清除并作处理。对发电不衬砌隧洞的集石坑积渣，要及时清理以免影响机组安全运行。当发现异常水锤和发生 6 级以上地震后，要对隧洞作全面的检查养护。

二、水工隧洞的渗漏

（一）渗漏的原因

隧洞由于设计、施工及运用管理方面的原因会引起断裂漏水事故，常见的原因主要有：

（1）隧洞周围岩石变形或不均匀沉陷。如隧洞经过地区岩石质量较差，开挖隧洞后，由于岩石变形，衬砌将遭受过大的应力破坏。

（2）设计不合理。例如，有关参数选择不准，致使衬砌厚度不足；接头布置在断层等不良位置又未采取加固措施；在结构尺寸变化或山岩荷载变化处未设沉降缝，洞内未设置伸缩缝；在接缝的缝口未插钢筋等（一旦错位止水很容易被拉断）。

（3）施工质量差。例如，施工中配料，振捣不实造成强度不足；分段浇筑间隔时间过长；施工中需填塞木料杂物，封拱时又未清理干净，日后腐烂而形成薄弱环节；回填灌浆和固结灌浆时，围岩没有充填密实，封拱时顶部衬砌与围岩之间存在孔隙等（使弹性抗力减小造成衬砌的开裂）。

（4）运用管理不当。对于没有调压井的有压隧洞，因运用不当产生水锤现象，将引起衬砌开裂。

（5）其他原因。如遇地震或在附近开山放炮，也会引起衬砌破坏。

（二）渗漏的处理

隧洞渗漏的主要原因是隧洞衬砌的开裂漏水，衬砌开裂漏水的处理方法主要有水泥砂浆或环氧封堵、灌浆处理、喷锚支护等。

1. 水泥砂浆或环氧封堵

水泥砂浆或环氧封堵主要用于过水表面存在蜂窝麻面、细小漏洞或细小裂缝等问题较轻的情况，对于一般渗水裂缝或蜂窝麻面，可采用水泥砂浆加水玻璃浆液堵塞抹面处理。在漏水严重的位置，应用环氧砂浆进行封堵处理，处理前应凿毛，约 2~3cm 深，然后清洗干净，干燥或擦干后，将砂浆填入封堵密实，表面抹平。对于漏水的裂缝或孔洞，先埋管导水，在已凿毛、清洗的埋管四周用快硬水玻璃—水泥或环氧—聚酰胺砂浆封堵，然后用水灰比比较小的混凝土修补表面，再用环氧砂浆封闭，最后在导管内灌浆封堵。

2. 灌浆处理

对于开裂漏水较严重的情况，采用灌浆处理是表里兼治、堵漏补强的常用方法。灌浆材料通常采用水泥浆，如果对于大型隧洞，要求较高强度的补强灌浆可采用环氧水泥浆液。对由于地质条件较差引起不均匀沉陷造成的开裂，一般要求等沉陷稳定后再灌浆。洞内灌浆处理，一般在洞壁按梅花形布设钻孔，灌浆时由疏到密。灌浆压力一般采用 10~20N/cm²，由于压浆机械多放在洞外，输浆管线较长，压力损耗大，所以灌浆压力应以孔口压力为控制标准。浆液的配合比可根据需要选定。

3. 喷锚支护

喷锚支护多用于无衬砌隧洞损坏的加固和有衬砌隧洞衬砌损坏的补强。喷锚支护具有与洞室围岩粘结力高，能提高围岩整体稳定性和承载能力、节约投资、加快施工进度等优点，因而得到广泛应用。喷锚支护可分为喷混凝土、喷混凝土加锚杆联合支护、喷混凝土加锚杆加钢筋网联合支护等类型。

三、水工隧洞的空蚀破坏

（一）空蚀的原因

隧洞中的水流的速度往往较大，当洞内高速水流流经不平整的边界时，水把不平整处的空气带走，从而使局部位置的压力低于大气压力，形成负压区。当压力降低至相应水温的汽化压力以下时，水分子发生汽化，体积膨胀，形成小气泡。这种现象称为空穴现象。小气泡随水流流向下游正压区，气泡内的水汽又重新凝结，气泡突然消失，于是局部位置不断遭受气泡破裂时的巨大吸引力而被剥蚀，这种现象称为空蚀现象。空蚀的产生原因是多方面的，主要原因如下：

（1）隧洞轮廓体型曲线变化不当。这种情况多发生在进口段和出口反弧段，体型弯曲与流线不合，形成水流的旋流区域，压力下降、压力脉动加剧而形成空穴空蚀。

（2）洞身平整度差，转折、过渡不合理。施工平整度达不到设计要求，表面存在突体、麻面、残留钢筋等，由于局部负压而产生空蚀破坏。隧洞中的各个部位都可能产生空蚀，特别是在转折、过渡段更容易发生。

（3）闸槽形状不良，闸门底缘不顺。平面闸门的门槽形状不同，过流情况差别很大。当水头较高、流速较大时，矩形门槽极易产生负压和空蚀。如闸门底缘形式不当，在较小开度时，高速水流会引起门底强烈空蚀或闸门振动。根据实测资料分析认为，高压平面闸门的开度在 0.1～0.2 时闸门振动剧烈，因此，在闸门操作时，应避免在这个开度区间停留。

（4）管理运用不当。因闸门开启不当，致使洞内出现明满流交替的不利流态，当水流脱离洞壁时，将会形成负压，造成脉动压力强烈。一般情况下，水流脉动压力仅只有作用水头压力的 10％左右，但在明满交替时，有试验资料表明，洞内脉动压力振幅为一般情况下脉动压力的 4～6 倍，门后将产生旋滚水流猛烈冲击闸门，引起振动、空蚀破坏。

（二）空蚀的处理

空蚀具有很大的破坏力，初期只是表层的轻度剥蚀，往往不易被人们重视，认为剥蚀程度较轻，不会影响安全。但如果处理不及时，则容易发展严重，甚至可能蚀穿洞壁，造成管涌、坍塌，影响工程正常运用，危及工程安全。空蚀处理主要有以下几种方法：

（1）改进隧洞的轮廓体型曲线，使之与流线更加吻合。隧洞衬砌结构表面应平直光滑连接，任何曲率变化处，都应避免曲率突变，如渐变的进口段形状应避免直角，最好是椭圆曲线。在平面上拐弯或反弧段，应采用大半径小曲率圆弧进行过渡连接；在由高到低的连接段，应采用抛物线。

（2）收缩泄水隧洞出口断面面积或减小出口工作闸门的开度可以提高洞内水压力，减少空蚀。

（3）设置通气孔。对无压洞及部分开启的有压洞，应在可能产生负压区的位置设置通气孔。设置通气孔的目的是增加近壁水流的掺气浓度，以达到对固壁表面的保护，减免空蚀破坏。因此通气孔必须保证通气顺畅，风速不宜过大（过大时噪声很大或对安全有影响），空腔内的负压不宜过大（过大表明补气不足，通气孔断面尺寸不够），在满足要求的情况下尽可能减小对水流的扰动以避免和减小负面影响。

（4）通过模型试验来改变水流情况。通过水工模型试验或观测资料研究分析，从改变水流情况来消除空蚀现象。

（5）合理控制和处理施工不平整度。建筑物表面施工残留的突起物及表面的不平整，将导致局部压强降低而引起空蚀破坏，应将突起物凿除或研磨成具有一定坡度的平面。

（6）修复破坏部位。对已产生空蚀的破坏部分，可选用高强度混凝土、钢纤维混凝土、高强度硅粉混凝土和无毒环氧树脂涂层修补空蚀破坏。剥蚀严重的可考虑采用钢板衬砌等方法修理，但必须注意加筋锚固。

思　考　题

1. 混凝土"内约束"和"外约束"产生的温度裂缝有何区别？
2. 简述混凝土坝渗漏的类型、成因和处理方法。
3. 混凝土表面缺陷包括哪些类型？如何预防和处理？
4. 简述土石坝裂缝的类型、成因和处理方法。
5. 土石坝渗漏包括哪些类型？如何处理？
6. 土石坝滑坡包括哪些类型？如何预防和处理？
7. 简述土石坝蚁害的成因和防治措施。

8. 简述水闸裂缝的类型、成因和处理方法。

9. 水闸渗漏包括哪些类型？如何处理？

10. 简述混凝土碳化机理及检测方法。

11. 简述水闸消能防冲设施破坏的主要原因。

12. 简述水工隧洞渗漏的成因和处理方法。

13. 简述水工隧洞空蚀破坏的主要原因。

14. 简述水工隧洞磨损破坏的处理方法。

15. 简述混凝土内钢筋的锈蚀机理。

第十一章　水利水电工程安全管理

第一节　注册登记与定期检查

在我国水利水电工程安全管理实践中，逐步建立了水利水电工程注册登记和水利水电工程安全定期检查制度。这两项管理制度的建立和实施，使我国水利水电工程安全管理工作逐步走上规范化、制度化和科学化的轨道，并进入长效机制。

一、注册登记

在各类水利水电工程中，大坝注册登记已得到全面实施，水闸等其他水利水电工程的注册登记制度正在逐步建立或分步实施中。

（一）大坝注册登记制度的建立

大坝注册登记在国外许多国家早已成为一种法定的管理制度，其主要目的是通过注册登记和颁发证书，对大坝施行长效的安全管理。我国大坝注册登记制度建设起步于20世纪90年代。1991年，国务院颁布了《水库大坝安全管理条例》（中华人民共和国国务院令第78号，1991年3月），规定大坝主管部门对其所管辖的大坝应当按期注册登记；1995年12月，水利部会同原电力工业部、建设部、农业部制定了《水库大坝注册登记办法》（水政资〔1997〕538号）。目前，水利大坝按上述《水库大坝注册登记办法》执行，水电站大坝则按2005年国家电力监管委员会颁发的《水电站大坝安全注册办法》（电监安全〔2005〕24号）执行。至此，我国大坝注册登记制度基本建立。

水利部门主管的、以公益性为主的大坝，一般称为水库大坝或水利大坝；电力部门主管的、以经营性为主的大坝，一般称为水电站大坝或电力大坝。

《水库大坝注册登记办法》规定：国务院水行政主管部门负责全国水库大坝注册登记的汇总工作。国务院各大坝主管部门和各省（自治区、直辖市）水行政主管部门负责所管辖水库大坝注册登记的汇总工作，并报国务院水行政主管部门。

县级及以上水库大坝主管部门是注册登记的主管部门。水库大坝注册登记实行分部门分级负责制。省一级或以上各大坝主管部门负责登记所管辖的库容在1亿立方米以上大型水库大坝和直管的水库大坝；地（市）一级各大坝主管部门负责登记所管辖的库容在1000万～1亿m^3的中型水库大坝和直管的水库大坝；县一级各大坝主管部门负责登记所管辖的库容在10万～1000万m^3的小型水库大坝。登记结果应进行汇编、建档，并逐级上报。各级水库大坝主管部门可指定机构受理大坝注册登记工作。

目前，水库大坝注册登记由水利部大坝安全管理中心受理，水电站大坝注册登记由国家电力监察委员会大坝安全监察中心受理。

（二）大坝注册登记程序

大坝注册登记需履行下列程序：

（1）申报。已建成运行的大坝管理单位应携带大坝主要技术经济指标资料和申请书，按管辖级别的规定，向相应的大坝主管部门或指定的注册登记机构申报登记。注册登记受理机构认可后，即发给相应的登记表，由大坝管理单位认真填写，经所管辖水库大坝的主管部门审查后上报。

（2）审核。注册登记机构收到大坝管理单位填报的登记表后，对填报内容进行审查核实。

（3）发证。经审查核实后，注册登记受理机构向大坝管理单位发放注册登记证。注册登记证中应注明大坝安全类别。属险坝者，应限期进行安全加固，并规定限制运行的技术指标。

《水库大坝注册登记办法》还规定：

已建成的水库大坝，自《水库大坝注册登记办法》施行之日起，6个月内不申报登记的，属违章运行，造成大坝事故的，按照《水库大坝安全管理条例》罚则的有关规定处理。

已注册登记的大坝完成扩建、改建的，或经批准升、降级的，或大坝隶属关系发生变化的，应在此后3个月内，向登记机构办理变更事项登记。大坝一旦失事，应立即向主管部门和登记机构报告。

水库大坝应按国务院各大坝主管部门规定的制度进行安全鉴定。鉴定后，大坝管理单位应在3个月内，将安全鉴定情况和安全类别报原登记机构，大坝安全类别发生变化者，应向原登记受理机构申请换证。

经主管部门批准废弃的大坝，其管理单位应在撤销前，向注册登记机构申报注销，填报水库大坝注销登记表，并交回注册登记证。

注册登记机构有权对大坝管理单位的登记事项进行检查，并每隔5年对大坝管理单位的登记事项普遍复查一次。

《水电站大坝安全注册办法》在《水库大坝注册登记办法》的基础上，还对水电站大坝注册进行了分级，并明确了水电站大坝注册动态管理年限。

除按《水库大坝注册登记办法》要求申报大坝及水库的工程特性数据和经济指标外，《水电站大坝安全注册办法》还着重强调从贯彻执行大坝安全法律法规章制度、建立健全大坝安全企业规程制度、大坝安全工作人员素质培训、大坝安全监测与巡视检查、大坝安全资料及档案管理、大坝维护与缺陷处理及安全经费等方面对水电厂大坝安全管理绩效进行考核，并在大坝注册安全等级评定时与大坝安全定期检查结论相结合。注册等级分为甲级、乙级、丙级和不予注册四个等级。甲级注册大坝每隔5年换证，乙级和丙级注册大坝每隔3年换证。《水电站大坝安全注册办法》还规定了对大坝安全等级进行降级处理和取消注册等级的情况。

（三）大坝注册内容

大坝注册内容以表格形式登记，水利大坝和电力大坝注册内容略有不同，分别详见《水库大坝注册登记办法》和《水电站大坝安全注册办法》。基本内容包括：

（1）基本情况登记。包括大坝名称、运行管理单位、主管单位，建设地点、所在流域，设计单位，施工单位，开工日期、竣工日期等。

（2）水文特征。包括多年平均降雨量、多年平均径流量、多年平均输沙量，设计洪水（频率、洪峰流量、洪水历时、洪水总量），校核洪水（频率、洪峰流量、洪水历时、洪水总量）。

（3）水库特征。包括调节性能，校核洪水位、设计洪水位、正常洪水位、汛前限制水位、死水位，总库容、调洪库容、兴利库容、死库容、已淤积库容。

（4）坝体特征。包括主坝特征（坝型、最大坝高、坝顶高程、建基面高程、坝顶长度、坝顶宽度、坝基防渗型式等）、副坝特征，正常溢洪道特征、非常溢洪道特征，其他泄洪建筑物特征。

（5）工程效益。包括发电（装机容量、单机容量、装机数量、年发电量）、灌溉（设计灌溉亩数、有效灌溉亩数、年灌溉水量）、防洪、航运、供水、养殖等。

（6）工程运行情况。包括已发生的最高洪水位及日期、已发生的最大下泄流量及日期、已出现的最高蓄水位及蓄水量、水质污染情况等。

（7）大坝安全监测。包括水情测报情况、工程监测情况（主要监测项目、主要监测仪器）、最大水平位移、最大垂直位移（沉降）、最大渗流量等。

（8）下游情况。包括下游河道安全泄量、人口、县以上城市、乡镇、耕地、公路及铁路等。

（9）管理人员情况。包括固定资产、职工人数、大坝安全管理人数、大坝安全监测人数等。

（10）其他情况。包括大坝改造情况、监测设施改更情况、工程缺陷及处理情况、工程事故、前次大坝注册时间及等级、工程其他重要事件等。

二、大坝安全定期检查

大坝安全定期检查是从设计、施工、运行等方面定期对大坝所进行的全面检查和安全分析，是提高大坝健康水平和安全状况的重要手段。我国自 1988 年开始，已经有计划、分步骤地对全国大坝安全进行了多轮定期检查。

大坝安全定期检查的主要目的是：根据现行规范，运用综合手段和先进技术，确定大坝在结构性态和运行功能方面是否安全可靠，并提出鉴定意见；查明大坝在安全方面存在的问题，并据以提出改善大坝安全状况的意见或更新改造、加固处理的建议；督促大坝管理单位提高大坝安全管理水平，保障大坝及其附属设施保持长期良好的工作状态，帮助大坝充分发挥工程效益。

（一）大坝安全定期检查的组织形式

水利大坝安全定期检查由水利部大坝安全管理中心归口管理，水电站大坝安全定期检查由国家电力监察委员会大坝安全监察中心归口管理。上述两中心一般简称大坝中心。

对大型工程、高坝、工程安全特别重要和存在问题较多的水电站大坝，由大坝中心组织大坝安全定期检查。大坝中心负责定期检查的组织工作，并聘请定期检查专家组；大坝主管单位负责安全定期检查资金的落实，组织具有相应资质和良好业绩的单位进行专项检查和具体的配合工作。

大坝中心也可委托大坝主管单位（或业主）负责组织安全定期检查。对于委托大坝主管单位负责组织的安全定期检查，大坝主管单位应当向大坝中心提出申请，并经大坝中心同意、批复后，方可实施。大坝主管单位提出专家组名单，大坝中心负责审查专家组的组成、专项检查项目和内容，以及定期检查专题报告和总报告。

根据工程规模和大坝的具体情况，确定安全定期检查专家组人数。专家组可由6～9人组成，专业配备应齐全，一般应包括设计、施工、运行管理、工程地质、安全监测、金属结构等专业。为保持安全定期检查工作的连续性，其中至少要有1名参加上一次安全定期检查的专家；与大坝建设和管理有直接关系的专家人数不应超过专家组总人数的1/3。

大坝定检专家组负责确定大坝定检工作计划，确定专项检查的项目、内容和技术要求，全面审阅有关大坝安全的原始数据、资料、报告和记录，审查专项检查报告，参加现场检查，评价大坝安全等级，提交大坝定检报告。

大坝安全定期检查一般每5年进行一次，每次检查时间一般不超过1年。新建工程的第一次大坝安全定期检查，在工程竣工安全鉴定工作完成5年后进行。

（二）大坝安全定期检查的内容

大坝安全定期检查工作范围是与大坝安全有关的横跨河床和水库周围垭口的所有永久性挡水建筑物、泄洪建筑物、输水和过船建筑物的挡水结构以及这些建筑物与结构的地基、近坝库岸、边坡和附属设施。

大坝安全定期检查工作包括以下主要内容：

（1）制订大坝安全定期检查工作计划和工作大纲。

（2）组织大坝安全定期检查专家组；专家组对大坝以往的运行状况与工作性态进行总结、检查、系统排查和评价，提出定期检查工作重点，确定定期检查工作大纲。

（3）总结上一次大坝安全定期检查（或安全鉴定）以来大坝运行状况，提出运行总结报告。

（4）进行现场检查（含必要的水下检查）并提出现场检查报告。

（5）根据大坝实际状况，进行必要的专项检查并提出专项检查专题报告。

（6）审查专项检查专题报告，提出审查意见；承担专项检查的技术服务单位按专家组审查意见补充完善专题报告。

（7）评价大坝安全状况、初评大坝安全等级，并提出大坝定检报告。

（8）评定大坝安全等级，形成大坝安全定期检查审查意见。

（三）大坝安全定期检查中专项检查内容

大坝安全定期检查专项检查的内容和要求由定期检查专家组提出，并委托有资质的技术服务单位进行。专项检查内容一般应涵盖：地质条件复核以及必要的补充勘探，大坝防洪能力复核，结构复核以及必要的试验研究，水力学问题复核以及必要的试验研究，渗流复核（土石坝、软土地基），施工质量复查，泄洪闸门和启闭设备检测和复核，大坝安全监测系统鉴定和评价，大坝安全监测资料分析，结构老化检测和评价，以及其他需要专项检查和研究的问题。

对存在明显老化现象的大坝和已运行40年以上的大坝，还应当进行老化现象的危害性检查与安全评价；对混凝土坝应当重点检查混凝土的碳化、裂缝、渗漏溶蚀、冻融冻胀、冲磨空蚀、水质侵蚀等病害程度及对大坝安全的影响；对土石坝应当重点检查防渗和排水设施的老化程度及对大坝安全的影响；对坝基应当重点检查抗渗能力、承载能力等变化情况，分析其对大坝安全的影响。

1. 大坝设计复核

大坝设计复核，应当按照现行设计规范和规定，对大坝防洪、地质参数、结构强度、结构稳定性、渗流和水力学问题进行复核或者试验。复核时应当考虑实际荷载和已查明的结构缺陷的影响，应特别重视对地质条件的复核，包括坝基内的断层、破碎带和泥沙夹层的长期影响，基础处理效果，地基渗流、渗压变化，水库岸坡稳定以及水库诱发地震等问题，必要时应当进行补充勘探。对重大地质问题，应列专题进行研究。

2. 大坝施工质量复核

大坝施工质量复查，应当复查施工阶段主要数据和资料，其内容包括基础处理、坝体和隐蔽工程的原始数据资料，必要时可采用取芯、试验、检测等手段补充检测、试验资料。如施工原始数据资料未作系统整理的，或者主要施工资料不全的，或者建筑物发生重大缺陷而对施工质量有怀疑的，应当列专题复查。

对在工程安全鉴定或者上次大坝安全定期检查时已经过复核或复查，大坝运行条件（外荷载及自身结构性态）及有关技术规范无重大变化，且有关问题已作出明确结论的大坝，可以不进行设计复核和施工质量复查。

3. 大坝安全监测系统鉴定及评价

大坝安全监测系统鉴定及评价应当根据相关规范的规定和工程的重点部位和薄弱环节的情况，对现有监测系统、监测项目、仪器及设备进行现场检查和测试，并结合长期监测资料分析成果，对各项监测设备的可靠性、长期稳定性、监测精度和采用的监测方法以及监测的必要性进行评价，提出监测仪器设备的封存、报废及监测项目的停测、恢复或者增设、改变监测频次和监测系统更新改造的意见和建议。

4. 大坝安全监测资料分析

大坝安全监测资料分析应当以资料可靠性判断为基础，进行深入的定性、定量分析，评判大坝安全性态，其中应当突出趋势性分析和异常现象诊断。对重要大坝和高坝的关键监测项目，应提出安全监控指标，以指导大坝运行。

5. 现场检查

现场检查应当按专家组要求，由现场检查组负责完成。现场检查组由水电站运行单位负责组织，大坝主管单位、水电站运行单位和有关专家参加。现场检查应尽量安排在对运行影响较小、大多数受检结构部位易于观察和可以进行试验的时段。

大坝运行单位应当根据日常巡查、年度详查和现场检查组的检查成果，提出现场检查报告。现场检查报告的主要内容包括：工程简介和检查情况，现场审阅的数据、资料和设备、设施的运行情况，运行期间大坝承受的最大荷载及其不利工况、泄洪设施的运行情况，现场检查结果，存在的问题，现场检查照片、录像和图纸，结论和建议。

6. 其他专项分析及评价

针对不同大坝的特点，进行必要的专项检查和分析，如金属结构安全检测、分析与评价，大坝加固处理效果分析与评价等。

（四）大坝安全定期检查的结论

大坝定检专家组应当根据大坝实际运行情况，在审查各专项检查报告的基础上，对大坝的结构性态和安全状况进行全面综合分析，并从以下方面评价大坝安全状况和评定大坝安全等级：大坝的防洪能力，结构的承载能力和稳定性（含地基、边坡和近坝库岸），消能防冲效果，大坝防渗体（含地基）的工作状态，结构（含地基、边坡和近坝库岸）运行性态，泄洪设施运行的可靠性，结构耐久性，监测系统的完备性和可靠性。

大坝定检报告的主要内容应当包括检查情况、安全状态分析说明、大坝安全存在的问题、补强加固和更新改造的建议、评价结论、大坝安全等级。有关函件公文、历次大坝定检结论、分析材料、收集的现场资料与试验数据、专题论证以及个别咨询报告等均应当作为附件。若专家组成员对问题和结论的意见不一致，应当写入大坝定检报告。

（五）大坝安全评级

1. 水库大坝安全评级

对水库大坝，根据水利部 2003 年颁布的《水库大坝安全鉴定办法》（水建管［2003］271 号）的规定，水库大坝安全状况分为 3 类，即一类坝、二类坝、三类坝。分类标准为：

一类坝：实际抗御洪水标准达到《防洪标准》（GB 50201—94）的规定，大坝工作状态正常；工程无重大质量问题，能按设计正常运行的大坝。

二类坝：实际抗御洪水标准不低于部颁水利枢纽工程除险加固近期非常运用洪水标准，但达不到《防洪标准》（GB 50201—94）的规定；大坝工作状态基本正常，在一定控制运用条件下能安全运行的大坝。

三类坝：实际抗御洪水标准低于部颁水利枢纽工程除险加固近期非常运用洪水标准，或者工程存在较严重安全隐患，不能按设计正常运行的大坝。

2. 水电站大坝安全评级

对水电站大坝，根据国家电力监察委员会 2005 年公布的《水电站大坝运行安全管理规定》（国家电力监管委员会令第 3 号，2004 年 12 月）的规定，电力大坝安全等级分为三级，即正常坝、病坝和险坝。

（1）符合下列条件的水电站大坝，评定为正常坝：

1）设计标准符合现行规范要求。

2）坝基良好，或者虽然存在局部缺陷，但不构成对水电站大坝整体安全的威胁。

3）坝体稳定性和结构安全度符合现行规范要求。

4）水电站大坝运行性态总体正常。

5）近坝库区、库岸和边坡稳定或者基本稳定。

（2）具有下列情形之一的水电站大坝，评定为病坝：

1）设计标准不符合现行规范要求，并已限制水电站大坝运行条件。

2）坝基存在局部隐患，但不构成对水电站大坝的失事威胁。

3）坝体稳定性和结构安全度符合规范要求，结构局部已破损，可能危及水电站大坝安全，但水电站大坝能够正常挡水。

4）水电站大坝运行性态异常，但经分析不构成失事危险。

5）近坝库区塌方或者滑坡，但经分析对水电站大坝挡水结构安全不构成威胁。

（3）具有下列情形之一的水电站大坝，评定为险坝：

1）设计标准低于现行规范要求，明显影响水电站大坝安全。

2）坝基存在隐患并已危及水电站大坝安全。

3）坝体稳定性或者结构安全度不符合现行规范要求，危及水电站大坝安全。

4）水电站大坝存在事故迹象。

5）近坝库区发现有危及水电站大坝安全的严重塌方或者滑坡迹象。

病坝、险坝应当限期除险加固、改造和维修，在评定为正常坝之前，应当改变运行方式或者限制运行条件。水电站大坝安全等级变更的，大坝中心应当报电监会备案。

第二节　应　急　预　案

水利水电工程安全是可控制的，失事是有预兆的，通过建立合理的预警机制并制定有效的应急预案，则失事所带来的灾害是有可能避免的，至少是可减轻失事损失的。因此，应急预案的目的在于：在工程失事前，能及时、准确地把握和预测其安全状态，防患于未然；在工程失事时，能有章可循，及时采取适当的措施，将损失降低到最小程度。

一、应急预案的基本内容

水利水电工程安全应急预案是针对工程即将失事、或已经失事时所应采取的系列措施的一种计划方案，其目的是尽可能避免工程失事或减小工程失事损失。

根据水利水电工程的特点，应急预案应分为两个层次：第一层次是针对水利水电工程本身的，可称为内部应急预案；第二层次是针对社会公众的，可称为外部应急预案。

1. 内部应急预案

内部应急预案主要是根据水利水电工程的安全特性、针对工程管理单位（业主）而制定的应急预案，主要包括以下内容：

（1）内部应急机制。明确水利水电工程安全管理责任人职责，制定预警及应急预案的管理体制，规定发布预警及启动应急预案的规程与流程，建立预警信息的快速处理和传输体系，确定工程抢险应急物资储备与调配体系等。

（2）紧急状态的估计和确定。根据安全预警标准，针对可能的失事模式，建立当前安全状态估计以及预警级别确定的方法和模型。

（3）紧急状态下处理措施。根据可能的失事模式，有针对性地实施降低工程失事风险的结构处理措施预案，以及对工程风险实施转移的非结构处理措施预案，尽可能避免工程失事变成事实，或尽可能减轻失事灾害损失。

2. 外部应急预案

外部应急预案主要是以政府和公众为对象、为保护工程下游地区人们生命和财产安全而制定的应急预案，主要包括以下内容：

（1）外部应急机制。采用系统工程方法和现代管理理论，构建融工程安全管理单位、国家政府相关部门、部队、电信、交通、医疗、科研、教育以及社会救援组织等机构于一体的、半军事化的快速反应应急体系和应急机制，特别是指挥体系的可靠性和一致性、信息传输的及时性和有效性、应急预案本身的科学性与可操作性及可控制性等。

（2）下游区域保障。分析溃坝洪水到达下游各区域的时间以及溃坝洪水波的动力特性，确定下游区域可能遭受的损失程度，划分下游不同区域的危险等级；根据不同区域的危险等级状态，分区分级制定应急宣传、信息发布、人员疏散、物质转移、救援救助、灾区恢复等方面的应急预案。

（3）应急预案决策支持模型。主要包括制订应急预案的数学模型，实施应急预案的决策支持平台以及建立应急预案基础数据库的方法等。

二、应急反应准备工程

1. 建立组织机构

水利水电工程安全应急反应属于各级政府防汛抗旱指挥部门的职责。各级防汛抗旱指挥部门应建立详细的应急反应指挥框架体系，明确各成员单位的具体职责分工，并保证该体系的高效运转。

应急反应指挥框架体系应包括群众应急队伍、部队应急队伍和机动应急队伍。

水利水电工程管理单位的职工是该工程应急反应的基本力量，承担着巡视检查、安全监测以及排除险情等任务。根据汛情发展，县级以上防汛抗旱指挥部门或现场应急反应指挥机构可决定增调防汛民工，协助抗洪抢险。

军队和武警部队是应急反应的骨干力量。视汛情、险情发展，各级防汛抗旱指挥部门可逐级向省防汛抗旱指挥部申请调动部队支援，防汛抗旱指挥部门在综合分析兵力需求后，向省军区、省武警总队商请部队支援。

各级机动应急队伍（防汛机动抢险队）主要承担对抢险设备要求较高、专业性较强的应急反应抢险任务。由各级防汛抗旱指挥部门调遣，赴指定地点实施抢险。必要时听从上级防汛抗旱指挥部门调遣，赴其他地区执行防汛抢险任务。有关大型工程组建的机动应急队伍，由省防汛抗旱指挥部和所在地防汛抗旱指挥部门调遣。

2. 储备物资、保障通信

物资储备应按照"分级负担、分级管理"的原则，各级防汛抗旱指挥部门以及工程管理单位应按规定储备防汛抢险应急物资，物资的品种及数量根据工程抢险的需要和具体情况确定。

当工程出现重大险情，由当地防汛抗旱指挥部门宣布进入紧急状态时，应根据险情的需要，本着"先近后远，先主后次，满足急需，及时高效"的原则，在其管辖范围内调用物资、设备、交通运输工具等。在紧急抢险情况下，可用电话或明传电报申请上级防汛抗旱指挥部门先批准调动，后补办手续。

保证通信的通畅是应急预案得以顺利实施的关键性环节。在应急预案编制中，应建立应急反应专用通信网，编制应急预案通讯录，并充分利用公众通信网络发布应急信息。

各工程管理单位必须配备应急反应专用有线、无线通信设施，专用通信网应在汛前进行全面检查和维护，对检查出的隐患及时进行整改，保障其高效、可靠运行。对于水、雨情采集系统和监测信息采集系统，必须配备专门的有线或无线通信设施，并确保其信息通信畅通。

应急反应通讯录应覆盖工程出险所涉及的所有单位及个人，每年汛前必须对该通讯录进行确认和更新，对关键部门及关键人员则应掌握多种联系方式。在紧急情况下，应充分利用公共广播和电视等媒体以及手机短信等手段发布信息，通知群众快速撤离，确保人民生命安全。

3. 技术准备

（1）制作洪水风险图系统。洪水风险图系统融合了地理、社会、经济信息、洪水特征信息，它通过资料调查、洪水计算和成果整理，以地图形式直观反映某一地区发生洪水后可能淹没的范围和水深，从而可以预知和分析不同量级洪水可能造成的风险和危害。

制作洪水风险图的目的是：为各级防汛指挥部门的抢险救灾提供决策依据；增强全民抗洪减灾意识，用于指导洪泛区的安全建设、开发利用和管理；在发生洪水的紧急情况下选择正确的路线及地点疏散群众；为洪涝灾情评估系统提供基础依据。根据有关规定，以防洪为主或兼有防洪任务的大中型水库以及位置重要的小型水库必须制作洪水风险图。

（2）建立防洪预报、调度与信息管理系统。应建立完善的水、雨情信息采集及预报系统。利用水、雨情监测和预报系统，可制定合理可靠的水库防洪调度方案，建立应急反应决策支持系统，并逐步实现各级防汛应急反应信息的共享。

应逐步建立和完善安全监测自动化系统和区域性乃至全国性的安全监控中心，及时反映水利水电工程安全状况的实时信息，提高应急预案的决策效率与科学性，为保证工程安全提供技术保障。

（3）建立应急反应专家库。各级防汛抗旱指挥部门应建立防汛抢险专家库。专家库由设计、科研、管理等方面具有理论基础和实践经验的专家组成。当发生较大险情时，由防汛抗旱指挥部门统一组织专家制定和实施具体应急处理和抢险方案，为指挥决策提供技术支持。

4. 进行宣传、培训及演习

（1）公众信息交流。对汛情、水情、工情以及可能造成的受灾损失范围等方面的公众信息交流，实行分级负责制，通过媒体向社会发布。重要公众信息交流实行新闻发言人制度，经本级政府同意后，由防汛抗旱指挥部门指定的发言人，通过当地新闻媒体统一向社会发布。

（2）培训。按照分级负责的原则，由各级防汛抗旱指挥部门组织培训。省防汛抗旱指挥部负责市、县防汛抗旱指挥部门和省级应急机动抢险队有关人员的培训；市、县级防汛抗旱指挥部门分别负责县、乡（镇）防汛抗旱指挥机构和本级所属应急机动抢险队有关人员的培训。培训工作应结合实际，采取多种形式，实行定期与不定期相结合的制度，每年汛前至少组织一次培训。

（3）演习。各级防汛抗旱指挥部门应定期举行不同类型的应急演练，提高应急抢险队的应急响应能力。大型工程和重要中型工程应在上级防汛抗旱指挥部门的组织下，按照应急预案进行实时实兵演练，以检验对突发特大工程险情的快速应急反应能力，确保在遭遇特大洪水时不垮塌、不漫顶、不水淹厂房、不违规泄洪，并尽量减少上、下游的损失。

三、应急响应

进入汛期，各级防汛抗旱指挥部办公室应实行 24 小时值班，跟踪雨情、水情，掌握工情、灾情。工程管理单位要加强巡查，发现险情立即向当地县防汛抗旱指挥部和主管部门报告；发现可能危及下游人员、财产安全的重大险情，要立即报告当地政府和防汛抗旱指挥部，必要时可直接报告省防汛抗旱指挥部。同时应立即采取措施，努力控制险情。

发生险情时，应按照属地管理原则，由各级防汛抗旱指挥部根据不同情况启动相关预案，负责组织实施应急抢险工作，并向本级政府和上一级防汛抗旱指挥机构及时报告情况，重大突发事件可直接向省防汛抗旱指挥部报告。对在本行政区域内的工程将发生影响到临近行政区域的灾害突发事件，当地防汛抗旱指挥机构应及时向受影响地的防汛抗旱指挥机构通报情况。

按灾害的严重程度、可能影响的范围以及可能造成的后果，在水利水电工程宏观预警时，将预警等级划分为四级：

Ⅳ级（一般）：小（1）型工程发生重大险情。

Ⅲ级（较大）：中型工程发生重大险情或重点小（2）型工程发生垮塌。

Ⅱ级（重大）：大型工程发生重大险情或重点小（1）型工程发生垮塌。

Ⅰ级（特别重大）：中型以上工程发生垮塌。

按工程安全预警等级，相应地将水利水电工程应急响应行动也划分为四级，并采取相应的响应措施。

1. Ⅳ级（一般）

当发布Ⅳ级预警情况时，可视险情采取下列应急措施：

（1）小型工程发生险情时，当地政府应立即组织抢险。

（2）工程管理单位应按职责加强巡视检查，并将巡查情况上报同级防汛抗旱指挥部门和上级主管部门。

（3）当地防汛抗旱指挥部门应按职责承担本区域水利水电工程的防汛工作，必要时按规定组织民工上坝防汛查险，并将工作情况报同级政府和上一级防汛抗旱指挥部门。

（4）省防汛抗旱指挥部办公室负责人主持会商，作出相应的工作安排，并将情况上报省防汛抗旱指挥部门负责人。

2. Ⅲ级（较大）

当发生Ⅲ级预警情况时，可视险情采取下列应急措施：

（1）中型工程发生重大险情，重点小（2）型工程垮塌，当地政府应立即成立现场应急抢险指挥机构，组织抢险。必要时，上一级防汛抗旱指挥部门派出专家组赴现场指导应急抢险工作。

（2）有关市、县防汛抗旱指挥部门可视险情依法宣布本地区进入紧急防汛期，认真组织好防汛抢险工作，并将工作情况报同级政府和上一级防汛抗旱指挥部门。

（3）省防汛抗旱指挥部副总指挥主持会商，作出相应工作安排，并将情况上报省防汛抗旱指挥部总指挥，还应视险情派出工作组赴一线指导应急抢险工作。

3. Ⅱ级（重大）

当发生Ⅱ级预警情况时，可视险情采取下列应急措施：

（1）当大型工程发生重大险情，重点小（1）型工程发生垮塌时，当地市、县政府应立即成立现场应急抢险指挥机构，全力组织抢险。必要时，可按程序申请解放军、武警部队参加抗洪抢险。上级防汛抗旱指挥部门应派出专家组赴现场指导工作。

（2）市、县防汛抗旱指挥部门视险情依法宣布本地区进入紧急防汛期，并将工作情况报所在市、县政府和省防汛抗旱指挥部。受灾地区的各级防汛抗旱指挥部门负责人、成员单位负责人，应按照应急预案规定的职责到分管的水利水电工程组织指挥防汛抢险工作。相关市、县全力配合友邻地区做好防汛抗洪和抗灾救灾工作。

（3）省防汛抗旱指挥部总指挥或委托副总指挥主持会商，作出相应工作部署，并将情况上报省政府和国家防总；按照《防洪法》等有关规定，可视险情宣布部分地区进入紧急防汛期；省防汛抗旱指挥部应派出工作组、专家组赴一线指导应急抢险工作。

4.Ⅰ级（特别重大）

当发生Ⅰ级预警情况时，可视险情采取下列应急措施：

（1）当中型以上工程发生垮塌时，当地市政府应启动应急预案，立即成立现场应急抢险指挥机构，全力组织抢险，并将工作情况报所在市政府和省防汛抗旱指挥部。上级防汛抗旱指挥部门应派出专家组赴现场指导抢险工作。

（2）强化行政首长防汛目标责任制，省（自治区、直辖市）、市行政领导到受灾市、县分片指导抗洪救灾工作，确保防洪安全、城乡供水安全和社会稳定。

（3）省防汛抗旱指挥部总指挥主持会商，防汛抗旱指挥部全体成员参加，做出相应的工作部署，并将情况上报省委、省政府和国家防总；按照《防洪法》等有关规定，可视险情宣布进入紧急防汛期；联系解放军、武警部队参加抗洪抢险、应急送水；派出工作组、专家组赴一线指导应急抢险工作。

（4）省防汛抗旱指挥部全面启动应急预案，安排和督促省防汛抗旱指挥部各成员单位全面履行应急预案规定的相应职责。水利部门向抢险第一线紧急调拨抢险物资；民政部门为灾区紧急调拨救灾物资；财政部门安排应急防汛抢险、开辟应急水源工程经费；铁路、交通部门为防汛物资提供运输保障；电力部门为防汛提供电力保障；其他成员单位按照职责分工，做好相关工作。

第三节　工　程　抢　险

一、典型险情及工程抢护措施

（一）漫顶

1.漫顶的工程表现

漫顶也称漫溢，是指实际洪水位超过现有堤坝顶高程，或风浪翻过堤坝顶，致使洪水漫过堤坝的现象。土坝和堤防是不允许坝（堤）身过水的，一旦发生漫顶，将很快会引起堤坝的溃决。因此，漫顶是所有险情中危害性最大的险情之一。

发生漫顶的原因主要有：①出现超过设计或校核标准的特大洪水，水库或河道无法容纳洪水量；②堤坝顶高程未达到设计或校核标准，或防浪墙高度不足，波浪翻越堤坝顶；③河道严重淤积，或河道上人为建筑物阻水，或盲目围垦，导致河道过洪断面减少；④河滩种植增加了糙率，影响了泄洪能力，导致洪水位增高；⑤库区滑坡、河口潮汐顶托、地震等原因引起水位增高。

2. 漫顶的抢护方法

防止或抢护漫顶的主要措施是在堤坝顶修筑子堰，加高堤坝顶。子堰的形式大约有以下几种：

（1）黏性土堰。当堤坝附近有大量含水量适当的黏性土时，可沿堤坝顶修筑均质土堰。每层厚 0.3m，分层夯实。

（2）袋装土堰。对风浪较大、取土困难的堤坝，可用土工编织袋、麻袋或草袋装填黏性土、砾质土等土料修筑子堰。此方法是抗洪抢险中最为常用的形式，便于近距离装袋和输送，土袋临水还可起防冲作用。

（3）桩柳（桩板）土堰。当抢护堤坝段缺乏土袋或土质较差时，可将木桩打入堤坝顶，用柳枝、芦苇或秸料等捆成柳把，用铅丝或麻绳绑扎于桩后，修筑桩柳土堰。在紧急情况时，也可用木板、门板等代替柳把筑堰。

（4）柳石（土）枕垱。对取土特别困难而当地柳源丰富的抢护堤段，可抢筑柳石（土）枕垱，即在柳把内捆裹石料，形成圆柱状柳枕，品字形叠置于临水面挡水。

（5）防浪墙子垱。如果抢护堤段原有浆砌块石或混凝土防浪墙，可以利用它来挡水，并在墙后用土袋加筑后戗，防浪墙体作为临时防渗防浪面，土袋紧靠防浪墙后叠砌。

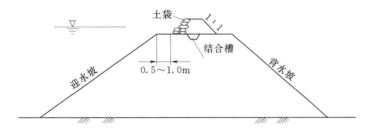

图 11-1 土袋子堰示意图

（二）管涌与流土

1. 管涌与流土的工程表现

土体常见的渗透破坏主要包括管涌和流土两种。土体在渗透力作用下，细小的颗粒从土壤中被带出，随着小颗粒土的流失，土壤孔隙加大，较大颗粒也将被带走，形成越来越大的集中渗流通道，称为管涌。管涌主要发生在无凝聚力的无黏性土中。流土是指在渗流作用下，成块土体被掀起浮动的现象。流土主要发生在黏性土以及均匀非黏性土体的渗流出口处。

在抢险中，习惯上将管涌和流土渗流破坏统称为管涌险情。管涌和流土都可能引起堤坝身坍塌、沉陷、裂缝、漏洞、脱坡，甚至决口等重大险情。管涌一般发生在背水坡脚附近或较远的潭坑、池塘或稻田中，险情多呈冒水翻沙状态，俗称"翻沙鼓水"，又称"泡泉"、"地泉"、"土沸"或"沙沸"。管涌孔径小的如蚁穴，大的数十厘米，少则出现一两个，多则出现管涌群。

发生管涌的原因主要有以下几种：

（1）堤坝、水闸地基土壤级配缺少某些中间粒径的非黏性土，在上游水位升高、出逸点渗透坡降大于土壤允许值时，地基土体中较细土粒被渗流推动带走形成管涌。

（2）基础土层中含有强透水层，上覆的土层压重不够。

（3）工程防渗或排水（渗）设施不当或损坏失效。

（4）防御水位提高，渗水压力增大，堤坝背水侧地面黏土层厚度不够。

（5）在堤坝背水侧钻孔（或钻孔封闭不实）和一些民用井的结构不当，形成渗流通道。

（6）由于其他原因将堤坝背水侧表土层挖薄。

2.管涌的抢护方法

抢护管涌险情的原则是：保持渗流畅通，以降低渗水压力；制止沙土层继续被破坏，以使险情得到控制和稳定。因此，管涌抢护材料必须使用透水性好的材料，切忌使用不透水材料。

（1）反滤围井。在管涌口处用编织袋或麻袋装土抢筑围井，井内同步铺填反滤料，从而制止涌水带沙，以防险情进一步扩大。这种方法适用于发生在地面的单个管涌或管涌数目虽多但比较集中的情况。对水下管涌，当水深较浅时也可以采用。沙石反滤围井示意图如图 11-2 所示。

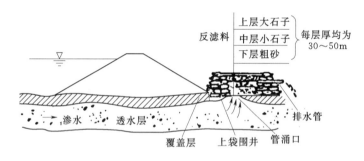

图 11-2 砂石反滤围井示意图

根据围井内铺填的反滤料，反滤围井可分为以下几种：

1）砂石反滤围井。围内铺填砂石料，适用于管涌口不大、涌水量较小的情况。

2）土工织物反滤围井。围内先铺填一层粗砂，然后铺设一层合适的土工织物，然后再铺填砂石料。土工织物的层数视实际情况而定。

3）梢料反滤围井。围内铺设梢料代替铺填沙石料，适用于砂石料缺少的地方。

（2）反滤层压盖。在堤内出现大面积管涌或管涌群时，如果料源充足，可采用反滤层压盖的方法，以降低涌水流速，制止地基泥沙流失，稳定险情。

根据所使用的反滤材料，可分为以下两种：

1）砂石反滤压盖。在抢筑前，先清理铺设范围内的杂物和软泥，同时对其中涌水涌沙较严重的出口用块石或砖块抛填，消杀水势，然后在已清理好的管涌范围内，铺粗砂一层，再铺小石子和大石子各一层，最后压盖块石一层，予以保护。

2）梢料反滤压盖。当缺乏砂石料时，可用梢料做反滤压盖。在铺筑时，先铺细梢料，如麦秸、稻草等，再铺粗梢料，如柳枝、秫秸和芦苇等，然后再铺席片、草垫或苇席等，组成一层。视情况可只铺一层或连铺数层，然后用块石或沙袋压盖，以免梢料漂浮。梢料总的厚度以能够制止涌水携带泥沙、变浑水为清水、稳定险情为原则。

（3）蓄水反压。通过抬高管涌区内的水位来减小堤内外的水头差，从而降低渗透压力，减小出逸水力坡降，达到制止管涌破坏和稳定管涌险情的目的，适用于管涌面积大，且反滤围井法和反滤层压盖法难以实施的情况。

蓄水反压俗称养水盆，主要形式有以下几种：

1）渠道蓄水反压。在发生管涌的渠道下游做隔堤，隔堤高度与两侧地面齐平，蓄水平压后，可有效控制管涌的发展。

2）塘内蓄水反压。在发生管涌的塘中，沿塘四周做围堤，抬高塘中水位以控制管涌。

3）围井反压。对于大面积的管涌区和老的险工段，由于覆盖层很薄，可抢筑大的围井，并蓄水反压，控制管涌险情，见图 11-2。

4）其他方法。对小的管涌，当缺乏反滤料时，可以用小的围井围住管涌，蓄水反压，制止涌水带沙；也可采用无底水桶蓄水反压，达到稳定管涌险情的目的。

（三）散浸

1. 散浸的工程表现

水库或河道处于高水位时堤坝背水坡及坡脚附近出现土壤潮湿或发软，并有水渗出的现象，称为散浸。俗称"堤出汗"。当高水位持续时间过长，散浸范围将沿堤坝坡上升、扩大，如不及时处理，就会发生脱坡、管漏等险情。

发生散浸的原因主要有：①堤身单薄，内坡过陡；②堤身填料含沙量过大，且无透水性小的黏土防渗体；③施工质量差，未夯实，留有空隙，蛾夯不实；④堤内有蚁侗、獾穴、树根、暗沟等隐患，缩短了渗径，使渗径长度不够，浸润线抬高，形成散浸。

2. 散浸的抢护方法

抢护散浸险情的原则是：对土石坝，"上游截渗，下游导渗"；对堤防，"临河截渗，背河导渗"。其主要目的是降低浸润线、稳定堤身。

（1）导渗沟。在堤坝的背水坡面开挖人字形、W字形、Y字形或 I 字形导渗沟，将渗水集中到沟内流走，使坡内土壤干燥坚实，以稳定险情。它适用于水位继续上涨、散浸严重，且有继续发展趋势的情况。

（2）透水压浸台。在堤坝的背水坡面加做"层苇层土"的透水压浸台，即先用砂石料作底层，然后在沙石料上铺设一层芦苇，再在芦苇上铺填一层砂土，依次"一层芦苇一层土"铺填至要求的高度。它适用于堤身断面不足、坡面散浸严重的情况。透水压浸台所需工料较多，堤身断面够的堤段不宜采用。

（3）反滤层。如图 11-3 所示。将散浸部位表面湿土层挖除约 30cm，再回填一层 15~20cm 的粗砂和一层 10~15cm 的细石以及一层 2~5cm 的碎石，最后盖上一层小片石，让渗水从片石隙缝流入堤坝脚下的滤水沟。它适用于散浸严重、开沟导渗困难的情况。

当缺少沙石料时，也可采用芦柴反滤层。

（四）滑坡

1. 滑坡的工程表现

滑坡是指堤坝边坡失稳下滑造成的险情，包括深层滑坡和浅层滑坡。深层滑坡的滑裂面较深，呈圆弧形，滑动体较大，坡脚附近地面土壤往往推挤外移、隆起，或者沿地基软弱滑动面一起滑动；深层滑坡危害性大，严重者可导致堤坝决口，须立即抢护。浅层滑坡

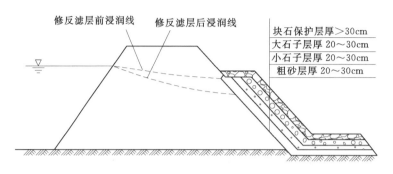

图 11-3　砂石反滤层示意图

的滑动范围较小，滑裂面较浅，虽危害较轻，但也应及时恢复堤坝身的完整性，以免继续发展，形成深层滑坡。

（1）临水面滑坡的主要原因有：①坡脚滩地迎流顶冲坍塌，崩岸逼近堤脚，堤脚失稳引起滑坡；②水位消退特别是骤降时，在渗流动水力作用下，滑动力加大，抗滑力减小，堤坝坡失去平衡而滑坡；③汛期风浪冲毁护坡，侵蚀堤坝身引起局部滑坡。

（2）背水面滑坡的主要原因：①上游水位超高，导致堤坝身浸润线过高而引起的滑坡；②在遭遇暴雨或长期降雨作用下，堤坝身填料物理力学性能降低而引起的滑坡；③堤坝脚失去支撑而引起的滑坡。

堤坝出现滑坡一般有以下预兆：①堤坝顶与堤坝坡出现纵向裂缝，裂缝宽度逐步增大，裂缝的尾部走向出现了明显的向下弯曲的趋势，裂缝两侧土体明显湿润，甚至发现裂缝中渗水；②堤坝脚处地面出现隆起等异常变形，堤脚下某一范围内明显潮湿，变软发泡；③临水坡前滩出现崩岸，且逼近堤脚；④临水坡坡面防护设施失效，风浪直接冲刷堤坝身，使堤坝身土体流失等。

2. 临水面滑坡的抢护方法

抢护临水面滑坡险情的原则是：尽量增加抗滑力。抢护方法主要有：

（1）修筑土石戗台。当堤坝坡脚未出现崩岸与坍塌、坡脚前滩地稳定时，可在坡脚修筑土石戗台，以增加阻止滑坡体下滑的抗滑力。

（2）修筑石撑。当堤坝滑坡段较长、土石料紧缺、水位较高、修筑土石戗台有困难时，应做石撑临时稳定滑坡。石撑宽度 4～6m，石撑的间隔不宜大于 10m。

（3）坡脚压重。在堤坝坡脚抛填石块、石笼、土石袋等抗冲压重材料，可在极短的时间内阻止滑坡体进一步发展。

（4）背水坡贴坡补强。当临水面水位较高，风浪大，做土石戗台、石撑、坡脚压重等均有困难时，应在背水坡及时贴坡补强。贴坡厚度一般应大于滑坡的厚度，贴坡的坡度应比背水坡的设计坡度略缓一些。贴坡材料应选用透水的材料，如砂、砂壤土等。如没有透水材料，必须做好贴坡与原堤坡间的反滤层，以保证堤身在渗透条件不被破坏。背水坡贴坡的长度要超过滑坡两端各 3m 以上。

3. 背水面滑坡的抢护方法

抢护背水面滑坡险情的原则是："上部削坡，下部固坡"。尽量增加抗滑力，尽快减小滑动力。抢护方法主要有以下几种（见图 11-4）：

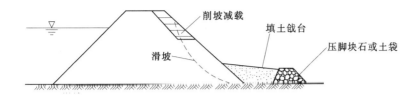

图 11-4　削坡减载固脚阻滑示意图

（1）削坡减载。削坡减载是通过减小滑动力来处理堤坝滑坡时最常用的方法。该法施工简单，一般只用人工削坡即可。但在滑坡还继续发展，没有稳定之前，不能进行人工削坡。一定要等滑坡已经基本稳定后（大约半天至一天时间）才能施工。一般情况下，可将削坡下来的土料压在滑坡的堤脚上做压重用。

（2）坡脚固坡。坡脚固坡是通过增加抗滑力来处理堤坝滑坡时最常用的方法，也是保证滑坡体稳定、彻底排除险情的主要办法，也称固脚阻滑。该方法见效快，施工简单，易于实施。主要措施有以下几种：

1）修筑透水反压平台。用砂、石等透水材料，在滑坡长度范围内全面连续填筑透水反压平台（俗称滤水后戗）。

2）修筑透水土撑。当滑坡范围很大、土石料供应紧张的情况下，可做透水土撑。每个土撑宽度 5～8m，土撑的间隔不宜大于 10m。

3）堤脚压重。采用土石料等，在堤坝坡脚进行压重阻滑。在做压脚抢护时，必须严格划定压脚的范围，切忌将压重加在主滑动体部位。

（3）截流导渗。当判断滑坡的主要原因是渗流作用时，可采用"前截后导"措施。主要方法有：

1）在临水面上做截渗铺盖，减少渗透力。

2）及时封堵裂隙，阻止雨水继续渗入。

3）在背水坡面上做导渗沟，及时排水，进一步降低浸润线，减小滑动力。

（五）决口

1. 决口的工程表现

堤坝在洪水的长期浸泡和冲击作用下，当洪水超过堤坝的抗御能力，或者在汛期出险抢护不当或不及时，都会造成堤坝决口。堤坝决口对地区社会经济的发展和人民生命财产的安全危害巨大。

在条件允许的情况下，对一些重要堤防的决口采取有力措施，迅速制止决口的继续发展，并实现堵口复堤，对减小受灾面积和缩小灾害损失有着十分重要的意义。对一些河床高于两岸地面的悬河决口，及时堵口复堤，可以避免长期过水造成河流改道。

2. 决口的抢护方法

抢护决口险情的原则是：及时迅速地采取坚决措施，在口门较窄时，利用大体积料物抢堵口门（堵口），防止口门扩大和险情进一步发展。

堵口抢险技术上难度较大，主要包括堵口准备（堵口时机的选择、堵口组织设计等）和堵口实施（裹头、截流、堵口、闭气等）。

（1）抢筑裹头。堤坝一旦溃决，水流冲刷将使溃口口门迅速扩大，其宽度通常要达

200～300m 才能达到稳定状态，如能及时抢筑裹头，就能防止险情的进一步发展，减少决口封堵的难度。因此，及时抢筑裹头，是堤防决口封堵的关键之一。

在水浅流缓、土质较好的地带，可在堤头周围打桩，桩后抛石裹护；在水深流急、土质较差的地带，则应考虑采用抗冲流速较大的石笼等进行裹护或采用螺旋锚方法施工。

（2）截流。采用大体积重物（如石笼、混凝土块、沉船、沉车等）堵塞决口，达到降低决口流量和流速的目的，从而为全面封堵决口创造条件。其中，沉船截流是快速封堵决口的一种重要方法。

在实现沉船截流时，最重要的是保证船只能准确定位。当沉船处决口底部不平整时，应迅速抛投大量料物，堵塞空隙，以防船底空隙处的过大流速引起严重淘刷。在条件允许时，可考虑在沉船的迎水侧打钢板桩等阻水。

（3）进占堵口。在实现沉船截流减少过流流量后，应迅速组织进占堵口，以确保顺利封堵决口。常用的进占堵口方法有立堵法、平堵法和混合堵三种。

（4）防渗闭气。防渗闭气是整个堵口抢险的最后一道工序。封堵进占后，堤身仍然会渗漏，因此应采取阻水断流的措施进行防渗闭气。

一般可采用抛投黏土、铺设土工防渗膜等方法实现防渗闭气，也可采用养水盆法、修筑月堤蓄水等方法来解决漏水。

除上述险情外，常见的险情还有：崩岸、裂缝、漏洞、跌窝、冰凌、风浪等。

此外，汛期抢险是防汛紧急时期所采取的应急措施，受各种条件的制约，可能存在用料不严格，方法不规范，工程标准偏低，甚至处理不当等问题，技术上很难达到规范合理。因此，汛期过后，对达不到长期运用标准的抢险工程，必须进行善后处理。

二、防汛抢险中的几个问题

（一）险情程度的分类

险情一般分为三类：一类险情为一般险情，是指险象尚不明显的险情；二类险情为较大险情，是指险象较重，且有继续发展趋势的险情；三类险情为重大险情，是指险情十分严重，在很短时间内有可能造成严重后果的险情。

险情的分类是相对而言的，且险情是随着时间的推移而变化的。例如，对滑坡险情，当仅出现缝宽较细、长度较短的浅层裂缝，有滑坡迹象时，属于一般险情；当出现浅层滑坡时，属于较大险情；当出现深层滑坡时，特别是计算的安全系数小于允许值时，属于重大险情。对漫顶、决口等类型的险情，一旦出现，均为重大险情。

对重大险情，如不及时采取措施，往往会在很短时间内造成严重后果。因此，如发生重大险情，应迅速成立抢险专门组织（如抢险指挥部），分析判断出险原因，研究抢险方案，筹集人力、物力，立即全力以赴投入抢护。对较大险情，虽不会马上造成严重后果，但也应根据出险情况进行具体分析，预估险情发展趋势。如果人力、物料有限，且险情没有发展恶化的征兆，可暂不处理，但应加强观察，密切注视其发展趋势。对一般险情，只需要进行简单处理即可消除险象的，应视情况进行适当处理。

总之，一旦发现险情，应视险情的危险程度，采用相应的措施，将险情消除在始发阶段。

（二）防汛抢险的组织机构

防汛工作是在各级政府领导下组织群众与洪水作斗争的一项社会活动，是维护社会安定和促进国民经济发展的大事。实践证明，建立坚强的防汛组织机构和制定严格的责任制度，实施统一指挥、统一行动、责任落实，是做好防汛和抢险工作的有力保证。

防汛工作按照统一领导，分级、分部门负责的原则，建立健全各级、各部门的防汛机构，发挥有机的协作配合，形成完整的防汛组织体系。《防洪法》规定：国务院设立国家防汛指挥机构，负责领导、组织全国的防汛抗洪工作，其办事机构设在国家水行政主管部门。在国家确定的重要江河、湖泊可以设立由有关省（自治区、直辖市）人民政府和该江河、湖泊的流域管理机构负责人等组成的防汛指挥机构，指挥所辖范围内的防汛抗洪工作，其办事机构设在流域管理机构。有防汛任务的县级以上地方人民政府设立由有关部门、当地驻军、人民武装部队负责人等组成的防汛指挥机构，在上级防汛指挥机构和本级人民政府的领导下，指挥本地区的防汛抗洪工作，其办事机构设在同级水行政主管部门。

（三）防汛责任制

在日常防汛和抗洪期间，应严格落实以行政首长负责制为核心的"五种防汛责任制"。

1. 行政首长负责制

行政首长负责制是各种防汛责任的核心，是取得防汛抢险胜利的重要保证，也是历来防汛斗争中最行之有效的措施。

2. 分级责任制

根据水库、堤、闸所处地区、工程等级和重要程度等，确定省（自治区、直辖市）、地（市）、县、乡、镇分级管理运用、指挥调度的权限责任。在统一领导下，对水库、堤、闸实行分级管理、分级调度、分级负责。

3. 包库、包堤段责任制

为确保水库、堤、闸工程和下游保护对象的汛期安全，省（自治区、直辖市）、地（市）、县、乡负责人和县防汛指挥部领导成员实行包库、包堤段责任制，责任到人，有利于防汛抢险工作的开展。

4. 岗位责任制

汛期管好用好水利工程，特别是防洪工程，对做好防汛减少灾害至关重要。工程管理单位的业务处室和管理人员以及护堤员、防汛工、抢险队等要制订岗位责任制。

5. 技术责任制

在防汛抢险工作中，为充分发挥技术人员的专长，实现科学抢险、优化调度以及提高防汛指挥的准确性和可靠性，凡是评价工程抗洪能力、确定预报数字、制定调度方案、采取的抢险措施等有关技术问题，均应由专业技术人员负责，建立技术责任制。

为了随时掌握汛情，防汛指挥机构应建立防汛值班制度，以便及时加强上下联系，多方协调，充分发挥水利工程的作用。

（四）防汛抢险队伍

为保证取得防汛抢险工作的胜利，除充分发挥工程的防洪能力外，还应建立一支在当地防汛指挥部门领导下的、"召之即来、来之能战、战之能胜"的防汛抢险队伍。防汛抢险队伍可分为专业队、常备队、预备队和抢险队等。

1. 专业队

专业队是防汛抢险的技术骨干力量，由水库、堤、闸管理单位的管理人员组成，平时根据掌握的工程情况，分析工程的抗洪能力，做好出险时抢险准备。进入汛期，要上岗到位，密切注视汛情，加强检查观测，及时分析险情。专业队要不断学习养护修理、江河、水库调度和巡视检查知识以及防汛抢险技术，必要时进行实战演习。

2. 常备队

常备队是防汛抢险的基本力量，是群众性防汛队伍，人数比较多，由水库、堤、闸周围的乡、镇、村居民中的民兵或青壮年组成。常备防汛队伍组织要健全，汛前登记造册编成班、组，要做到思想、工具、料物、抢险技术四落实。汛期按规定分批组织出动。另外，在库区、滩区、滞洪区也要成立群众性的转移救护组织，如救护组、转移组和留守组等。

3. 预备队

预备队是防汛的后备力量，当防御较大洪水或紧急抢险时，为补充加强常备队的力量而组建的。

4. 抢险队

抢险队参加抢护水库、堤、闸工程设施脱离危险的突击性活动，关系到防汛的成败，这项活动既要迅速及时，又要组织严密，指挥统一。

5. 机动抢险队

为了提高抢险效果，在一些主要江河堤段和重点水库工程可建立训练有素、技术熟练、反应迅速、战斗力强的机动抢险队，承担重大险情的紧急抢险任务。

除上述防汛队伍外，要实行军民联防。军队、武警是防汛抢险的突击力量，是取得防汛抗洪胜利的主力军。

（五）防汛抢险的准备工作

防汛工作的成败，首先取决于"防"。因此，要切实做好和落实迎战洪水的思想、组织、工程、物料、通信、交通和防御方案的各项准备，做到有备无患，为取得防汛胜利打下切实可靠的基础。

1. 思想准备

各级领导应充分认识到防汛抢险工作是一项长期的任务，必须年年抓。各级防汛部门要结合每年汛前部署防汛工作，利用多种形式向广大干部群众普遍地、反复地进行防汛安全教育，充分认识到防汛工作必须坚持"以防为主，防重于抢"的方针，要"宁可信其有，不可信其无"，加强组织纪律性，做到严守纪律、听从指挥，局部利益服从全局利益。

2. 组织准备

建立健全各级防汛指挥决策机构、防汛常设机构、防汛抢险技术队伍、防汛抢险后勤保障队伍和防汛抢险决策支持专家队伍等，并进行防汛抢险技术训练（包括专业防汛队伍的技术培训、群防队伍的技术培训和防汛指挥人员的技术培训等）和实战演习。

3. 舆论宣传

利用广播、电视、报纸等多种方式，宣传防汛抗灾的重要意义，总结历年防汛抢险的经验教训，使广大干部和群众，克服麻痹思想和侥幸心理，增强抗洪减灾意识；同时加强法制宣传，使有关防汛工作的法规、办法家喻户晓，防止和抵制一切有碍防汛抢险行为的发生。

4. 技术准备

汛前应在收集、整理和分析历年险情的基础上，对水库、堤、闸等工程进行一次全面普查，摸清工程现状，分析可能出现的险情的型式、程度等；在汛期应采取拉网式巡视检查，及时发现险情，并制定和实施正确的抢险方案。

5. 物料准备

防汛使用的主要物料有砂料、石料、石子、木料、竹材、草袋、麻袋、编织袋、土工织物、篷布、铅丝、绳索、照明器材、运输工具和救生设备等。根据工程特点和下游保护对象等情况，配备充足的物资储备。

（六）非工程性防洪措施

非工程措施是对工程措施而言的，泛指直接利用蓄、泄、分、滞等各类防洪工程以外的可以减少洪灾的损失的其他各种措施。非工程措施防洪策略的基本思想是：根据洪水的自然条件，在一定条件下允许大洪水淹没一部分洪泛区，通过采取涉及洪泛区管理的各种非工程措施，尽可能减少洪灾损失，并逐步达到洪泛区合理的利用。

我国洪水具有峰高、量大或突发性强等特点，要求通过修建防洪工程完全避免稀有的特大洪水灾害，是不现实的，也是不经济的。因此，必须执行工程措施和非工程措施相结合的方针，提高防洪效益，减少洪灾损失。

1. 非工程性防洪措施的内容

非工程措施内容广泛，涉及立法、行政管理、经济和技术措施等各个方面，主要包括以下内容：

（1）对洪泛区土地使用进行限制性管理，调整洪泛区生产结构和经济建设发展方向。

（2）在洪泛区内兴建各种安全避洪设施（安全台、安全楼、临时避水台等），指导洪泛区内已建的公用及民用建筑物和设施进行适应洪水的安全加固改造。

（3）建立洪水监测、预报和警报系统，制定居民应急转移计划和对策。

（4）控制洪泛区人口的增长，特别要禁止洪泛区以外的地方人口迁入。

（5）采取经济有效的善后救济措施，成立救灾组织、筹集救灾款项和物资。

（6）推行洪水保险，设立防洪基金等。

2. 防洪的工程措施与非工程措施的区别

防洪的工程措施和非工程措施两者目标是一致的，也是互相关联和有互补性的，但在具体措施上是不同的，主要区别是：

（1）工程措施着眼于洪水本身，设法利用各种防洪工程控制或约束洪水，改变洪水有害的时空分布状态，使防洪保护区不受淹或少受淹；非工程措施并不改变洪水的存在状态，而是着眼于改变洪泛区的现实和发展状况，使之更能适应洪水的泛滥。

（2）工程措施基本上属于工程技术问题；非工程措施在很大程度上是管理问题，它不仅涉及到技术经济问题，还涉及到行政、法律等多个方面。

（3）工程措施需要修建防洪工程，属于硬环境建设，一般要列入基本建设计划；非工程措施除进行洪泛区安全建设外，还需要建立洪水预报、警报系统和开展各项相关业务活动等，属于软环境建设。

（4）防洪工程的管理维修和调度运行，技术性较强，主要依靠专业部门去完成；非工程措施的政策性较强，关系到全社会各个方面，必须由各级地方政府直接领导或牵头，依靠各有关业务主管部门、社会团体和广大群众共同执行。

（5）工程措施的评价指标一般采用防洪保护区的防御程度来表示，如百年一遇洪水的防御标准等；非工程措施的评价标准一般采用减少洪灾损失的程度或风险程度等指标来表示。

思 考 题

1. 为什么要建立水利水电工程注册登记制度？
2. 简述大坝注册登记的基本程序。
3. 为什么要建立水利水电工程定期安全检查制度？
4. 水库大坝和水电站大坝安全分为哪几个等级，主要评级依据是什么？
5. 简述应急预案的基本内容。
6. 应急反应需要做好哪些准备工作？
7. 简述应急反应的等级及其相应措施。
8. 简述漫顶险情的工程表现和抢护方法。
9. 简述管涌及流土险情的工程表现和抢护方法。
10. 简述散浸险情的工程表现和抢护方法。
11. 简述滑坡险情的工程表现和抢护方法。
12. 简述决口险情的工程表现和抢护方法。
13. 什么是防汛责任制？
14. 什么是非工程性防洪措施？

第十二章 水利信息化

第一节 水利信息化的基本体系

信息化是产业优化升级和实现工业化、现代化的关键举措。水利部按照国家加快国民经济信息化的要求，提出了"以水利信息化带动水利现代化"的发展思路，实施以"金水工程"命名的水利信息化工程，并将"全面加强水利系统电子政务建设，构建与经济社会发展相适应的水利信息化综合体系，初步实现水利信息化"作为水利发展的目标之一。

我国水利信息化建设起步较晚，虽已经取得了一定的进展，但仍存在信息资源不足、信息共享困难、应用基础薄弱、资金投入短缺等一系列问题，在当前洪涝灾害频繁、水资源短缺、水利工程老化、水土流失严重、水污染加剧等严峻形势和世界信息化飞速发展的大趋势下，加快水利信息化建设已变得十分迫切。水利部于2003年完成了《全国水利信息化规划》（又称"金水工程"规划）的编制。本节的主要内容，以《全国水利信息化规划》为基础进行编写。

一、概述

（一）水利信息化的意义

水利信息化建设是一项系统工程，它以现代信息技术中的计算机技术、实时监控技术、通信技术、3S技术、网络技术等先进科技为基础，以提高水利管理与服务水平、促进水利科技进步为目标，以推进水利行政管理和服务电子化、充分开发利用水利信息资源为中心内容，立足应用，着眼发展，务实创新，服务社会，保障水利事业的可持续发展。

实现水利信息化对于促进水利事业乃至国民经济健康、协调、和谐发展具有十分重要的现实意义和长远的历史意义：

（1）水利信息化是提高防治水灾害能力、促进水资源管理水平的重要手段。水利信息系统的建立，能大大提高雨情、水情、工情、旱情和灾情信息采集传输的时效性，提高预测和预报的及时性和准确性，为制定防洪抗灾调度方案、提高决策水平提供科学依据，达到充分发挥水利工程设施效能的作用。

（2）水利信息化是实现治水思路历史性转变的基础技术。水利信息系统的建立，有利于治水思想从单纯的水资源开发、利用和治理转变为更加注重对水资源的配置、节约和保护，从水资源的多家多重管理转变为对水资源的统一配置、统一调度、统一管理。

（3）水利信息化是促进水利协调和谐发展的重要内容。水利信息系统的建立有利于提高水利信息资源的利用水平和共享程度，通过广泛获取和充分利用水利信息系统的资源，政府部门可以用来管理复杂的水利事务，社会公众可以用来行使知情权、使用权和监督权。

（二）水利信息化的指导思想与建设目标

我国水利信息化建设的指导思想是：统一规划，各负其责；平台公用，资源共享；急用先建，务求实效。

（1）统一规划，各负其责。水利信息化建设，尤其是关系全局的基础设施和重点业务建设，要统一规划。充分发挥各级水利行政主管部门的积极性，各负其责，共同推进。

（2）平台公用，资源共享。在统一规划的前提下，充分利用国家公共信息基础设施和已建的水利信息基础设施；全面推进标准化与规范化建设，统一制定水利信息资源管理基础标准与规范，逐步完善管理体制，健全法规体系，以水利信息基础设施为支撑，实现资源共享。

（3）急用先建，务求实效。从业务应用需求的实际出发，区分轻重缓急，急用先建。优先建设信息基础设施，积极营造水利信息化保障环境。加快业务应用建设与管理，提高水利信息系统的安全性和可靠性，促进水利信息化健康发展。

我国水利信息化建设目标是：深入开发水利信息资源，建立健全水利信息网、国家水利数据中心和安全体系，全方位构建水利信息基础设施；健全信息化建设运行管理体制，统一标准规范，加强人才培养，营造水利信息化保障环境；建立完善的国家防汛指挥系统和水土保持监测与管理信息系统，全面启动水资源管理决策支持系统、水质监测与评价信息系统和水利行政资源管理系统建设，全面推进重点业务应用，提高信息资源利用水平，提供全面、快捷、准确的信息服务，增强决策支持能力。

（三）我国水利信息化的实施原则

根据水利信息化建设的指导思想，我国水利信息化建设应遵循以下原则：

1. 确保重点建设

以水利信息资源开发利用为核心，以水利信息网和国家水利数据中心等重点工程建设为突破口，在统一规划的指导下，全面推进水利信息基础设施建设。

2. 强化保障措施

多渠道筹集水利信息化建设资金，切实解决水利信息化建设资金投入不足、分布不合理问题；通过水利信息化标准化建设、安全体系建设、政策法规建设和组织管理体制的创新，打破业务应用建设中的条块分割，消除以地域、专业和部门等为边界的信息孤岛；在满足需求的条件下优先使用国产硬件与软件，稳步推进系统建设、运行维护的外包和托管模式。

3. 充分利用资源

充分利用现有资源，包括国家的公共信息基础设施和相关行业的信息资源，发挥已有水利信息基础设施的作用，加大信息资源的数字化力度，加强信息基础设施的资源整合，促进信息共享，提高水利信息资源开发利用能力和社会服务水平。

4. 重视科学研究

积极研究水利业务应用中的关键信息技术，结合水利业务需要，引进和推广国内外的先进技术，使水利信息化不断有所创新，有所提高，适应技术发展潮流，对关键技术进行深入研究，解决信息化工作中的难题，加快水利事业发展步伐。

5. 建设与管理并重

在重视信息化建设的同时，加强对已建系统的运行管理，通过人才队伍、制度建设等手段充分、持续地发挥其效益。

（四）水利信息化的体系框架

水利信息化体系框架主要由水利信息基础设施、水利业务应用体系和保障环境三部分组成。其中，水利信息基础设施是水利业务应用的支撑平台，是实现水利信息资源共享与利用的基础，是水利信息化综合体系的基石；水利业务应用是指用计算机信息技术来处理各类水利业务，主要包括防汛抗旱、水利行政资源管理、水资源管理决策、水质监测与评价、水土保持监测与管理、水利工程建设与管理、农村水电与电气化管理、水利信息公众服务、水利规划设计管理、水利专业数字图书馆等方面；信息化保障环境主要包括水利信息化标准体系、安全体系、建设及运行管理、政策资金与人才等基本构成要素。水利信息化基本体系框架图，如图 12-1 所示。

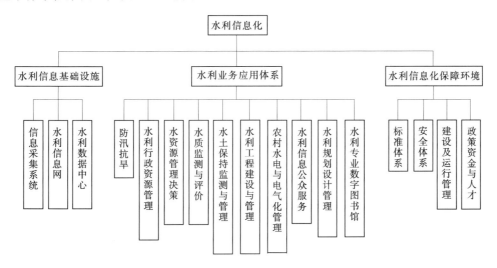

图 12-1 水利信息化基本体系框架图

二、水利信息基础设施体系建设

水利信息化基础设施包括水利信息采集设施、水利信息网和水利数据中心，其中水利信息采集设施是水利信息化的基础，为水利信息化建设提供原始的、基础性的数据；水利数据中心对所获得的水利信息和数据进行整理、汇集和存储，并提供数据访问服务；业务应用由支撑应用和用户应用两部分组成，支撑应用是指公用业务处理逻辑，以公共服务的方式由数据中心统一管理，用户应用完成非公用业务处理和实现应用的系统表示。

（一）水利信息采集系统

1. 信息来源

水利信息一般分为来源于水利行业的内部信息和来源于其他行业的外部信息。内部信息主要是通过工程实际中利用人工或者自动化采集取得的信息，包括历史文献、技术档案、实时或定期监测信息、水利政务信息和各种层次的再生信息等；外部信息主要是来源于其他行业的其他部门并通过国家信息化综合体系获取的信息，包括社会经济统计信息、地理空间基础信息、国土资源信息以及其他与水利业务有关的非水利部门采集的信息。

2. 信息分类

根据应用范围，水利信息分为公用类信息和专用类信息。公用类信息是水利业务的基本资料，可以广泛地为各种业务应用提供服务，如水利政务、水文、水利工程、水利空间背景等；专用信息通常是指某个或某类特定业务应用的信息，如防汛抗旱、水资源、水土保持等。

（1）水利政务信息。主要包括公文文档、水利政策法规、规划计划、水行政执法、水利工程建设管理、农村水利管理、农村电气化管理、水土保持管理、水利科技管理、水利人才管理、财务管理、水利经济管理、水利档案管理、国际交流等。

（2）水文信息。主要包括水文站网基本信息、降水、蒸发、地表水、地下水、泥沙、河道观测、水质、水污染突发事件等。

（3）水利工程信息。主要包括河道、渠道、水库、湖泊、堤防、治河工程、涵闸、蓄滞（行）洪区、圩垸、机电排灌站、灌区、水利枢纽、水保工程、农村水电、水利移民管理等。

（4）水利空间背景信息。主要包括地形地貌、地质地震、土壤植被、土地利用、河流、行政区划、人口分布、社会经济、道路、空间量测信息、遥感信息等。

（5）防汛抗旱信息。主要包括实时雨水情、实时工情、险工险点、旱情、灾情、防汛物资、防汛预案、历史大洪水、雨水情预报等。

（6）水资源信息。主要包括水资源分区、水功能区划、地表水量、地下水量、固体水量、水资源需求、供用耗排、节约用水、污水处理与再利用、工程供水能力、水能资源、水资源中长期规划和水资源调查评价等。

（7）水土保持信息。主要包括水土保持监测站网基本状况、水土流失（类型、强度）分布、水土流失相关因子、水土保持治理效果监测、生态需水情况等。

3. 信息采集方式

按使用频度和对时效性的要求，水利信息采集可分为实时采集、定期采集和不定期采集三类；按采集手段，水利信息分成人工采集、自动化采集两类。

通过对现有的信息采集系统的完善与整合，并加强采集系统的现代化建设，最终达到提高采集时效、增强采集能力、丰富采集内容、提高整个采集系统整体利用率，实现水利信息采集系统的现代化建设。

在建设现代化采集系统时，首先应依托各项业务建设专项规划，对现有采集系统进行统一部署、统一规划，完善并使其充分发挥作用，初步满足业务应用的需要；其次应通过对采集系统的持续建设，建成体系完整、内容齐全、时效性与业务应用需求相适应的综合信息采集系统；此外还应特别注重现代化技术的使用，引进和吸收信息采集新技术、新方法，在水利行业大力推广遥感、遥测、全球定位和其他实时自动采集传输等高新技术，逐步形成从微观到宏观多层次协同作业、功能全面、结构完备的现代化采集系统。

分布在空间上的离散信息采集建设重点在地方和部分流域机构，宏观的、面上的信息采集建设重点在中央、流域和有条件的省；跨行业和行业内部的信息交换在中央、流域和省（自治区、直辖市）等各级信息汇集节点均可能发生，需通过必要的管理措施保持这些信息的一致性和有效性。

（二）水利信息网

《全国水利信息化规划》明确指出：水利信息网是为防汛抗旱、政务、水资源管理、水质监测、水土保持、水电及其电气化等各种水利应用提供服务的统一传输平台，是最重要的水利信息化基础措施之一。

1. 网络构成

水利信息网是一个覆盖全国水利系统的综合业务网络，由骨干网、流域省区网、地区网、城域网、部门网和接入网构成。

骨干网为水利部机关与 7 个流域机构、31 个省（自治区、直辖市）水利（务）厅（局）之间的宽带互联网络；流域网（省网、区网）为各流域和省（自治区、直辖市）与所辖的地（市）级水利（务）部门、水利工程管理单位、大型水库之间以及流域和省（自治区、直辖市）之间的互联网络；地区网为地（市）级水利（务）部门所辖的县级水利（务）部门、水利工程管理单位、中（小）型水库之间以及与地（市）级水利（务）部门之间的互联网络；城域网为同一城市异地办公的水利行政业务部门之间的互联网；部门网为各级水行政主管及业务部门的内部局域网；接入网为各数据采集点与各级数据汇集中心之间的通信网络。

2. 水利信息网建设

水利信息网建设主要包括：将各地水利部门的信息资料数据库用专用网络组建起来，实现水利信息的共享；依托国家防汛指挥系统工程，充分建立完善的水利信息网络专用网，实现上达中央、下至地区分中心的多级信息传输网，实现信息采集节点到各级信息汇集节点之间的互联互通；并随着业务需求的发展和信息采集设施的完善，扩充网络覆盖面和传输能力以适应大容量高速率的信息传输要求。

随着技术的进步，不断扩充网络的覆盖面，优化网络结构，提升网络的传输能力、可靠性和安全性，建立健全连接中央、流域和省（自治区、直辖市）统一管理的水利信息宽带骨干网，并配置相应的网络管理设施，对其进行管理。实现流域和下属机构、省（自治区、直辖市）和地（市）的流域省区的信息共享，使其能全面满足各级各类水利信息的传输需求。

（三）水利数据中心

水利数据中心在水利信息汇集、存储、处理和服务的过程中发挥核心作用，是构成完整基础设施体系的重要部分。通过水利数据中心建设，实现信息资源的共享和优化配置，满足业务应用多层次、多目标的综合信息服务需求；同时提高了数据精度，能够精确满足规划、设计和管理等多层次的业务应用需求，为水利业务应用和决策提供全面支撑。

1. 水利数据中心的任务

水利数据中心的任务是：实现信息资源整合、综合利用水利信息资源、改造传统工作模式、降低业务成本、规范基础信息、有效实现信息共享、提高工作效率。其具体内容为：

（1）负责水利系统基础性、全局性的专业数据库的建设、运行和管理。

（2）建立、维护、管理水利信息目录体系、数据交换指标体系；监督和协调数据交换和信息交换，形成完整的水利信息共享体制。

（3）托管应用系统及其专业数据库。

（4）为水利系统内、外用户提供水利信息共享服务。

2. 水利数据中心建设内容

水利数据库中心建设内容包括建设数据库信息资源体系、软硬件体系建设、安全体系建设以及备份体系建设四大体系。

（1）建设数据库信息资源体系。它是指建设基础性、全局性的国家水文数据库、水利空间数据库、水利工程数据库以及行政管理基本信息库。

同步建设相关的专业数据库，例如，水资源数据库、水质数据库、水利数字图书馆等。为了合理的利用水利资源，从经济的角度把握，将大部分专业数据库连同其应用系统可托管在水利数据中心内。对少数分散的数据库，以水利数据中心为枢纽建立水利信息共享体制。

建立相应的应用服务平台，如建立水利信息目录系统和数据检索系统。水利信息目录系统是水利信息共享的基础，它包括以各专业数据库为主体的交换信息目录。数据检索系统是给公众用户提供信息检索，实现信息共享机制。

（2）软硬件体系建设。它是指建设高端配置的数据中心计算机体系。它包括建立完善的独立的数据中心计算机体系系统，以保证实体（各种设备）的正常运行和安全可靠；建设以 SAN 架构为基础数据存储、交换、服务系统。存储区域网络（SAN）架构是当代大型数据中心普遍采用的先进技术，具有很高的可用性和可靠性。

（3）安全体系的建设。它是指不断完善数据中心的安全体系。网络安全和通信安全应纳入水利部公共网络平台的建设计划中，包括建立具有自主知识产权的防火墙；规划建立VPN 和 VLAN，实行访问控制；建立入侵检测、漏洞扫描等监测系统。在加强主机安全方面，除了建设备份中心外，还要充分重视主机操作系统和数据库管理系统的安全性，要建立从单机防病毒到网络防病毒的完整体系。

以数据安全为重点，建立安全认证体系。数据中心主要在面向内部用户的普通网上运行，面对形形色色的用户（包括透过网络安全控制进入普通网的公众用户），数据安全成为极大问题。因此，必须建立以 PKI（公共密钥系统）为基础的安全认证服务系统，实施用户注册、授权和认证等管理功能。认证中心（CA）负责生产、管理、储存、分发和废止用户的数字证书。

建立严格的安全管理制度。在数据中心各层次的安全技术实施过程中，必须同时贯彻安全管理，建立严格的安全管理制度。

（4）备份体系的建设。随着现代科技的发展，各种偶然的情况的存在，所以为了保证数据的完整和安全必需建立完善备份体系，备份中心包括本地同步备份和异地容灾备份。本地同步备份是指在数据中心内有一个相对独立的机房来运行备份数据存储区，其工作和数据存储在线同步。备份机房和主机房之间要有足够的距离。异地容灾备份保证在天灾等不可预见的情况下，即使数据中心和本地备份中心发生了故障，但数据仍在异地得到保护。

3. 水利信息数据库

水利信息通过汇集后，存储在各级节点上形成水利信息数据库。因此，水利信息数据库是水利信息存储的重要设施，是信息标准化的重要技术措施，是信息汇集为信息资源的核心环节，是信息资源整合与同化的基础。

水利信息数据库分为公用数据库和专用数据库两类。

（1）公用数据库。公用类数据库主要包括水文数据库、水利工程数据库、社会经济数据库、水利空间背景数据库、水利技术标准数据库、水利行政资源基本数据库、水利专业数字图书馆等。

1）水文数据库。经过整编的水文观测资料、水质观测资料和地下水观测资料，例如：降水、蒸发、水位（潮位）、流量；水质实验室管理信息，大气降水、地表水常规监测数据，排污口数据，污染源数据，供水水源地水质数据等；地下水水位、开采量、水温、水质等。

2）水利工程数据库。已建与在建工程的基本信息，例如：工程代码、名称、地理位置、设计指标等。

3）社会经济数据库。政府部门统计发布的社会经济信息，例如：人口、城市化水平、工农业生产总值、耕地等。

4）水利空间背景数据库。行政区划、居民点、交通、地形、地质、地震、植被、土地利用等国家基础空间数据和河流、水库、堤防等水利空间分布数据以及遥感信息。

5）水利技术标准数据库。水利技术标准体系、各类分体系、已经颁布的各类水利技术标准、相关国际国家和其他行业标准。

6）水利行政资源基本数据库。政策法规、行政条例、日常办公与行政管理过程中形成的各种信息。

7）水利专业数字图书馆。各类图书、期刊和文献资料等。

（2）专用类数据库。专用类数据库主要包括水资源数据库、防汛抗旱数据库、水土保持数据库、水利工程管理数据库、农村水电及电气化管理数据库、水利规划设计管理数据库、水利经济管理数据库、人才管理数据库以及水利科技管理数据库等。

1）水资源数据库。水资源状况、需水、调水、供水、取水、用水、节水、规划与分区等信息。

2）防汛抗旱数据库。气象、雨情、水情、工情、旱情、灾情、防洪调度等。

3）水土保持数据库。水土流失的水力、风力、冻融、重力侵蚀类型、侵蚀强度、潜在危险程度、沙化、石化等信息。

4）水利工程管理数据库。已建工程运行管理和在建工程的施工管理信息，包括：①已建工程信息，如工程原始或扩能改造设计建设档案、工程运行情况、工程除险加固、工程安全鉴定、水库大坝注册等；②在建工程信息，如工程建设项目管理、工程建设咨询、工程招投标、工程建设造价、工程进度、工程监管、工程质量、工程建设设备供应、工程建设材料供应、工程建设合同、工程设计与建设档案、相关配套设施、建设移民、水利工程重大技术问题和工程的验收与鉴定等；③农田水利管理信息，如灌溉水源、灌溉设施、田块平整条件、种植结构、土壤类型与质地、土壤墒情、土壤养分、耕地资源、农牧业节水以及人畜饮水等信息；④水土保持工程信息，如水土保持工程项目的分布、进展、治理成效的评价，以及项目管理、验收等信息；⑤水利移民信息，如环境容量、安置模式、安置人口、补偿补助费等信息。

5）农村水电及电气化管理数据库。农村水电、农村电网、电气化县的各类信息。

6）水利规划设计管理数据库：水利规划与执行管理、规划设计依据、规划设计过程与质量控制、规划成果等信息。

7）水利经济管理数据库。水利事业或企业主业与多种经营情况。

8）人才管理数据库。人才基本情况、劳资情况、执业资格认证、职务职称管理、安全生产等信息。

9）水利科技管理数据库。科研资源、科研项目管理、科研成果、科研动态等信息。

三、水利信息化业务应用体系建设

根据水利业务应用特点，水利行业业务应用主要包括防汛抗旱、水利行政资源管理、水资源管理决策、水质监测与评价、水土保持监测与管理、水利工程建设管理、农村水电及电气化管理、水利信息公众服务、水利规划设计管理和水利专业数字图书馆等。

（一）防汛抗旱

防汛抗旱业务应用建设的总目标：在水利信息基础设施的支撑下，通过系统建设，为各级防汛抗旱部门及时地提供各类防汛抗旱信息，较准确地做出降水、水情和旱情的预测预报，为防汛抗旱调度决策和指挥抢险救灾提供有力的技术支持和科学依据。

建立国家防汛抗旱指挥系统是防汛抗旱业务系统的重点。它根据防汛抗旱工作的需求，以水、雨、工、旱、灾情信息采集系统和雷达测雨系统为基础，以通信系统为保障，以计算机网络系统为依托，以决策支持系统为核心，为中央、流域机构、省（自治区、直辖市）和地（市）级防汛抗旱决策提供支持。

国家防汛抗旱指挥系统包括综合数据库系统、信息接收处理系统、气象产品应用系统、洪水预报系统、防洪调度系统、灾情评估系统、信息服务系统、汛情监视系统、会商系统、防汛抗旱管理系统等主要内容。利用该系统，能及时完成各类防汛抗旱信息的收集、处理和存储管理，并以数字、图、文、音像等方式，快速灵活地提供雨、水、工情和灾情的实时数据以及历史背景资料，通过对有关资料的深层挖掘和信息服务，大大提高各级防汛抗旱部门决策的科学性和工作效率、质量以及效益。例如，提高水文预报的精度，延长水文预报的预见期；改善防洪调度手段，提高模拟分析能力；加强调度的科学性，快速、科学地对灾情进行分析、统计和评估；提高防汛抗旱管理工作的现代化水平等。

（二）水利行政资源管理

水利行政资源管理业务应用建设的目标：通过综合办公、水利规划计划管理、财务管理、人事人才管理和科技外事管理等业务信息系统建设，提高业务管理效率和服务水平。

水利行政资源管理主要包括综合办公、水利规划计划管理、财务管理、人事人才管理和科技外事管理等业务应用。水利行政资源业务应用系统框架如图12-2所示。

1. 综合办公系统

综合办公系统是指水利系统各级各类部门的日常办公自动化系统。综合办公系统依托水利行业已启动的办公自动化系统，以服务工程、服务经济、服务管理、服务职工为指导思想，采用国内外先进的信息技术和科技成果，实现行业内各部门间互联互通，改善协同工作环境，提供信息查询和共享，实现办公自动化，为生产科研、行政管理、领导决策提供支持信息。

2. 水利规划计划管理系统

按照水利规划计划的管理模式，实现各级水利规划计划部门业务的计算机管理。

通过制定全面合理、科学系统的指标体系，有机地在各种信息间建立其内在的联系，对水利规划计划的编制提供有力支撑，从而使得规划计划的编制更加科学合理，提高规划计划对水利事业的指导作用。

3. 财务管理信息系统

构建全国水利行业各级财务管理信息系统，保障部门预算和财政国库制度改革的顺利实施。加快核算速度、规范核算质量、及时汇总报表；强化监管、提高资金使用效率，提升财务系统管理水平，实现水利系统财务信息管理数字化和网络化。

4. 人事人才管理信息系统

遵循国家标准，高起点、高要求建立水利系统人事信息基础数据库，建成以水利部机关人事教育司为中心，覆盖全国水利系统各单位人事部门的多层次、开放式、智能型人事信息管理系统。实现日常人事管理工作的数字化，数据分层次、分单位、分部门、分块维护更新，集中与分散存放相结合，供各级人事部门和相关职能部门使用，高效率、高质量地为各级人事部门和各级领导日常办公、宏观调控及科学决策提供支持。

5. 科技外事管理信息系统

科技外事管理信息系统以事务管理为核心，管理科技外事办公的各种信息，主要解决水利系统科技外事办公业务中各种信息的计算机处理，完成信息采集、加工、上报、检索打印等功能，涵盖水利系统科技管理、国际科技及经济技术合作和交流业务中的各项工作。

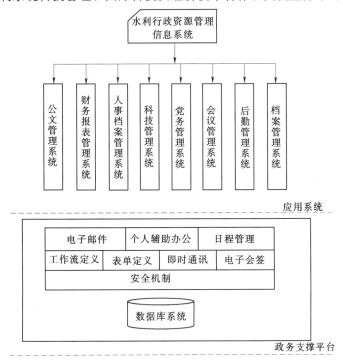

图 12-2　水利行政资源业务应用系统框架图

（三）水资源管理决策

水资源管理决策业务应用建设的目标是：以基础信息资源开发为基础，以计算机网络系统为依托，以政策法规与安全体系为保障，建成一个覆盖全国范围、提供多层次服务的水资源管理决策支持系统。水资源管理决策支持系统结构，如图 12-3 所示。

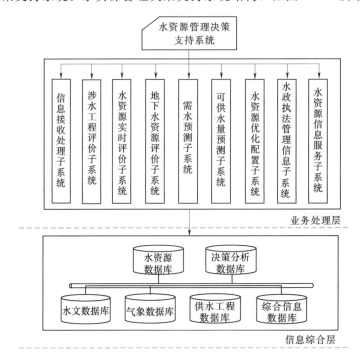

图 12-3 水资源管理决策支持系统结构图

建设内容主要包括：水资源管理信息系统和水资源管理决策支持系统两大部分。水资源管理信息系统对来自各方面涉及水资源管理的信息进行接收、归类、编号、保存、加工和分析，并随时为各应用系统调用；水资源管理决策支持系统包括水资源评价、水资源综合规划、取水许可管理、水资源配置、水环境影响与保护、水域功能区与排污总量管理、排污口管理和水资源管理保障等。

（四）水质监测与评价

水质监测与评价业务应用建设的目标：通过固定、移动、自动多种方式相结合的水质信息采集手段定期监测常规信息、快速监测突发性水污染信息，提供水质信息服务和水质趋势预测，及时进行水质预警预报，确定主要污染源，提供应对措施预案并进行评估。

水质监测与评价包括信息采集系统、信息管理系统和水质评价信息系统等。

（1）信息采集系统。由常规监测信息采集、实验室信息管理系统、移动实验室、水质自动监测站组成。主要内容包括在流域和省（自治区、直辖市）各水环境监测中心建立实验室信息管理系统，水质自动监测站信息采集和数据传输系统，建立以卫星传输方式为主的移动实验室信息采集和传输系统，形成固定、移动、自动多种方式相结合的信息采集网络。

（2）信息管理系统。包括实验室信息管理、水质信息数据库管理和信息处理与发布等。水利部水质监测中心、流域和省（自治区、直辖市）水质监测中心和各地（市）水质监测分中心结合公众信息服务系统，向各级水行政主管部门及社会提供水质监测信息。

（3）水质评价信息系统。其建设满足各级水行政主管部门及社会公众对水质信息的需要；提高对突发、恶性水质污染事故的预警预报及快速反应能力，判断发展趋势及成因分析；对决策支持及常规管理提供信息支持；为管理部门提供多方位、多侧面的准确、快捷的信息服务，提高各级部门的工作效率和标准化水平。

（五）水土保持监测与管理

水土保持监测与管理业务应用的建设目标：以地理信息系统（GIS）、遥感（RS）和全球定位系统（GPS）等技术（以下简称3S技术）为手段，对流域及各行政区域的水土流失现状进行多时相动态监测，对水土保持信息进行管理，对水土流失情况和水土保持效益进行评价。建立相应的数学模型，为水土保持区域治理和小流域治理的工程设计、经济评价和效益分析服务，提高水土保持监测、设计、管理和决策的水平。

水土保持监测与管理包括水土保持信息采集，水土保持监测信息处理，水土保持规划设计支持，水土保持工程管理决策支持，水土保持监督执法，水土保持效益评价，滑坡、泥石流预警决策和水土保持综合信息管理等方面。水土保持监测网络结构如图 12-4 所示。

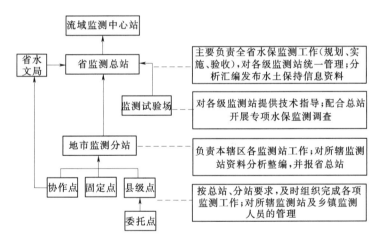

图 12-4 水土保持监测网络结构图

（六）水利工程建设与管理

水利工程建设与管理业务应用建设的目标是：收集和整理各类水利工程设施及移民安置的基础资料、历史沿革、现状情况，存储和管理在建水利工程的设计方案、技术规范、移民方案以及进度控制、质量管理、招标活动、技术专家库，建设与管理的政策法规，建设、施工、监理、咨询等水利工程建设市场主体的资质资格等动态信息，提高水利基本建设、运行维护和移民安置的管理水平和规范化程度。

水利工程建设与管理包括水利工程建设管理、水利工程运行管理和水利移民管理。

（1）水利工程建设管理。主要包括政策法规管理、项目管理、评标专家管理、招投标管理、水利建设公告管理、资质管理、市场监督管理、质量管理和概预算与财务管理等。

（2）水利工程运行管理。主要包括河道、渠道、水库、湖泊、堤防、治河工程、涵闸、蓄滞（行）洪区、圩垸、机电排灌站、灌区、水利枢纽、水保工程、农村水电和水利移民等方面的管理。

（3）水利移民管理。主要包括移民政务管理、移民户管理、移民来信来访管理、新建工程移民管理和移民工程建设管理等。

（七）农村水电及电气化管理

农村水电及电气化管理业务应用建设的目标是：收集整理已建、在建和待建水电站的基本信息以及农村电气化县的自然地理和社会经济信息，建立水电资源需求预测、分析、模拟优化等数学模型，逐步建成覆盖全国 31 个省（自治区、直辖市）、四级水电及电气化管理机构的农村水电及电气化管理信息系统，为编制水电资源中长期供求计划、合理配置、流域或区域水电资源开发利用规划以及水电资源的宏观管理决策服务，提高农村水电及电气化的决策管理水平。

（八）水利信息公众服务

水利信息公众服务业务应用建设目标是：通过各级水行政主管部门政府门户网站的建设，提供公共信息服务、开展网上审批、接受社会监督，提高水行政主管部门办公效率和透明度，促进廉政建设，加快水利政务持续健康发展。主要包括：

（1）网上申报。对水利审批中的一般性事项进行网上申报。

（2）水利发展概况。向社会宣传水利建设成就、现状及发展方向。

（3）水利机构与职能。介绍本地区水利机构的设置、主要职能，以便于社会参与和工作的展开。

（4）水利新闻。报道与水利相关的事件，如水利工程建设信息，水情、灾情信息，水资源的调度信息等。增进公众对本地区水行政主管部门的了解，以获得及时的信息。

（5）水利科技。发布与科技相关的信息，如水利科技中长期发展规划，重大项目的科技攻关信息，水利技术的推广应用信息，科技成果的评审、鉴定和奖励信息，水利科技统计信息等。

（6）水利工程。刊载水利工程方面的信息，包括水利建设规划信息，项目建设概预算信息，重点水利水电工程的建设、管理信息等。

（7）水情、雨情简报。水情、雨情简报主要报道本地区的水情、雨情情况，以便水行政主管部门及广大群众及早的做出防备措施。

（8）工情、灾情简报。对本地区的工情、灾情信息做出报道，以利于水行政主管部门和政府采取相应的措施，减少损失。

（9）政策法规。报道与水利相关的政策法规，如水法、水土保持法、防洪法、水资源管理，保护和节约用水等方面的政策法规。

（10）公告信息。发布与本地区相关的信息，如人才招聘、工程招标信息等，以增加工作的透明度，加强水利系统各级政府的廉政建设。

（九）水利规划设计管理

水利规划设计管理业务应用建设目标是：建立勘测、规划、设计等前期工作所需的水文、地质、工程和社会经济等基础资料的信息管理系统，为水利规划设计提供服务。主要包括水利水电工程仿真子系统和计算机辅助设计支持子系统。

（1）水利水电工程仿真子系统。它支持水资源综合利用规划、水电工程项目的规划设计、大型调水工程、防洪减灾和工程运行管理等业务应用，进行技术方案的综合研究与比选。

（2）计算机辅助设计支持子系统。它引进或开发一系列较完整的，具有国际先进水平的专业设计软件，建立完整的覆盖规划设计全程的方案比较、工程设计、分析计算和图档审签集成系统。集成方案设计软件、造型渲染软件、通用计算机辅助设计软件、通用计算机辅助教育软件、各专业设计软件、图素参数引用软件、图档引用与审签软件、规程规范全文检索软件与工程参考文献全文检索软件为一体的设计系统，将专业软件和计算机辅助设计平台有机结合，以设计流程管理中资料互提、网上校审为基础，形成信息有序传递的集工程规划、方案设计、施工图设计为一体的设计环境。

（十）水利专业数字图书馆

水利专业数字图书馆建设目标是：应用现代信息技术，对水利文献信息资源进行联合编目，按统一标准进行数字化加工，逐步形成能够在网络上实现远程查询、异地阅览的水利文献信息服务系统，最终建成能够进行网上浏览、网上下载的水利专业数字图书馆，并作为国家数字图书馆的组成部分。

水利专业数字图书馆主要包括文献资源数据库、数字化图书馆管理系统、文献资料光盘检索系统和多媒体点播系统。

（1）文献资源数据库。它的建设要遵循需求与市场实际相结合、文献信息集中与分布存储相结合、实现资源共享原则，兼顾数据一致性和标准性等原则，充分利用已有成果，分步实施，对水利系统所需的科技图书、期刊等文献进行联合编目、统一采购，按统一标准进行数字化加工、标引，建立统一标准和规范的水利文献信息资源数据库。

（2）数字化图书馆管理系统。建设数字化图书馆管理系统，实现各专业数据库连接和维护的自动化。

（3）文献资料光盘检索系统。提供在网上高速的存取服务，提供对文献资料光盘制作、光盘共享系统的实现、光盘共享系统的检索等功能。

（4）多媒体点播系统。为数字图书馆设计专用的多媒体点播系统，提供多种方式的下载和欣赏图书馆提供的各种音频、视频多媒体资料。

四、水利信息化保障环境体系建设

水利信息化保障环境包括水利信息化标准体系、安全体系、建设及运行管理、政策法规、运行维护资金和人才队伍等要素。保障环境是水利信息化综合体系的有机组成部分，是水利信息化得以顺利进行的基本支撑。

保障环境建设的任务包括制定标准、确保安全、理顺关系和培养人才等。

1. 制定标准

水利信息化是一项覆盖全国的系统工程，应结合信息化建设的长期与近期目标，全面规划、统一标准，推进我国的水利信息化建设。各省级水利部门应在《全国水利信息化规划》的宏观指引下，充分利用现有资源，制定出各省、地的信息化实施标准及细则，在拟定细则的过程中，要根据实际工作需要，采用统一的技术标准和规范，为网络化和资源共享打基础，要坚决杜绝低水平开发和重复建设。同时，应加强对水利信息化基础设施、网络的维护和管理，各省、地要建立独立的水利信息化专项机构，实行信息化专人负责制，以确保水利信息化工程的正常运行。完善水利信息化标准体系，制定水利信息分类、采集、存储、处理、交换和服务等一系列标准与规范，实现以信息共享为核心，为信息基础设施和业务应用建设的规划、设计与实施提供保障。

2. 确保安全

结合信息基础设施建设，配置安全基础设施，制定安全规章和策略，健全安全管理机制，逐步形成水利信息安全体系。

3. 理顺关系

根据国家政策，结合水利信息化实际要求，不断完善各类水利信息化政策措施，逐步理顺水利信息化多层次、多角度的相互关系，保障资金投入，建立健全信息化建设与运行管理体系、规章和措施；积极调整与信息化建设不相适应的管理体制，通过信息化建设促进业务流程重组和体制创新。水利信息化工程科技含量高，资金投入大，要解决信息化建设的资金投入问题，可以实行分项建设、分级负担的投资模式。

4. 培养人才

根据水利信息化需要，做出人才需求分析与人才队伍建设规划，制定人才政策，采用走出去、请进来等方式，举办多种多样的培训班，培训技术人才，形成与水利信息化进程相适应的人才队伍。

第二节　三防指挥信息化系统

三防指挥系统（防汛、防风、防旱）是水利信息化的骨干工程，其采集的信息资源、建立的数据库系统、形成的计算机骨干网络以及开发的决策支持应用系统将为水利行业其他专业系统建设奠定基础。其涉及水利信息自动化测试技术、通信技术、网络技术、计算机技术及水动力学、水文预报、3S 技术及非线性模型技术等众多学科知识，是现代科学技术在水利行业中的集中体现。

一、系统总体结构与功能

三防指挥系统是运用现代通信、计算机网络、软件技术，由信息采集、信息传输、信息处理三个环节形成的综合信息系统构成。该系统又分为四个子系统，即信息采集系统、通信系统、计算机网络系统、决策支持系统。它们之间关系是一个分布式的多层次的结构体系，总体结构与三防组织体系的层次相一致，分省（自治区、直辖市）、市、县（区）三级（见图 12-5）。

三防指挥系统为辖区内的三防工作提供先进的支持平台、坚实而又快捷的信息支撑，实现三防指挥调度方案生成、制定、实施、评估、归档等各个环节的自动化、智能化。该系统总体功能如下。

1. 信息采集系统功能

通过省（自治区、直辖市）三防指挥系统建立的水情分中心水情信息采集系统和工情、旱情、灾情信息采集系统，采集、录入、处理、传送、入库，以满足三防指挥中心对

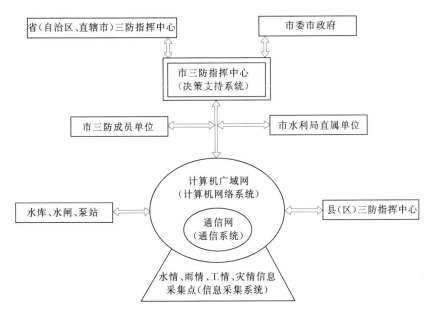

图 12-5 市级三防指挥系统总体结构

水情、工情、旱情、灾情信息的需求。

2. 通信系统、计算机网络系统功能

通信系统提供了三防指挥中心与下属单位之间的广域连接以及水情、雨情、工情、旱情、灾情信息的自动传输；计算机网络系统为三防指挥中心提供了网络交换机、数据库服务器、应用服务器、数据存储备份，为决策支持系统提供了网络传输平台、数据库平台、应用服务平台；通信和网络系统整合后实时传输水雨情信息，会商室和视频会议系统为三防会商决策提供了功能齐全、设备先进的会商硬件环境。

3. 决策支持系统功能

市级三防指挥中心任务是防灾、抗灾、救灾和减灾，决策支持系统的所有功能都是围绕这一主题而展开的。具体功能如下：

（1）通过综合数据库和信息接收处理等功能，快速、灵活地以各种方式（如图、文、声、像）全面接收、处理、存储和转发各类三防信息，并提供相应的信息服务，为省级三防决策支持提供信息保障。

（2）利用移动通信技术实现移动用户对流域重点防洪干流和重要水利工程设施的水情、雨情、工情、旱情、灾情数据的查询，该功能可为三防工作人员在野外巡堤、查勘险情等现场工作提供支持，此外也可以实现防汛工程险情信息的现场报送功能。

（3）提供流域干流或重点防洪区的实时汛情查询功能，实现汛情的动态跟踪和汛情发展态势自动显示，并辅助三防值班人员和决策者及时掌握各种汛情分析数据，系统同时设计有预警功能。

（4）提供功能齐全的会商软硬件环境，实现会商信息的管理和记录；辅助三防决策人员进行各种三防信息查询、分析和统计，及时取得洪水预报成果，并进行对比分析。

（5）应用先进的洪水预报模型分析流域重点防洪区、段、点洪水情势确定特定条件下的洪水预报方法，提高预报精度和预见性，增长预见期，为防洪减灾争取时间。

（6）根据防洪预报和预定的调度规则，在工程出现险情时迅速制定多种防洪调度和抢险方案。同时在台风暴潮来临前，密切监视台风动态变化及趋势，争取时间，布置减灾方案，力争将灾害降低到最低水平。

（7）通过GIS地理信息分析技术进行灾情定量分析和仿真，对减灾措施的效果进行分析和评估，并与历史灾情、洪情进行比较，总结经验，指导防灾、减灾、救灾工作。

（8）为三防业务部门提供日常事务的辅助管理功能，包括三防责任管理、三防文档管理、汛前管理、汛期管理、汛后管理、三防物资管理、工程项目管理等。通过对预案的工程措施进行模拟，确定需要兴建、改建或扩建的三防水利工程项目，规划工程规模及优先顺序，为指导相关部门进行工程建设规划提供科学依据。

二、信息采集与通信系统

（一）水情信息实时采集系统

洪水预报需要的水文数据主要有降雨、蒸发、水位、流量等，为尽快作出预报和指导防洪工作，必须及时准确地观测这些资料并迅速传送到预报中心。为此进行的水文气象资料的观测、传输、接收和处理等一整套工作，称为水情信息（或水文数据）实时采集。用于洪水作业预报的水文数据，其采集方式通常有人工电报方式和遥测方式。

1. 人工电报采集系统

利用人工电报采集系统这是一种传统的方法。它以人工方式用雨量筒、自记雨量计、水尺、自记水位计和测流设施进行水文要素观测，并将测得的信息经过电报、电话或专用电台等常用的通信设备传输给预报中心，供预报应用。

2. 自动遥测采集系统

遥测系统是指由遥测站、中继站和中心站（接收站）组成的水文资料自动采集系统。根据遥测站至接收站间信息传输的方式不同，可分为中长波通信、短波通信、超短波通信、微波通信、卫星通信等采集系统。从水文信息特点和经济、可靠等要求考虑，中小流域多使用超短波水文遥测系统，特别大的流域应用卫星数据采集传输系统则比较适宜。

（1）超短波水文遥测采集系统。如用电报、电话传输系统，则中转环节多、传播时间长、差错率高，尤其遇特大暴雨洪水时，发生倒杆断线使通信中断。而采用超短波通信组网方式，具有覆盖范围广、信道稳定、技术成熟、设备简单、性能可靠、功耗低、配套设备已批量生产、系统投资少、建设周期短、易于实现等特点。同时，运行管理方便，建成后不必付通信费用。

1）遥测站。遥测站由水位和雨量等传感器、编码器、传输控制器、调制解调器、发送接收器、电源、避雷装置等组成。

a. 遥测站装置。

（a）传感器由敏感元件、传感元件和测量电路组成。通过敏感元件来感受被测量的水文要素，带动传感元件，使量测值变为量测信号，如变化的电流、电压等，供编码、调制后发射。

水位传感器一般都是浮子式的，称为浮子式水位计，分辨率为±1cm；雨量传感器一般是翻斗式的，即翻斗式雨量计，分辨率为0.2mm。发给中心站的雨量是累积数，时段雨量由中心计算机处理。

（b）编码包括信源编码和信道编码。信源编码的功能是：在一定保真条件下，将水文要素量测信号转换成数字信号；信道编码器的功能是提高传输可靠性，将数字信号加工处理成一定规则的编码，以达到能自动发现和纠正传输中发生的错误。

信道包括传输电信号的媒质和通信设备。在传输过程中，信道对数字信号有两方面的影响，即信道本身传输特性的影响和外界干扰的影响。信道特性包括振幅—频率特性、相位—频率特性、频率漂移等。外界干扰包括雷电干扰、无线电干扰、工业干扰等。

（c）传输控制器对数据传输进行控制。

（d）调制解调器编码器输出的数字信号，一般不适合在信道中直接传输，必须通过调制器对一载波振荡进行某种调制，然后用已调载波传输信息。

b. 遥感系统的工作方式

遥测系统的工作方式有自报式、查询—应答式和混合式三种。

（a）自报式遥测站。按照规定的时间间隔或在被测的水文要素发生一个规定的增量时，自动向中心站发送数据，中心站的数据接收设备始终处于工作状态，时刻准备接收遥测站随时发来的数据。这种系统信道简单，设备简化，成本低。

（b）查询—应答式遥测站。由中心站主动发出指令，定时或随时呼叫遥测站，遥测站响应中心站的查询指令，实时采集水文数据发给中心站。这种测站人工控制性能好，可随时选测和掌握水情变化。除传输数据外，还可兼顾通话功能。测站是逐个回答中心站查询，数据不会发生碰撞，传输码元可长可短，可用抗干扰编码进行检错、记错和反馈重发等差错控制方式。

（c）混合式遥测站。由自报式遥测站和查询—应答式遥测站混合组成，它兼有二者的主要优点和功能，同时还有人工置数装置和参数显示窗口，管理人员可把测量到的其他水文信息，如流量、流速、含沙量等，连同实时时间置人终端机，发往中心站和存入计算机。参数显示窗口，使管理人员在室内便可知道实时的水位值等。

2）中继站。中继站处于遥测站与中心站之间，用于转发中心站的遥控指令和遥测站的信号。它的作用是把那些路径损耗太大，或受地形影响而难以沟通的信号，经过它的接力而畅通。中继站兼有测站时，它除了完成测站的工作外，还要收集它所属的测站数据，按规定的格式发给中心站或另一个中继站。

3）中心站。中心站是水文自动测报系统的总控制中心，负责实时数据收集、处理及发布洪水预报。主要设备除收发装置外，就是一台计算机，以进行数据处理、存储、检索、显示水文作业预报和水库调度等。

a. 接收装置的作用是把由天线接收的从遥测站发来的已调载波信号，通过解调器、解码器复原成水文要素量，供给计算机对数据进行处理。其中的解调器是把接收到的已调载波信号反演成数字信号，解码器又将数字信号反变换为观测的水文要素量，即计算机可以识别的数据。

b. 数据处理系统数据处理由计算机完成。计算机中存储有遥测系统一系列处理程序，收到遥测站的数据后，自动进行合理性检测，加工整理成数据文件，并通过预报模型计算，分析即将出现的洪水过程，显示、打印和发布预报。

（2）卫星数据采集与传输系统。卫星数据采集和传输系统实质上是由卫星代替超短波水文遥测系统中的地面中继站来实现远距离通信，因为超短波，包括微波，只能靠直射波在视线距离内传播，要进行远距离通信，只得建立若干中继站，以接力方式传输信息。但随着中继站数目的增多，除大大增加通信设备费用外，还会使传输质量明显下降。如果将中继站的通信设备移到卫星上去，就相当于把中继站的天线极大地升高，增加视线距离的范围。因而，可以经过卫星中继进行远距离通信亦即利用卫星做中继站。

现在采集和传输水文资料的卫星主要是气象卫星，它已形成全球性的气象卫星观测网，对水文和气象资料进行统一收集、传输与处理，因此，有时也称它为水文气象应用卫星。该类卫星又分为两种：一是极轨卫星，它的飞行轨道平面与赤道平面垂直，且通过地球南北两极，故称为极轨卫星；二是静止卫星，它的飞行轨道平面为赤道平面，绕地球飞行的角速度与地球自转的角速度一样，相对于地球表面好像是静止不动的，故称为静止卫星或同步静止卫星。我国的主要气象卫星包括 3 颗"风云—1 号"和 1 颗"风云—2 号"气象卫星。

卫星数据收集系统（DeS）即是一个遥测系统，由数据收集平台（相当于遥测站网）、数据中继卫星（相当于中继站）和中心地面站、用户站三部分组成。现在有很多国家租用上述水文气象应用卫星，采集传输水文气象资料。

（二）工情、旱情、灾情信息采集系统

1. 信息分类

工情、旱情、灾情信息采集的内容包括工情、灾情和旱情三个方面，各种信息可根据信息的类型加以分类。工情信息分为基础工情和实时工情两类；旱情信息分为基础旱情、实时旱情和统计旱情三类；灾情信息分为实时灾情和统计灾情两类。

（1）工情信息。

1）基础工情。各类防洪工程的基础信息包括河道、堤防、水库、水闸、蓄滞洪区、治河工程、测站等防洪工程的基础信息。信息包括上述工程的各类设计、实际指标，平面布置图、剖面图以及图片、影像等资料。

2）实时工情。实时工情信息又可以分为工程运行状况信息、险情信息和防汛动态信息三部分。具体内容如下：

a. 运行状况信息。分为堤防、水库、水闸、治河工程和蓄滞（行）洪区等 5 大类信息。

b. 险情信息。分为堤防、穿堤建筑物、水库、水闸和治河工程险情信息等五大类。上报险情的基本内容包括：险情类别、出险时间、地点、位置、工程险情综合情况的描述、险情原因分析、可能发生的险情预测、可能影响的范围、抢险方案、通信手段、抢险物资配备情况、抢险进展情况及结果以及有关的声像资料等。

c. 防汛动态信息。分为防汛行动情况、灾情和防汛统计信息等三类，防汛行动主要上报地（市）级的防汛部署，领导视察、检查布置等情况，抗洪抢险人员、物资等准备情况，以及其他防汛实时动态信息等；灾情主要是灾情统计，对灾害的情况、灾害成因进行上报；防汛统计信息分为抗洪情况统计、水毁工程统计、水毁工程修复进度统计和险情统计。

（2）旱情信息。旱情信息采集的内容包括基础旱情信息、实时旱情信息和统计旱情信息。其中，基础旱情信息指人口、耕地、灌溉设施等信息；实时旱情信息主要包括降雨量、气温、风速、湿度、日照、蒸发蒸腾量等气象信息，水库及江河湖泊蓄水量、地下水等水文信息，土壤墒情等。

（3）灾情信息。灾情信息可分为实时灾情信息和统计灾情信息。而实时灾情信息根据其获取的渠道不同可分为两类：一类是通过防汛工作人员现场获取的反映某个"点"灾害严重程度的图片或影像信息；另一类是通过卫星航空遥感获取的较大范围的洪涝灾害信息。

2. 采集系统

三防指挥系统工情、旱情、灾情信息采集系统主要包括图片信息移动采集系统、准实时视频采集系统、重点工程运行状况的实时图像监视系统。

（1）图片信息采集系统。图片信息移动采集系统由图片采集、图片传输和图片管理三部分组成。

图片采集由水利数码通相机完成，水利数码通相机将任意险工、险情和灾情信息摄入，图片存储在数码相机的存储设备中，此存储设备可存储多幅图片，并可覆盖存储；图片传输则通过无线信道来完成，而传输信道两端都有专用的终端设备，终端设备一般由掌上电脑（其他电脑）和数传设备组成。发送终端电脑一般为掌上电脑，接收端电脑一般为桌面电脑；数传设备一般由调制解调器和无线电台、拨号服务器组成，无线电台一般为GSM 手机；图片管理主要指图片入库和维护管理。

（2）准实时视频采集系统。准实时视频采集系统指通过数码摄像机将现场实时工情或灾情采集后，用压缩板把视频信号压缩转换为 Mpeg－1 数字格式文件，经简单编辑后通过计算机广域网上传到市三防指挥中心。经最后编辑、定稿，存放到 VOD 视频服务器。

（3）实时图像监视系统。在实时图像监视系统的设计中，重点考虑的是图像监视点的布置以及图像的远距离传送和远程控制。首先，在选择图像监视点时力求在该点能够观察整体环境同时能够见到重点观测目标。而在摄像设备方面可选用了大倍数变焦镜头和万向云台。在控制及传输方面为了能够实现远程实时图像传输及远程控制监视设备，可选用先进的数码图像录制设备（DVR）。应用该设备后就不再需要传统的切换矩阵、画面分割器、控制键盘以及 VHS 录像机，工作人员只要通过直观的对话界面就可以完成各种控制操作。另外，DVR 还具有远程实时图像传送功能并提供远程登录访问和控制功能。这样控制中心的工作人员就可以在指挥中心内远程登录到 DVR 上，通过 DVR 去控制摄像系统对工作点进行监视。

（三）通信系统

通信系统是三防指挥系统的重要组成部分，在信息采集、网络传输等环节中发挥保障作用，其主要功能是为水情、雨情，工情、旱情、灾情等信息的上传，三防指挥调度、指挥命令的下达提供先进实用、稳定可靠的通信服务环境，保障各种业务的通信畅通。通信系统由传输水情信息的报汛通信网，传输各种数据、图像、视频信息的骨干通信网和话音通信系统组成。

从总体布局来看，三防指挥综合系统工程的通信平台总体按三级设计，即一级骨干通信网、二级支网和三级信息采集网。

（1）一级骨干通信网。市水务局与市水文分局、市气象局、市水利设计院等信息单位，市直属单位之间连接采用电子政务专网平台为骨干网信道，与下属各县水务局之间暂时采用帧中继（FRN）为骨干网信道，待电子政务专网覆盖到县级时，再行采用电子政务专网。

（2）二级支网。以一级骨干通信网节点为中心，经二级支网连接到水情、工情信息采集中心站和闸泵中央监控室。以公网的帧中继（FRN）服务和公共电话网（PSTN）为主，结合微波扩频通信技术构成二级支网。

（3）三级信息采集网。以各水情、工情信息采集中心站和闸泵中央监控室为中心，主要采用无线方式连接各信息采集点和水闸（泵站）。

骨干通信网和实时图像传输通信网的设计均包含传输信道设计、接入线路和接入设备设计。对骨干通信网设计，由于无论采用何种物理线路接入，其可靠性都能满足要求，因此不进行接入线路设计，骨干网接入设备设计则在计算机网络系统完成，所以，骨干网通信设计主要是传输信道的设计，也就是传输信道的选择论证。

三防水利通信网最佳的方案是根据传输通信网的实际情况，选择经济适用的技术。

DDN 在性能上可以满足应用需求，但在经济上没有优势。在提供同等质量信道的情况下，DDN 专线的租用费比帧中继（FRN）要高。水利通信网覆盖全市多个县，需要租用多条数据专线，若使用 DDN 专线会增加经费开支。

使用 SDH 可能在单位带宽费用上会较低，但目前还不能提供低于 2Mbit/s 的带宽，因此实际的费用难以降低。

ATM 适于视频、语音、数据等多业务同时承载的应用环境，如果只运行单一 IP 业务，其封装效率会很低。另外 ATM 很难提供 2Mbit/s 以下速率，虽然理论收费应当低于同带宽的 DDN 和 SDH，但考虑到 ATM 建设、安装和维护的成本，将很难成为经济的选择。特别是现在国内的 ATM 发展不够普及，难以成为广域网现实的可选技术。

根据通信状况，采用电子政务专网平台作为骨干网信道为最佳选择。但由于其尚未连接到县一级，所以在电子政务专网尚未覆盖的地方暂时采用 FRN。

三、三防指挥决策支持系统

三防决策支持系统开发目标是：在现有三防应用软件系统的基础上，通过补充、扩展和集成开发，建设完善、合理的三防信息综合数据库和高效、可靠、实用、先进的信息查询显示系统。系统能快速及时地提供计算机网络数据库的三防信息，灵活地以图文并茂、声像一体的方式显示三防宏观决策所需的雨水工情、旱情和防洪形势，并应用先进的洪水预报调度模型，定量预测雨水工情的变化对防洪系统洪水情势的影响，改善防洪调度手段，使三防调度决策指挥向现代化、信息化迈上一个新台阶。

通过对三防工作中各服务对象（三防值班人员、分析人员、三防指挥部人员）在各服务环节（汛情检测、信息查询、会商决策、灾情评估）中的工作内容，来分析三防决策各环节对决策支持系统的需求。为实现上述需求目标，设计决策支持系统总体功能结构层次如图 12-6 所示。

三防指挥系统工程决策支持系统的总体逻辑结构框架可分为三个层次：人机接口层、

系统应用层和系统信息支撑层（见图12-7）。

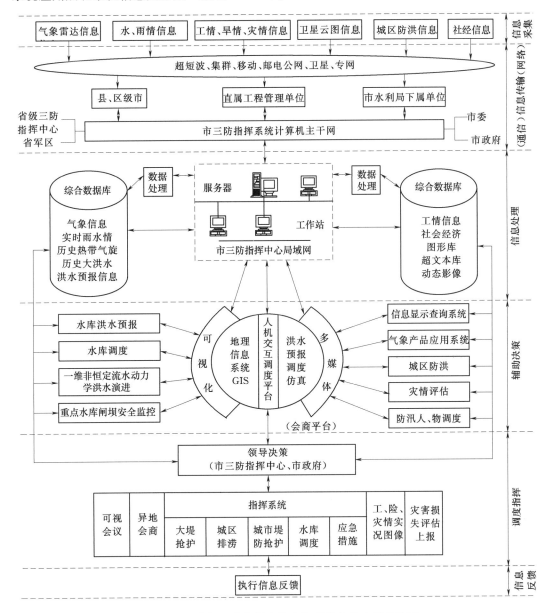

图12-6 市级三防指挥决策支持系统总体功能结构图

系统应用层通过人机接口与决策分析人员和决策者交互，在系统信息支撑层数据、知识、图形图像等和系统应用层众多模型和信息分析功能的支持下，完成防汛决策过程中各个阶段、各个环节的多种信息需求和分析功能。

（一）防汛预警子系统

构建基于快速反应理念的信息查询与防汛预警子系统，对实时工程信息、险情信息、预案、抢险物资、车辆等做出快速响应，并及时进行动作的回应及预警，从而保证防汛指挥的实时性。

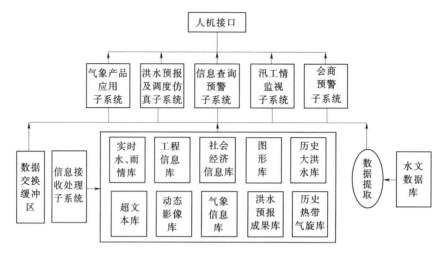

图 12-7 三防指挥决策支持系统总体逻辑结构框架图

1. 防汛预警子系统业务组成

根据防汛预警功能需求分析，防汛预警子系统业务主要由以下几个方面构成

1）事件管理：事件接收、事件处理反馈、事件终结、事件查询等。

2）防汛值班管理：在电子地图上标志险情发生的具体位置，并实时提供险情信息。

3）自动监视：河道矢量图监视、台风路径监视、卫星云图监视、三维动态监视、提示性监视。

4）信息预警：范围对象确定、信息编制、网络预警、短信预警、广播预警、预警上报、预警管理。

2. 防汛预警子系统业务流程分析

系统运作程序（见图 12-8）是：根据汛情监视系统提供的信息，自动显示；出现险情时，则自动启动险情报警系统，对可能出险的防汛工程发出实时警告；发出险情警报信号后，上报险情。

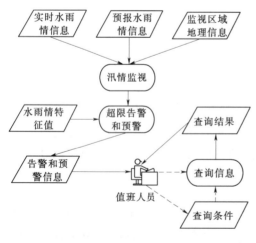

图 12-8 防汛预警子系统业务流程

3. 防汛预警子系统数据流程分析

防汛预警子系统主动从综合数据库中查询需要监视的属性和矢量数据给用户，并根据用户的查询条件返回符合条件的数据。

（二）三防指挥子系统

三防指挥子系统是指建立在远程监控基础上的会商指挥调度系统。通过远程监视信号或应急通信图像传输，会商室的指挥人员可以有身临其境的感觉。通过可视化的指挥调度，会商室的指挥人员与现场人员进行快速信息交互，使指挥人员和专家可以快速准确掌握水情、工情、灾情、险情发生的技术指标数据和现场形势，适时作出决策，更大的发指挥调度和会商决策的作用。三防指挥子系统业务流程如图 12-9 所示。

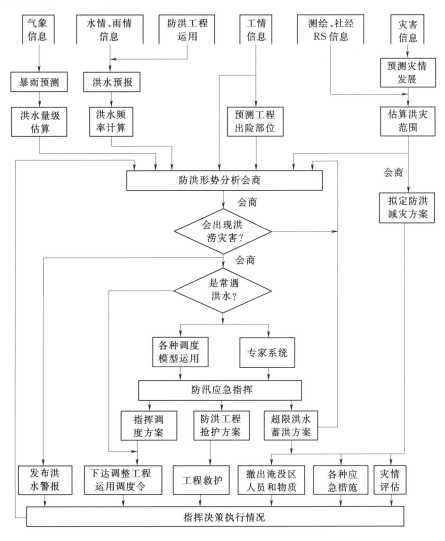

图 12-9　三防指挥子系统业务流程图

防汛指挥调度系统将实现险情现场与三防中心双向实时图像、语音传输，指挥调度中心屏幕自动显示较大或重大抢险工作流程提示，出险点附近交通道路、料物分布、抢险队伍部署和快速机动能力等，能提供相关单位和责任人联系表。具有快速生成较大或重大险情抢护方案的能力、各类险情抢护相对应的抢险设备优化组合方案；能自动显示抢险过程进展情况、每日抢险人数、物料消耗数、机械台班数、消耗投资数、险情控制形势等；险情结束后能自动汇总这些数据。专业数字库、空间地理信息系统、历史信息经验库对抢险指挥系统提供全过程支持。防汛技术专家和决策者可以根据以上功能进行会商，做出相应的决策。

防汛指挥子系统由防洪形势分析、防洪决策会商、工情险情会商、支持会议汇报、会商结果处理、会商环境建立、现场实况等七个功能模块组成。

思　考　题

1. 为什么说水利信息化是水利现代化的基础?
2. 简述水利信息化的基本框架体系。
3. 水利信息化主要包括哪些业务应用范围?
4. 简述三防指挥系统的基本结构和功能。
5. 三防信息采集和传输有哪些基本方式?

参 考 文 献

［1］ 水利部水利建设与管理总站．水利工程建设项目程序管理．北京：中国计划出版社，2005.
［2］ 水利部水利建设与管理总站．水利工程建设项目施工投标与承包管理．北京：中国计划出版社，2006.
［3］ 水利部水利建设与管理司．最新水利工程建设项目招标投标文件汇编．北京：中国水利水电出版社，2005.
［4］ 水利部水利管理司，中国水利学会水利管理专业委员会．小型水库管理丛书第四分册——防汛与抢险．北京：中国水利水电出版社，1999.
［5］ 水利部信息化工作领导小组办公室．水利部水利信息中心．全国水利信息化规划，2003.
［6］ 水利部规划计划司，水资源管理司，水利水电规划设计总院．中国水资源及其开发利用调查评价．北京：中国水利水电出版社，2004.
［7］ 水利部．中国水资源公报．北京：中国水利水电出版社，2006.
［8］ 陈涛．2006年新编水利水电工程建设实用百科全书．北京：中国科技文化出版社，2006.
［9］ 俞衍升．中国水利百科全书（水利管理分册）．北京：中国水利水电出版社，2004.
［10］ 二滩水电开发有限责任公司．岩土工程安全监测手册．北京：中国水利水电出版社．1999.
［11］ 朱尔明．20世纪中国学术大典．福州：福建教育出版社．2006.
［12］ 杨邦柱，郭振宇．中国水利概论．郑州：黄河水利出版社，2003.
［13］ 陈胜宏．水工建筑物．北京：中国水利水电出版社，2004.
［14］ 宛明，周瑾如．水利工程项目管理．北京：中国大百科全书出版社，2002.
［15］ 杨培岭．现代水利水电工程项目管理理论与实务．北京：中国水利水电出版社，2004.
［16］ 陈洁钊．水利水电工程建设管理实务．广州：广东科技出版社，2002.
［17］ 胡志根，黄建平．工程项目管理．武汉：武汉大学出版社，2005.
［18］ 张金锁，工程项目管理学．北京：科学出版社，2000.
［19］ 陈良堤．水利工程管理．北京：中国水利水电出版社，2006.
［20］ 顾慰慈．水利水电工程管理．北京：水利电力出版社，1994.
［21］ 石自堂．水利工程管理．北京：中国水利水电出版社，2009.
［22］ 梅孝威．水利水电工程管理．北京：中国水利水电出版社，2003.
［23］ 钱正英，张光斗．中国可持续发展水资源战略研究综合报告及各专题报告．北京：中国水利水电出版社，2001.
［24］ 刘昌明，何希吾．中国21世纪水问题方略．北京：科学出版社，1996.
［25］ 任国玉．气候变化与中国水资源．北京：气象出版社，2006.
［26］ 夏军．全球变化与水文科学新的进展与挑战．资源科学，2002，24（3）：1-6.
［27］ 夏军．可持续水资源系统管理研究与展望．水科学进展，1998，4（3）：370-374.
［28］ 夏军，刘孟雨，贾绍凤，等．华北地区水资源及水安全问题的思考及研究．自然资源学报，2004，19（5）：550-558.
［29］ 夏军，苏人琼，等．中国水资源问题与对策建议．中国科学院院刊，2008（2）.
［30］ 张岳．中国水资源与可持续发展．南宁：广西科学技术出版社，2000.
［31］ 黄如宝，杨德华，顾韬．建设项目投资控制．上海：同济大学出版社，1995.
［32］ 徐大图．工程造价的确定与控制．北京：中国计划出版社，1997.
［33］ 刘秋常．建设项目投资控制．北京：中国水利水电出版社，2002.

[34] 龙卫洋，龙玉国．工程保险理论与实务．上海：复旦大学出版社，2005.

[35] 施熙灿．水利工程经济．北京：中国水利水电出版社，2005．

[36] 施全会，谭兴华，王修贵．水利水电工程定额与造价．北京：中国水利水电出版社，2003.

[37] 全国造价工程师考试培训教材编写委员会，全国造价工程师考试培训教材审定委员会．工程造价管理相关知识．北京：中国计划出版社，2000.

[38] 全国造价工程师考试培训教材编写委员会，全国造价工程师考试培训教材审定委员会．工程造价的确定与控制．北京：中国计划出版社，2000.

[39] 朱党生．水利水电工程环境影响评价．北京：中国环境科学出版社，2006.

[40] 吴恒杰．水利建设项目社会评价方法研究．南京：河海大学，2001.

[41] 中国水利经济研究会．水利建设项目社会评价指南．北京：中国水利水电出版社，1999.

[42] 王俊安，徐兴艾．招标投标与合同管理．北京：中国建材工业出版社，2003.

[43] 谢怀栻．合同法原理．北京：法律出版社，2000.

[44] 刘新华．新合同法全书．北京：中国物资出版社，1999.

[45] 杜贵成．质量控制管理实务．北京：中国水利水电出版社，2008.

[46] 顾慰慈，张桂芹．工程建设质量控制．北京：水利电力出版社，1993.

[47] 钟庆华．水利工程质量检查与控制．合肥：安徽科学技术出版社，2003.

[48] 吴孝仁，吴鹤鹤．工程建设行业《职业健康安全管理体系规范》理解与实施．北京：中国水利水电出版社，2004.

[49] 谈广鸣，李奔．河流管理学．北京：中国水利水电出版社，2008.

[50] 李珍照．大坝安全监测．北京：中国电力出版社，1997.

[51] 吴中如．水工建筑物安全监控理论及其应用．南京：河海大学出版社，1990.

[52] 何金平．大坝安全监测理论与应用．北京：中国水利水电出版社，2010.

[53] 李珍照．混凝土坝观测资料分析．北京：水利电力出版社，1989.

[54] 储海宁．混凝土坝内部观测技术．北京：水利电力出版社，1989.

[55] 赵志仁．混凝土坝外部观测技术．北京：水利电力出版社，1989.

[56] 吴中如．三峡水工建筑物安全监测与反馈设计．北京：中国水利水电出版社，1999.

[57] 何勇军，刘成栋，等．大坝安全监测与自动化．北京：中国水利水电出版社，2008.

[58] 陈建生，董海洲．堤坝渗漏探测示踪新理论与技术研究．北京：科学出版社，2007.

[59] 赵朝云．水工建筑物的运行与维护．北京：中国水利水电出版社，2005.

[60] 孙志恒，鲁一晖，等．水工混凝土建筑物的检测、评价与缺陷修补工程应用．北京：中国水利水电出版社，2004.

[61] 罗建群．水工混凝土建筑物老化病害及防治．北京：中国水利水电出版社，1995.

[62] 冯广志．灌区建筑物加固改造．北京：中国水利水电出版社，2004.

[63] 李建勇．国外混凝土钢筋锈蚀破坏的修复和保护技术．建筑技术，2002（7）.

[64] 马健伟．水工混凝土建筑物裂缝处理技术概述．北京水务，2007（1）.

[65] 毕青松．混凝土碳化、冻融破坏分析及防治．河北水利，2007（1）.

[66] 孟祥敏．钢筋混凝土渡槽病害问题及老化问题分析研究．人民黄河，1995（10）.

[67] 龙斌．水库运行与管理．南京：河海大学出版社，2006.

[68] 张朝温．水利枢纽管理．郑州：黄河水利出版社，2002.

[69] 董哲仁．堤防抢险实用技术．北京：中国水利水电出版社，1999.

[70] 牛运光．防汛与抢险．北京：中国水利水电出版社，2003.

[71] 刘志强．水利信息化．长沙：中南大学出版社，2007.

[72] 丛沛桐．三防指挥系统设计与应用．北京：中国水利水电出版社，2005.

[73] 吴建华．水利工程综合自动化系统的理论与实践．北京：中国水利水电出版社，2006.

[74] 雏文生，宋星原．洪水预报与调度．武汉：湖北科学技术出版社，2000.